Petersen
Produktionsplanung und Belegung von Montageflächen

Uwe Petersen

Produktionsplanung und Belegung von Montageflächen

GABLER

Die Deutsche Bibliothek – CIP-Einheitsaufnahme

Petersen, Uwe:
Produktionsplanung und Belegung von Montageflächen / Uwe
Petersen. - Wiesbaden : Gabler, 1992
    (Betriebswirtschaftliche Forschung zur Unternehmensführung ; 25)
    Zugl.: Hamburg, Univ., Diss.

NE: GT

Der Gabler Verlag ist ein Unternehmen der Verlagsgruppe Bertelsmann International.
© Betriebswirtschaftlicher Verlag Dr. Th. Gabler GmbH, Wiesbaden 1992
Lektorat: Brigitte Siegel

Höchste inhaltliche und technische Qualität unserer Produkte ist unser Ziel. Bei der Produktion und Auslieferung unserer Bücher wollen wir die Umwelt schonen: Dieses Buch ist auf säurefreiem und chlorfrei gebleichtem Papier gedruckt. Die Einschweißfolie Polyäthylen besteht aus organischen Grundstoffen, die weder bei der Herstellung noch bei der Verbrennung Schadstoffe freisetzen.

Die Wiedergabe von Gebrauchsnamen, Handelsnamen, Warenbezeichnungen usw. in diesem Werk berechtigt auch ohne besondere Kennzeichnung nicht zu der Annahme, daß solche Namen im Sinne der Warenzeichen- und Markenschutz-Gesetzgebung als frei zu betrachten wären und daher von jedermann benutzt werden dürften.

ISBN-13: 978-3-409-13456-9   e-ISBN-13: 978-3-322-87920-2
DOI: 10.1007/978-3-322-87920-2

Geleitwort

Während der vergangenen Jahre hat sich die produktionswirtschaftliche Forschung vor allem mit den Problemen der Kapazitätsbelegung und der Ablaufplanung beschäftigt. Dabei stand die optimierte Durchführung des Fertigungsablaufs im Vordergrund des Interesses. Allerdings wurden bei diesen Ansätzen die räumlichen Abmessungen der Produktionsaufträge bei der Bestimmung zulässiger Ablaufpläne vernachlässigt.

In wichtigen Bereichen der industriellen Produktion, wie z.B. im Schiffbau oder im Großanlagenbau stellt das verfügbare Angebot an Fertigungs- und Montageflächen häufig einen Engpaß dar, der insbesondere im Rahmen der Ablaufplanung berücksichtigt werden muß.

Die vorliegende Arbeit ist dieser Problematik der Flächenbelegung in Verbindung mit der Produktionsplanung gewidmet. Der Verfasser beschäftigt sich mit einem Planungsaspekt, der in der einschlägigen Forschung bisher nicht hinreichend untersucht wurde. Am Beispiel des Schiffbaus wird ein computergestütztes Planungsverfahren entwickelt, das sowohl die räumliche als auch die zeitliche Dimension simultan berücksichtigt und somit gleichzeitig eine Ablauf- und Layoutplanung ermöglicht.

Die Anwendbarkeit dieser Methode wird durch zahlreiche Beispielrechnungen mit Daten aus der Praxis verifiziert. Dem Verfasser ist es damit gelungen, eine bedeutsame Lücke auf dem Gebiet der Produktionsplanung zu erkennen und auf der Grundlage eines eigenen Verfahrensvorschlags zu schließen.

Prof. Dr. D.B. Preßmar

Vorwort

Diese Arbeit entstand als Dissertation während meiner Tätigkeit als wissenschaftlicher Mitarbeiter am Arbeitsbereich für Betriebswirtschaftliche Datenverarbeitung der Universität Hamburg.

Meinem verehrten akademischen Lehrer, Herrn Prof. Dr. Dieter B. Preßmar, schulde ich für die Förderung der Arbeit sowie für die Vielzahl von Anregungen und die Unterstützung bei der Anfertigung der Dissertation großen Dank.

Bedanken möchte ich mich außerdem bei den Mitarbeitern des Arbeitsbereichs für Betriebswirtschaftliche Datenverarbeitung der Universität Hamburg. Sie haben mir in zahlreichen Diskussionen nützliche Hinweise gegeben. Mein besonderer Dank gilt Herrn Dipl.-Math. Jens Spitzer, da er das Manuskript mit gewohnter Zuverlässigkeit Korrektur gelesen hat.

Schließlich bedanke ich mich beim Herausgeber, Herrn Prof. Dr. Dr. h.c. Herbert Jacob, für die Befürwortung der Aufnahme meiner Arbeit in die Reihe "Betriebswirtschaftliche Forschung zur Unternehmensführung" sowie beim Gabler-Verlag für die rasche Drucklegung und Veröffentlichung der Arbeit.

Uwe Petersen

Inhaltsverzeichnis

Abbildungsverzeichnis

Tabellenverzeichnis

Symbolverzeichnis

1.　　Dimensionen

FE (bzw. LE^2):	Flächeneinheiten
GE:	Geldeinheiten
GewE (bzw. ME):	Gewichts- bzw. Masseneinheiten
LE:	Längeneinheiten
RE (bzw. LE^3):	Raumeinheiten
ZE:	Zeiteinheiten

2.　　Indizes

b:	Bauteil-Länge, $b = 1, ..., B$
f:	Montagefläche, $f = 1, ..., F$
g:	Freiheitsgrad, $g = 1, ..., G$
k:	Bauteil-Prioritätsregel-Komponente, $k = 1, ..., K$
l:	Montageflächen-Länge, $l = 1, ..., L$
o:	Bauteil-Zeichnung (Orientierung), $o = 1, ..., O$
p:	Bauteil-Prioritätsregel-Fall, $p = 1, ..., P$
t:	Bauteil, $t = 1, ..., T$
z:	Abschnitt des Planungszeitraums, $z = 1, ..., Z$

3. Variablen

3.1 Globale Variablen

$flaeche_{zfl}$: Belegungssituation der Montagefläche f zum Zeitpunkt z in der Längenspalte l

$teil_{tbo}$: Belegungsmuster des Bauteils t der Zeichnung (Orientierung) o in der Längenspalte b

akt_t_b: Aktuelles Bauteil-Belegungsmuster in der gegenwärtigen Orientierung sowie der jeweiligen Verschiebung in der Längenspalte b

anz_fr: Aktuelle Anzahl unterscheidbarer Freiheitsgrade

a_fr_g: Ausprägung des Freiheitsgrades g

ux: Laufende x-Koordinate des Ursprungs der aktuellen Montagefläche innerhalb des gegenwärtigen Suchprozesses

uy: Laufende y-Koordinate des Ursprungs der aktuellen Montagefläche innerhalb des gegenwärtigen Suchprozesses

fl: Länge der aktuellen Montagefläche

fb: Breite der aktuellen Montagefläche

tl: Länge des aktuellen Bauteils

tb: Breite des aktuellen Bauteils

anz_f: Aktuelle Anzahl verarbeiteter Montageflächen

anz_t: Aktuelle Anzahl verarbeiteter Bauteile

e_tnr: Erste selektierte Bauteil-Identifikations-Nummer

l_tnr: Letzte selektierte Bauteil-Identifikations-Nummer

a_zeit: Beginn des Planungszeitraums

e_zeit: Ende des Planungszeitraums

e_flaeche: Erste selektierte Montageflächen-Identifikations-Nummer

l_flaeche: Letzte selektierte Montageflächen-Identifikations-Nummer

3.2 Variablen der Montageflächen

hnr_f: Identifikations-Nummer der aktuellen Montagefläche f

hl_f: Länge der Montagefläche f

hb_f: Breite der Montagefläche f

hh_f: Höhe der Montagefläche f

kap_f: Kapazität der Montagefläche f

$wert_f$:   Wert der Montagefläche f

pz_f_f: Prioritätsziffer der Montagefläche f

lfd_hnr_f: Laufende Nummer der Montagefläche f

3.3 Variablen der Bauteile

tnr_t: Identifikations-Nummer des Bauteils t

anz_zeich_t: Anzahl Zeichnungen des Bauteils t

$wert_t$:   Wert des Bauteils t

pb_t: Platzbedarf des Bauteils t

faz_t: Frühestmöglicher Anfangszeitpunkt des Bauteils t

saz_t: Spätest zulässiger Anfangszeitpunkt des Bauteils t

dlz_t: Durchlaufzeit des Bauteils t

gew_t: Gewicht des Bauteils t

$hoch_t$:   Höhe des Bauteils t

$zeichnr_{to}$:   Zeichnungs-Identifikations-Nummer von Bauteil t in der Orientierung o

$lang_{to}$:   Länge von Bauteil t in der Orientierung o

$breit_{to}$:   Breite von Bauteil t in der Orientierung o

$lfd\_zeichnr_{to}$:   Laufende Zeichnungs-Nummer von Bauteil t in der Orientierung o

f_t_t: Identifikations-Nummer derjenigen Montagefläche, in der Bauteil t eingelagert wird, falls überhaupt eine Zuordnung für dieses Teil gefunden wurde (sonst ist diese Variable unbelegt)

x_koor_t:	x-Koordinate derjenigen Montagefläche in der Bauteil t einge-lagert wurde (siehe auch Anmerkung bei f_t_t)
y_koor_t:	y-Koordinate derjenigen Montagefläche in der Bauteil t einge-lagert wurde (siehe auch Anmerkung bei f_t_t)
$lfd\_zeichnr_t$:	Laufende Zeichnungs-Nummer zur Kennzeichnung der Orientierung in der Bauteil t eingelagert wurde (siehe auch Anmerkung bei f_t_t)
bb_t:	Belegungsbeginn von Bauteil t (siehe auch Anmerkung bei f_t_t)
be_t:	Belegungsende von Bauteil t (siehe auch Anmerkung bei f_t_t)
pz_t:	Prioritätsziffer von Bauteil t
lfd_tnr_t:	Laufende Nummer von Bauteil t

<u>3.4   Variablen zur Kennzeichnung der Prioritätsregel-Ausprägung</u>

EL	Menge aller elementaren Bauteil-Prioritätsregeln
AD	Menge aller additiv kombinierten Prioritätsregeln
MU	Menge aller multiplikativ kombinierten Prioritätsregeln
EAM	Vereinigungsmenge von EL, AD und MU
AL	Menge aller alternativ kombinierten Prioritätsregeln
art_gpr:	Art der gewählten Bauteil-Prioritätsregel
anz_fall:	Anzahl unterscheidbarer Bauteil-Prioritätsregel-Fälle
V:	Vergleichsvariable einer alternativ kombinierten Bauteil-Prioritätsregel
art_pr_p:	Art der Bauteil-Prioritätsregel im Fall p
anz_komp_p:	Anzahl Bauteil-Prioritätsregel-Komponenten im Fall p
A_p:	Prioritätsregel-Faktor im Fall p
o_p:	Vergleichsoperator im Prioritätsregel-Fall p
Z_p:	Vergleichszahl im Prioritätsregel-Fall p
R_{pk}:	Wert der Prioritätsregel-Komponente k im Fall p
α_{pk}:	Gewichtungsfaktor der Prioritätsregel-Komponente k im Fall p
typ_hpr:	Typ der Montageflächen-Prioritätsregel

<u>Erläuterungen zur Verwaltung der Bauteil-Prioritätsregel:</u>

Für die Art der Bauteil-Prioritätsregel art_gpr und art_pr$_p$ gilt:

1 = Elementare Bauteil-Prioritätsregel (BPR)

2 = Additiv kombinierte BPR

3 = Multiplikativ kombinierte BPR

4 = Alternativ kombinierte BPR

Für die unabhängige Variable V gilt:

1 = Durchlaufzeit (dlz$_t$)

3 = Frühestmöglicher Fertigstellungstermin (faz$_t$ + dlz$_t$)

4 = Spätest zulässiger Fertigstellungstermin (saz$_t$ + dlz$_t$)

6 = Schlupf (saz$_t$ - faz$_t$)

7 = Wert (wert$_t$)

8 = Platzbedarf (pb$_t$)

9 = Gewicht (gew$_t$)

10 = Höhe (hoch$_t$)

Für den Vergleichsoperator o$_p$ gilt:

1 = "=" - Operator

2 = ">" - Operator

3 = "$\geq$" - Operator

4 = "<" - Operator

5 = "$\leq$" - Operator

Für den Wert einer Bauteil-Prioritätsregel R$_{pk}$ gilt:

1 = KOZ - Regel;	pz$_t$ = dlz$_t$;	Sortierrichtung: aufsteigend
2 = LOZ - Regel;	pz$_t$ = dlz$_t$;	Sortierrichtung: absteigend
3 = FFT - Regel;	pz$_t$ = faz$_t$ + dlz$_t$;	Sortierrichtung: aufsteigend
4 = SFT - Regel;	pz$_t$ = saz$_t$ + dlz$_t$;	Sortierrichtung: absteigend
5 = FCFS - Regel;	pz$_t$ = tnr$_t$;	Sortierrichtung: aufsteigend
6 = SLACK - Regel;	pz$_t$ = saz$_t$ - faz$_t$;	Sortierrichtung: aufsteigend
7 = WT - Regel;	pz$_t$ = wert$_t$;	Sortierrichtung: absteigend
8 = GPB - Regel;	pz$_t$ = pb$_t$;	Sortierrichtung: absteigend
9 = GEW - Regel;	pz$_t$ = gew$_t$;	Sortierrichtung: absteigend
10 = HOCH - Regel;	pz$_t$ = hoch$_t$;	Sortierrichtung: absteigend

Für den Typ der Flächen-Prioritätsregel typ_hpr gilt:

1 = Längen-Regel

2 = Breiten-Regel

3 = Höhen-Regel

4 = Kapazitäts-Regel

3.5 Variablen zur Beschreibung der Gütekriterien

ke_t_anz [1]: Kumulierte Anzahl eingelagerter Bauteile

kn_t_anz [1]: Kumulierte Anzahl nicht eingelagerter Bauteile

ke_t_dlz [ZE]: Kumulierte Durchlaufzeit der eingelagerten Bauteile

kn_t_dlz [ZE]: Kumulierte Durchlaufzeit der nicht eingelagerten Bauteile

ke_t_wert [GE]: Kumulierter Wert der eingelagerten Bauteile

kn_t_wert [GE]: Kumulierter Wert der nicht eingelagerten Bauteile

ke_t_pb [FE]: Kumulierter Platzbedarf der eingelagerten Bauteile

kn_t_pb [FE]: Kumulierter Platzbedarf der nicht eingelagerten Bauteile

zke_t_pb [FE·ZE]: Zeitlich kumulierter Platzbedarf der eingelagerten Bauteile (entspricht der Produktsumme aus dem Platzbedarf und der Durchlaufzeit)

zkk_t_pb [FE·ZE]: Korrigierter zeitlich kumulierter Platzbedarf der eingelagerten Bauteile (entspricht der Produktsumme aus dem Platzbedarf und der Einlagerungszeit innerhalb des Planungszeitraums)

zkn_t_pb [FE·ZE]: Zeitlich kumulierter Platzbedarf der nicht eingelagerten Bauteile (analog zke_t_pb)

k_f [FE]: Kumulierte Montagefläche

d_f_a [%]: Durchschnittliche Montageflächen-Auslastung (Kapazitätsauslastungsgrad, entspricht zkk_t_pb / k_f / (e_zeit - a_zeit))

Abkürzungsverzeichnis

Bd.	Band
BFuP	Betriebswirtschaftliche Forschung und Praxis
BKT	Betriebskalendertag
BPR	Bauteil-Prioritätsregel
BS	Bauteil-Satz
dima	Die Maschine, Internationale Zeitschrift für Fertigungstechnik und Konstruktion
Diss.	Dissertation
ed.	Edition
EJOR	European Journal of Operational Research
f.; ff.	folgende Seite; folgende Seiten
f+h	Fördern und Heben
FB/IE	Fortschrittliche Betriebsführung und Industrial Engineering
FPR	Flächen-Prioritätsregel
GK	Gütekriterium
Habil.	Habilitation
Hrsg.	Herausgeber
HMD	Handbuch der modernen Datenverarbeitung
IJPR	International Journal of Production Research
INFOR	Information Systems and Operational Research (Journal of the Canadian Operational Research Society)
io	Industrielle Organisation
it	Informationstechnik
Jg.	Jahrgang
Mgmt. Sci.	Journal of the Institute of Management Science
No., Nr.	Number, Nummer
o.V.	ohne Verfasserangabe

o.S.	ohne Seitenangabe
OE	Organisationseinheit
OR	Operations Research
OR Spektrum	Operations Research Spektrum
S.	Seite
Sp.	Spalte
SzU	Schriften zur Unternehmensführung
VDI-Z	Zeitschrift des Vereins Deutscher Ingenieure für Maschinenbau und Metallbearbeitung
vgl.	vergleiche
Vol.	Volume
WiSt	Wirtschaftswissenschaftliches Studium
WiSu	Das Wirtschaftsstudium
wt	Werkstattstechnik (Zeitschrift für industrielle Fertigung)
ZfB	Zeitschrift für Betriebswirtschaft
ZfbF	Zeitschrift für betriebswirtschaftliche Forschung
ZOR	Zeitschrift für Operations Research
ZS	Zuteilungsstrategie
ZwF	Zeitschrift für wirtschaftliche Fertigung und Automatisierung

1. Einleitung

Die industrielle Produktion steht weltweit in einem tiefgreifenden Umbruch. Parallel zu einem sich verschärfenden internationalen Wettbewerb steigen die Ansprüche der Abnehmer an die Individualität und Qualität der Produkte. Bedingt durch den rasanten technischen Fortschritt nehmen einerseits die Lebensdauern ab und nimmt andererseits die Erzeugnisvielfalt zu. Vor diesem Hintergrund sehen sich die Unternehmen einem wachsenden Druck zur Automatisierung und Flexibilisierung der Produktionsabläufe ausgesetzt.

Für die verarbeitende Industrie stellt die Produktion eine fortwährende Aufgabe dar, die durch – sich im Zeitverlauf wandelnde – Einflußfaktoren sowie Zielvorstellungen der Entscheidungsträger gekennzeichnet ist. Sie ist damit eine ständige Management-Herausforderung und kann nur in der Gesamtschau eines global-strategischen Wirkens begriffen werden.

Vor allem Innovationen im Bereich der Mikroelektronik und eine sich aus diesem Grund wandelnde differenzierte Nachfragestruktur verändern die Aufgaben der industriellen Produktion.[1] Weiterhin haben sich die Ziele der Leistungserstellung von einer eingegrenzten Forderung nach maximaler Effizienz und minimalen Stückkosten auf eine ganzheitliche Würdigung von Qualität, Flexibilität, Zuverlässigkeit und Wirtschaftlichkeit ausgedehnt.

Erfolgreiche Fabrikbetriebe müssen neben den partiellen Kosten auch den totalen Nutzen von Investitionen in neue Produktionstechnologien betrachten. Wichtige Anschaffungsmaßnahmen besitzen somit zusätzlich zu operativen Wirkungen durchaus eine strategische Relevanz. Durch diesen sich fortsetzenden Strukturwandel in unserer Gesellschaft steigen die Anforderungen an ein Industrieunternehmen in relativ kurzer Zeit stark an. Mit dieser Situation muß sich insbesondere die Führung eines Unternehmens auseinandersetzen. Die einzuschlagende Firmenpolitik kann jedenfalls nicht nur aus einschneidenden Ad-hoc-Maßnahmen bestehen. Das strategische Management ist statt dessen aufgefordert, exakte Analysen über künftige Marktentwicklungen anzustellen und anschließend klare Handlungsanweisungen auszugeben.

Insbesondere die dynamische Entwicklung der Informationstechnologie beeinflußt Neukonzipierungen im Fertigungsbereich. Zusätzlich zu rasanten Leistungssteigerungen im Hardwaresektor erlauben moderne Softwarekomponenten (vor allem rechnerunabhängiger Betriebssysteme, standardisierter Datenbank-Schnittstellen sowie einheitlicher graphischer Benutzeroberflächen) die Realisierung flexibler Fertigungsinformationssysteme.

---

[1] Vgl. ZAHN, E.: Produktionsstrategie, in: Henzler, H.A. (Hrsg.): Handbuch Strategische Führung, Wiesbaden 1988, S. 517.

Insbesondere die bereits traditionell stark rechnerdurchdrungenen Bereiche, wie die Produktionsplanung und -steuerung, unterliegen diesem Wandlungsprozeß. Die Umgestaltungen erstrecken sich dabei auch auf Funktionsmodellierungen und Lösungsalternativen für komplexe Problemstellungen.

Die Realität innerhalb der Betriebe wird allerdings den Möglichkeiten, welche die EDV-Welt bietet, nur in Ausnahmefällen gerecht. Diesem (im allgemeinen als Software-Krise bezeichneten) Phänomen kann zunehmend nur durch den Einsatz neuer Werkzeuge bei der Anwendungsentwicklung[2] entgegengewirkt werden, bietet umgekehrt aber findigen Unternehmen die Chance, ihre Position auf den umsatzträchtigen Märkten zu behaupten bzw. sogar noch auszubauen. Das setzt jedoch voraus, daß die Tendenzen bei der DV-Entwicklung erkannt und frühzeitig in eigene Applikationen eingearbeitet werden, um die Stellung eines Technologieführers einnehmen zu können.

Im Zusammenhang mit der Anwendungsentwicklung oder dem Einsatz von Informationssystemen empfiehlt es sich, zwischen realistischen und wirklichkeitsfernen Erwartungen zu unterscheiden. Überzogene Forderungen hinsichtlich der Leistungsfähigkeit und Benutzerfreundlichkeit zukünftiger Anwendungssysteme verursachen mitunter einen Entwicklungsaufwand, der nicht finanzierbar ist. Aufgrund der Komplexität oder der mangelhaften Handhabbarkeit wären selbst implementierte Applikationen so schwerfällig, daß eine hohe Akzeptanz nicht erwartet werden kann. Realistische Erwartungen orientieren sich eher an einem sinnvollen Maß essentieller Zielsetzungen. Eine Anforderungsanalyse für Informationssysteme im Produktionsbereich muß sich dabei auch auf Methoden und Verfahren der Unternehmensplanung erstrecken. Der Funktionsumfang und die Flexibilität muß den spezifischen betrieblichen Bedingungen genügen, um Lücken zwischen den vorab formulierten Erwartungen und den im nachhinein festgestellten Erfüllungen zu vermeiden.

Im Ergebnis sollte daher jede DV-Neukonzeption auf die vorhandenen Gegebenheiten abgestimmt sein. Entscheidende Voraussetzung dazu ist eine Konsolidierung aktueller Daten. Das Thema der Datenaktualität ist nicht nur im Rahmen der transparenten Abbildung des Betriebsgeschehens von Bedeutung, sondern stellt zudem ein Qualitätsmerkmal eines jeden Planungsprozesses (insbesondere unter Integrationsaspekten) dar. Die Verarbeitung zeitnaher und hochwertiger Datenbestände setzt auf der anderen Seite jedoch i.a. Qualifizierungsmaßnahmen bei den betroffenen Mitarbeitern voraus.

Unter diesen Prämissen können zeitgemäße Verwirklichungen computergestützter Produktionsplanungs- und -steuerungssysteme dazu beitragen, effizientere Abläufe in der Leistungserstellung zu generieren. Die vorliegende Arbeit soll hierzu einen Beitrag leisten, wobei nicht

---

2   Hier sind insbesondere die sogenannten CASE-Tools anzuführen, d.h. Werkzeuge der computerunterstützten Software-Entwicklung (CASE steht für Computer-Aided Software Engineering).

ein allumfassendes PPS-System, sondern die Komponente einer räumlich-zeitlichen Kapazitätsbelegungsplanung im Vordergrund der Betrachtung steht.

Für eine großvolumige kundenspezifische Fertigung stellt die verfügbare Fläche in der Montage häufig eine Engpaßkapazität dar. Eine nach dem Baustellenprinzip durchgeführte Montage hat neben zeitlichen Einflußgrößen auch die kapazitätsbestimmenden Abmessungen der Planungsobjekte mitzuberücksichtigen. Die bisher veröffentlichten Verfahren bieten für das Problem der Montageflächenbelegung keine Unterstützung an. Das Ziel dieser Abhandlung ist es daher, einen computergestützten Anordnungsalgorithmus für Raum-Zeit-orientierte Kapazitätsbelegungsprobleme zu entwickeln. Weiterhin soll dessen Arbeitsweise anhand verschiedener Produktionssituationen mit jeweils unterschiedlichen Planungsstrategien verifiziert werden. Neben dem eigentlichen Einlagerungsalgorithmus wird dabei auf die Bedeutung eines Datenbankanschlusses sowie einer graphischen Benutzerschnittstelle und Ergebnisausgabe einzugehen sein.

Zur Einordnung, aber auch Abgrenzung gegenüber den verbleibenden Bestandteilen eines umfassenden Produktionsmanagements werden zunächst die grundsätzlichen Probleme, Zielsetzungen und Lösungsalternativen der Produktionsplanung und -steuerung herausgearbeitet. Anschließend erfolgt eine genauere Untersuchung der montageorientierten Fertigungsplanung. Hierbei wird vor allem die Montageabwicklung in das Blickfeld einer industriellen Produktionswirtschaft gerückt, wobei eine derartige Sichtweise insbesondere für die Auftragssteuerung von Einzel- und Kleinserienfertigern des Großanlagenbaus interessant ist.

In der Folge wird es darum gehen, die Montagesteuerung als Problem der innerbetrieblichen Standortplanung zu charakterisieren. Dazu sind die traditionellen Verfahren der Layoutplanung aufzugreifen sowie Gemeinsamkeiten und Unterschiede zur Flächenbelegungsplanung von Anlagenbauern aufzuzeigen. Schließlich wird das konkrete Stellflächenbelegungsproblem detailliert behandelt, die kombinierte Abbildung von Raum und Zeit beschrieben und die Notwendigkeit des Einsatzes eines heuristischen Verfahrens dargelegt.

Die Untersuchung zeigt jedoch, daß die bisherigen – meist von Mathematikern angebotenen – optimierenden und heuristischen Verfahren den Anforderungen der Layoutplanung nicht gerecht werden können. Das gilt vor allen Dingen für zeitliche Flächenbelegungen, denn die herkömmlichen Verfahren reduzieren das Layoutproblem auf ein Transportminimierungsproblem, in dem ausschließlich die Transportbeziehungen zwischen den einzulagernden Objekten als Entscheidungsparameter Berücksichtigung finden.

Im fünften Kapitel werden ausgesuchte Modellierungsansätze räumlicher Zuordnungsprobleme vorgestellt, deren Schwachstellen diskutiert sowie Erweiterungen zu flächenspezifischen Termin- und Kapazitätsplanungen dargelegt. Besondere Beachtung ist in diesem Zusammenhang den Interdependenzen zwischen räumlicher Ausdehnung und jeweiliger Durchlaufzeit der Planungsobjekte zu schenken.

Anschließend wird für derartige Problemstellungen ein System zur computergestützten Ablauf- und Layoutplanung (CALPLAN) entwickelt. Dazu werden die Konzeption und die Architektur von CALPLAN dargestellt, das heuristische Regelwerk spezifiziert, der Belegungs-Algorithmus beschrieben sowie ausgesuchte Test-Beispiele konkretisiert und evaluiert. Eine Kritik der Prämissen und Methoden sowie ein Ausblick auf zukünftige Entwicklungstendenzen bilden den Abschluß dieser Arbeit.

2. Produktionssysteme

2.1 Aufgaben und Zielsetzungen

In allen Industriebetrieben ist festzustellen, daß bei Neuentwicklungen von Systemen der Produktionsplanung und -steuerung die elektronische Datenverarbeitung einen zunehmend gewichtigeren Stellenwert einnimmt. Neben einer rasanten DV-Entwicklung sind zudem Forderungen nach einer wirtschaftlichen Produktion die wesentlichen Einflußfaktoren, die gegenwärtig auf einen Fertigungsbetrieb wirken. Während in vielen Bereichen der Serien- und Massenfertigung rechnerunterstützte Systeme bereits einen breiten Einsatz gefunden haben, ist die DV-Unterstützung für kundenorientierte Einzel- oder Kleinserienfertiger im Anlagenbau nicht in gleicher Weise vorangetrieben worden, beschränkt sich vielmehr in aller Regel auf längerfristige und planende Funktionen.

Die spezifische Ausgestaltung der betrieblichen Produktion ist durch eine Vielzahl ganz unterschiedlicher Rahmenbedingungen charakterisiert, die häufig eine Formulierung bzw. Verfolgung zweifelsfreier, ökonomischer Ziele erschweren. Sollten dadurch Unsicherheiten in der Nutzenquantifizierung bestehen, werden Neuentwicklungen auf diesem Gebiet behindert. Auf dem Softwaremarkt verfügbaren Systemen der Fertigungsplanung ist gemeinsam, daß sie eine große Anzahl firmeninterner Stammdaten, zusätzlich vielfältige Parameter und aktuelle Bewegungsdaten berücksichtigen müssen, welche die Ablaufsteuerung direkt beeinflussen.

Sachgüter können nur dann hergestellt werden, wenn menschliche Arbeitsleistungen, Betriebsmittel und Werkstoffe zur Verfügung stehen. Diese Komponenten stellen die Elementarfaktoren des betrieblichen Leistungserstellungsprozesses dar. Die betriebliche Leistungserstellung wird als Produktion bezeichnet. "Produktion ist eine Kombination von Produktionsfaktoren zum Zwecke der Erstellung von Sach- und/oder Dienstleistungen."[3]

Eine weitergehende Betrachtung ergibt sich aus der Definition von Produktionssystemen. "Ein ökonomisches System heißt Produktionssystem, wenn es innerhalb eines bestimmten

---

3   ZÄPFEL, G.: Produktionswirtschaft, Operatives Produktions-Management, Berlin-New York 1982, S. 1. Gutenberg faßt die Produktion dagegen lediglich als Kombination von Elementarfaktoren auf (vgl. GUTENBERG, E.: Grundlagen der Betriebswirtschaftslehre, Bd. 1: Die Produktion, 24. Aufl., Berlin-Heidelberg-New York 1983, S. 5). Für den vorliegenden Problemkreis ist dieser Begriff jedoch zu weit gefaßt, da er den Grund der Faktorkombination verschweigt.

Zeitraums aus Gütern besteht und Güter produziert und eine Umgebung besitzt, aus der es Güter entnehmen oder an die es Güter abgeben kann."[4]

Die Fertigungsindustrie ist dadurch gekennzeichnet, daß aus Teilen und Baugruppen zusammengesetzte Produkte hergestellt werden. Zur Festlegung, in welcher Weise sich der Betriebsprozeß vollziehen soll, bedarf es der Planung. "Planung bedeutet, das von der Geschäfts- und Betriebsleitung Gewollte in die rationalen Formen betrieblichen Vollzuges umzugießen."[5] Geordnete Handlungen in Gestalt von steuernden Eingriffen setzen also ein planendes Vorgehen voraus.

Um Produktionsprozesse aufbauen, in Gang halten und überwachen zu können, sind folgende Planungsaufgaben zu unterscheiden und schließlich auch zu lösen:[6]

- Die Produktionsprogrammplanung,
- die Produktionsbereitstellungsplanung und
- die Produktionsprozeßplanung.

Einige Anmerkungen sollen diese drei Teilgebiete umfassende Produktionsplanung industrieller Unternehmungen näher erläutern. Die Programmplanung legt die in einem bestimmten Zeitraum zu fertigenden Erzeugnisse nach Art und Menge fest.

Die Aufgabe der Bereitstellung- oder Mengenplanung besteht darin, den zur Realisierung des Produktionsprozesses erforderlichen Faktormengeneinsatz zu planen und mit den vorhandenen Ressourcen abzustimmen.[7] Betrachtet werden in dieser Planungsstufe nicht die Fertigfabrikate, die auf dem Verkaufsmarkt angeboten werden, sondern die zu produzierenden Teile und Baugruppen bzw. die zu beschaffenden Rohstoffe und Materialien.

Schließlich versteht man unter der Prozeß- oder Ablaufplanung nicht in erster Linie die Bestimmung der Termine für die Auslieferung der Enderzeugnisse, sondern die zeitliche Ordnung des Einsatzes der Produktionsfaktoren und des Durchlaufs der Werkstücke.[8]

Die Prozeßplanung ist somit "eine Planung der Reihenfolge, in der die Produktions- (Teil-) Aufträge ausgeführt werden sollen, damit zugleich Planung der Termine, in der die Produk-

---

4 ZSCHOCKE, D.: Produktionsmodelle, in: Kern, W. (Hrsg.): Handwörterbuch der Produktionswirtschaft, Stuttgart 1979, Sp. 1557. Der in dieser Definition auftretende Systembegriff kann als Menge von Elementen, zwischen denen eine dauerhafte Beziehungsstruktur besteht, konkretisiert werden (vgl. HOITSCH, H.-J.: Produktionswirtschaft, München 1985, S. 6). Zeitlich befristete Beziehungen zwischen den Systemelementen werden demnach bewußt von der Betrachtung ausgeschlossen.

5 GUTENBERG, E.: a.a.O., S. 148.

6 Vgl. GUTENBERG, E.: a.a.O., S. 149.

7 Vgl. KILGER, W.: Optimale Produktions- und Absatzplanung, Opladen 1973, S. 46.

8 Vgl. ELLINGER, T.: Ablaufplanung, Stuttgart 1959, S. 17.

tion ablaufen soll".[9] Determinanten dieser Durchführungsplanung sind die Fristigkeit der Planung (bzw. der Planungszeitraum), die Menge und der Ort der zu fertigenden gleichen Einheiten sowie der jeweilige Organisationstyp der Fertigung.[10]

Das operative Produktionsmanagement orientiert sich bei der Lösung derartiger Aufgaben an Zielen, die als Sach- bzw. Leistungsziele unter dem Oberziel der Gewinnmaximierung oder Kostenminimierung zusammengefaßt werden können. Zur Erreichung globaler ökonomischer Zielsetzungen ist auf untergeordneten Unternehmensebenen eine detailliertere Betrachtung notwendig. Für den Bereich der computerintegrierten Fertigung (CIM - Computer Integrated Manufacturing) schlägt HAHN folgende Teilziele vor:[11]

– Das Ziel der Minimierung der Durchlaufzeiten,
– das Ziel der Minimierung der Terminüberschreitungen,
– das Ziel der Maximierung der Auskunftsbereitschaft über Produktionsstand und -möglichkeiten und
– das Ziel der Maximierung der Kapazitätsauslastung der vorhandenen Maschinen.

Das sich aus diesen Kriterien ergebende Zielsystem zur Maximierung der Wirtschaftlichkeit der Produktionsplanung und -steuerung (PPS) verdeutlicht die Abb. 1.[12] Zwischen diesen Zielen besteht nicht notwendigerweise eine komplementäre Beziehung. Gutenberg begründet im Gegenteil ein Dilemma der Ablaufplanung.[13] Die Minimierung der Durchlaufzeit und die Maximierung der Kapazitätsauslastung beschreiben danach gegenläufige Forderungen und somit konkurrierende Zielsetzungen.[14] Parameter zur Lösung des Problems konkurrierender Ziele sind der Zeitpunkt, die Menge, der Ort sowie die Kosten der eigentlichen Produktionsdurchführung.

---

9   GUTENBERG, E.: a.a.O., S. 149.

10   Siehe hierzu den Abschnitt 2.2.

11   HAHN, D.: Produktionsprozeßplanung, -steuerung und -kontrolle – Grundkonzept und Besonderheiten bei spezifischen Produktionstypen, in: Hahn, D./ Laßmann, G. (Hrsg.): Produktionswirtschaft – Controlling industrieller Produktion, Bd. 2: Produktionsprozesse: Grundlegung zur Produktionsplanung, -steuerung und -kontrolle und Beispiele aus der Wirtschaftspraxis, Teil VI: Prozeßwirtschaft – Grundlegung, Heidelberg 1989, S. 55.

12   Vgl. WIENDAHL, H.-P.: Simulationsmodelle in der Produktionsplanung und -steuerung, in: ZwF, 85. Jg., 1990, Nr. 3, S. 137.

13   Vgl. GUTENBERG, E.: a.a.O., S. 216.

14   Mensch weitet diesen Zusammenhang in ein sogenanntes Trilemma der Ablaufplanung aus. In Verbindung mit dem Streben nach einer Minimierung der Terminüberschreitungen bilden die bereits oben genannten Komponenten einen dreiteiligen Zielkomplex (vgl. MENSCH, G.: Das Trilemma der Ablaufplanung, in: ZfB, 42. Jg., 1972, Nr. 2, S. 77 ff.).

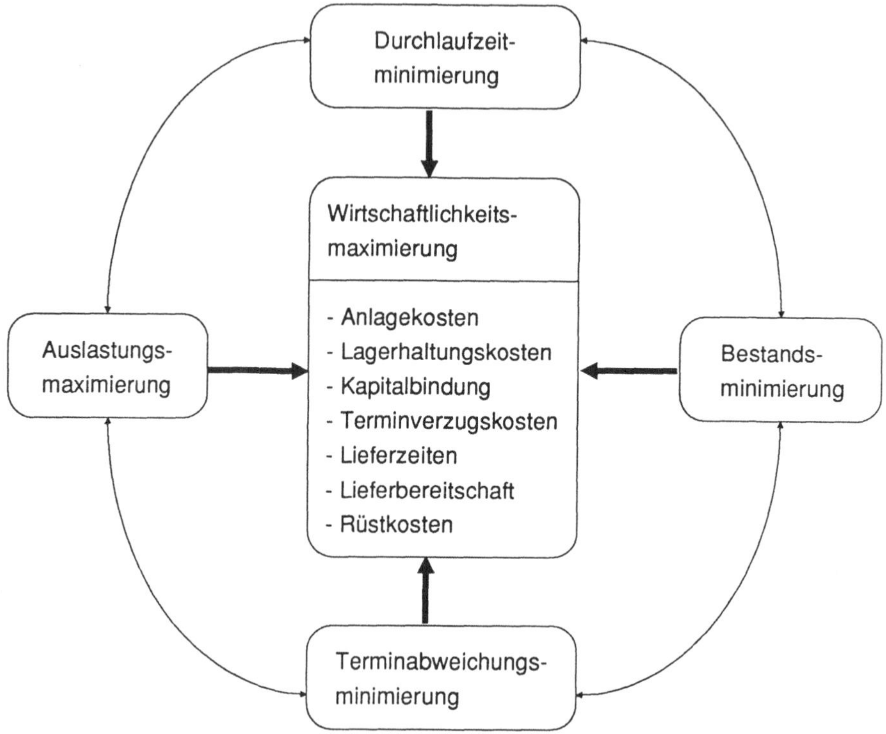

Abb. 1:   PPS-Zielsystem zur Maximierung der Wirtschaftlichkeit

Sieht man das Produktionsprogramm und damit die Erlöse als gegeben an (was im vorliegen-den Fall unterstellt werden soll), so folgt für die Prozeßplanung aus dem erwerbswirtschaft-lichen Prinzip das Unterziel der Minimierung der ablaufbedingten Kosten. Die Abgrenzung dieser Kosten ist nicht überall einheitlich. Zu den entscheidungsrelevanten Kostenanteilen der Fertigungsdurchführung werden jedoch übereinstimmend nachfolgende gezählt:[15]

– Kosten für das Vorbereiten der Produktiveinheiten (Einrichtekosten),

– Kosten des Stillstandes von Produktiveinheiten (Leerkosten),

– Kosten für die Lagerung von Erzeugnissen (Lagerhaltungskosten) und

– Kosten für die Über- und Unterschreitung von Lieferterminen (Anpassungskosten).

Der anschließende Abschnitt befaßt sich nun mit der organisatorischen Gestaltung der Leistungserstellung.

2.2 Organisationsformen der Produktion

Entscheidende Einflüsse auf die Ausgestaltung betrieblicher Produktionssysteme gehen vom Organisationstyp der Fertigung aus. Der jeweils vorhandene Produktionstyp ist nicht nur für

---

15   ZÄPFEL, G.: Produktionswirtschaft, a.a.O., S. 186.

die langfristigen Planungsprobleme, sondern auch für die eher kurzfristigen Steuerungs-aspekte relevant.

In der Literatur ist eine kaum überschaubare Anzahl unterschiedlicher Klassifizierungen und Ausprägungen von Produktionsorganisationsformen vorgeschlagen worden.[16] Grundsätzlich kann man Organisations- und Repetitionstypen der Fertigung differenzieren. Die einzelnen Organisationstypen können als Ausprägungen von Ordnungsprinzipien (d.h. von bestimmten Strukturierungsmaßnahmen) angesehen werden. Die Verbindung der hierunter zu erfassenden Erscheinungsformen wird unter dem Gesichtspunkt der räumlichen Anordnung zusam-mengetragen:[17]

- Tätigkeitsorientierte Anordnungsprinzipien:
    - Die Werkstattfertigung (als rein tätigkeitsorientierte Anordnung) und
    - die Fließfertigung (als tätigkeitsablauforientierte Anordnung).
- Objektorientiertes Anordnungsprinzip: Die Baustellenfertigung.

Von einer Werkstattfertigung spricht man i.a. dann, wenn tätigkeitsähnliche Betriebsmittel räumlich zu Gruppen zusammengefaßt werden. Bei einer Fließfertigung entspricht die Anordnung der Betriebsmittel dem notwendigen Produktionsablauf bzw. dem Materialfluß.[18]

Für eine Baustellenproduktion ist dagegen die Ortsungebundenheit der Produktionsfaktoren und die i.d.R. für einen längeren Zeitraum gegebene Ortsgebundenheit der Erzeugnisse typspezifisch. Mithin "erfolgt eine räumliche und zeitliche Orientierung der Produktionsfak-toren zu dem ortsgebundenen Fertigungsobjekt hin".[19] Ferner läßt sich durch die Art der Ortsfixierung eine innerbetriebliche und eine außerbetriebliche Baustellenfertigung unter-scheiden. Daher ist als typenbildendes Merkmal der innerbetrieblichen Baustellenfertigung die Fixierung der Fertigung auf einen primär innerhalb des Unternehmens liegenden Ort (die Baustelle) anzusehen. Bei einer Baustellenfertigung handelt es sich zumeist um eine zusam-mengesetzte Stückgüter-Produktion der mechanisch-technologischen Erzeugung.

---

16 Vgl. GROSSE-OETRINGHAUS, W.F.: Fertigungstypologie unter dem Gesichtspunkt der Fertigungsab-laufplanung, Berlin 1974, S. 126 ff.; HESS-KINZER, D.: Produktionsplanung und -steuerung mit EDV, Stuttgart-Wiesbaden 1976, S. 126 f.; ZÄPFEL, G.: Produktionswirtschaft, a.a.O., S. 15 ff.; HOITSCH, H.-J.: a.a.O., S. 16 ff. und ferner: SILVER, E.A./ PETERSON, R.: Decision Systems for Inventory Management and Production Planning, 2nd ed., New York-Chichester u.a. 1985; FLEISCHMANN, B.: Operations-Research-Modelle und -Verfahren in der Produktionsplanung, in: ZfB, 58. Jg., 1988, Nr. 3, S. 347 ff.; HACKSTEIN, R.: Produktionsplanung und -steuerung (PPS), 2. Aufl., Düsseldorf 1989, S. 21 ff.; SCHNEEWEISS, C.: Einführung in die Produktionswirtschaft, 3. Aufl., Berlin-Heidelberg u.a. 1989, S. 11 f.

17 Die folgende Darstellung orientiert sich an GROSSE-OETRINGHAUS, W.F.: a.a.O., S. 245.

18 Vgl. HOITSCH, H.-J.: a.a.O., S. 16 f.

19 KREIKEBAUM, H.: Organisationstypen der Produktion, in: Kern, W. (Hrsg.): Handwörterbuch der Produktionswirtschaft, Stuttgart 1979, Sp. 1396.

Innerhalb der Werkstattproduktion kann darüber hinaus zwischen der Flow-Shop- und der Job-Shop-Fertigung unterschieden werden:[20]

- Bei der Flow-Shop-Fertigung ist zwar die Reihenfolge der Arbeitsstationen fest vorgegeben, allerdings sind Zwischenläger möglich, so daß die Reihenfolge der Bearbeitung variierbar ist.
- Bei der Job-Shop-Fertigung sind für unterschiedliche Aufträge unterschiedliche Arbeitsplatzfolgen zulässig.

Kennzeichen der Repetitionstypen der Fertigung ist nun die Anzahl der Leistungswiederholungen, d.h. die "Anzahl der ununterbrochen sukzessiv gefertigten Einheiten einer Produktsorte".[21] Das führt zur Unterscheidung von:

- Einzelfertigung,
- Serienfertigung und
- Massenfertigung.

Einzelfertiger produzieren strenggenommen nur eine Mengeneinheit einer Produktart innerhalb der Planungsperiode. Im entgegengesetzten Extremfall der Massenfertigung erfolgt eine ununterbrochene Herstellung der jeweiligen Produktart auf immer denselben Betriebsmitteln.

Ein Unternehmen mit Serienfertigung stellt schließlich die Erzeugnisarten seines Sortiments – die hinsichtlich der Zusammensetzung stark differieren können – in größeren, aber begrenzten Stückzahlen (sogenannter Auflage-, Los- oder Seriengröße) her.[22] Anzumerken bleibt, daß die Einzelteilproduktion für Werkstattfertiger typisch ist, wohingegen bei der Serienproduktion i.a. der Fließfertigungscharakter überwiegt. Weiterhin ist sowohl die Flow-Shop- als auch die Job-Shop-Fertigung bei Einzel- und Kleinserienproduzenten vertreten.

In der Realität sind die damit beschriebenen elementaren Produktionstypen isoliert in dieser Form nicht anzutreffen. Vielmehr treten in aller Regel Kombinationen der einfachen Typen auf, die sowohl die Wiederholhäufigkeit, die räumliche Anordnung der Produktionsfaktoren sowie den Kundenbezug mitberücksichtigen. In Abschnitt 3.3.3 erfolgt dazu eine Zuordnung zwischen den neueren Steuerungsmodellen und den jeweiligen Typologien der Fertigung. Es wird dann darauf ankommen, neben einer reinen Gegenüberstellung der verschiedenen Fertigungssteuerungsphilosophien auch auf die Einsatzfelder derartiger Methodologien hinzuweisen. Der sich nun anschließende Abschnitt legt aber zunächst die für die Untersuchung wichtigen kombinierten Organisationsformen der Fertigung detaillierter dar.

---

[20] Vgl. SCHNEEWEISS, C.: a.a.O., S. 12.

[21] GROSSE-OETRINGHAUS, W.F.: a.a.O., S. 152.

[22] Vgl. VON KORTZFLEISCH, G.: Systematik der Produktionsmethoden, in: Jacob, H. (Hrsg.): Industriebetriebslehre, Handbuch für Studium und Prüfung, 4. Aufl., Wiesbaden 1990, S. 158.

2.3 Betrachtung relevanter Produktionstypen

Bevor die Merkmale der Produktionsplanung und -steuerung eingehender dargestellt werden, ist es zweckmäßig, den eigentlichen Untersuchungsgegenstand exakter einzugrenzen. Die industrielle Unternehmenswirklichkeit ist äußerst heterogen und differenziert ausgeprägt. Erst eine Beschränkung auf ausgesuchte reale Produktionstypen macht es möglich, nicht nur allgemeingültige unverbindliche Rahmenaussagen zur Gestaltung des Fertigungsablaufs zu formulieren, sondern statt dessen konkrete Handlungsvorschläge für effizientere und damit wirtschaftlichere Produktionsweisen zu unterbreiten.

Wie bereits kurz in Kapitel 2.2 erwähnt, treten die elementaren Fertigungs- und Auftragstypen in der Realität i.a. nicht in ihrer "idealtypischen" Form auf.[23] Trotzdem ist die vorgenommene Einteilung nicht nutzlos, weil mit den speziellen Organisationstypen häufig ganz bestimmte Produktionsplanungsverfahren verbunden sind. In der Praxis trifft man in aller Regel Kombinationen der einfachen Fertigungsformen an. Vermengungen der elementaren Fertigungstypologien können sich vor allem aus dem Fließ- bzw. Stückgut-Charakter sowie aus den Leit-, Output- oder Aktionsmerkmalen der Produktion ergeben.[24]

Durch derartige typenbeschreibende Merkmale ergibt sich eine große Anzahl möglicher realer Organisationsformen der Fertigung, die in der industriellen Wirklichkeit eine mehr oder weniger starke Bedeutung besitzen. Häufig in der Praxis anzutreffende Verbundtypen der Fertigungsorganisation ergeben sich aus:[25]

- Der Kombination aus Massen- und Fließfertigung in Form einer standardisierten Produktion für den anonymen Markt.
- Der Kombination aus Werkstatt- und Klein- bzw. Großserienfertigung in Form einer variantenreichen Standardproduktion.
- Der Kombination aus Baustellen- bzw. Werkstatt- und Einzel- respektive Kleinserienfertigung in Form einer individuellen kundenauftragsbezogenen Produktion.

In der vorliegenden Arbeit soll vorrangig der dritte Fall einer – speziell innerbetrieblichen – Baustellen- oder Werkstattfertigung bei einer Einzel- bzw. Kleinserienproduktion Beachtung finden. Darüber hinaus wird überwiegend von einer kundenauftragsorientierten Fertigung die Rede sein, um eine Abgrenzung zu einer Produktion für den anonymen Markt herzustellen. Beispiele für diesen Produktionstyp finden sich vor allem im Großmaschinen- und Anlagenbau sowie im Flugzeug- und Schiffbau.[26]

---

23   Vgl. hierzu auch: SCHNEEWEISS, C.: a.a.O., S. 14.

24   Vgl. GROSSE-OETRINGHAUS, W.F.: a.a.O., S. 313 ff.

25   Eine ähnliche Unterteilung macht auch Schneeweiß (vgl. SCHNEEWEISS, C.: a.a.O., S. 15).

26   Vgl. GROSSE-OETRINGHAUS, W.F.: a.a.O., S. 251.

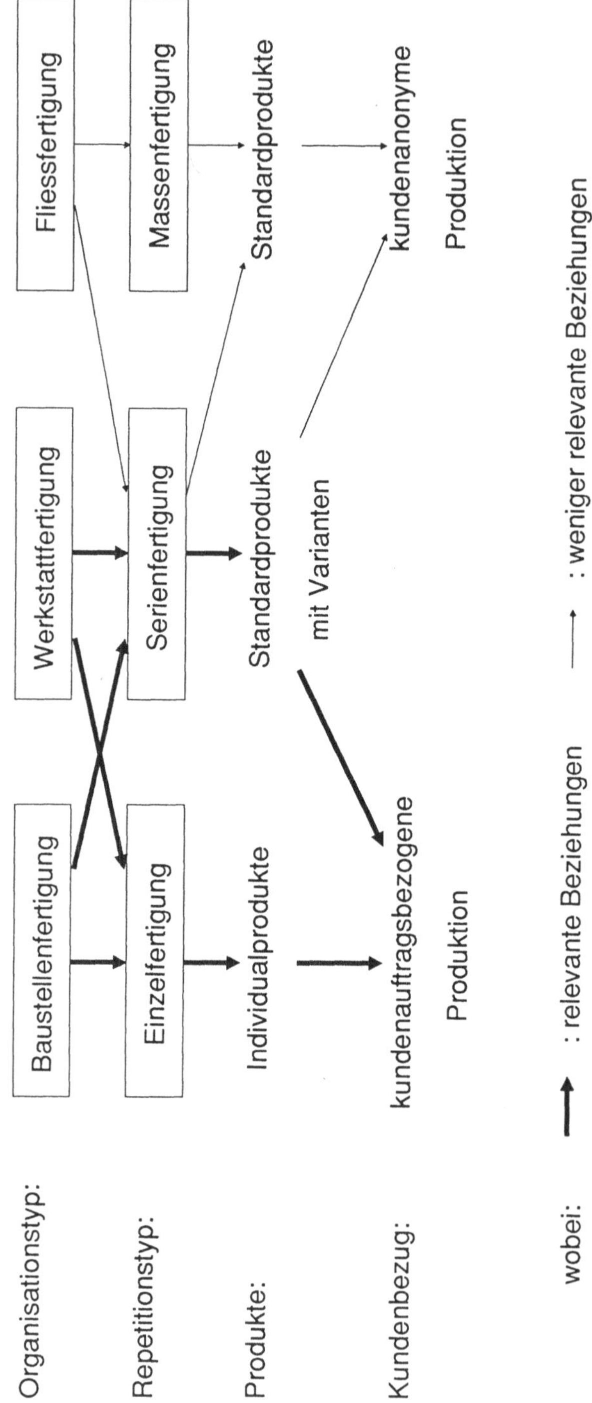

Abb. 2: Beziehungen zwischen Organisations- und Repetitionstypen der Fertigung

In der Abb. 2 wird der Zusammenhang zwischen den Organisations- bzw. Repetitionstypen der Fertigung, der Produktstruktur und dem Kundenbezug noch einmal übersichtlich miteinander verknüpft.[27] In dieser Darstellung wurde die Bedeutung der Baustellen- oder Werkstattfertigung für die kundenorientierte Produktion großvolumiger Anlagen hervorgehoben.

Die Abb. 3 stellt darüber hinaus die jeweiligen Anwendungsschwerpunkte der einzelnen Fertigungstypen zusammen.[28] Diese Aufstellung verdeutlicht, daß eine nachfrageorientierte Einzel- oder Kleinserienfertigung insbesondere die Terminplanung und Auftragssteuerung betrachten sollte, um die in diesem Zusammenhang relevanten datenintensiven Bereiche der Werkstattsteuerung und Kapazitätsbelegung effektiv abwickeln zu können.

Strukturmerkmale / Funktionsgruppe	Werkstattfertigung / Einzelfertigung	Reihenfertigung / Serienfertigung	Fliessfertigung / Massenfertigung
Mengenplanung	gering	gross	sehr gross
Terminplanung	sehr gross	gross	gering
Auftragssteuerung	sehr gross	gross	gering
Datenverwaltung	gross	sehr gross	gering

Abb. 3:   Schematische Zusammenstellung der relativen Bedeutung der Funktionsgruppen in Abhängigkeit vom Organisations- und Repetitionstyp der Fertigung

Im wesentlichen bestimmen die Liefertermine, die Herstellungskosten und die vorhandenen Kapazitäten die Auftragsabwicklung eines kundenorientierten Industriebetriebs. Drei unterschiedliche Strategien sind hierbei denkbar, die variablen Parameter – im Einklang mit

---

27   Vgl. auch HELBERG, P.: PPS als CIM-Baustein, Berlin 1987, S. 88.

28   Vgl. ELLINGER, T., WILDEMANN, H.: Planung und Steuerung der Produktion, Wiesbaden 1987, S. 123.

den Kundenwünschen – so abzustimmen, daß eine mögliche Konkurrenz der Aufträge nach knappen Ressourcen aufgelöst wird:[29]

- Vorhandenes Kapazitätsangebot und abgegebene Termine sind als Datum zu betrachten. In diesem Fall würde ein Ausweichen auf Fremdkapazitäten oder eine Erweiterung des Leistungsangebots zwangsläufig zu einer Kostenerhöhung führen.
- Termine und Kosten gelten als Festwerte. Eine Aktivierung von Kapazitätsreserven könnte hierbei kostenneutralen Charakter haben.
- Kosten und Kapazitäten werden als fixe Größen behandelt. Ohne Terminabweichung, die unterschiedliche Aufträge berühren kann, ist ein Ausweichen nicht möglich.

Die zuerst genannte Strategie – der gegebenen Kapazitäts- und Lieferterminsituation – spielt bei einer ortsgebundenen Einzel- oder Kleinserienfertigung i.a. die größte Rolle. Die für einige Branchen übliche Festlegung hoher Konventionalstrafen im Falle von Lieferverzögerungen (d.h. Terminüberschreitungen) unterstreicht diese Aussage.

Darüber hinaus ist zu beachten, daß die Forderung der Kunden nach einer möglichst kurzen Lieferzeit zu einer zwangsläufigen Überlappung von Vorgängen in der Konstruktion, der Arbeitsvorbereitung, der Disposition und der Fertigung führt.[30] Neben der damit postulierten Forderung nach einer simultanen Termin- und Kapazitätsplanung, steht die Bestrebung, eine Strategie der simultanen Material- und Kapazitätsdisposition zu etablieren.[31]

Somit ist ein häufiger Grund für Änderungsplanungen und Stillstandszeiten in der kundenorientierten Einzelfertigung im mangelhaften Abgleich von Kapazität und Materialverfügbarkeit zu suchen. Eine Einplanung, die das Material und die Kapazitäten gleichzeitig berücksichtigt, trägt zu einer reibungsloseren und damit kostengünstigeren Fertigung und Montage bei. Wenn dagegen größere Kapazitätsschwankungen auftreten, sollte die Produktionssteuerung in zwei hierarchische Ebenen untergliedert werden:[32]

- Die Kapazitätssteuerung auf der oberen Ebene und
- Die Einzelteilsteuerung auf der unteren Ebene.

Das Ziel der Kapazitätssteuerung ist in diesem Fall, gleichzeitig eine Liefertermineinhaltung und eine zufriedenstellende Kapazitätsauslastung sicherzustellen. Die Teilsteuerung hat dagegen den Anstoß der Produktion zum jeweiligen Freigabezeitpunkt zu überwachen.

---

[29] Vgl. WILDEMANN, H.: Auftragsabwicklung in einer computergestützten Fertigung (CIM), in: ZfB, 57. Jg., 1987, Nr. 1, S. 11.

[30] Vgl. HELBERG, P.: PPS als CIM-Baustein, a.a.O., S. 104.

[31] Vgl u.a. MAUS, G./ KINDERMANN, D.: Produktionsplanung und -steuerung beim Einzelfertiger, in: ZwF, 80. Jg., 1985, Nr. 4, S. 160.

[32] Vgl. DE KOSTER, M.B.M.: Capacity Oriented Analysis and Design of Production Systems, Berlin-Heidelberg-New York u.a. 1989, S. 5.

Die zentrale Bedeutung der Fertigstellungstermine darf jedenfalls nicht dazu führen, daß die anderen − gleichsam wichtigen − Produktionsziele vernachlässigt werden. Daher sind auch die Menge, die Qualität und die Kosten der Leistungserstellung zu planen, zu steuern und zu kontrollieren.[33]

Aus diesen Randbedingungen ergibt sich ein komplizierter Abstimmungsprozeß, der zufriedenstellend manuell (auch mit dedizierten unternehmensspezifischen Erfahrungen) nur äußerst zeitaufwendig gelöst werden kann. Die Ergebnisgüte solcher Abstimmungen mit herkömmlichen Mitteln bleibt im nachhinein jedenfalls vollends im dunkeln. Erst durch die Einbeziehung verifizierter Regeln und Strategien einer zeitgemäßen Produktionssteuerung ist eine Verbesserung der Situation erreichbar. Zur Handhabung derartiger Steuerungsprozesse bietet sich eine Unterstützung durch elektronische Datenverarbeitungsanlagen förmlich an.

---

33 Vgl. BUFFA, E.S.: Operations Management: The Management of Productive Systems, Santa Barbara-New York u.a. 1976, S. 650.

3. Produktionsplanung und -steuerung

3.1 Planungsansätze des Produktions-Managements

Eine umfassende Planung und Steuerung der Produktion gewinnt in Anbetracht der geforderten hohen Entwicklungsflexibilität eine wachsende Bedeutung in bezug auf die Erreichung der Unternehmensziele. Je komplexer die Produktionsabläufe eines Unternehmens durch die fortschreitende Automatisierung werden, desto wichtiger wird ein rechnergestütztes System zur Planung, Steuerung und Kontrolle des Produktionsprozesses.

Obwohl viele in der Produktion arbeitende Menschen über ausgeprägtes Erfahrungswissen verfügen, übersteigt die Komplexität einiger Produktionsprobleme die Grenzen ihrer Planungsfähigkeit. Die weitreichenden zeitlichen Zusammenhänge, insbesondere im Falle von Maschinenausfällen und in der Folge auftretender Auftragsverzögerungen, sind für sie im Detail kaum zu durchschauen oder abzuschätzen. Auf der anderen Seite müssen rasche Entscheidungen getroffen werden, da durch die kurzen Durchlaufzeiten und die reduzierten Bestände nur geringe Spielräume im Fertigungsablauf bestehen.

Zur gegenseitigen Abstimmung der Teilbereiche der Produktionsplanung und -steuerung ist ein integriertes Gesamtsystem erforderlich. Es ist daher anzustreben, alle Unternehmens- und Aufgabenbereiche in ein ganzheitliches Planungssystem miteinzubeziehen. Diese Vereinigung kann dabei nur durch die Schaffung verbindender Beziehungen zwischen den Konponenten hergestellt werden.[34]

Das jeweilige Unternehmenskonzept entscheidet über die Ausgestaltung der Informationssysteme im Produktionsbereich. Die zufriedenstellende Erfüllung der Zielvorgaben begründet mithin die Wahl einer konkreten Handlungsalternative. Nur klar artikulierte Ziele ermöglichen es dem Entscheidungsträger einer Unternehmung, eindeutig qualitativ faßbare Anforderungen an ein PPS-System zu formulieren. Zusätzlich zu den Unternehmenszielen beeinflussen die Besonderheiten des jeweiligen Anwendungsfalls die Ausgestaltung eines integrierten Systems zur Produktionsplanung und -steuerung. Denkbare Erscheinungsformen dieses Planungsprozesses sind:

- Die Simultan-Planung, d.h. die Abstimmung aller Teilbereiche in einem Schritt.
- Die Sukzessiv-Planung, d.h. die Abstimmung aller Teilbereiche in definierter Abfolge.
- Die kombinierten oder gemischten Planungsansätze, d.h. die Verwendung von sowohl simultanen als auch sukzessiven Planungskomponenten für abgegrenzte Subsysteme bzw. Planungsstufen.

---

[34] Vgl. ZÄPFEL, G.: Produktionswirtschaft, a.a.O., S. 297.

3.1.1 Simultan-Planung

Simultanplanungsmodelle zeichnen sich dadurch aus, daß in ihnen sowohl die sachlichen Verflechtungen zwischen den unternehmerischen Funktionsbereichen als auch die zeitlich-dynamischen Verflechtungen der Handlungsabläufe abgebildet sind.[35]

Ein simultaner Planungsansatz hat somit das Betriebsgeschehen unter Berücksichtigung des relevanten Beziehungsgefüges zwischen den Teilbereichen zu erfassen. "Simultanplanung liegt dann vor, wenn es gelingt, alle Teilpläne unter Berücksichtigung der gegenseitigen Interdependenzen gleichzeitig aufzustellen. Die Simultanplanung führt unter Beachtung der gegebenen Zielsetzungen in einem einzigen Schritt zu harmonisch aufeinander abgestimmten Teilplänen."[36]

Die gleichzeitige Einbeziehung aller Einflußgrößen ist aber auch zugleich das Hauptproblem der simultanen Planungsverfahren. Mit der Anzahl der erfaßten Daten erhöht sich die Komplexität und die Wahrscheinlichkeit, daß einige Daten sich im Planungszeitraum ändern. So gelten manche Planungsergebnisse nur für wenige Stunden, obwohl der Planungszeitraum für mehrere Monate angesetzt ist. Einige Daten (z.B. Absatzmengen und Preise) lassen sich nicht exakt vorausbestimmen. Man ist auf stochastische Schätzungen angewiesen.

Meist wächst bei realen Problemen die Datenmenge so sehr an, daß die Modelle, auch unter Einsatz von modernen Rechenanlagen, nicht mehr zu kalkulieren sind. Wenn bestimmte Daten nicht mehr erfaßbar sind, werden teilweise heuristische Verfahren oder Simulationen eingesetzt, um eine Vorauswahl der Daten zu ermöglichen. Dadurch werden die Ergebnisse aber häufig ungenau.

Die Anwendung von Verfahren der mathematischen Programmierung kennzeichnet diese ganzheitliche Planungsstrategie. Gegen den Einsatz der simultanen Produktionsplanung werden noch immer generelle Bedenken aus konzeptionellen Gründen angemeldet:[37]

- Monolithische Modelle stellen für praktische Problemgrößen, die als gemischt-ganzzahlige Optimierungsmodelle formuliert werden, keine anwendbaren Lösungsansätze dar.
- Entscheidungen über die einzelnen Handlungsalternativen der Teilbereiche der operativen Produktionsplanung sind meist auf verschiedenen hierarchischen Ebenen angesiedelt. Monolithische Modelle sind daher nicht am Entscheidungsverhalten der Planungsträger orientiert.

---

35 Vgl. PRESSMAR, D.B.: Einsatzmöglichkeiten der elektronischen Datenverarbeitung für die simultane Produktionsplanung, in: Hansen, H.R. (Hrsg.): Informationssysteme im Produktionsbereich, München-Wien 1975, S. 221.

36 JACOB, H.: Grundlagen und Grundtatbestände der Planung im Industriebetrieb, in: Jacob, H. (Hrsg.): Industriebetriebslehre, Handbuch für Studium und Prüfung, 4. Aufl., Wiesbaden 1990, S. 391.

37 Vgl. ZÄPFEL, G.: Produktionswirtschaft, a.a.O., S. 303.

Praktische Erfahrungen können diese Auffassung nicht in jedem Fall bestätigen, sondern geben Anlaß zu einer positiveren Bewertung dieser Planungsphilosophie.[38] Da die Vorteile optimierender Planungsverfahren eine Herausforderung an die wissenschaftliche Forschung darstellen, wurden in der Vergangenheit gewaltige Anstrengungen unternommen, um auf diesem Sektor zu Fortschritten zu kommen. Neuere Untersuchungen lassen jedenfalls erwarten, daß die mathematischen Optimierungsverfahren im Bereich der computergestützten PPS-Systeme in Zukunft verstärkt Einzug halten werden.[39]

Modelle, die diese Totalsicht nicht verfolgen, werden als Partialmodelle bezeichnet, da sie nur einen Ausschnitt der realen Unternehmensbeziehungen in die Untersuchung miteinbeziehen.

3.1.2 Sukzessiv-Planung

Sukzessivplanungsmodelle stellen die bislang überwiegend favorisierte Alternative dar, industrielle Produktionssysteme computergestützt zu handhaben. Derartige Planungssysteme sind dadurch gekennzeichnet, daß die Ergebnisse einer Modellstufe jeweils Input der folgenden Stufe sind.[40]

Rückkopplungen zwischen den Planungsabschnitten sind nur schwierig zu realisieren, obwohl sie in der betrieblichen Praxis regelmäßig auftreten. Gegenwärtig verbreitete PPS-Systeme sind in aller Regel mit Hilfe von Stufenplanungskonzepten modelliert worden (z.B. das Programmpaket COPICS[41] der Firma IBM).

Charakteristisches Kennzeichen dieser Philosophie ist die Einbindung vielfältiger Heuristiken, die das Auffinden einer zulässigen Modellösung ermöglichen, dagegen die Ermittlung eines optimalen Ergebnisses nicht garantieren. Einsatzmöglichkeiten einer Anwender-Software zur Planung, Steuerung und Überwachung der Produktion ergeben sich[42]

— als periodisches Berichtssystem,

---

[38] Vgl. hierzu u.a. PRESSMAR, D.B.: DYNAPLAN – Ein System zur computergestützten Produktionsplanung auf der Grundlage der linearen Optimierung, in: Wolff, M.R. (Hrsg.): Entscheidungsunterstützende Systeme im Unternehmen, München-Wien 1988, S. 53 ff.

[39] Preßmar zeigt anhand von Computer-Ergebnissen, daß mathematisch optimierende Produktionsplanungssysteme im Hinblick auf die erforderliche Rechenleistung nunmehr auch in jenen Dimensionen eingesetzt werden können, die im praktischen Einsatz gefordert werden (vgl. PRESSMAR, D.B.: Supercomputer in der Produktions- und Ablaufplanung, in: Meuer, H.W. (Hrsg.): Supercomputer '89, Informatik-Fachberichte Nr. 221, Berlin-Heidelberg u.a. 1989, S. 170).

[40] Vgl. SCHEER, A.-W.: CIM-Computer Integrated Manufacturing, Der computergesteuerte Industriebetrieb, 4. Aufl., Berlin-Heidelberg u.a. 1990, S. 29.

[41] COPICS ist eine Abkürzung für Communication Oriented Production Information and Control System. Vgl. auch die Abb. 7.

[42] WEIRAUCH, F.W.: Rechnergestützte Produktionsgrobplanung, in: ZwF, 82. Jg., 1987, Nr. 8, S. 486.

– als flexibles Abfragesystem und
– als komplexes Analysesystem.

Erst wenn auch die zuletzt genannte Komponente zufriedenstellend genutzt wird, stellt die Software ein geeignetes Werkzeug für den Fertigungsplaner dar, die Zeit-, Material- und Kapazitätswirtschaft wesentlich zu verbessern und zu beschleunigen. Erst dadurch erreichen die geplanten Daten eine höhere Aktualität. Ferner werden wirksame Reaktionen auf Planabweichungen ermöglicht und Störungen des Produktionsablaufs vermieden.

Sukzessivplanungen zeichnen sich überwiegend durch die Ausrichtung auf bestimmte, eng umgrenzte Fertigungstypologien aus.[43] Darüber hinaus werden die Zusammenhänge zwischen Material- und Zeitwirtschaft in sukzessiven Planungsmodellen nur mangelhaft abgedeckt.[44]

Insgesamt kann man feststellen, daß die traditionellen Sukzessivplanungsverfahren bei tendenziell zunehmendem Einzel- und Werkstattfertigungscharakter immer ungeeigneter werden. Die häufig unzureichende Berücksichtigung der betrieblichen Anforderungen, der verfolgten Ziele und der vorhandenen Interdependenzen zwischen den Unternehmensbereichen begründen diese Einschätzung.

3.1.3 Kombinierte Planung

Einen Kompromiß zwischen der ausschließlichen Anwendung der bislang erwähnten Planungsmethodologien stellen die kombinierten bzw. gemischten Ansätze dar. Gemeinsames Ziel der gegenwärtig recht kontrovers diskutierten unterschiedlichen Konkretisierungen ist die bessere Abstimmung der einzelnen Planungsbereiche. In diesem Zusammenhang können zwei Verfahren unterschieden werden, um dem Problem der Alterung von Produktionsplanungen Rechnung zu tragen:[45]

– Das Neuaufwurfsverfahren und
– das Fortschreibungsverfahren (Net-change-Verfahren).

Beim Neuaufwurfsverfahren wird periodisch das gesamte Auftragsnetz komplett neu aufgebaut, hingegen berücksichtigt das Fortschreibungsverfahren nur denjenigen Netzteil, der sich verändern soll.

---

43   Adam stellt heraus, daß die Voraussetzungen des Stufenkonzepts am ehesten bei Serienfertigung überwiegend standardisierter Produkte erfüllt sind (vgl. ADAM, D.: Aufbau und Eignung klassischer PPS-Systeme, in: SzU, Bd. 38, Wiesbaden 1988, S. 16).

44   Vgl. SCHEER, A.-W.: CIM ..., a.a.O., S. 32.

45   Vgl. SCHEER, A.-W.: EDV-orientierte Betriebswirtschaftslehre, 4. Aufl., Berlin-Heidelberg u.a. 1990, S. 59 ff.

Da für eine Neuplanung meistens ein großes Datenvolumen zu bewältigen ist, kann dieses Verfahren auch bei modernen Rechenanlagen nicht beliebig häufig durchgeführt werden. Ein denkbarer Ausweg zeichnet sich dadurch ab, daß man beide Verfahren kombiniert, indem beispielsweise wöchentlich ein Neuaufwurf geplant und dieser täglich durch das Net-change-Verfahren aktualisiert wird.

Dieser Gedankengang nimmt eine gewisse Suboptimalität der Planung bewußt in Kauf. Es bleibt allerdings die Frage, ob der periodenorientierte Ansatz des reinen Neuaufwurfverfahrens mit seiner Prämisse der Datenkonstanz während des Planungszeitraums nicht noch wesentlich angreifbarer ist.

Ursache der Entwicklung neuer Konzeptionen in der Produktionsplanung und -steuerung ist die Erkenntnis, daß die traditionellen Systeme nicht alle in sie gesetzten Erwartungen erfüllt haben.[46] Im Abschnitt 3.3.3 wird aus diesem Grunde auf die neueren PPS-Ansätze näher eingegangen.

Eine allgegenwärtige Standard-Architektur für die computerintegrierte Fertigung (CIM[47]) wird es auch in der Zukunft jedenfalls nicht geben. "Für jeden Betrieb ist vielmehr – ausgehend von den strategischen Zielen des Unternehmens – ein angepaßtes CIM-Konzept zu entwickeln."[48]

Den individuellen Bedürfnissen der Anwender kann daher nur durch ein auf die spezifischen Belange zugeschnittenes Planungsinstrumentarium begegnet werden. Die Entwicklung marktgerechter PPS-Systeme zeichnet sich somit durch eine zunehmend dezentrale Orientierung aus. Wesentliche Ursachen für eine Abkehr von den bislang favorisierten zentralen Konzeptionen sind:[49]

- Heterogene Fertigungssteuerungsprobleme lassen sich nicht mit einer einheitlichen Philosophie abdecken.
- Die computerintegrierte Fertigung erfordert eine offene Systemarchitektur.
- Die Anforderungen an die Verfügbarkeit und das Antwortzeitverhalten der computergestützten Fertigungssteuerungssysteme nehmen zu.
- Die algorithmenorientierte Kapazitätsausgleichs- und Feinsteuerungsverfahren haben bei der Einbeziehung des gesamten, zentral vorhandenen Auftragsbestandes versagt.

---

[46] Vgl. ZÄPFEL, G./ MISSBAUER, H.: Neuere Konzepte der Produktionsplanung und -steuerung in der Fertigungsindustrie, in: WiSt, 17. Jg., 1988, Nr. 3, S. 127.

[47] CIM steht für Computer Integrated Manufacturing.

[48] HELBERG, P.: PPS als CIM-Baustein, a.a.O., S. 171.

[49] Vgl. SCHEER, A.-W.: Dezentrale Produktionsplanung und -steuerung, in: Computer Magazin, 1988, Nr. 4, S. 43.

– Die Planungs- und Steuerungskonzeption gängiger PPS-Systeme ist auf die funktional gegliederte Fertigungsindustrie ausgerichtet (Werkstättenprinzip mit größeren Serien). Prozeß- und montageorientierte Fertigungsstrukturen (mit kundenorientiertem Kleinseriencharakter) werden dagegen nur mangelhaft unterstützt.

Die Erweiterung des Sukzessivplanungsprinzips um neue, gleichzeitig bearbeitbare Komponenten, bewirkt eine stärkere Verknüpfung zwischen der Produktionsplanung und -steuerung. Durch den Aufbau selbständiger dezentraler Steuerungseinheiten, die mit übergeordneten Leitstellen verbunden sind, kann der Forderung nach einer Integration der beteiligten Subsysteme entsprochen werden.

3.2 Operative Planung der Produktion

3.2.1 Problemstellung

Generell läßt sich für jedes wirtschaftliche Geschehen, welches eine zeitliche Ausdehnung besitzt, eine Planung des Ablaufs vornehmen. "Im betriebswirtschaftlichen Bereich ist eine Ablaufplanung in allen Funktionsbereichen des Absatzes, der Lagerhaltung, der Produktion, der Beschaffung und der Verwaltung möglich."[50] Die Fertigungsablaufplanung nimmt hierbei sicherlich die bedeutendste Rolle ein.

Die operative Produktionsplanung beschäftigt sich mit den kurzfristigen Dispositionsaspekten der Leistungserstellung. Dabei besteht eine unmittelbare Schnittstelle zur Steuerung der Produktion. Unter Fertigungssteuerung werden im folgenden die zielorientierten Maßnahmen und Tätigkeiten verstanden, die direkt die Bearbeitung und Durchführung einzelner Kundenaufträge betreffen. "Aufgabe der Fertigungssteuerung ist es, den Betriebsablauf hinsichtlich Mengen und Terminen zu gestalten."[51] Die Begriffe Produktions- und Fertigungsplanung bzw. -steuerung sollen dabei eine synonyme Verwendung finden.

Die Steuerung der Produktion kann durch die unmittelbare und zeitnahe Einwirkung auf den Bearbeitungsvorgang von den vorgelagerten Bereichen des Leistungserstellungsprozesses abgegrenzt werden. Innerhalb der Fertigung erfolgt die Erstellung der Güter, die als Kundenaufträge in die Unternehmenswelt gelangt sind. "Das Produktionsprogramm auftragsorientierter Unternehmen läßt – wenigstens dem Prinzip nach – keinen Raum für ein Manipulieren der

---

50 HOSS, K.: Fertigungsablaufplanung mittels operationsanalytischer Methoden, Würzburg-Wien 1965, S. 2.

51 WARNECKE, H.-J./ BULLINGER, H.-J./ LIENERT, J.: Entwicklungstendenzen des EDV-Einsatzes in der Fertigungsteuerung, in: Scheer, A.-W. (Hrsg.): Produktionsplanung und -steuerung im Dialog, Würzburg-Wien 1979, S. 21.

Fertigungsauftragsgröße."[52] Für den Anlagenbau folgt daraus, daß i.d.R. nur Zeit und Ort der Produktion variiert werden können. Ist nämlich ein Neubauauftrag erst einmal abgeschlossen, liegen die dazu nötigen Baugruppen in engen Grenzen fest.

Im Rahmen des operativen Produktions-Managements ist eine Planung der Termine und der Kapazitätsbelegung vorzunehmen. Bei der Einzelproduktion ist der Ausgangspunkt der Ablaufplanung die Terminplanung, bei der die Fertigstellungstermine von Großbauteilen, die sich aus vielen Einzelteilen zusammensetzen können, mit Hilfe der Verfahren der Netzplantechnik bestimmt werden. Ein Netzplan ist eine graphische oder tabellarische Darstellung von Abläufen und deren Abhängigkeiten.[53] Die Netzplantechnik dient vor allem der zeitlichen Planung und Überwachung von Projekten. Im Hinblick auf Großprojekte wird diese Technik sowohl bei Baustellen- als auch bei Werkstattproduktion eingesetzt. Die heute verwendeten Methoden der Ablaufgrobplanung orientieren sich häufig an dieser Planungstechnik. Errechnet werden unter anderem die frühestmöglichen und die spätest zulässigen Termine aller Arbeitsvorgänge.

Die Heranziehung von Terminen hat dabei eine doppelte praktische Implikation:[54] Zum einen regeln sie das Verhalten von terminorientierten Fertigungs-Prioritätsregeln, zum anderen erbringen eng festgelegte Auftragsfertigstellungstermine der Unternehmung Wettbewerbsvorteile am Markt.

3.2.2 Terminplanung

3.2.2.1 Durchlaufterminierung

Die Planung des Produktionsprozesses umfaßt nicht nur die Reihenfolgeplanung, sondern auch die Terminplanung. "Die Aufgabe dieser Planung besteht darin, dem Produktionsprozeß einen Zeitplan zu geben, nach dem die Produktionsaufträge in der verlangten Zeit bzw. in der geringstmöglichen Zeit fertiggestellt werden können."[55]

Die Durchlaufterminierung ist eine Zeit- respektive Terminrechnung ohne explizite Einbeziehung der vorhandenen Kapazitätsrestriktionen. Diese – zumindest in einem ersten Schritt – rückwärts durchgeführte Terminierung ist für die kundenorientierte Auftragsfertigung von

---

[52] GUTENBERG, E.: a.a.O., S. 199.

[53] Altrogge definiert einen Netzplan (Kurzform: Netz) als graphische und graphenorientierte Darstellung des Projektablaufs (vgl. ALTROGGE, G.: Netzplantechnik, Wiesbaden 1979, S. 179).

[54] Vgl. BIENDL, P.: Ablaufsteuerung von Montagefertigungen, Bern-Stuttgart 1984, S. 83.

[55] GUTENBERG, E.: a.a.O., S. 221.

großer Bedeutung, da sie die Grundlage der Kalkulation von Lieferterminen und von Fertigungskosten (bzw. den Produktionsanforderungen überhaupt) bildet.[56]

Die globale Durchlaufzeit eines Erzeugnisses durch die Produktion bezeichnet i.a. die Zeitspanne, die zwischen dem Beginn des ersten und dem Abschluß des letzten Arbeitsvorgangs verstreicht. Normalerweise führt man neben der Standarddurchlaufzeit auch noch ihren Minimalwert mit, um im Bedarfsfall entsprechende Kürzungen vornehmen zu können.

Das Ziel der Durchlaufterminierung ist es, mit Hilfe von graphentheoretischen Verfahren Anfangs- und Endzeitpunkte sowie eventuelle zeitliche Verschiebbarkeiten (Pufferzeiten) von Arbeitsvorgängen zu ermitteln, so daß der vorgesehene Liefertermin eingehalten werden kann.

Eine detaillierte Durchlaufterminierung ist allerdings überflüssig, wenn keine Fließfertigung (d.h. z.B. eine Baustellenproduktion) vorliegt.[57] Bei Unternehmen der mechanischen Einzel- oder Kleinserienproduktion erfolgt daher häufig keine Trennung zwischen Durchlauf- und Kapazitätsterminierung. Statt dessen planen diese Betriebe ihre Termine, indem sie die zur Verfügung stehenden Kapazitäten unmittelbar miteinbeziehen.

3.2.2.2 Kapazitätsterminierung

Aufgabe der Kapazitätsterminierung ist es ebenfalls, Anfangs- und Endtermine der Arbeitsvorgänge festzulegen, wobei die vorhandenen Kapazitätsrestriktionen explizit mitberücksichtigt werden. Damit wird eine endgültige Fixierung herbeigeführt.

Ausgangssituation einer Kapazitätsterminierung ist die Konkurrenz mehrerer Arbeitsvorgänge um freie Kapazitäten. Beachtung sollte in diesem Zusammenhang jeder Produktionsfaktor finden, d.h. sowohl Betriebsmittel- und Personalbegrenzungen als auch eingeschränkte Nutzungsmöglichkeiten der Fertigungs- und Montageflächen.

---

56 Grundsätzlich kann jedoch bei allen Methoden die Terminierung sowohl vorwärts (progressiv), rückwärts (retrograd) als auch gemischt vorwärts und rückwärts erfolgen (vgl. VDI (Hrsg.): EDV bei der PPS, Bd. 2: Fertigungsterminplanung und -steuerung, VDI-Taschenbuch T23, 2. Aufl., Düsseldorf 1974, S. 43).

57 Vgl. HESS-KINZER, D.: Produktionsplanung ..., a.a.O., S. 168.

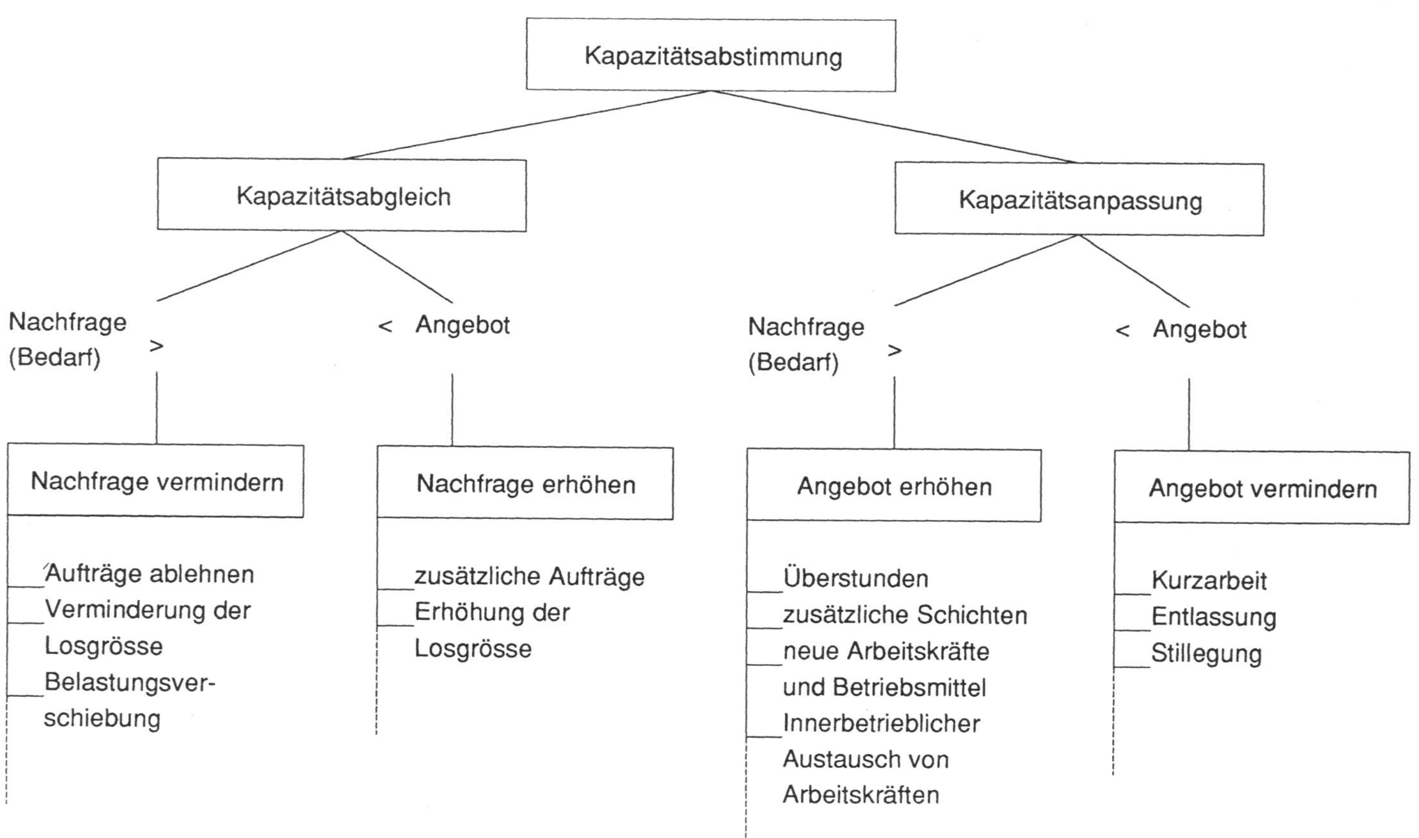

Abb. 4:   Möglichkeiten der Kapazitätsabstimmung

Das Ziel ist es nun, die Kapazitätsnachfrage derart mit dem verfügbaren Kapazitätsangebot abzustimmen, daß zunächst eine zulässige und schließlich eine – sofern erreichbar – optimale Planungssituation entsteht. Optimierungskriterien dieser Abgleichsaufgabe sind die produktionswirtschaftlichen Zielsetzungen[58]. Die unterschiedlichen Möglichkeiten zur Kapazitätsabstimmung, die – zumindest theoretisch – zur Verfügung stehen, veranschaulicht die Abb. 4.[59]

Die Kapazitätsterminierung bildet somit einen wichtigen Bestandteil eines jeden Produktionsplanungs- und -steuerungs-Systems. Die Aufgaben dieser Terminierungsart können dabei wie folgt zusammengefaßt werden:[60]

– Optimale Auslastung der Kapazitätseinheiten,
– Berücksichtigung der Erfordernisse einer schnellen Auftragsabwicklung und
– Einhaltung des ursprünglichen Liefertermins.

Die strikte Termineinhaltung stellt für einen Großanlagenbauer normalerweise das wichtigste Zielkriterium dar. Demzufolge kommt den Maßnahmen zur Fertigungszeitverkürzung eine besondere Bedeutung zu. Ansatzpunkte zur Verkürzung der Durchlaufzeit sind dabei die Reduktion der Übergangszeit oder der eigentlichen Produktions-Hauptzeit. Eine Lossplittung bzw. -überlappung, wie sie beim Serienfertiger in aller Regel angewandt wird, ist dagegen für einen kundenorientierten Einzelfertiger kein probates Mittel zur zeitlichen Anpassung, weil die Losgröße per definitionem gleich eins (bzw. nahezu gleich eins) ist.

Ergebnisse der Kapazitätsterminierung können in Auftragsnetzen dargestellt werden, die den zeitlichen Abarbeitungsverlauf der Arbeitsvorgänge kennzeichnen. Je schneller die Bestandteile des Auftragsnetzes sich verändern, desto schneller veralten die Fertigungsvorgaben und verlieren die geplanten Betriebsmittelbelegungen ihre Gültigkeit. Gründe für das Veralten der Feinterminpläne sind:[61]

– Bei der Kapazitätsterminierung ist unbekannt, zu welchen exakten Zeitpunkten Maschinenstörungen oder krankheitsbedingte Ausfallzeiten des Personals auftreten.
– Bei vielen Produktionsprozessen ist der genaue Arbeitszeitbedarf für einen Auftrag nur ungenau zu schätzen, weil z.B. entsprechende Erfahrungswerte fehlen.
– Die Terminfeinplanung geht stets von einem gegebenen Arbeitsprogramm aus, das terminlich einzuplanen ist. In der Praxis ändert sich das Auftragsprogramm durch sogenannte Schnellschüsse. Derartige Terminkonsequenzen könnten nur mit einem Neuauf-

---

58 Vergleiche hierzu den Abschnitt 2.1.

59 HACKSTEIN, R.: a.a.O., S. 113.

60 Vgl. BRANKAMP, K.: Terminplanungssystem, 2. Aufl., Würzburg-Wien 1973, S. 106.

61 Vgl. ADAM, D.: Aufbau ..., a.a.O., S. 15.

wurf der Kapazitätsterminierung erfaßt werden. Dazu fehlen jedoch meistens die Zeit und die sonst nötigen Ressourcen.

Die Ergebnisse einer umfassenden Terminplanung können schließlich folgendermaßen zusammengefaßt werden:[62]

- Die Termine (Liefertermine, Einsteuerungs- und Zwischentermine der Werkaufträge),
- die benötigten Kapazitäten (für Eigen- und Fremdkapazitäten) und
- die Maschinenbelegung (also die Festlegung der Auftragsreihenfolge sowie die Lage und Zuordnung der Aufträge zu den Kapazitätseinheiten).

3.2.3 Kapazitätsbelegungsplanung

3.2.3.1 Maschinenbelegungsplanung

Die Berechnung günstiger Auftragsreihenfolgen (Maschinenbelegungen) ist schwierig zu lösen durch die große Zahl gleichzeitig zu berücksichtigender Planungsparameter. In der englischsprachigen Literatur wird zwischen Planning und Scheduling unterschieden: Während ein Plan angibt, was wie gemacht wird, gibt ein Schedule an, wann und wo (an welchen Arbeitsplätzen) der Vorgang erfolgt. Diese beiden Funktionen sind voneinander abhängig; ein Schedule beschreibt den anlagen- und auftragsbezogenen Einsatz der Ressourcen und kann nicht ohne vorausgehende Planung aufgestellt werden.

Das Maschinenbelegungsproblem wird auch als Instanz des verteilten Ressourcenmanagements betrachtet, das aus den drei Komponenten Verbraucher, Ressourcen und Verteilstrategie besteht. Maschinenbelegung ist der Vorgang, den Verbrauchern die verfügbaren Ressourcen gemäß der Verteilstrategie effektiv zuzuweisen. In der Fertigung entsprechen die Aufträge den Verbrauchern, die Maschinen und sonstigen Betriebsmittel den Ressourcen und z.B. die Forderung nach einer gleichmäßigen Betriebsmittelauslastung der Verteilstrategie.

Gegenstand der Kapazitätsterminierung ist also vor allem die Maschinenbelegungsplanung. Dieser Planungsschritt umfaßt nun zwei Aufgaben:[63]

- Die Produktionsaufteilungsplanung und
- die zeitliche Reihenfolgeplanung.

Für n Aufträge, die auf m Maschinen zu bearbeiten sind, wird daher ein Maschinenbelegungsplan (Ablaufplan) gesucht, der bezüglich mindestens einer Zielgröße möglichst optimal

---

62   Vgl. WILDEMANN, H.: Auftragsabwicklung ..., a.a.O., S. 17.

63   Vgl. ADAM, D.: Aufbau ..., a.a.O., S. 14.

ist.[64] Diese Problemstellung ist in der Praxis häufig mit unterschiedlichen auftrags- und maschinenbezogenen Nebenbedingungen behaftet. In diesem Zusammenhang sind vor allem mehrstufige Produktionsprozesse, divergierende und/oder konvergierende Fertigungsstrukturen, reihenfolgeabhängige Umrüstkosten bzw. -zeiten sowie ggf. konfliktäre Zielbeziehungen anzuführen. Traditionelle Ansätze berücksichtigen zur Belegungsplanung ausschließlich zeitlich-quantitative Aspekte; kapazitätsbestimmende räumliche Auftragsabmessungen werden dagegen vernachlässigt. Das Angebot an verfügbarer Produktionsfläche stellt aber bei kundenorientierten Einzelfertigern mitunter eine Engpaßkapazität dar.

Die Planung der Maschinenbelegung erfolgt — zeitlich gesehen — vor der Auftragsfreigabe, d.h also vor der Einsteuerung der Teilaufträge in die Werkstatt. Alle diejenigen Arbeitsvorgänge, die eine Produktionskapazität belasten, kennzeichnen dabei eine konkrete Belegung der Betriebsmittel.[65]

Von fundamentaler Bedeutung für alle Maschinenbelegungsprobleme (und insbesondere diejenigen, die den folgenden Ausführungen zugrunde liegen) ist die Vorgabe eines festen Produktionsprogramms. Gerade für den Anlagenbau ist es typisch, daß die Auftragslage für den nächsten Fertigungszeitraum als gegeben angesehen werden kann, wodurch kurzfristige Programmänderungen faktisch höchstens in Einzelfällen auftreten.

Zur Realisierung dieses Programms ist es erforderlich, die zu fertigenden Objekte z.B. nach logischen oder zeitlichen Sachnotwendigkeiten anzuordnen. Die Reihenfolgeelemente in der Maschinenbelegungsplanung sind die Aufträge und die Maschinen.[66] Dazu unterscheidet man:

- Die Maschinenfolge, d.h. die Reihenfolge, in der die Maschinen durchlaufen werden (sogenannte technologische Reihenfolge) und
- die Auftragsfolge, d.h. die Reihenfolge, in der die Aufträge abgearbeitet werden (sogenannte Bearbeitungsreihenfolge).

Neben dem Reihenfolgeproblem treten im Zusammenhang mit der Maschinenbelegung auch noch andere Ablaufplanungsprobleme auf. Im Vordergrund der Kapazitätsplanung steht die Frage, wann und wo von welchen Mitarbeitern welche Arbeitsgänge mit welchen Maschinen und Werkzeugen in welcher Zeit durchgeführt werden sollen. Im Bereich industrieller

---

64 Vgl. HOITSCH, H.-J.: a.a.O., S. 239.

65 Vgl. HESS-KINZER, D.: Produktionsplanung ..., S. 215. Wedekind weist in diesem Zusammenhang darauf hin, daß "eine Belegung nach unserer Erfahrung nur in einer Zeitspanne stattfinden kann", die exogene Größe "Zeit" somit mitzuberücksichtigen ist (WEDEKIND, H.: Dialogbedürftige Aufgaben in der Fertigungsvorbereitung und -durchführung, in: Scheer, A.-W. (Hrsg.): Produktionsplanung und -steuerung im Dialog, Würzburg-Wien 1979, S. 27).

66 REESE, J.: Standort- und Belegungsplanung für Maschinen in mehrstufigen Produktionsprozessen, Berlin-Heidelberg-New York 1980, S. 7.

Produktionsabläufe können derartige Problemstellungen nachfolgende Bestandteile aufweisen:[67]

- Reihenfolgeprobleme (wie oben beschrieben),
- Zuordnungsprobleme und
- Auswahlprobleme.

Viele Probleme der betrieblichen Praxis enthalten Komponenten aller drei Grundtypen und sind daher besonders komplex. Im vorliegenden Fall der Belegungsplanung von Montageflächen muß erschwerend sowohl die Reihenfolge der Auftragsfertigung festgelegt als auch eine Zuordnung der Bauteile zu den Bauflächen vorgenommen werden. Zudem hat man auszuwählen, welche Teile aus dem Auftragsbestand in der anstehenden Planungsperiode herzustellen sind. Über die eigentliche Reihenfolgeproblematik hinaus existiert somit sowohl ein Zuordnungs- als auch ein Auswahlproblem, welche die Durchführungsplanung zusätzlich erschweren.

Das der Fertigungsablaufplanung eines innerbetrieblichen Baustellenfertigers zugrundeliegende Zuordnungsproblem kann nun durch einen zusätzlichen Aspekt erweitert werden. Erst mit einer − wünschenswerterweise optimalen − Festlegung der räumlich-zeitlichen Ablauffolge der Teilaufträge kommt man zu einer tatsächlichen Kapazitätsbelegung bzw. Auftragsbearbeitung.[68]

In der betrieblichen Praxis treten die Maschinenbesetzungsprobleme in recht unterschiedlicher Form auf. Die Vorgehensweise eines anonymen Massenfertigers von Spritzgußteilen unterscheidet sich z.B. naheliegenderweise grundlegend von derjenigen eines rein auftragsgebundenen Großmaschinenbauers. In der vorliegenden Arbeit soll neben der Belegungsplanung einer kundenorientierten Werkstattfertigung vorrangig die Betriebsmitteleinsatzplanung von netzplanmäßig zerlegbaren Projekten betrachtet werden. Aufgrund der problemimmanenten Komplexität derartiger Planungen bieten sich neben heuristischen Prioritätsregelverfahren allenfalls wissensbasierte oder simulative Lösungsverfahren (sowie mitunter Kombinationen dieser Varianten) an.[69]

Die Intention dieser Ansätze besteht allerdings nicht in der Herleitung bestmöglicher Planungsergebnisse, sondern in der schnellen Berechnung zulässiger Fertigungsabläufe. Eine Berechtigung besitzen diese Verfahren aber dennoch, da die Einschätzungen über die effiziente Anwendbarkeit der in großer Zahl entwickelten optimierenden Operations-

---

[67] MÜLLER-MERBACH, H.: Ablaufplanung, Optimierungsmodelle zur, in: Kern, W. (Hrsg.): Handwörterbuch der Produktionswirtschaft, Stuttgart 1979, Sp. 39.

[68] Vgl. HOSS, K.: a.a.O., S. 46.

[69] Vgl. MÜLLER-MERBACH, H.: Optimale Reihenfolgen, Berlin-Heidelberg-New York 1970, S. 173 ff. Zur generellen Einteilung der existenten Verfahren vergleiche den Abschnitt 3.2.4, die heuristischen Ansätze werden anschließend im Abschnitt 4.2.2 vertiefend behandelt.

Research-Modelle im Bereich der Kapazitätsbelegungsplanung derzeit noch überwiegend kritisch ausfallen.[70] Mit vertretbarem Aufwand machbare Kapazitätsbelegungen abzuleiten ist daher besser als wenn man in adäquater Zeit überhaupt keine Lösung findet.

Es bleibt abzuwarten, ob sich diese Auffassung in der Zukunft entscheidend ändert. Im Hinblick auf die rasante, technische Weiterentwicklung von Computer-Hardware sowie effizienten Software-Algorithmen ist im Vergleich zu vergangenen grundsätzlich ablehnenden Haltungen gegenüber mathematischen Optimierungsverfahren schon jetzt eine gewisse Neuorientierung unverkennbar.

Das heißt aber nicht, daß die heuristischen Planungsansätze für besonders komplizierte, schnell veraltende Steuerungsprobleme nicht auch in den kommenden Jahren weiterhin eingesetzt werden.[71] Das gilt in erster Linie für kurzfristige Ablaufplanungen mit einer großen Anzahl von Arbeitsvorgängen sowie für Problemstellungen, die zusätzliche Nebenbedingungen zu beachten haben, also auch für den vorliegenden Fall einer flächenorientierten Kapazitätsbelegungsplanung. Der Umfang derartiger Modelle zur Planungsoptimierung ist häufig so groß, daß auch der Einsatz von schnellen Supercomputern mit leistungsstarken Algorithmen künftig keine Trendumkehr erwarten läßt. Aus diesem Grunde können die (für verwandte Gebiete wissenschaftlich durchaus interessanten) simultanen Kapazitäts- und Standortplanungen für die vorliegende Problemstellung nicht benutzt werden.[72]

Eine Dekomposition der Simultanplanung in einzelne Teilprobleme kann diese Aussage ebenfalls nicht abändern, da für die Kapazitätsterminierung im engeren Sinne noch immer große Problemstellungen zu lösen sind. Eine Aufspaltung der eigentlichen Maschinenbelegung ist aufgrund der vorhandenen Interdependenzen i.a. nicht möglich. Eine sukzessive Lösung mehrerer Teilplanungen kann daher nur in den Situationen in Frage kommen, in denen die Verzahnung untereinander vernachlässigbar ist.

Zusätzlich zu den bislang behandelten Belegungsproblemen existieren Anordnungsprobleme von Organisationseinheiten auf vorgegebenen potentiellen Standorten. Derartige Fragestellungen subsumiert man im allgemeinen unter dem Begriff der innerbetrieblichen Standort- oder Layoutplanung.[73]

---

70 Vgl. u.a. HAHN, D.: a.a.O., S. 31.

71 Liesegang und Schirmer bekunden, daß erst die Anwendung von heuristischen Verfahren eine Lösung umfangreicher Maschinenbelegungsprobleme ermöglicht (vgl. LIESEGANG, G./ SCHIRMER, A.: Heuristische Verfahren zur Maschinenbelegungsplanung bei Reihenfertigung, in: ZOR, 19. Jg., 1975, S. 198).

72 Vgl. MÜLLER, B.: Ein Verfahren zur Unterstützung der simultanen Kapazitäts- und Standortplanung für Industrieunternehmen, in: ZfB, 53. Jg., 1983, Nr. 2, S. 183 ff. Polixa weist sogar explizit darauf hin, "daß Auftragsfolgeentscheidungen bei Werkstattfertigung gesamtoptimal nur simultan mit den innerbetrieblichen Standortentscheidungen getroffen werden können" (POLIXA, F.: Die Berücksichtigung von standortabhängigen Transportzeiten in der Ablaufplanung, Diss., Hamburg 1987, S. 103).

73 Vgl. REESE, J.: a.a.O., S. 68.

Das zentrale Thema der günstigen Standortwahl für einen Produktionsfaktor wird in den folgenden Kapiteln differenzierter untersucht. Zuvor ist jedoch der Aspekt der Bildung von Auftragsreihenfolgen für die herzustellenden Erzeugnisse aufzugreifen und deren Bedeutung für eine kapazitätsorientierte Flächennutzungsplanung herauszuarbeiten.

3.2.3.2 Reihenfolgeplanung

Das eigentliche Problem der Reihenfolgeplanung ist, daß sich eine unübersehbare Zahl von Kombinationsmöglichkeiten ergäbe, falls man versucht, alle denkbaren Fälle des Produktionsablaufs zu enumerieren. Bei nur 15 verschiedenen Teilaufträgen hätte das 1.307.674.368.000 (=15!) Anordnungspermutationen zur Folge. Es ist daher leicht einzusehen, daß praktische Planungen mit Hilfe der vollständigen Enumeration selbst unter Verwendung der schnellsten DV-Anlagen (Supercomputer) nicht durchzuführen sind, zumal mit einer ggf. erheblich größeren Anzahl von Teilaufträgen zu rechnen ist.

Falls mehrere Kapazitätseinheiten zur Verfügung stehen, wächst der Rechenaufwand bei einer vollständigen Enumeration aller möglichen Ablaufpläne sogar exponentiell (nach der Formel $(n!)^m$) mit dem Problemumfang.[74] Neuere Untersuchungen zur Komplexitätstheorie ergaben, daß auch in Zukunft kaum damit zu rechnen ist, praktische Problemlösungen mit polynomial beschränkten Verfahren zu erreichen.[75]

Die Reihenfolgeplanung dient als Bestandteil der Ablaufplanung der zeitlichen Zuordnung der zur Durchführung des Fertigungsablaufs bereitstehenden Arbeitsvorgänge zu den erforderlichen Produktiveinheiten. "Aufgabe der Reihenfolgeplanung ist es, über die Festlegung der Auftragsfolgen denjenigen Reihenfolgeplan zu ermitteln, der hinsichtlich einer oder mehrerer Zielsetzungen optimal ist oder einem bestimmten Anspruchsniveau genügt."[76]

Die Qualität einer Reihenfolgeplanung kann wiederum aus zeitbezogenen, kostenmäßigen oder sonstigen Beurteilungkriterien abgeleitet werden. Diese Merkmale konkretisieren demnach die Forderung nach einer generellen Wirtschaftlichkeitsmaximierung.[77] Dazu orientieren sie sich vornehmlich an den Bedingungen des Fertigungsbereichs, ohne globale betriebliche Aspekte zu vernachlässigen.

---

[74] Vgl. ZÄPFEL, G.: Produktionswirtschaft, a.a.O., S. 260.

[75] Vgl. BRUCKER, P.: NP-Complete Operations Research Problems and Approximation Algorithms, in: ZOR, 23. Jg., 1979, S. 73.

[76] BOURIER, G.: Zum Problem der Reihenfolgeplanung im einstufigen Fertigungsprozeß bei vorgegebenen Fertigstellungsterminen, Frankfurt/Main-Zürich 1978, S. 12.

[77] Vgl. die Abb. 1.

Die Reihenfolgeplanung konzentriert sich auf das Problem der Planung der Auftragsfolge, d.h. der Reihenfolge, in der die Teilaufträge abgearbeitet werden.[78] Ein durchgängig anwendbares und exaktes Modell zur Lösung des Reihenfolgeproblems existiert bisher nicht. Eine wesentliche Rolle für die aus diesem Grunde zum Einsatz kommenden Näherungsverfahren spielen heuristische Prioritätsregeln.

Prioritätsregeln besitzen auch für flächennutzungsorientierte Kapazitätsplanungen eine zentrale Bedeutung, da im Anschluß an die Berechnung von Prioritätsziffern eine Sortierung der Teilaufträge und damit eine zeitnahe Fertigungssteuerung ermöglicht wird. Schließlich erlaubt eine auf heuristischen Regelwerken basierende Ablaufsteuerung, daß verschiedene spezifische Unternehmensziele berücksichtigt werden können.

3.2.3.3 Layoutplanung

Während bei der Massen- oder Serienfertigung für den anonymen Markt typischerweise auf Lager produziert wird, zeichnet sich der Anlagenbau – im Unterschied dazu – durch eine Auftragsfertigung aus, d.h., daß ein Kundenauftrag bereits vor Aufnahme der Produktion vorliegt. Dieser Kundenauftrag kann anschließend zerlegt und in Form einer innerbetrieblichen Baustellenfertigung bearbeitet werden. Variierbarer Parameter der Produktionssteuerung ist der Ort (bzw. die Fläche oder der Raum), an dem der Teilauftrag gefertigt wird. Damit ist ein innerbetriebliches Standortproblem (bzw. Layoutproblem) zu lösen.

Unter der Layoutplanung versteht man die Bestimmung einer räumlich optimalen Anordnung einer gegebenen Menge von Organisationseinheiten, die wechselseitig miteinander in Beziehung stehen.[79] Je nach Art der Beziehungen ist dabei zu spezifizieren, was als "optimal" zu erachten ist. Das Ziel einer innerbetrieblichen Standortplanung ist in aller Regel die Minimierung der Summe der mittel- bis langfristig anfallenden anordnungsbedingten Transport-, Lager- und Produktionskosten.[80] Fraglich bleibt allerdings, ob alle Kostenbestandteile immer gegenwartsnah erhoben werden können.

Die Layoutplanung ist in der betrieblichen Praxis meistens auf Probleme beschränkt, die die einmalige (bzw. langfristige) Zuordnung von Maschinen oder Arbeitsplätzen in Fabrikhallen oder Abteilungen betreffen.[81] Eine Erweiterung auf allgemeine raum- respektive flächen-

---

78 Das Festlegen der Zeitpunkte, an denen die Bearbeitung der Aufträge aufzunehmen ist, wird in der anglo-amerikanischen Literatur als "Scheduling" bezeichnet.

79 Vgl. LÜDER, K.: Standortwahl, in: Jacob, H. (Hrsg.): Industriebetriebslehre, Handbuch für Studium und Prüfung, 4. Aufl., Wiesbaden 1990, S. 70.

80 Vgl. DOMSCHKE, W./ DREXL, A.: Logistik: Standorte, 2.Aufl., München-Wien 1985, S. 12.

81 Für den speziellen Fall der sog. Standort-Einzugsbereich-Probleme ist in der englischsprachigen Literatur auch der Begriff Location-Allocation-Problem gebräuchlich (vgl. DOMSCHKE, W./ DREXL, A.: a.a.O., S. 131 ff.).

orientierte Kapazitätsplanungen findet i.d.R. nicht statt. Derartige Anordnungsplanungen können auch körperliche Fertigungsaufträge miteinbeziehen, die auf verfügbaren Produktionsstandorten zu positionieren und schließlich herzustellen sind.

Für die Layoutplanung im Sinne einer innerbetrieblichen Standortplanung werden bisher EDV-Systeme nur sehr vereinzelt angeboten oder angewendet. "Der entscheidende Durchbruch zu einer wirtschaftlichen und praxisgerechten Anwendung ist dann zu erwarten, wenn es gelingt, eine umfassende rechnerunterstützte Datenorganisation zu schaffen, die laufend aktuelle Planungsgrunddaten, Randbedingungen und Algorithmen zur Unterstützung des schöpferischen Planens am Bildschirm bereitstellt."[82]

Dadurch zeichnet sich nicht nur für eine relativ langfristig ausgerichtete Fabrikplanung, sondern auch für eine kurzfristige raumorientierte Termin- und Kapazitätsplanung die überragende Bedeutung der Datenbasis und einer benutzerfreundlichen Dialogsteuerung ab.

Die in der wissenschaftlichen Literatur skizzierten Verfahren zur Lösung von Layoutproblemen basieren in der überwiegenden Mehrheit auf graphentheoretischen Heuristiken sowie vielfältigen Optimierungsansätzen. Sie alle haben jedoch eines gemeinsam: Bislang eignen sie sich nur für einen kleinen Kreis von Anwendern für eine eng abgegrenzte Problemstellung unter der Beachtung einer ganzen Reihe von Annahmen und Voraussetzungen.

Fragen der Layoutplanung werden im vierten und fünften Kapitel nochmals vertiefend aufgegriffen. Zunächst erfolgt im Kapitel 4.3.1 eine Einteilung der traditionellen Verfahren der innerbetrieblichen Standortplanung. Zudem werden einige wichtige Verfahren beschrieben und im Hinblick auf ihre prinzipielle Eignung für Montageflächenbelegungen kritisch untersucht. In den Abschnitten 5.2.1 und 5.2.2 wird auf den Zusammenhang zwischen räumlichen Anordnungsplanungen und einer Montageflächenbelegung näher eingegangen. Dazu werden zuerst die Zuschneide- und Packprobleme vorgestellt und anschließend mit den Anforderungen einer sowohl räumlich- als auch zeitlich-orientierten Planung abgeglichen. Zudem werden verschiedene Ansätze zur Abbildung und Anordnung von Bauteil-Grundrissen gekennzeichnet. Diese Darstellung verfolgt den Zweck, effiziente Objekt-Modellierungen für computergestützte Verfahren zur Ablauf- und Layoutplanung zu charakterisieren.

3.2.4 Lösungsansätze der kurzfristigen Produktionsplanung

Die Aufgabe analytischer Planungsverfahren besteht darin, komplexe Entscheidungsprobleme aufzugreifen und einer Lösung zuzuführen. Diese Probleme entstehen durch das Zusammenwirken von Menschen, Maschinen, Material und Geld. Das Ziel ist es dabei, den Entscheidungsträger mit Hilfe moderner wissenschaftlicher Methoden bei der Problemlösung zu

---

[82] WIENDAHL, H.-P./ BRACHT, U.: Datenbankorientierte Fabrikplanung, in: wt, 75. Jg., 1985, Nr. 6, S. 381.

unterstützen. Eine Bewertung der Konsequenzen des Einsatzes quantitativer Modelle umfaßt nun folgende Tatbestände:[83]

- Möglichkeit, eine größere Anzahl Alternativen zu untersuchen,
- verbesserte Entscheidungsqualität,
- höheres Vertrauen in das Entscheidungsergebnis,
- effizientere Planung,
- frühere Verfügbarkeit der Planungsinformationen bei DV-Unterstützung und
- besseres Verständnis der Unternehmensumwelt.

Computergestützte Planungsmethoden können jedoch i.a. die unternehmerische Kreativität nicht ersetzen und eine reale Entscheidung ohne menschliches Zutun nicht bewirken.

Verfahren, die zur Lösung von Ablaufplanungsproblemen zum Einsatz kommen, können grundsätzlich in optimierende und heuristische Ansätze unterteilt werden. Einen Überblick gibt die Abb. 5.[84]

Zu den optimierenden Verfahren gehören zunächst die vollständige Enumeration, die Verfahren der mathematischen Planungsrechnung sowie verschiedene Spezialalgorithmen für diverse Einzelprobleme. Vollständige Enumerationen können nur bei überschaubaren Problemgrößen durchgeführt werden. Für Aufgabenstellungen der vorliegenden Komplexität eignet sich dieser Ansatz nicht.

Die am intensivsten erforschte Teildisziplin der mathematischen Optimierung ist die lineare Programmierung (LP). Für strukturierte Problemsituationen werden optimale Entscheidungsempfehlungen angeboten. LP-Modelle sind insbesondere deshalb das bedeutendste Planungsinstrument des Operations Research, weil sie sich an viele verschiedenartige Probleme anpassen lassen. Gleichzeitig wurden effiziente Methoden entwickelt (beispielsweise die revidierte Simplex-Methode), die eine Lösung großer Problemstellungen auf modernen elektronischen Datenverarbeitungsanlagen erlauben.

---

83   WILDEMANN, H.: Strategische Investitionsplanung: Methoden zur Bewertung neuer Produktionstechnologien, Wiesbaden 1987, S. 32.

84   Vgl. SIEGEL, T.: Optimale Maschinenbelegungsplanung, Berlin 1974, S. 62 ff.; RINNOOY KAN, A.H.G.: Machine Scheduling Problems – Classification, Complexity and Computation, The Hague 1976, S. 30 ff.; REHWINKEL, G.: Erfolgsorientierte Reihenfolgeplanung, in: Neue betriebswirtschaftliche Forschung, Bd. 14, Wiesbaden 1978, S. 46 ff.

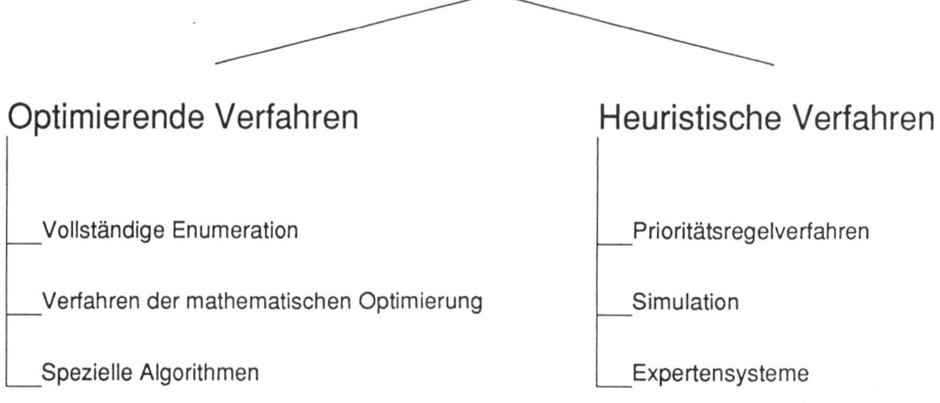

Abb. 5:   Verfahren zur Lösung von Ablaufplanungsproblemen

Optimierende Lösungsverfahren betrachten die Maschinenbelegung demnach als mathematisches Entscheidungsproblem. Mit Hilfe von Branch-and-Bound-Algorithmen wird der gesamte Lösungsraum untersucht und eine optimale Entscheidungsfindung garantiert. Das allgemeine Kapazitätsbelegungsproblem ist optimal jedoch nur sehr schwer zu lösen.[85] Nur für eine kleine Klasse von Spezialproblemen existieren effiziente Algorithmen. Dies gilt vor allem für diejenigen Sonderfälle des allgemeinen Problems, die einfacher modelliert werden können. Mit speziellen Verfahren ist es dann möglich, eine Lösung in vertretbarer Zeit zu finden. Die Anzahl der Rechenschritte ist hierbei i.a. durch eine polynomiale Funktion von einem Eingangsparameter nach oben beschränkt.

Die Probleme der optimierenden Verfahren liegen häufig im unbefriedigenden Laufzeitverhalten, in der schwierigen Abbildung der realen Planungsaufgabe durch ein exaktes Modell und in der mangelhaften Akzeptanz durch die planende Instanz. Die von ausgefeilten Planungsverfahren erzeugten Lösungen sind für den Benutzer häufig nicht mehr transparent. Damit kann der Anwender bei Planabweichungen nicht mehr angemessen reagieren.

---

[85]   Vgl. HOROWITZ, E./ SAHNI, S.: Algorithmen – Entwurf und Analyse, Berlin u.a. 1981, S. 650 ff. und ZÄPFEL, G.: Produktionswirtschaft, a.a.O., S. 262.

Für das Problem der Montageflächenbelegung kommt die mathematische Optimierung nicht in Betracht, weil:

— Ein mathematisches Layoutmodell mit Zeitaspekten noch nicht existiert,

— bekannte LP-Layoutmodelle zu aufwendig und aufgrund des fehlenden Zeitbezugs nicht anwendbar sind,[86]

— spezielle optimierende Algorithmen ebenfalls nicht bekannt sind und

— die betrachtete Aufgabe mit Hilfe heuristischer Verfahren für praktische Anforderungen gelöst werden kann.

Die analytischen Lösungsverfahren zur Maschinenbelegung lassen sich nur anwenden, wenn sich das Produktionssystem durch realistische mathematische Modelle beschreiben läßt: Je langfristiger die Planung, desto einfacher sind wirklichkeitsnahe mathematische Modelle zu finden, da viele Parameter über einen längeren Zeitraum durch Mittelwerte ausreichend genau angegeben werden können. Für die kurzfristigen Planungsaufgaben im Bereich der räumlich-orientierten Produktionssteuerung sind keine realistischen Modelle formulierbar, da eine Problemlösung nur mit unzulässigen Vereinfachungen möglich wäre. Die aufgrund dieser Vereinfachungen berechneten Pläne könnten aber nicht mehr in einer realen Produktionssituation umgesetzt werden.[87] Eine Optimierung "an der Realität vorbei" dürfte wohl kaum zu den gewünschten Ergebnissen führen. Für komplexe kurzfristige Steuerungsaufgaben sollten daher Simulationsstudien und/oder heuristische Verfahren angewendet werden.

Zur Methode der Simulation greift man i.a. immer dann, wenn sich Praxisprobleme als so diffizil erweisen, daß sie geschlossen analytisch nicht gelöst werden können. "Man kann die Simulation auffassen als zielgerichtetes Experimentieren an Modellen, die der Wirklichkeit nachgebildet sind."[88]

Für die industriellen Unternehmungen besonders interessant sind formale Simulationsmodelle im engeren Sinne, die durch ein Computerprogramm bearbeitet werden können. Programmläufe mit unterschiedlichen Ausgangsdaten beschreiben dann die Experimente am Rechenmodell. Die Systemsimulation kann daher als Methode zur Lösung von Problemen definiert werden, bei denen man die Änderung eines dynamischen Systemmodells über die Zeit verfolgt.[89]

---

86   Vgl. die Abschnitte 4.3.1 und 5.2.1.

87   Vgl. KING, J.R.: The theory practice gap in job shop scheduling, in: The Production Engineer, 55. Jg., 1976, Nr. 138, S. 138 ff. und RICKEL, J.: Issues in the design of scheduling systems, in: Oliff, M.D. (ed.): Expert Systems and Intelligent Manufacturing, Amsterdam 1988, S. 70 ff.

88   MÜLLER-MERBACH, H.: Operations Research, 3.Aufl., München 1973, S. 451.

89   Vgl. GORDON, G.: Systemsimulation, München-Wien 1972, S. 11.

Zustandsänderungen am System können durch die laufende Fortschreibung der Variablenwerte dargestellt werden. Die Anwendungsfelder digitaler Simulationsstudien lassen sich in der Produktionswirtschaft grob in drei Bereiche gliedern:[90]

- Untersuchung des Verhaltens komplexer betrieblicher Systeme in Berechnungsexperimenten,
- Überprüfung der Konsequenzen des Einsatzes alternativer Entscheidungsregeln und -verfahren unter realistischen Bedingungen und Auswahl der jeweils geeignetsten Methoden und
- Gestaltung betrieblicher Systeme auf der Grundlage der Ergebnisse von Berechnungsexperimenten.

Für das Gebiet der Werkstattsteuerung ist bereits erwähnt worden, daß sich die Simulation auch für die Überprüfung der Genauigkeit und Brauchbarkeit der Wirkung von Prioritätsregeln in der Ablaufplanung anbietet. Simulationsstudien auf diesem Gebiet erfordern jedoch Zeit, die in nicht unerheblichem Maß zur Verfügung gestellt werden muß. Die Simulationsergebnisse wirken sich auf die Feinspezifikation der Belegungsparameter aus und beeinflussen damit die Güte der Einlagerungsstrategie.

Eine Beschreibung von Montageflächen und -teilen im Anlagenbau durch Variable einer Simulationssprache ist jedoch zumindest erschwert. Darüber hinaus wäre eine Charakterisierung der Änderungshistorie der Systemvariablen durch die Erstellung von Definitionsgleichungen erforderlich. Auch dieser Punkt birgt Schwierigkeiten der Verwirklichung in sich.

Die Simulation wird vor allem für das Studium dynamischer Systeme und der in ihnen ablaufenden Prozesse eingesetzt.[91] Gängige Simulationssprachen sind allerdings nicht in der Lage, räumliche Objekte zu verwalten, um eine sowohl örtliche als auch zeitliche Ablaufplanung zu unterstützen.

Kennzeichen der Simulation ist der mehrfache (einige hundert- oder tausendmalige) Durchlauf des stochastischen Modells unter der Verwendung von Zufallszahlen. Der Berechnungsaufwand für Simulationsprobleme der vorliegenden Komplexität übersteigt allerdings den ökonomisch sinnvollen Rahmen. Letztlich erscheint eine solche Vorgehensweise also nicht erfolgversprechend. Für die konkrete Problemstellung ist daher nur noch die Anwendung einer – zwar simulativ durchzuführenden, jedoch speziell entwickelten – Heuristik geeignet. Die Anzahl Durchläufe wird dabei eingeschränkt und Zufallszahlen werden nicht verwandt.

---

[90] KOLLER, H.: Simulation, in: Kern, W. (Hrsg.): Handwörterbuch der Produktionswirtschaft, Stuttgart 1979, Sp. 1858.

[91] Vgl. HUMMELTENBERG, W./ PRESSMAR, D.B.: Vergleich von Simulation und Mathematischer Optimierung an Beispielen der Produktions- und Ablaufplanung, in: OR Spektrum, 11. Jg., 1989, Nr. 4, S. 219.

Bedient man sich in der Planungsrechnung einer Heuristik, ist deren Wesen und Zielsetzung zu beachten. Eine Heuristik ist ein algorithmisches Verfahren, um unter Zuhilfenahme relativ einfacher Mittel komplexe und schwierige Problemstellungen zu operationalisieren.[92]

Heuristiken werden immer dann eingesetzt, wenn Optimierungsprobleme einer exakten Lösung mit mathematisch geschlossenen Modellen nicht oder nur mit unverhältnismäßig hohem Aufwand zugänglich sind. Mit einer Heuristik wird versucht, die Planungssituation zu verbessern, wenn der Planungsaufwand restriktiv ist.[93] Um überhaupt eine Lösung für eine Planungsaufgabe erzielen zu können, begnügt man sich mit einem suboptimalen Ergebnis. Damit erkauft man quasi eine zulässige Problemlösung durch eine in aller Regel unvorhersehbare Lösungsgüte.

Im Bereich der Produktionsplanung finden heuristische Verfahren vielfache Verwendung. Der Nachteil einer einstufigen heuristischen Planung besteht aber darin, daß eine generelle Brauchbarkeit der gewonnenen Planungsergebnisse nicht sichergestellt werden kann. In der Ablaufplanung sind jedoch mit computergestützten heuristischen Verfahren häufig bessere Resultate erzielbar als wenn man mit Hilfe von Gantt-Diagrammen den Fertigungsplaner einen Belegungsplan suchen läßt.[94] Für eine Heuristik zur Ablaufplanung einer Einzel- bzw. Kleinserienproduktion läßt sich daher ein dreistufiger Planungsprozeß skizzieren:

Zunächst erfolgt eine Bewertung der Fertigungsaufträge (d.h. hier der Montageteile und auch -flächen) durch Prioritätsregeln. Im zweiten Schritt ist ein konkreter Kapazitätsbelegungsvorschlag zu ermitteln. Schließlich ist die Güte dieser Lösung hinsichtlich der Zielfunktionserfüllung zu untersuchen. Nach den Bedürfnissen des Anwenders können danach die Planungsparameter variiert werden, um mit Hilfe eines neuerlichen und verbesserten Systemlaufs ein zufriedenstellenderes Resultat zu erzielen. Eine abschließend manuell durchzuführende Nachbesserung sollte die letzten Unstimmigkeiten einer automatisierten Planung beseitigen und zu einer breiten Akzeptanz der gewonnenen Planungsergebnisse beitragen.

Unter den heuristischen Verfahren für die Ablaufplanung besitzen vielfältig konkretisierte Vorrangsregeln die größte Verbreitung. Derartige Regelwerke ermöglichen die Zuordnung von Aufträgen zu Produktiveinheiten nach vorab festgelegten und gewichteten Kriterien. Mit Prioritätsregeln wird also nach bestimmten Reihenfolgekriterien die Auftragsfolge festgelegt.

---

92 Der Duden definiert eine Heuristik als Lehre oder Wissenschaft von den Verfahren, Probleme zu lösen, respektive als methodische Anleitung oder Anweisung zur Gewinnung neuer Erkenntnisse.

93 Vgl. PRESSMAR, D.B.: Methoden und Probleme der computergestützten Unternehmensplanung, in: SzU, Bd. 28, Wiesbaden 1980, S. 16 f.

94 Vgl. JACOB, H.: Der Einsatz von EDV-Anlagen im Planungs- und Entscheidungsprozeß der Unternehmung, in: Jacob, H. (Hrsg.): Elektronische Datenverarbeitung als Instrument der Unternehmensführung, Wiesbaden 1972, S. 211.

Prioritätsregeln sind heuristische Entscheidungsregeln, die weitgehend aus den Zielen der Produktionsprozeßplanung anhand von Plausibilitätsüberlegungen abgeleitet worden sind.[95] Sie ordnen den einzelnen innerhalb des Planungshorizonts zu berücksichtigenden Aufträgen unterschiedliche Prioritäten zu und ermöglichen somit eine Ordnung der Aufträge nach ihrer jeweiligen Bedeutung sowie anschließend eine Belegung der vorhandenen Engpaßkapazitäten.

Eine Prioritätsregel ist demnach eine Vorschrift, die entsprechend den zugeordneten Zahlenwerten eine Rangreihung der betrachteten Auftragsmenge gestattet. Innerhalb des Abschnitts 4.2.2 wird die Anwendung der Prioritätsregeln zur Werkstattsteuerung bei Auftragsfertigungen detaillierter beschrieben.

Im Bereich des Anlagenbaus steht dadurch ein Steuerungsinstrument für die Belegung von Bauteilen auf Bauflächen zur Verfügung. Welche Kriterien jedoch in einem speziellen Fall besonders gut zur Bildung von Prioritätsregeln geeignet sind, läßt sich deduktiv nicht herleiten, sondern sollte in individuellen Experimenten getestet werden. Die Eignung bestimmter Prioritätsregeln für die Ablaufplanung läßt sich mit Hilfe der Simulation unternehmensspezifisch überprüfen. Die Verwendung universeller Regeln, die für verschiedene Anwendungen nicht gleichermaßen vorteilhaft sein können, tritt somit gegenüber individuellen Justierungen in den Hintergrund. Die Erfolgswirksamkeit der Planung kann dadurch entscheidend erhöht werden.

Durch die zunehmende Verbreitung der Expertensysteme hält die künstliche Intelligenz inzwischen auch im Bereich der Produktionsplanung und -steuerung Einzug. Der Einsatz von wissensbasierten Systemen bietet sich allerdings gegenwärtig nur dort an, wo unter Zeitdruck Informationslücken überbrückt werden müssen und nicht sämtliche Entscheidungsalternativen abgeprüft werden können.[96] Ein Expertensystem ist aus diesem Grund nicht in der Lage, das Ablaufplanungsproblem alleinverantwortlich und vollständig zu lösen. Nur für eng umrissene Teilbereiche bieten sich bislang Anwendungsmöglichkeiten.[97] Eine Alternative stellt die Anreicherung herkömmlicher Planungsverfahren durch wissensbasierte Komponenten dar.

---

[95] Vgl. HAHN, D.: a.a.O., S. 81.

[96] Vgl. DANGELMAIER, W./ KÜHNLE, H./ MUSSBACH-WINTER, U.: Einsatz von künstlicher Intelligenz bei der Produktionsplanung und -steuerung, in: CIM-Management, 1990, Nr. 1, S. 8.

[97] Im Abschnitt 4.3.2 wird dazu der Einsatz in der Layoutplanung diskutiert.

3.3 Bedeutung der Informationstechnik in der Produktionsplanung und -steuerung

3.3.1 Grundlagen computergestützter PPS-Systeme

Der Produktionsbereich stellt als zentraler Teil einer industriellen Unternehmung ein Hauptanwendungsgebiet der betriebswirtschaftlichen Datenverarbeitung dar. Das Ziel ist es, den gesamten Leistungserstellungsprozeß, beginnend mit der Einbettung in die Unternehmensplanung, der technischen und betriebswirtschaftlichen Vorbereitung, der eigentlichen Durchführung und der abschließenden Kontrolle, ganzheitlich zu betrachten.[98]

Traditionelle Schwerpunkte der DV-Unterstützung sind die Verwaltung der Grunddaten und die Abwicklung standardisierter Verarbeitungsaufgaben. Dies betrifft beispielsweise die Archivierung von Stücklisten, Arbeitsplänen, Betriebsmitteln und Kundenaufträgen sowie die Stücklistenauflösung oder die Bedarfsermittlung von Einsatzfaktoren. "Ein PPS-System läßt sich aus dieser Sicht als ein EDV-gestütztes Informationssystem deuten, das den Entscheidungsträgern die für diese Aufgaben benötigten Informationen aufbereitet und ihnen darüber hinaus methodische Hilfsmittel in Form einfacher Dispositionsverfahren bietet."[99]

Neben den primär betriebswirtschaftlichen Funktionen einer computergestützten Fertigung (CIM) existieren auch vorrangig technische Bereiche. Die Abb. 6 verdeutlicht diesen Zusammenhang und hebt dazu die für die vorliegende Betrachtung hauptsächlich relevanten Gebiete hervor.[100]

Die folgenden Ausführungen konzentrieren sich im wesentlichen auf die Erörterung ökonomischer Fragestellungen, ohne daß jedoch die Schnittstellen zu anderen, eher technischen Teilgebieten verschwiegen und ingenieurmäßige Aspekte der Entwicklung innovativer Problemlösungen vollständig ausgeklammert werden sollen.

---

[98] Vgl. PRESSMAR, D.B.: Datenverarbeitung in der Produktion, wird erscheinen in: Handwörterbuch der Betriebswirtschaft, 5. Aufl., Stuttgart 1991.

[99] ZÄPFEL, G./ MISSBAUER, H.: Traditionelle Systeme der Produktionsplanung und -steuerung in der Fertigungsindustrie, in: WiSt, 17. Jg., 1988, Nr. 2, S. 73.

[100] Vgl. auch SCHEER, A.-W.: CIM ..., a.a.O., S. 2.

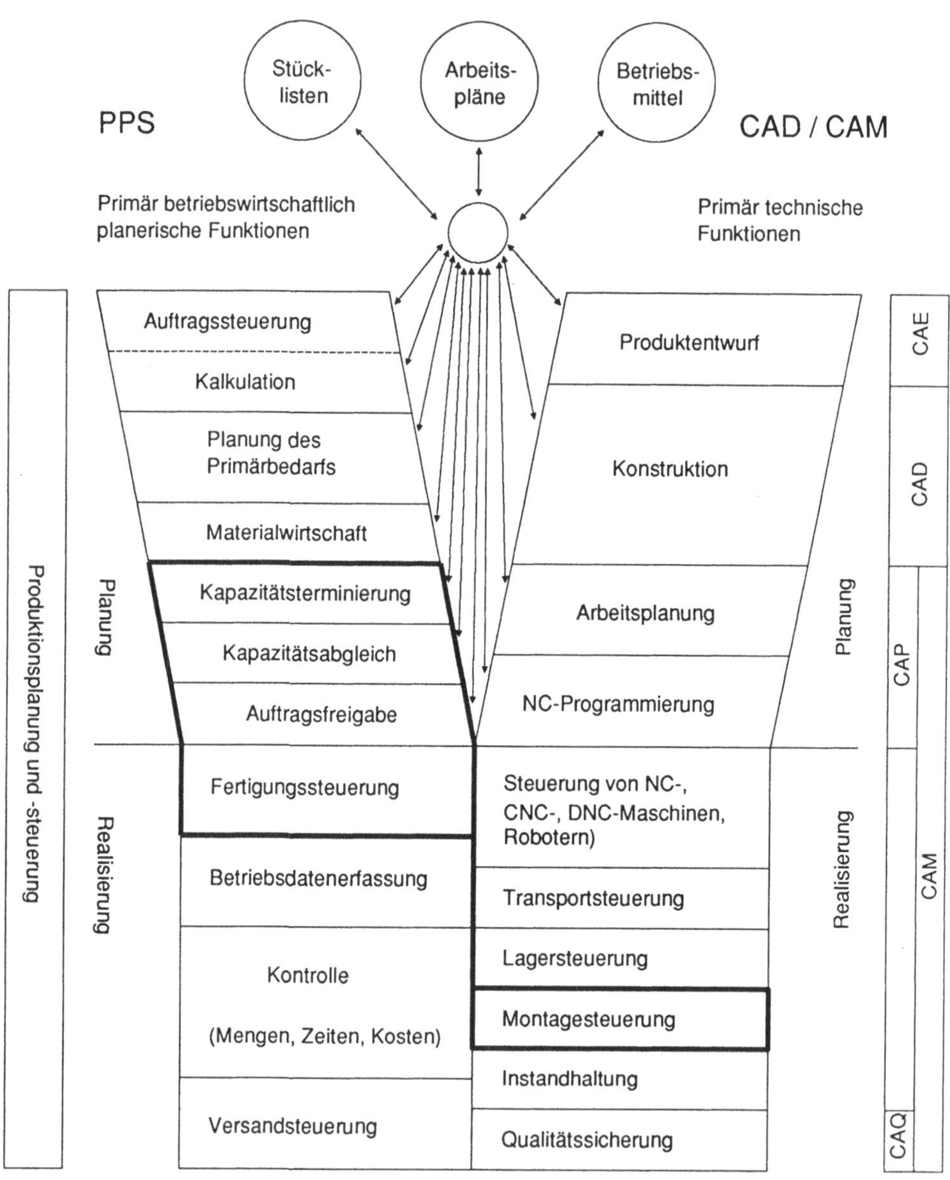

Abb. 6: Informationssysteme im Produktionsbereich (nach Scheer), wobei die relevanten Aufgabengebiete hervorgehoben wurden

Die Konzeption gegenwärtiger PPS-Systeme ist mit dem des Material Requirement Planning (MRP) der englischsprachigen Literatur vergleichbar.[101] Industrielle EDV-gestützte Systeme zur Produktionsplanung und -steuerung basieren in aller Regel auf einem Stufenplanungskonzept.[102] Die einzelnen Schritte einer derartigen Vorgehensweise sollen nun kurz erläutert werden:[103]

Innerhalb der Primärbedarfsplanung werden für einen zukünftigen Planungsabschnitt die herzustellenden Endproduktmengen bestimmt. Bereits eingegangene Kundenaufträge sowie parallel durchgeführte Absatzprognosen dienen dabei als Grundlage, um aus den rein administrativen Aufgaben der Auftragsverwaltung Planungsdaten für die Produktionsgestaltung abzuleiten.

Im Rahmen der Materialwirtschaft werden die ermittelten Primärbedarfsdaten auf Baugruppen, Einzelteile und Materialien heruntergebrochen. Verfahren der Stücklistenauflösung, "Make or Buy"-Entscheidungen sowie Überlegungen zur Losgrößenbildung kennzeichnen die Inhalte dieser Planungsphase.

Anschließend erfolgt eine zeitliche Einplanung der Fertigungsaufträge, bei der das Kapazitätsangebot zunächst nicht beachtet (Durchlaufterminierung), später jedoch mitberücksichtigt wird (Kapazitätsterminierung). Kapazitätsauslastungsdiagramme bilden das Ergebnis dieses Arbeitsschritts. Etwaige Engpässe oder Kapazitätsspitzen werden durch einen Kapazitätsabgleich kompensiert. Hierbei kann entweder die Kapazitätsnachfrage (z.B. durch zeitliche Verschiebungen, ein Ausweichen auf andere Betriebsmittel oder eine Auswärtsvergabe bestimmter Aufträge) oder das Kapazitätsangebot (z.B. durch die Einführung von Überstunden oder Zusatzschichten) angepaßt werden.[104]

Die Auftragsfreigabe stellt nun die Nahtstelle zwischen den Planungsphasen und dem eigentlichen Realisierungsprozeß dar. Es wird die Verfügbarkeit von Material, Vorprodukten, Betriebsmitteln, Werkzeugen und Personal überprüft. Im Rahmen der Fertigungssteuerung werden die Aufträge oder die Arbeitsgänge endgültig terminiert und den einzelnen Kapazitätseinheiten zugeordnet. Somit ist auch die Reihenfolge der Einlastung festgelegt.

---

101 Vgl. SILVER, E.A./ PETERSON, R.: a.a.O., S. 606 ff. und FLEISCHMANN, B.: Operations-Research-Modelle ..., a.a.O., S. 349.

102 Vgl. JACOB, H.: Produktionsplanung und Kostentheorie, in: Koch, H. (Hrsg.): Zur Theorie der Unternehmung, Festschrift für Erich Gutenberg, Wiesbaden 1962, S. 205 ff. Obgleich diese Aussage schon vor einiger Zeit formuliert wurde, hat sie bislang nicht an Gültigkeit verloren.

103 Die Darstellung ist angelehnt an SCHEER, A.-W.: Wirtschaftsinformatik, Informationssysteme im Industriebetrieb, 3. Aufl., Berlin-Heidelberg u.a. 1990, S. 75 ff. und derselbe: CIM ..., a.a.O., S. 23 ff.

104 Vgl. hierzu HESS-KINZER, D.: Termingrobplanung, in: Kern, W. (Hrsg.): Handwörterbuch der Produktionswirtschaft, Stuttgart 1979, Sp. 1989 f. und die Abb. 4.

Die aktuelle Ist-Situation des Produktionsprozesses (in Form von Auftrags-, Personal-, Betriebsmittel-, Material- und Werkzeug-Daten) wird schließlich durch eine Betriebsdatenerfassung (BDE) dem computergestützten Kontrollsystem zurückgemeldet. Mit der Durchführung von Soll-Ist-Vergleichen können Abweichungsanalysen erstellt und damit begründete kurzfristige Eingriffe ermöglicht werden. Zum Schluß verlassen die fertiggestellten Erzeugnisse den Produktionsbereich und gelangen zur Absatz- bzw. Versandsteuerung.

Damit der gesamte Prozeß der Leistungserstellung informationstechnisch bearbeitet werden kann, sind sämtliche Planungs- und Realisierungsstufen, vor allem aber auch die involvierten Datenbestände, EDV-gestützt abzubilden. Die Mehrzahl der PPS-Rechenschritte beinhalten dabei keine Entscheidungen, sondern dienen nur der Informationsverarbeitung und nicht der Planung im engeren Sinne.[105] Auf der anderen Seite bestehen die Teilpläne nicht isoliert nebeneinander. Die Koordinierung der Schrittfolge wird regelmäßig zum zentralen Element eines existenten Programmsystems.

Aufgrund der umfangreichen Datenvolumina und der Verwobenheit der Subsysteme kann eine vollständige Abstimmung der operativen Aufgaben im mathematisch optimalen Sinne häufig nicht gelingen. Wenngleich heute bereits sowohl dedizierte Software-Systeme zur Produktionsplanung und -steuerung unter Einbeziehung der Linearen Programmierung zur Verfügung stehen[106] als auch Hochleistungs-Computer neben herkömmlichen Rechenanlagen zur Informationsverarbeitung in der Fertigung eingesetzt werden können,[107] so bestehen weiterhin Vorbehalte hinsichtlich der Notwendigkeit, Simultanplanungen in jeder Situation vorzunehmen.[108] Innerhalb der kurzfristigen Werkstattsteuerung sind komplette Neuaufwurfsplanungen anstelle – im Vergleich dazu relativ einfacher – inkrementeller Net-change-Verfahren nicht immer sinnvoll und nicht zu jedem Zeitpunkt erforderlich.

3.3.2 Eignung und Schwachstellen herkömmlicher PPS-Systeme

Der vorherige Abschnitt beschrieb die Planungskonzeption, die der derzeit überwiegenden Mehrheit der auf dem Software-Markt verfügbaren PPS-Systeme zugrunde liegt. Derartige Programmpakete sind allerdings nicht für alle Unternehmensbranchen und jeden Fertigungstyp gleichermaßen geeignet. Darüber hinaus unterstützen die Standardprogramme selbst bei "passenden" Betriebstypen nicht alle Planungsschritte im wünschenswerten Umfang.

---

[105] Vgl. GRAVES, S.C.: A Review of Production Scheduling, in: OR, Vol. 29, 1981, Nr. 4, S. 660; zitiert bei: FLEISCHMANN, B.: Operations-Research-Modelle ..., a.a.O., S. 350.

[106] Vgl. PRESSMAR, D.B.: DYNAPLAN ..., a.a.O., S. 53 ff.

[107] Vgl. PRESSMAR, D.B.: Supercomputer ..., a.a.O., S. 161 ff.

[108] Vgl. u.a. HESS-KINZER, D.: Produktionsplanung ..., a.a.O., S. 43; ZÄPFEL, G./ MISSBAUER, H.: Traditionelle Systeme ..., a.a.O., S. 73 ff.

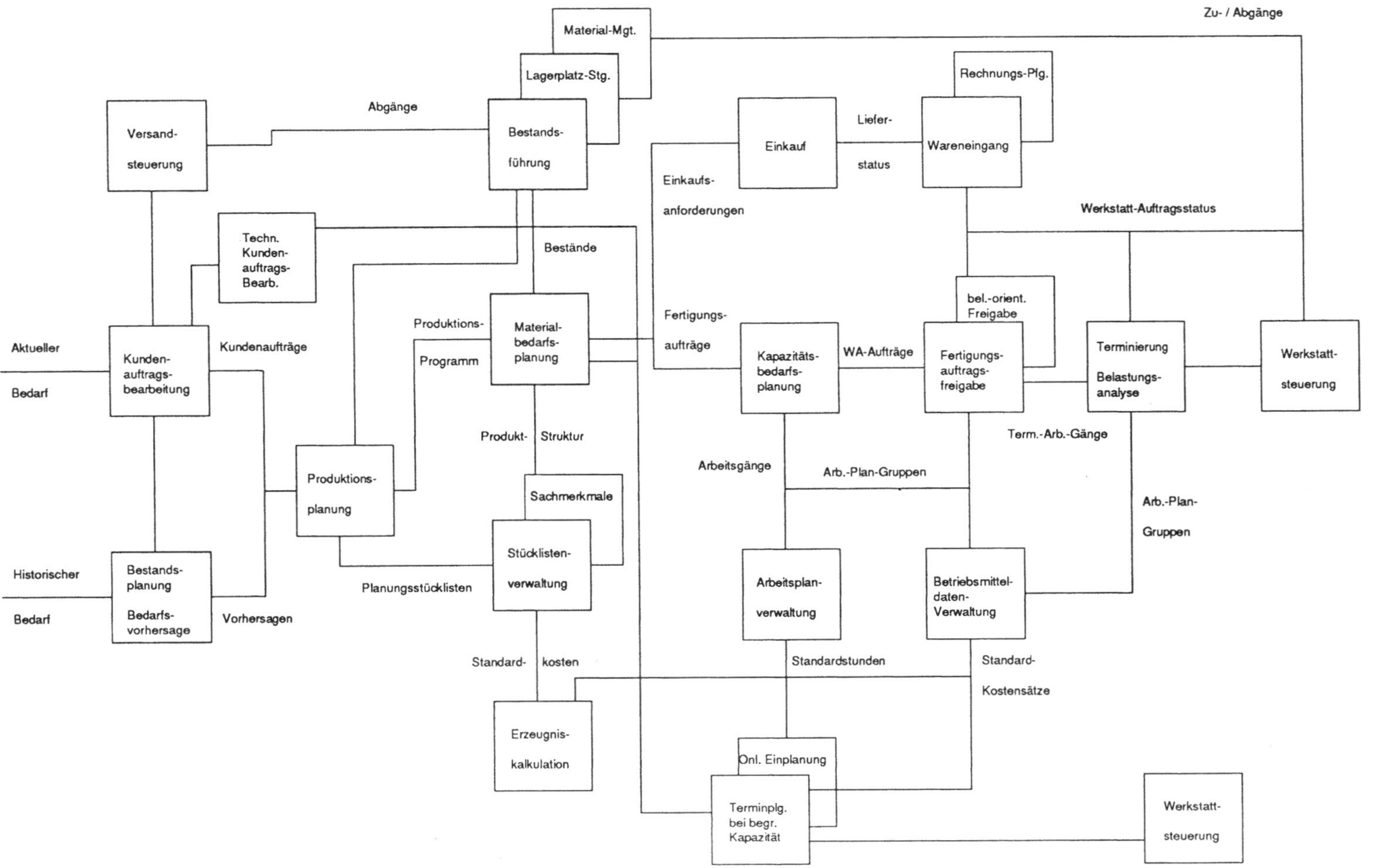

Abb. 7:   Übersicht über die COPICS - Funktionsmodule

Generell liegt das Hauptaugenmerk klassischer computergestützter PPS-Systeme in der Unterstützung der längerfristigen Planungsphasen für ein Unternehmen der mechanischen Serienfertigung. Anwendungsprogramme für den Bereich der kundenorientierten Einzelfertigung sind demgegenüber deutlich in der Minderheit.

Die Abb. 7 veranschaulicht beispielhaft den Aufbau der verbreiteten PPS-Software COPICS der Firma IBM.[109] Sie verdeutlicht, daß einzelne Komponenten des Systems sogar Aufgaben wahrnehmen, die über die eigentlichen Bereiche der Produktionsprozeßplanung, -steuerung und -kontrolle hinausgehen. Die wesentlichen Bestandteile der Programmarchitektur sind:[110]

- Die Produktionsplanung für Enderzeugnisse,
- die Materialbedarfsplanung,
- die Kapazitätsbedarfsplanung sowie
- die Auftragsplanung und Werkstattsteuerung.

COPICS deckt somit nahezu das gesamte funktionale Spektrum der betrieblichen Produktion ab. Abgeschlossene Aufträge werden nach Beendigung der Auftragssteuerung gelöscht und aus dem System entfernt. Das Schaubild zeigt ferner, daß COPICS auch neueren Planungsansätzen der Produktionswirtschaft – wie z.B. der belastungsorientierten Auftragsfreigabe[111] – in zunehmendem Maße Rechnung trägt.

Das Haupteinsatzgebiet von COPICS ist ebenfalls die mechanische Serien- oder Massenfertigung; die spezielle Situation einer kundenauftragsbezogenen Produktion steht demgegenüber nicht im Vordergrund der Rechnerunterstützung. Vor diesem Hintergrund ist festzuhalten, daß die kapazitätsbestimmenden geometrischen Abmessungen der Teilaufträge planerisch unberücksichtigt bleiben. Räumlich-zeitliche Kapazitätsbelegungsplanungen für innerbetriebliche Großanlagenbauer werden daher nicht betrachtet. Ohne eine grundsätzliche System-Erweiterung sind derartige Problemstellungen nicht zu lösen, so daß COPICS für diese Fälle bislang nicht nutzbringend implementiert werden kann.

Die konzeptionellen Mängel einer Stufenplanung und der darauf basierenden Softwaresysteme werden in der Literatur breit diskutiert.[112] Die insbesondere für die Thematik der

---

[109] Vgl. IBM Deutschland GmbH (Hrsg.): COPICS – ein integrierter PPS-Baustein in CIM, IBM Form GT12-3664-1, Stuttgart 1988, o.S.

[110] Vgl.: HAHN, D.: a.a.O., S. 99 ff.

[111] Vgl. IBM Deutschland GmbH (Hrsg.): COPICS – Belastungsorientierte Auftragsfreigabe, IBM Form GT12-3504-0, Stuttgart 1987 sowie den Abschnitt 3.3.3.

[112] Vgl. u.a.: HELBERG, P.: Anforderungen an PPS-Systeme für die CIM-Realisierung, in: CIM-Management, 1986, Nr. 4, S. 23; ADAM, D.: Ansätze zu einem integrierten Konzept der Fertigungssteuerung bei Werkstattfertigung, in: Adam, D. (Hrsg.): Neuere Entwicklungen in der Produktions- und Investitionspolitik, Wiesbaden 1987, S. 22 f.; ADAM, D.: Aufbau ..., a.a.O., S. 16 ff.; FLEISCHMANN, B.: Operations-Research-Modelle ..., a.a.O., S. 350; SCHEER, A.-W.: Dezentrale Produktionsplanung ..., a.a.O., S. 43; ZÄPFEL, G./ MISSBAUER, H.: Traditionelle Systeme ..., a.a.O., S. 77.

vorliegenden Arbeit zu berücksichtigenden Aspekte sollen im folgenden aufgezeigt werden. Unzureichend in herkömmlichen Programmpaketen gelöst sind:[113]

- Die Festlegung der Auftragsreihenfolgen an Betriebsmitteln,
- die Auflösung von Kapazitätsüberlastungen und
- die Reaktion auf Störungen im geplanten Fertigungsablauf.

Die Mängel liegen somit zum einen bei der Grobplanung, da die längerfristige Auftragssteuerung noch keine Maschinen und Termine fixiert, zum anderen in der Terminplanung, weil im Rahmen des Kapazitätsabgleichs keine Engpaßaggregate mit in die Überlegungen einbezogen werden, und zum dritten ggf. in der kurzfristigen Auftragssteuerung, wenn die Auftragsfreigabe und die Festlegung der Auftragsreihenfolge nicht simultan in einem Schritt erfolgen.[114]

Weiterhin lassen die derzeit eingesetzten Fertigungs- und Montageautomatisierungssysteme keine Improvisationen zu. Sämtliche Handlungsalternativen müssen in Form von mit Daten gefüllten Modellen abgebildet sein oder wenigstens innerhalb der zulässigen Reaktionszeit generiert werden können.[115] Diese Schwachstellen veranschaulichen zudem, daß konventionelle PPS-Systeme i.a. eher für größere Unternehmen mit einer Großserien- bzw. Massenfertigung geeignet sind als für Auftrags- oder Einzelfertiger.[116]

Für die kundenorientierte Produktion sind gerade die kurzfristigen Bereiche der Fertigungssteuerung von zentralem Interesse und sollten daher umfassend unterstützt werden. Wegen der bislang zurückhaltenden Einbindung der Realisierungsphasen innerhalb der Software-Pakete kann das theoretisch mögliche Leistungspotential einer rechnergestützten Fabriksteuerung nicht voll ausgeschöpft werden. Ferner ist in Zukunft das Hauptaugenmerk auf den Einsatz standardisierter Software-Produktionsumgebungen sowie die Verwendung genormter Schnittstellen zu benachbarten Systemen zu legen.

Die Diskrepanz zwischen angestrebten und erreichten Zielen des EDV-Einsatzes in der Produktion äußert sich vor allem in Kosten-, Zeit- und Qualitätsaspekten. Aus der Tab. 1 ergibt sich, daß insbesondere eine Verringerung der Durchlaufzeiten, eine Reduzierung der Lagerbestände, eine Steigerung der Kapazitätsauslastung und eine Erhöhung der Flexibilität

---

113 KURBEL, K.: Flexible Konzeptionen für die zeitwirtschaftlichen Funktionen in der Produktionsplanung und -steuerung, in: Hax, H./ Kern, W./ Schröder, H.-H. (Hrsg.): Zeitaspekte in betriebswirtschaftlicher Theorie und Praxis, Stuttgart 1988, S. 191.

114 ADAM, D.: Ansätze ..., a.a.O., S. 22.

115 HELBERG, P.: Anforderungen ..., a.a.O., S. 26 f. bzw. HELBERG, P.: PPS als CIM-Baustein, a.a.O., S. 163 ff.

116 Scheer äußert in diesem Zusammenhang, daß sich die gegenwärtigen PPS-Systeme vor allem für die Serienfertigung mit hoher Produktionstiefe eignen (vgl. SCHEER, A.-W.: CIM ..., a.a.O., S. 30).

am Markt häufig nicht in dem Maße realisiert werden kann, wie das vor der PPS-Einführung beabsichtigt war.[117]

Ziel	Angestrebt	Erreicht
Reduzierung der Lagerbestände	67,9%	45,3%
Erhöhung der Transparenz	60,4%	49,1%
Verringerung der Durchlaufzeiten	58,5%	18,9%
Steigerung der Termintreue	54,7%	41,5%
Personaleinsparungen	50,9%	43,4%
Erhöhung der Flexibilität am Markt	45,3%	30,2%
Steigerung der Kapazitätsauslastung	39,6%	20,7%
Verbesserte Dokumentation	20,7%	30,2%
Anschluß an technologische Entwicklungen	18,9%	13,2%
Fehlerfreie Fertigungsunterlagen	18,9%	20,7%
Ausschußreduzierung	9,4%	3,8%
Erhöhung der Produktqualität	9,4%	5,7%

Tab. 1:   Diskrepanz zwischen den angestrebten und erreichten Zielen des EDV-Einsatzes in der Produktion

Die bei den herkömmlichen PPS-Systemen auftretenden Schwierigkeiten sind letztlich auf eine unzureichende Abstimmung der Programm- und Mengenplanung mit der Termin- und Ablaufplanung zurückzuführen.[118] Die Ursache für dieses Manko dürfte in der weitgehenden Ausklammerung des Werkstattsteuerungsbereichs liegen.[119]

Grundsätzlich ist gegen ein Konzept stufenweiser Planung nichts einzuwenden. Die Güte der Planung kann aber nur verbessert werden, wenn die einzelnen Planungsstufen in Form von vermaschten Regelkreisen rückgekoppelt werden. Erst durch die Verzahnung der einzelnen Planungsstufen können die auftretenden Interdependenzen angemessen beachtet werden.[120]

---

[117] Vgl. AUE-UHLHAUSEN, H.: Von ABS bis OPT: PPS-Methoden im Vergleich, Teil 2: Systeme zur Steuerung des diskontinuierlichen Prozesses (Werkstattsteuerung), in: PW-Unternehmensberatung, Hamburg, Bericht: PPS 88, Böblingen 2.-4. November 1988, Abb. 1, o.S. Das Datenmaterial stammt hierbei aus einer Praxisuntersuchung des Forschungsinstituts für Rationalisierung (FIR) der RWTH Aachen.

[118] Vgl. ZÄPFEL, G./ MISSBAUER, H.: Traditionelle Systeme ..., a.a.O., S. 77.

[119] Vgl. KURBEL, K./ MEYNERT, J.: Flexibilität in der Fertigungssteuerung durch Einsatz eines elektronischen Leitstandes, in: ZwF, 83. Jg., 1988, Nr. 12, S. 581.

[120] Vgl. ADAM, D./ WITTE, TH.: Merkmale der Planung in gut- und schlechtstrukturierten Planungssituationen, in: WiSu, 8. Jg., 1979, S. 380 ff.; ADAM, D.: Zur Problematik der Planung in schlechtstrukturierten Entscheidungssituationen, in: Jacob, H. (Hrsg.): Neue Aspekte der betrieblichen Planung, SzU, Bd. 28, Wiesbaden 1980, S. 47 ff.

Neuere Konzepte der Produktionsplanung und -steuerung sollen aus diesem Grunde eine bessere Abstimmung der einzelnen Teilgebiete gewährleisten.

3.3.3 Neuere Ansätze in der Produktionsplanung und -steuerung

Traditionellen PPS-Systemen ist gemeinsam, daß sie es in aller Regel nicht gestatten, die ökonomischen Implikationen der gewählten Steuerungsform vollständig transparent zu machen. Erst durch die wirtschaftliche Bewertung der Produktionsabläufe wird eine Rückkopplung mit den Unternehmenszielen möglich. Anstelle einer Steuerung mit hoher Termintreue und kurzen Durchlaufzeiten sollte ein Ergebnis angestrebt werden, bei dem die Termintreue mit geringen Kosten zu realisieren ist.[121]

Allgemeingültige Anforderungen an künftige PPS-Systeme sind unter anderem:[122]

- Zur Sicherstellung flexibler Produktionsabläufe sollten künftige PPS-Programme ein Nebeneinander verschiedener Fertigungs-Steuerungsverfahren zulassen.
- Richtungweisende PPS-Architekturen müssen über Schnittstellen zu CAD- und CAM-Systemen verfügen.

Diese Gesichtspunkte müssen bei der Konzipierung neuer PPS-Architekturen berücksichtigt werden. Bei der Entwicklung zeitgemäßer PPS-Systeme können darüber hinaus zwei Varianten unterschieden werden:[123]

- Erweiterung der PPS-Systeme ohne grundsätzliche Änderung der bestehenden Architektur.
- Aufbau von PPS-Systemen mit neuer Architektur.

Die den neueren Ansätzen zugrundeliegenden Methoden sollen exemplarisch anhand der wichtigsten Vertreter kurz skizziert werden. Daraus können später eigene Überlegungen abgeleitet werden, um einen räumlich-orientierten Fertigungsprozeß zu steuern. Die zuerst genannte Philosophie wird nun in den Systemen:

- Bestandsgeregelte Durchflußsteuerung (BGD),
- Belastungsorientierte Auftragsfreigabe (BOA),
- Fortschrittszahlensysteme (FZS),
- KANBAN,
- Material Requirement Planning (MRP),

---

121 Vgl. ADAM, D.: Aufbau ..., a.a.O., S. 21.

122 Vgl. HELBERG, P.: PPS als CIM-Baustein, a.a.O., S. 173.

123 Vgl. SCHEER, A.-W.: Neue Architektur für EDV-Systeme zur Produktionsplanung und -steuerung, in: Adam, D. (Hrsg.): Neuere Entwicklungen in der Produktions- und Investitionspolitik, Wiesbaden 1987, S. 162 f.

- Optimized Production Technology (OPT),
- Prinzip der Restpuffer-orientierten Zuweisung (SLACK) u.a.

verfolgt. In der alphabetischen Reihenfolge der Nennung werden nun die wesentlichen Kennzeichen dieser Ansätze vorgestellt:

1. BGD (Bestandsgeregelte Durchflußsteuerung):[124]
   Prinzipiell stellt die bestandsgeregelte Durchflußsteuerung ein Integrationsmodell der neuen Ansätze zur Fertigungsdurchführung dar. Es besteht aus den Elementen:
   - Bedarfsgesteuerte Mengenvorgabe,
   - Kapazitätsabgleich mit Vorwärts- und Rückwärtsterminierung,
   - Auftragsfreigabe in Form einer Arbeitsgangfreigabe und
   - variable Losgrößenoptimierung und Rüstkostenstrategie an Engpaßmaschinen.

   Die Bestandsgeregelte Durchflußsteuerung macht vor allem durch die Einrichtung selbststeuernder Regelkreise die Vorteile von KANBAN in einer EDV-gestützten Fertigungsumgebung sichtbar.[125]

2. BOA (Belastungsorientierte Auftragsfreigabe):[126]
   Die belastungsorientierte Auftragsfreigabe verwendet den Bestand am Arbeitsplatz als Steuerungsgröße der Fertigung. Nach dem sogenannten Trichterprinzip werden nur diejenigen Aufträge freigegeben, die aufgrund der Kapazitätssituation bearbeitet werden können. Dadurch ist eine vorausschauende Einbeziehung der nachfolgenden Stufen realisiert. Mit diesem Steuerungsprinzip wird erreicht, daß stets nur solche Aufträge im Werkstattbestand sind, die auch zügig bearbeitet werden können. Dabei wird der Zielsetzung des "Just-in-Time-Konzepts" in hohem Maße Rechnung getragen.

3. FZS (Fortschrittszahlensysteme):[127]
   Eine Fortschrittszahl ist ein kumulierter, auf unterschiedliche Kenngrößen bezogener Wert, der jeweils für einen Zeitpunkt berechnet wird. Auf Plangrößen bezogene Fortschrittszahlen heißen Soll-Fortschrittszahl, entsprechend werden realisierte Werte als Ist-Fortschrittszahl bezeichnet. Die Differenz aus Soll und Ist kann nun als Vorlauf bzw. Rückstand interpretiert werden und erlaubt so eine übersichtliche Steuerung.

---

[124] Vgl. BUSCH, U.: Entwicklung eines PPS-Systems, Berlin 1987, S. 60.

[125] Vgl. AUE-UHLHAUSEN, H.: Bestandsgeregelte Durchlaufsteuerung, in: ZwF, 85. Jg., 1990, Nr. 12, S. 630 f.

[126] Vgl. KETTNER, H./ BECHTE, W.: Neue Wege der Fertigungssteuerung durch belastungsorientierte Auftragsfreigabe, in: VDI-Z, 123. Jg., 1981, Nr. 11, S. 465; WIENDAHL, H.-P.: Die belastungsorientierte Fertigungssteuerung, in: SzU, Bd. 39, Wiesbaden 1988, S. 74 ff. und derselbe: Grundlagen der belastungsorientierten Fertigungssteuerung, in: TZN – Technologie Zentrum Nord Forschungs- und Entwicklungszentrum Unterlüß GmbH (Hrsg.): Erfolgreiche Fertigungssteuerungssyteme, 5. TZN-Kongress, Forum 9, 6.-8. Juni 1989, Bremen, S. 11 ff.

[127] Vgl. SCHEER, A.-W.: CIM ..., a.a.O., S. 35 ff.

4. KANBAN:[128]

Das japanische Wort KANBAN bedeutet Etikett oder Karte. Dieser Beleg löst die notwendigen Steuerungsimpulse aus, die für die Leistungserstellung benötigt werden. Bei KANBAN handelt es sich mithin um eine Belegsteuerung, die speziellen Prinzipien folgt. KANBAN sieht eine Mindestbestands-orientierte Fertigungsdisposition vor, die im allgemeinen nach dem Holprinzip organisiert wird. Bei Unterschreitung des Mindestbestands an Fertigungsaufträgen vor einer Kapazitätseinheit werden neue Bestellimpulse ausgelöst.

5. MRP (Material Requirement Planning):[129]

Die Auftragsfreigabe erfolgt hierbei lediglich nach der Materialverfügbarkeit. Die Produktionsaufträge werden daher ohne Kenntnis der jeweiligen Werkstattsituation in die Fertigung gedrückt. Eine Prüfung der Maschinenverfügbarkeit, von Eilaufträgen oder Betriebsmittelstörungen findet nicht statt. Gerade für den Bereich der Baustellenfertigung im Großanlagenbau sind MRP-Systeme jedoch häufig ausreichend, weil sie mit mittelfristigen Kapazitätsbedarfsplanungen und -abgleichsverfahren sowie mit deterministischen Materialbedarfsplanungen, verbunden mit Durchlaufterminierungen, auskommen. Das erweiterte Konzept MRP2 (Management Resource Planning) bettet die Planungs- und Steuerungsproblematik in den hierarchischen Gesamtzusammenhang einer Logistikkette ein.

6. OPT (Optimized Production Technology):[130]

Die OPT-Philosophie berücksichtigt mehrere Steuerungsregeln, wobei die Sicherung des Materialflusses oberstes Gebot ist. Die Engpässe des Fertigungsablaufs werden dabei zum Ausgangspunkt der Kapazitätsbelegung. Dazu wird der Betriebsmittelbestand in kritische und unkritische Ressourcen unterteilt. Anschließend erfolgt eine Vorwärtsterminierung des kritischen Teils des Produktionsnetzwerks und erst danach eine Rückwärtsterminierung des unkritischen Teils. Anzumerken bleibt, daß bislang nicht alle Prinzipien dieser Planungsstrategie vollständig veröffentlicht wurden.

7. SLACK (Prinzip der Restpuffer-orientierten Zuweisung):[131]

Die in den USA entwickelte SLACK- (Schlupfzeit-) Regel ist ein heuristisches Prioritätsregelverfahren. Die Zuteilung der Aufträge auf die Betriebsmittel erfolgt in Abhängigkeit

---

128 Vgl. WILDEMANN, H.: Produktionssteuerung nach KANBAN-Prinzipien, in: SzU, Bd. 39, Wiesbaden 1988, S. 35 ff.

129 Vgl. BUSCH, U.: a.a.O., S. 52.

130 Vgl. JACOBS, R.F.: OPT Uncovered: Many Production Planning and Scheduling Concepts Can Be Applied With Or Without The Software, in: Industrial Engineering, Vol. 16, 1984, Nr. 10, S. 33 f.; FOX, R.E.: OPT vs. MRP: Thoughtware vs. Software, in: Mc Leavey, D.W./ Narasimhan, S.L.: Production Planning and Inventory Control, Boston-London u.a. 1985, S. 708 ff.; ZÄPFEL, G./ MISSBAUER, H.: Neuere Konzepte ..., a.a.O., S. 129 f.

131 Vgl. AUE-UHLHAUSEN, H.: Von ABS bis OPT: ..., a.a.O., S. 8.

von der Restpufferzeit. Die Restpufferzeit ist dabei definiert als die Differenz aus dem Liefertermin und der Restbearbeitungszeit. Je kleiner der sich ergebende Wert ist, desto höher ist die Priorität der Arbeitsgänge in der Warteschlange.

Lösungsansätze	Lösungsalternativen	MRP	FZS	KANBAN	BOA	OPT	BGD
Freigabegenauigkeit der "Zulaufregelung"	Schichtprogramm	●	●			●	
	Lose			●			
	Aufträge				●		
	Arbeitsgänge						●
Rückkopplung zu Veränderungen auf Nachfrageseite	durch bedarfsgesteuerte Auftragsfreigabe				●		●
	durch verbrauchsgesteuerte Auftragsfreigabe			●			
	in Verbindung mit übergeordneter Bedarfsauflösung	●	●			●	
Freigabestrategie	Pull			●			●
	Push	●	●		●	●	
Prioritätssteuerung	Interne / externe Priorität	●				●	
	nach Restpuffer						●
	keine entsprechende Strategie		●	●	●		
welche Bestandsgrösse wird gemessen	hergestellte Menge	●				●	
	Auftragsbestand vor der Arbeitsstation		●		●		
	Auftragsbestand nach der Arbeitsstation			●			●
Festlegung der Höhe der Pufferbestände	keine Festlegung	●					
	fix, entsprechend Wiederbeschaffungszeit		●	●			
	durch Einlastungsprozentsatz				●		
	variabel für optimalen Durchfluß über Engpass					●	●
Berücksichtigung von Störeinflüssen	keine entsprechende Strategie	●					
	über Sicherheitsbestand		●	●	●	●	●
	Genauplanung vorhersehbarer Stördaten					●	

Abb. 8: Gegenüberstellung verschiedener Fertigungssteuerungsphilosophien

Die Abb. 8 stellt zusammenfassend die verschiedenen Fertigungssteuerungsphilosophien gegenüber.[132] Die Einsatzfelder der unterschiedlichen Methoden legt darüber hinaus die Abb. 9 dar.[133] Aus diesen Darstellungen ergibt sich, daß MRP für eine Einzel- oder Kleinserienfertigung mit Baustellen- bzw. Werkstatt-Charakter am besten geeignet ist. Auf der anderen Seite bieten sich die Konzepte OPT, KANBAN und FZS bei einer kundenauftragsorientierten Produktion nicht ohne weiteres an. Eine abschließende Festlegung auf ein Steuerungsverfah-

---

[132] Vgl. auch BUSCH, U.: a.a.O., S. 65.

[133] Vgl. auch AUE-UHLHAUSEN, H.: Von ABS bis OPT: ..., a.a.O., Abb. 32, o.S.

ren kann derzeit nicht vorgenommen werden, da z.B. auch die SLACK-Regel in Betracht kommt und vor einer endgültigen Entscheidung überprüft werden muß.

Im Anschluß an die Erörterung derjenigen PPS-Erweiterungen, welche die klassische Stufenplanungskonzeption beibehalten, sollen nun einige Ansätze vorgestellt werden, die eine neuartige Architektur besitzen. Die Gestaltung moderner PPS-Systeme sollte sich vor allem an folgenden Kriterien ausrichten:

- Neue Gewichtung zwischen Planung und Steuerung,
- Dezentrale bzw. verteilte PPS,
- Hierarchische Produktionsplanung,
- Integration von wissensbasierten Anwendungen,
- stärkerer Einsatz von Optimierungsmodellen und
- stärkerer Einsatz von Personal Computern auf der einen sowie Supercomputern auf der anderen Seite.

Der Wunsch nach einer neuen Akzentuierung von Planung und Steuerung im Fertigungsbereich zeigt sich dadurch, daß weniger die mittelfristigen Planungsfunktionen, sondern vielmehr sowohl die langfristig orientierte Grobplanung als auch die kurzfristige Ablaufsteuerung im Mittelpunkt der Betrachtung stehen.

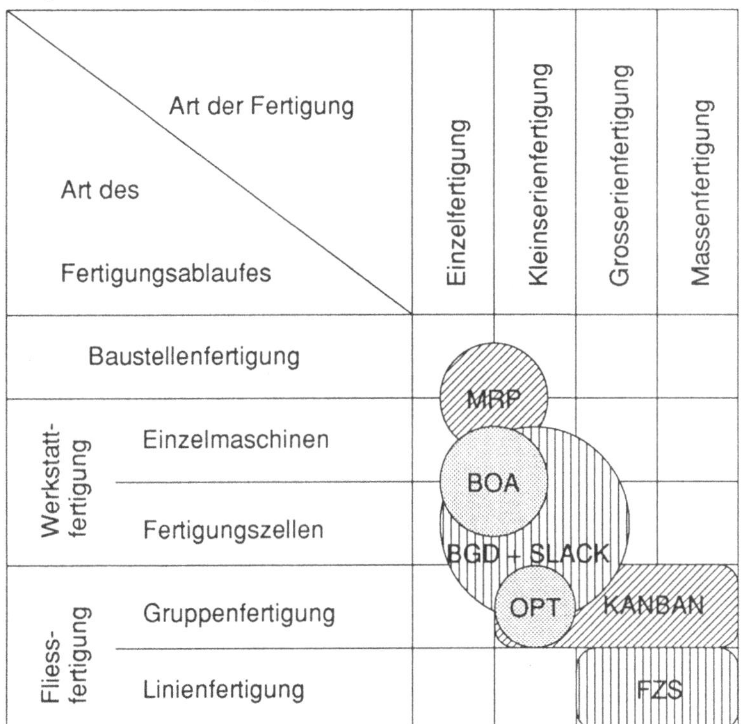

Abb. 9:   Einsatzfelder unterschiedlicher Fertigungssteuerungsmethoden

Eine derartige Aufteilung kann zweckmäßig durch den kombinierten Einsatz von Super- und Personal Computern bewerkstelligt werden. Supercomputer übernehmen dabei vorrangig längerfristige Aufgabenstellungen, wohingegen sich die − zunehmend vernetzten − PCs eher für kürzerfristige Bereiche eignen. Innerhalb der Grobplanungsphase ist es damit möglich, resultierend aus einem reduzierten und länger aktuellen Problemstellungsumfang, verbunden mit einer erhöhten Verfügbarkeit dezentraler Hardware, Simultanplanungsansätze einzusetzen, die mit Hilfe von Verfahren des Operations Research optimierte Modellergebnisse bereitstellen.

Die in der Vergangenheit favorisierten zentralistischen PPS-Systeme können den heutigen, sich schnell verändernden Anforderungen und Restriktionen nicht mehr uneingeschränkt gerecht werden. Die Unzufriedenheit mit klassischen Steuerungssystemen sowie der Trend zu vernetzten und teilbereichsorientierten Organisationsformen in der Fertigung führt schlechthin zu einer Dezentralisierung der PPS-Strukturen.[134]

Das Konzept eines graphischen Leitstands, der den kurzfristigen Fertigungsablauf steuert, ist beispielsweise eine vielversprechende Entwicklung in der Forschung nach verbesserten Systemarchitekturen. Ein elektronischer Fertigungsleitstand kann dabei als Feinplanungssystem bezeichnet werden, das in Form einer elektronischen Plantafel die exakte Reihenfolge- und Belegungsplanung der Werkstattaufträge simulativ unterstützt sowie die Einlastungsresultate graphisch visualisiert.[135]

Formen verwirklichter Dezentralisierungsbestrebungen sind die vertikale Problemaufteilung auf Rechnerhierarchien, bestehend aus Werks- und Fertigungsinsel-Rechnern, sowie die horizontale Verteilung auf die Knoten eines lokalen Mikrorechnernetzwerks.[136]

Die hierarchische Produktionsplanung stößt − seit der Veröffentlichung eines ersten Modells durch Hax und Meal im Jahre 1975[137] − auf wachsendes Interesse. Die hierarchische Produktionsplanung ist als Versuch der Integration entstanden, vorher unverbundene Entwicklungen im Bereich des Operations Research und der computergestützten Produktionsplanung und -steuerung miteinander zu verknüpfen.[138]

---

[134] Vgl. SCHEER; A.-W.: Dezentrale Produktionsplanung ..., a.a.O., S. 43 f.

[135] Vgl. SIEBERT, V./ STEIN, H.: Der CIM-Leitstand, in: CIM-Management, 1989, Nr. 2, S. 30 sowie den Abschnitt 3.3.4.

[136] Siehe hierzu KURBEL, K.: a.a.O., S. 194.

[137] Vgl. HAX, A.C./ MEAL, H.C.: Hierarchical Integration of Production Planning and Scheduling, in: Geisler, M.A. (Hrsg.): Logistics, TIMS Studies in the Management Sciences, North Holland-Amsterdam, 1975, S. 53 ff.

[138] Vgl. KISTNER, K.-P./ SWITALSKI, M.: Hierarchische Produktionsplanung, in: ZfB, 59. Jg., 1989, Nr. 5, S. 477.

Im Rahmen einer hierarchischen PPS wird – basierend auf dem Sukzessivplanungsansatz – eine Rangordnung der Teilpläne festgesetzt. Das komplexe Gesamtproblem wird demnach in eine Hierarchie von Teilproblemen auf mehreren Planungsebenen zerlegt. Die Teilpläne melden diejenigen Abweichungen an den nächsthöheren Plan, die eine vorab fixierte Toleranzgrenze überschreiten. Der höhergelagerte Plan wiederum korrigiert die Vorgaben des abweichungsverursachenden Plans.

Der Ablauf einer hierarchischen Produktionsplanung läßt sich als System vermaschter Regelkreise interpretieren, in denen die einzelnen Entscheidungsebenen aufsteigende Planungshorizonte bzw. -intervalle aufweisen. Dementsprechend nimmt die Aggregation der Daten von unten nach oben zu. Die Vorteile eines hierarchischen PPS-Systems liegen in der zentralen Zuständigkeit der Führungsebene für die gesamte Planung. Der Planungsaufwand hält sich im Vergleich zu simultanen Systemen in Grenzen. Bestehende Informationsflüsse zwischen den Entscheidungsebenen können genutzt werden. Eine leichte Anpassung an neue Aufgaben durch Tauschen und/oder Einfügen von Modulen ist gleichfalls möglich.[139]

Die Grenzen des hierarchischen Konzepts von Hax und Meal finden sich in den folgenden Punkten:[140]

- Die zeitnahe Ablaufplanung fehlt bislang als Entscheidungsebene und
- Rückkopplungen von unter- nach übergeordneten Ebenen sind im Grundkonzept nicht vorgesehen.

Erweiterungen in dieser Richtung sind für die Werkstattsteuerung eines industriellen Auftragsfertigers unabdingbar. Umsetzungen dieses Ansatzes in realen Software-Systemen bieten damit eine erfolgversprechende Perspektive.

Zusätzlich zur Hierarchisierung der Planungsebenen können die Dekomposition von Problemstellungen, die Aggregation von Daten und Entscheidungsvariablen sowie die rollierende Planung als Bestandteile einer hierarchischen Produktionsplanung angeführt werden. Besonderes Kennzeichen der hierarchischen Produktionsplanung ist somit das heuristisch-zweckgerichtete Vorgehen.[141] Obwohl innerhalb der einzelnen Planungsebenen exakte Verfahren zum Einsatz kommen können, ist die hierarchische Produktionsplanung insgesamt als heuristische Methode zu bezeichnen.

Eine aktuelle Entwicklung auf dem Wege der Verbesserung konventioneller PPS-Systeme ist schließlich die Integration wissensbasierter Komponenten in den computergestützten Planungsablauf. Für die schwierigen Dispositionsprobleme im Fertigungsbereich wird auch eine

---

139 Vgl. ZÄPFEL, G.: Produktionswirtschaft, a.a.O., S. 307 ff. sowie HOITSCH, H.-J.: a.a.O., S. 324 ff.

140 Vgl. ZÄPFEL, G.: Produktionswirtschaft, a.a.O., S. 321.

141 SWITALSKI, M.: Hierarchische Produktionsplanung, Heidelberg 1989, S. 18.

Kombination aus wissensbasiertem Simulations- und algorithmusorientiertem PPS-System vorgeschlagen.[142]

Zusammenfassend ist nun darauf hinzuweisen, daß vor allem der stärkeren Betonung dezentraler Steuerungsfunktionen ein entscheidender Einfluß für eine erfolgreiche Auftragsabwicklung zukommt. Der Einsatz wissensbasierter heuristischer Systeme auf lokalen Mikro- oder Minirechnern trägt der Forderung Rechnung, effiziente Planungsresultate in kurzer Zeit zu erzielen.

Im Anschluß an die Beschreibung neuerer Ansätze auf dem Gebiet der Produktionsplanung und -steuerung sollen die Merkmale und das Einsatzgebiet eines Fertigungsleitstands aufgezeigt werden.

3.3.4 Der Fertigungsleitstand als Feinplanungsinstrument

Das Streben nach einem durchgängigen Informationsfluß erzwingt die rechnergestützte Abbildung der kompletten Logistikkette von der Primärbedarfsplanung bis hin zur Betriebsdatenerfassung. Der Fertigungsleitstand übernimmt innerhalb dieser Gesamtschau einer computerunterstützten Produktion die Funktion des Bindeglieds zwischen Planungs- und Durchsetzungsaufgaben.

Zur Dokumentation der Zuordnung von Arbeitsgängen zu Maschinen verwenden konventionelle Fertigungsplanungen i.a. Plantafeln (bzw. Stecktafeln), welche die Werkstattsituation in Abhängigkeit von der Zeit abbilden. Eine Plantafel ist eine bildhafte Repräsentation der Fertigungsablauffolge. Derartige Darstellungen werden in der wissenschaftlichen Literatur als Gantt-Diagramme bezeichnet.[143]

Der Leistungsfähigkeit herkömmlicher Leitstände sind jedoch Grenzen gesetzt, die sich vor allem aus dem Datenvolumen im Fertigungsbereich ergeben. Das rein manuelle Führen einer Plantafel ist daher mit beträchtlichem Aktualisierungsaufwand verbunden. Eine Planung mit Hilfe konventioneller Leitstände ist darüber hinaus nur in begrenztem Umfang möglich.[144]

Die Erstellung und Änderung der Auftragsreihenfolgen oder gar die Simulation alternativer Kapazitätsbelegungspläne erfordert aufgrund netzartig strukturierter Produktionsaufträge einen erheblichen Zeitbedarf. Aus diesem Grund finden Simulationen eher auf dem Papier oder im Kopf des Fertigungsplaners statt als auf der Plantafel selber. Vor diesem Hintergrund

---

[142] Vgl. MERTENS, P./ RINGLSTETTER, T.: Verbindung von wissensbasierten Systemen mit Simulation im Fertigungsbereich, in: OR Spektrum, 1989, 11. Jg., Nr. 4, S. 213 ff. Für die Integration wissensbasierter Komponenten in Layoutplanungsverfahren vgl. den Abschnitt 4.3.2.

[143] Benannt nach dem Begründer Henry Laurence Gantt, 1861 bis 1919.

[144] Vgl. KURBEL, K.: a.a.O., S. 195.

wird das breite Interesse an computergestützten, graphischen Fertigungsleitständen plausibel nachvollziehbar.

Ein elektronischer Leitstand kann als "... computer-aided graphical decision support system for interactive production scheduling and monitoring"[145] definiert werden. Der computergestützte Fertigungsleitstand dient somit zur graphischen Visualisierung herkömmlicher Plantafeln. Eine kurzfristige Ablaufplanung wird bei dezentral organisierten Systemen charakteristischerweise aus den zentralen PPS-Komponenten herausgegliedert und den jeweiligen Produktionsstellen übertragen. Folgende Funktionen kennzeichnen leistungsfähige Leitstandssysteme:[146]

- Interaktive Planungs-, Terminierungs- und Einlastungsalgorithmen,
- bedienerfreundliche, graphische Abbildung des Fertigungsgeschehens,
- hochentwickelte Benutzerführung mit Bildschirmmasken und Menütechnik,
- modularer Aufbau für die Einbeziehung von Batch- und Dialog-Programmen,
- Online-Aktualisierung der Daten und
- bedarfsgerechte Bereitstellung rechnererstellter Fertigungsunterlagen.

Ein wesentliches Bestreben ist es, zu jedem Zeitpunkt ein inhaltlich und zeitlich exaktes Bild der laufenden Fertigungsrealität zu erhalten, um eine aktuelle Koordination aller Planungsvorgaben zu ermöglichen. Voraussetzung dafür ist die Integration von PPS, Leitstand und BDE in einem umfassenden Informationsverbund.[147] Ein ausgebauter Auftragsleitstand besteht normalerweise aus folgenden System-Komponenten:[148]

- Graphische Benutzerschnittstelle,
- Datenbank-Managementsystem (relational oder ggf. objektorientiert),
- Bewertungs-Module,
- Scheduling-Editor und
- automatischer Scheduling-Generator (ggf. wissensbasiert).

Die aufgeführten Bestandteile müssen zwar nicht unbedingt überall in gleichlautender Weise implementiert sein, in funktionaler Hinsicht sollten sie jedoch allesamt bei zeitgemäßen

---

145 ADELSBERGER, H.H./ KANET, J.J.: The Leitstand – A New Tool in Computer-Aided Manufacturing Scheduling, in: Stecke, K.E./ Suri, R. (Hrsg.): Proceedings of the Third ORSA/TIMS Conference on Flexible Manufacturing Systems: Operations Research Models and Applications, Amsterdam-Oxford u.a. 1989, S. 231.

146 Vgl. BALZER, H.: Synchronisation der Fertigungsabläufe mit kurzfristiger Fertigungssteuerung, in: VDI-Z, 131. Jg., 1989, Nr. 8, S. 94.

147 Vgl. HACKSTEIN, R.: a.a.O., S. 249.

148 Siehe auch ADELSBERGER, H.H./ KANET, J.J.: a.a.O., S. 232 ff.

Entwicklungen auftreten. Elektronische Plantafeln sollten ferner mehrere Planungsalternativen bereitstellen:[149]

- Manuelle Einplanung (bildhaftes Stecken) durch eine komfortable Maus-Unterstützung.
- Halbautomatische Einplanung. Eine Zuteilung erfolgt auf diejenige Maschine, die den "angeklickten" Auftrag frühestmöglich fertigstellen kann.
- Automatische Einplanung aller Arbeitsgänge einer Maschinengruppe bzw. eines gesamten Auftrags mit Hilfe von Zuteilungsalgorithmen. Die vom Rechner ermittelte Belegung kann nachträglich geändert werden.

Erst wenn neben Einplanungen auch Änderungs- oder Ausplanungen ermöglicht werden, ist die wichtigste Aufgabe der elektronischen Plantafel, nämlich die Reihenfolge- und Belegungsplanung, sinnvoll lösbar. Ein CIM-Leitstand, der sowohl in konzeptioneller als auch in funktionaler Hinsicht den Anforderungen der Praxis gerecht werden will, ist mit rein algorithmischen Methoden kaum realisierbar. Änderungen in der Unternehmenspolitik bzw. selbst geringfügige Variationen im Produktionsablauf können mit erheblichen Planungsänderungen verbunden sein.

Erst durch die Miteinbeziehung wissensbasierter Komponenten ist eine flexible Abbildung des Disponentenwissens erreichbar, so daß den wechselnden Randbedingungen der betrieblichen Praxis, aber auch Akzeptanzgesichtspunkten der Entscheidungsträger, in stärkerem Maße Rechnung getragen werden kann. Erste Überlegungen zur Nutzung wissensbasierter Komponenten in Leitständen sind bereits veröffentlicht worden.[150] Einheitliche Vorstellungen, aussagefähige Ergebnisse über einen längeren Zeitraum sowie konkrete und übertragbare Handlungsanweisungen existieren allerdings bislang noch nicht.

Die Philosophie der Leitstandstechnik ist jedenfalls ein vielversprechender Ansatz, der auch für die Flächenbelegungsplanung von Montageaufträgen nicht unbeachtet bleiben sollte. Eine Standard-Leitstands-Software wird aber hierfür ohne Modifikationen nicht einzusetzen sein, da den räumlichen Abmessungen der Kundenaufträge bislang durchweg keine Beachtung geschenkt wird.

3.3.5 Rechnerintegrierte Anlagenwirtschaft

Der Anlagenbau ist neben der Errichtung von Produktions- und Infrastrukturanlagen auch bei Projekten der Bauindustrie, des Schiffbaus sowie bei Forschungs- und Entwicklungsvorhaben

---

149 Vgl. HAVERMANN, H./ STEIN, H.: Einsatz wissensbasierter Komponenten in einem CIM-Leitstand, in: HMD, 26. Jg., Mai 1989, Nr. 147, S. 56 f.

150 Vgl. u.a.: HAVERMANN, H./ STEIN, H.: a.a.O., S. 54 ff.; SCHWINN, J.: Wissensbasierter Auftragsleitstand, in: Computer Magazin, 1989, Nr. 6-7, S. 49 f.; SIEBERT, V./ STEIN, H.: a.a.O., S. 29 ff.; HAVERMANN, H.: Der Leitstand als Integrator in einem CIM-Konzept, in: HMD, 27. Jg., 1990, Nr. 151, S. 37 ff.

anzutreffen. Grundsätzlich treten in diesen Bereichen die gleichen betriebswirtschaftlichen Probleme auf. Folgende Merkmale kennzeichnen den Anlagenbau:[151]

- Komplexität,
- kundenspezifische, längerfristige Einzel- oder Kleinserienfertigung,
- hohe Wertigkeit,
- Diskontinuität der Auftragseingänge,
- Internationalität,
- besondere Finanzierungsanforderungen und
- hohe Risiken.

Eine koordinierende Fabrikplanung dient unterdessen der mittel- bis langfristigen Erarbeitung von übergeordneten Leitlinien für die räumliche Unternehmensentwicklung. Daneben sind die Fabrikanlagen zeitgerecht bereitzustellen und möglichst rechnergestützt zu gestalten und zu verwalten.[152]

Das Kernproblem einer rechnergestützten Fabrikplanung betrifft damit die Erstellung einer dauerhaften Anordnung der Anlagen innerhalb eines Betriebs- bzw. Gebäudekomplexes. Der EDV-Einsatz in der Fabrikplanung umfaßt derzeit folgende Schwerpunktgebiete:[153]

- Graphische Unterstützung,
- Nutzung von Fabrik- oder Werksstrukturdatenbanken und
- Optimierungsprogramme.

Speziell für den Bereich der Umstrukturierungsplanungen werden interaktive Layout-Optimierungsprogramme angeboten, die neben den Transportbeziehungen weitere Anordnungskriterien zulassen.[154] Eine funktionale Übertragung auf das Gebiet der räumlich-orientierten Termin- und Kapazitätsplanung ist jedoch aufgrund des fehlenden Zeitaspekts nicht möglich.

---

151 Vgl. HÖFFKEN, E./ SCHWEITZER, M. (Hrsg.): Beiträge zur Betriebswirtschaft des Anlagenbaus, in: ZfbF, Sonderheft 28, 1991, S. 4.

152 Vgl. HORN, V./ MEIER, K.-J.: Rechnergestützte Fabrikstrukturplanung für einen Auftragsfertiger, in: ZwF, 86. Jg., 1991, Nr. 7, S. 336 und WINTER, C.: Industrie-Anlagen rechnergestützt planen und verwalten, in: ZwF, 86. Jg., 1991, Nr. 7, S. 332.

153 Vgl. LANGNER, D.: Entwicklung der rechnergestützten Fabrikplanung, in: ZwF, 85. Jg., 1990, Nr. 6, S. 324.

154 Ein Beispiel ist das Layoutplanungssystem HLS der Firma Intergraph (HLS=Hallenlayoutsystem).

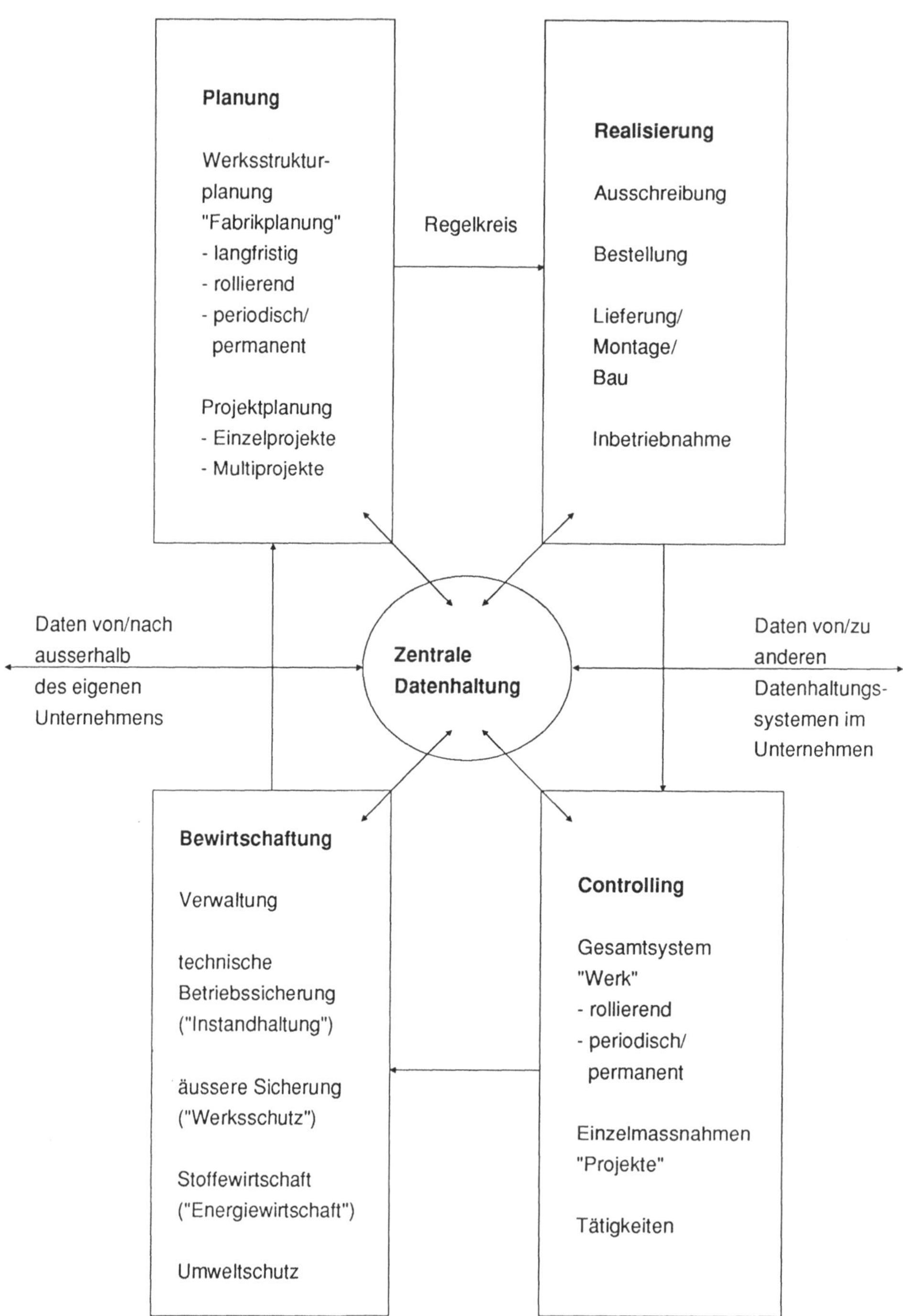

Abb. 10: Funktionen und Anwendungsgebiete der computerintegrierten Anlagenwirtschaft

In der Vergangenheit wurden die einzelnen Aktivitäten auf diesem Sektor unverknüpft, d.h. separat neben- oder nacheinander abgearbeitet. Inzwischen hat man jedoch die Querschnitts-funktion einer unternehmensweit rechnerintegrierten Anlagenwirtschaft erkannt. RUDOLPH prägte für diese inhaltliche Zusammenfassung den Begriff "Computer Integrated Facilities Management (CIF)".[155] Auf Basis einer Werksstrukturdatenbank arbeiten die Funktionen Planen, Realisieren, Bewirtschaften und Controlling eng zusammen (vgl. die Abb. 10):[156]

Über einen Regelkreis sind diese Aufgaben miteinander verbunden. Das damit für den Computer erschlossene Anwendungsgebiet beschränkt sich allerdings auf die CAD-analoge Speicherung sämtlicher (Sach-) Anlagen einer Fabrik. Erfaßt werden Grundstücke, Infra-struktur-Daten, bauliche Anlagen, Installationen, Maschinen, Geräte und Vorrichtungen in Grundrissen, Schnitten und Ansichten. Die einzelnen − als Objekte definierten − Elemente können anschließend mit Hilfe eines CAD-Programms aufgerufen und verarbeitet, d.h. positioniert werden. Gleichwohl handelt es sich bei CIF um eine individuelle Dienstleistung, die für jeden Anwendungsfall eine eigene Lösung erfordert.

In das Datenmanagement einer strategischen Anlagenkybernetik brauchen Fertigungsteile allerdings nicht miteinbezogen zu werden. Bezüglich der eigenen Problemstellung ist somit darauf hinzuweisen, daß bei einer eher stationären Planung und Administration baulicher Anlagen, räumlich-zeitliche Steuerungsmaßnahmen von Erzeugnissen des Werkstattbereichs keine Bedeutung besitzen. Damit ist eine Belegungsplanung von Montagebauteilen auf Planungsflächen mit einer rechnergestützten Anlagenwirtschaft im oben beschriebenen Sinn nur noch eingeschränkt vergleichbar. Methodische Vorgehensweisen können lediglich im Ausnahmefall übertragen werden. Eine räumliche Fertigungssteuerung ist mit einem CIF-System demnach nicht durchführbar.

3.4 Aspekte der Wirtschaftlichkeit von CIM-Systemen

Der Begriff "Wirtschaftlichkeit" dient als Maß zur kostenmäßigen Beurteilung betrieblicher Vorgänge aller Art. Die Frage der Wirtschaftlichkeit bestimmter Unternehmensvorhaben stellt sich in der Praxis insbesondere dann, wenn eine Investition getätigt werden soll. Eine Investition ist "die relativ langfristige Bindung relativ hoher Kapitalbeträge zur Erzielung bestimmter geplanter Konsequenzen".[157]

---

[155] Vgl. RUDOLPH, M.: Rechnerintegrierte Anlagenwirtschaft als Basis einer dynamisierten Fabrikplanung, in: VDI (Hrsg.): Rechnergestützte Fabrikplanung '88, Erfahrungen und neue Erkenntnisse, Tagung Fellbach 13./14. Okt. 1988, Düsseldorf 1988, S. 38.

[156] Vgl. o.V.: Neues Konzept für eine rechnerintegrierte Anlagenwirtschaft, in: ZwF, 84. Jg., 1989, Nr. 8, S. 441 f.

[157] ALTROGGE, G.: Investition, München 1988, S. 4.

Zur Bewertung zukünftiger Investitionsüberlegungen existieren eine Vielzahl klassischer statischer respektive dynamischer Verfahren, die jedoch ausschließlich monetär erfaßbare Faktoren berücksichtigen.[158] Bei indirekt produktiven Investitionen,[159] zu denen die Einführung EDV-gestützter Fertigungssteuerungssysteme zu zählen ist, fallen darüber hinaus in der Regel monetär nur schwer oder gar nicht quantifizierbare Faktoren ins Gewicht.

Die wesentlichen Probleme der Wirtschaftlichkeitsbetrachtung von DV-Systemen liegen neben der Quantifizierung in der Erfassung und Zurechnung der einzelnen Effekte. Deshalb werden in der Praxis häufig Beurteilungsverfahren eingesetzt, die ausschließlich oder zumindest hauptsächlich die Kosten des DV-Einsatzes betrachten, da sich diese im Vergleich zum Nutzen leichter ermitteln lassen. Für Wirtschaftlichkeitsrechnungen werden als quantifizierbare Nutzeffekte in Anwendungsbeschreibungen außer direkten Kosteneinsparungen vor allem Produktivitätssteigerungen, Zeit- und Personaleinsparungen herangezogen. "Der Beurteilungsrahmen läßt sich erweitern, wenn man die physikalisch meßbaren Wirkungen des DV-Einsatzes indirekt über Hilfsgrößen in monetär quantifizierbare Größen transformiert. Eher qualitative Effekte können über Komplementär- oder Kausalbeziehungen zu quantifizierbaren Wirkungen beschrieben und anhand dieser Determinanten beurteilt werden."[160]

Zur Beurteilung einer Investition in Komponenten der computerintegrierten Fertigung bestehen Probleme, die nachstehend zusammengetragen wurden:[161]

– Räumliche Diskrepanz von Kosten und Nutzen in einer Integrationslinie,
– mangelhafte Identifizierbarkeit und Quantifizierbarkeit möglicher Nutzengrößen,
– mangelhafte Abschätzung von Folgeaufwendungen,
– mangelhafte Identifizierbarkeit des Integrationseffektes durch das Controlling und
– Wirtschaftlichkeit von Integrationsprojekten ist vor allem durch Ertragssteigerung, weniger durch Aufwandsreduzierung gegeben.

---

[158] Die traditionellen Berechnungsverfahren zur Ermittlung der Wirtschaftlichkeit einer Investition werden in der Literatur ausgesprochen breit dargestellt. Stellvertretend sei hier zusätzlich zu der oben genannten Monographie von Altrogge das Werk von Blohm und Lüder angeführt (BLOHM, H./ LÜDER, K.: Investition, 6. Aufl., München 1988, S. 54 ff.).

[159] Hirschmann unterscheidet direkt und indirekt produktive Investitionen, um zwischen dem Erwerb von Sach- bzw. Produktionsanlagen sowie den Ausgaben im Zusammenhang mit Planungs-, Kontroll- und Informationssystemen, Forschung und Entwicklung, Werbeaktionen etc. zu differenzieren (vgl. HIRSCHMANN, A.O.: Strategie der wirtschaftlichen Entwicklung, Stuttgart 1967, S. 78 ff.).

[160] ANSELSTETTER, R.: Betriebswirtschaftliche Nutzeffekte der Datenverarbeitung: Anhaltspunkte für eine Nutzen-Kosten-Schätzung, Berlin-Heidelberg u.a. 1984, S. 247.

[161] Vgl. auch KEMMNER, A.: Investitions- und Wirtschaftlichkeitsaspekte bei CIM, in: CIM-Management, 1988, Nr. 4, S. 26.

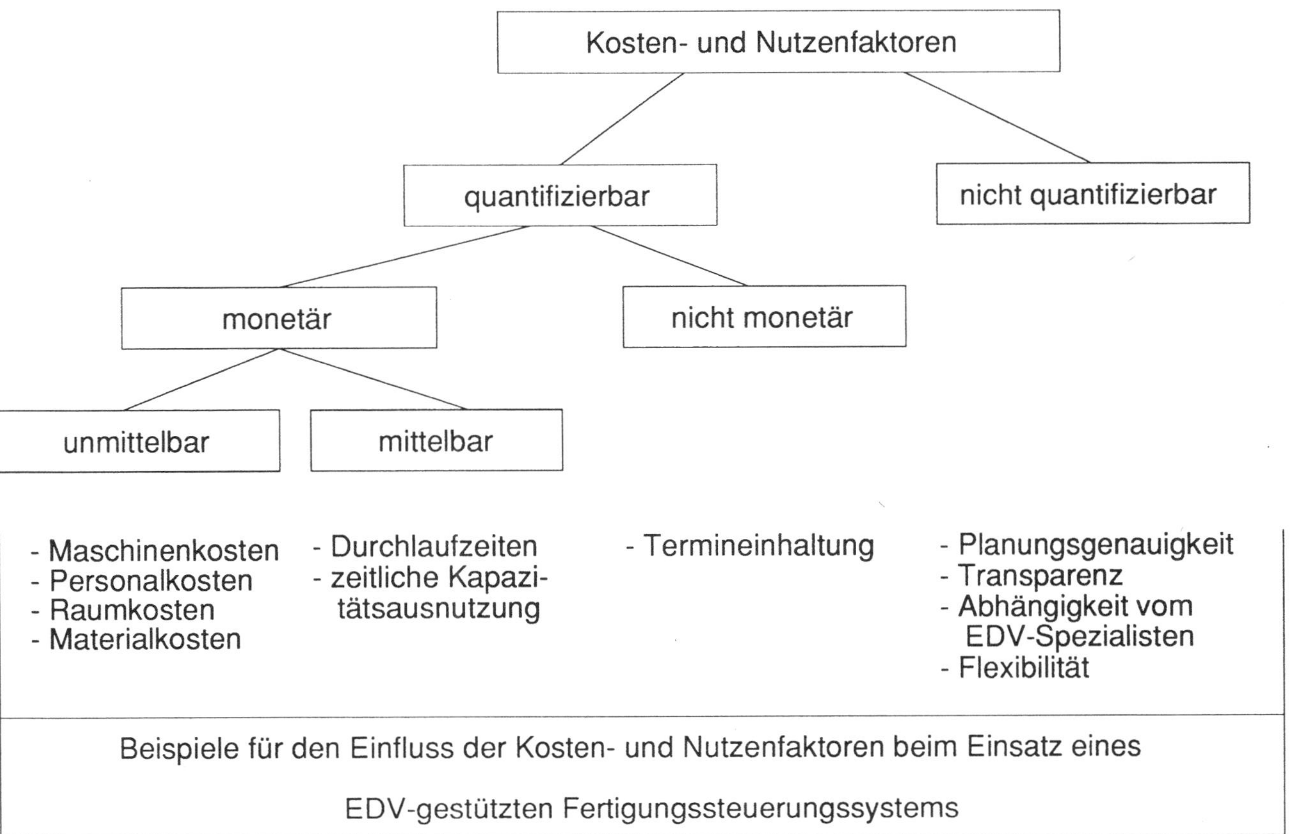

Abb. 11: Unterscheidung der Kosten- und Nutzenfaktoren hinsichtlich der Quantifizierbarkeit

In der Konsequenz erfordern diese Probleme ein ausgefeiltes Kostenmanagement. Je weniger der Verlauf der Kosten und des Nutzens bei Integrationsprojekten im Vorhinein erkennbar ist, desto wichtiger wird die Sicherstellung ausreichender Kostentransparenz zur laufenden Kontrolle von Kostenentwicklungen.

Grenzen der monetären Bewertungsmöglichkeiten liegen in der unsicheren Quantifizierung des Marktverhaltens[162] sowie der betrieblichen Produktivität, Flexibilität und Rentabilität. Die Abb. 11 verdeutlicht einige Beispiele für den Einfluß der Kosten- und Nutzenfaktoren beim Einsatz eines PPS-Systems.[163]

Damit qualitative Elemente in das Instrumentarium zur Analyse der Wirtschaftlichkeit einer Investition aufgenommen werden können, sind neben klassischen Berechnungsverfahren auch Nutzwertanalysen durchzuführen. Nur durch die zusätzliche Bewertung des Nutzens der nicht-quantifizierbaren Kriterien eines Entscheidungsproblems können die Wirkungen, die von der geplanten Investition ausgehen, vollständig gewürdigt werden. Die Grundstruktur einer quantitativ-qualitativ orientierten Wirtschaftlichkeitsbetrachtung veranschaulicht dazu die Abb. 12.[164]

---

[162] Vgl. WARNECKE, H.-J./ BULLINGER, H.-J./ LIENERT, J.: Wirtschaftlichkeitsanalyse EDV-gestützter Fertigungssteuerungs-Systeme, in: Scheer, A.-W. (Hrsg.): Produktionsplanung und -steuerung im Dialog, Würzburg-Wien 1979, S. 362.

[163] Vgl. WIESE, M.: Wirtschaftlichkeitsbeurteilung EDV-gestützter Fertigungssteuerungssysteme, Berlin 1979, S. 71; angelehnt an DWORATSCHEK, S./ DONIKE, H.: Wirtschaftlichkeitsanalyse von Informationssystemen, Berlin-New York 1972.

[164] Vgl. ZÄPFEL, G.: Wirtschaftliche Rechtfertigung einer computerintegrierten Produktion (CIM), in: ZfB, 59. Jg., 1989, Nr. 10, S. 1059.

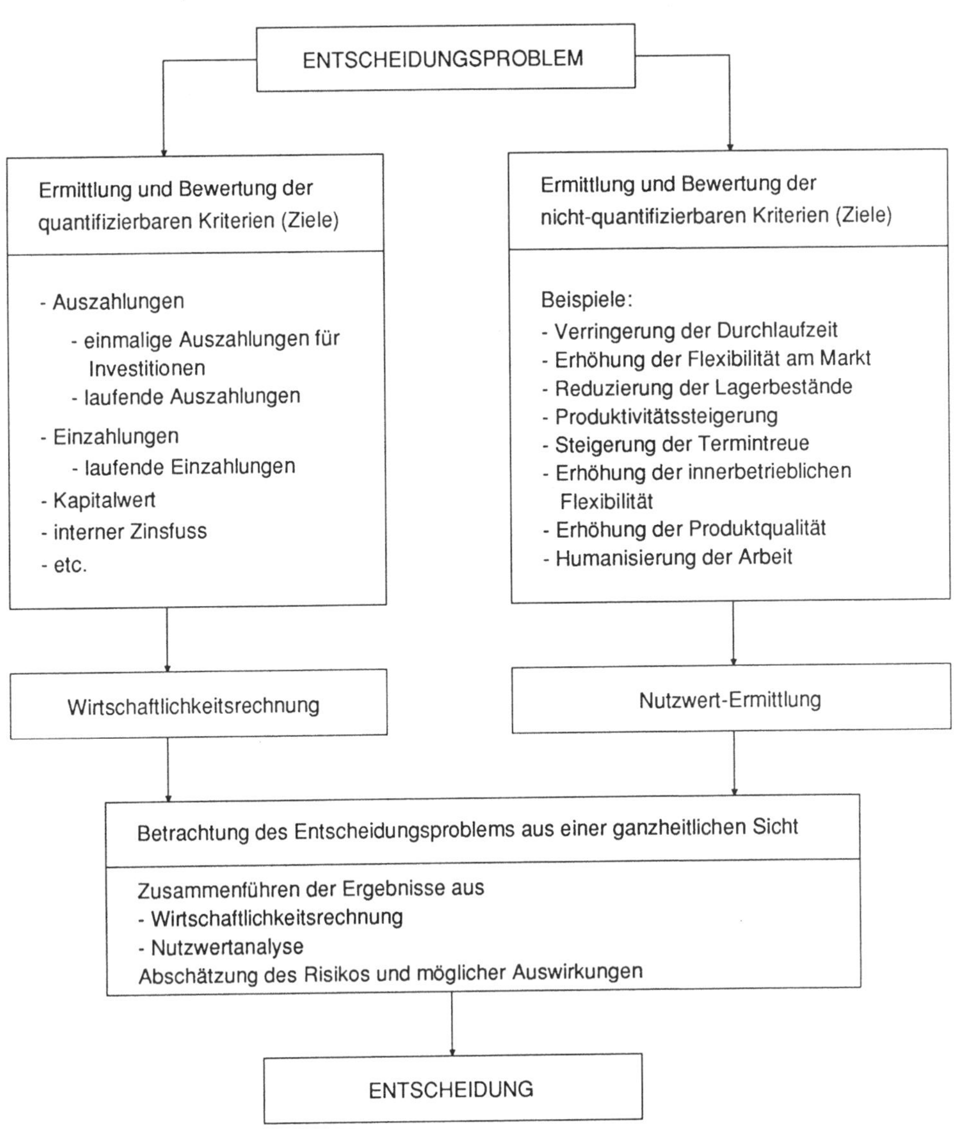

Abb. 12: Grundstruktur einer quantitativ-qualitativ orientierten Wirtschaftlichkeitsanalyse

In die Bewertung neuer Produktionstechnologien müssen somit die zentralen Eigenschaften wie Integration, Automation und Flexibilität einfließen. Zur Berücksichtigung der sowohl sachlichen als auch zeitlichen Interdependenzen zwischen den verschiedenen Teilbereichen der Produktionsplanung und -steuerung, bedarf es eines integrierten Systems.

Unter Integration versteht man hierbei "... das Schaffen jener verbindenden Beziehungen, die die einzelnen Teilbereiche zu einem Gesamtsystem vereinen, durch die es möglich wird, ein gegenseitiges Abstimmen der Handlungsalternativen im Hinblick auf ein Ziel oder mehrere Ziele zu erreichen".[165] Integrierte Systeme der Produktionsplanung und -steuerung können grundsätzlich mit rein simultanen oder sukzessiven Verfahren sowie Kombinationen beider Ansätze abgestimmt werden.[166]

Geplante Automationsvorhaben für komplexe Entscheidungsprobleme sollten wünschenswerterweise in Form einer dialogisierten, d.h. transaktionsorientierten Mensch-Maschine-Kommunikation realisiert werden. Schließlich wurden EDV-Systeme zur Produktionsablaufplanung in der Vergangenheit oft wegen mangelnder Flexibiltät abgelehnt. Der Eingabe-Aufwand und die Rechenzeit sollten daher in einem angemessenen Verhältnis zur Anwendungsfrequenz stehen, die wiederum von der Häufigkeit unerwarteter Datenänderungen abhängt.[167]

Investitionen in die computerintegrierte Fertigung stellen jedenfalls Entscheidungen von strategischer Tragweite dar, so daß eine leichtfertige Ablehnungshaltung unter Umständen später bereut wird. Chancen und Risiken derartiger Strategie-Konzeptionen ergeben sich aus der Abb. 13.[168]

---

[165] ZÄPFEL, G.: Produktionswirtschaft, a.a.O., S. 297.

[166] Siehe Kapitel 3.1.

[167] Vgl. FLEISCHMANN, B.: Produktionsablaufplanung, Probleme-Modelle-Methoden, in: Proceedings in Operations Research 5, Würzburg-Wien 1976, S. 345.

[168] Vgl. auch ZAHN, E./ DOGAN, D.: Strategische Aspekte der Beurteilung von CIM-Installationen, in: CIM-Management, 1991, Nr. 3, S. 6.

Strategische Chancen	Strategische Risiken
Ziel: Verbesserung der Wettbewerbsposition bzgl. der kritischen Erfolgsfaktoren Kosten, Qualität, Flexibilität und Zeit	Ziel: Identifikation und Bewältigung der Risiken, die aus der Komplexität der integrierten Lösung entstehen
Effizienter Einsatz der Technik - Vollauslastung der Kapazitäten - Kostensenkungen - Produktivitätssteigerungen **Informationstechnische Vernetzung (intern u. extern)** - Steigerung der Produkt- und Prozessflexibilität - Verkürzung der Entwicklungszeiten - Verkürzung der Lieferzeiten **Substitution von Beständen durch Information** - Reduzierung der Lagerbestände - Erhöhung der Lagerumsatzgeschwindigkeit - Senkung der Durchlaufzeiten **Permanente Prozesskontrolle** - Verbesserung der Anlagenverfügbarkeit - Gewährleistung einer kostant hohen Produktqualität **Bessere Informationsnutzung in Planung und Kontrolle** - Beschleunigung der Innovationsfolgen - Steigerung der Marktflexibilität **Motivationspotential** - Job enlargement - Job enrichment	**Technische Risiken** - Permanenter technologischer Wandel - Inkompatibilität im Hard- und Softwarebereich - Störanfälligkeit von Automations- und Sensorikeinrichtungen **Wirtschaftliche Risiken** - Hohe Investitions- und Adaptionskosten - Lange Amortisationsdauern - Abstinenz von Parametern zur Nutzenbewertung **Organisatorische Risiken** - Unterschätzen der strategischen Bedeutung von CIM - Resistenz der Organisation gegenüber Veränderungen - Implementierungsprobleme durch bürokratisierte Organisationen und Resortdenken - "Not-invented-here"-Syndrom **Personelle Risiken** - "Mismatch" zwischen Technologiefortschritt und Personalqualifikation - Widerstand der Mitarbeiter gegen permanente Weiterbildung - Psychische und intellektuelle Überforderung der Mitarbeiter - Inkompetenz des Managements

Strategische CIM-Entscheidung

Abb. 13: CIM als strategische Entscheidung

Die Einführung neuer Produktionstechnologien bewirkt eine Veränderung der Kapazität und Flexibilität des Produktionssystems. Die ökonomischen Wirkungen neuer Verfahren beeinflussen den unternehmerischen Erfolg und haben gleichzeitig Auswirkungen auf die langfristige Sicherung der Wettbewerbsfähigkeit. Das Investitionsverhalten einer Unternehmung wird geprägt durch die Technologiestrategie sowie die extern verursachten Handlungsbedarfe, die aus dem strategisch wirksamen Druck von Kunden und Wettbewerbern resultieren.

Hinsichtlich der verfolgten Technologiestrategie, d.h. der Strategie der jeweils angewendeten Produktionstechnologie, lassen sich zwei Betriebstypen unterscheiden:[169]

- Technologische Führerschaft, d.h., man will immer auf dem neuesten Stand der angewendeten Produktionstechnologie sein.
- Technologische Folgerschaft, d.h., man wartet ab, bis sich neue Entwicklungen in der Produktionstechnologie bewährt haben.

Die überwiegende Mehrheit der Industriebetriebe verfährt dabei nicht nach einer Strategie in Reinform, sondern verfolgt den gemischten Ansatz, sich in bestimmten Situationen als Führer und in anderen Sachlagen mitunter aber auch als Folger zu verhalten.

Sollten durch den Einsatz neuer Technologien Kostensenkungspotentiale aufgedeckt worden sein, so fordert WILDEMANN von den Unternehmen "die Einsicht, daß die Strategie der Pionieranwendung neuer Produktionstechnologien erfolgreicher ist, als die Strategie des kreativen Nachahmers: Der Pionieranwender bekommt einen Know-how-, Image- und Produktivitätsvorsprung, der auch durch Crashprogramme zeitlich nicht aufzuholen ist".[170] Bei der Festlegung der eigenen Vorgehensweise sollte deshalb die Frage im Vordergrund stehen: "Welche Rendite erwirtschaftet das Unternehmen in der Zukunft ohne die Investition in die neue Produktions-Technologie?"[171]

Es bleibt somit festzuhalten, daß eine Beschränkung auf traditionelle Verfahren der Investitionsrechnung eine wirtschaftliche Rechtfertigung von CIM-Projekten nicht in jedem Fall leisten kann. Man unterstellt damit indirekt, daß die Wettbewerbsposition des Unternehmens unverändert erhalten bleibt.[172] Eine unterlassene, aber von Konkurrenten positiv getätigte Investitionsentscheidung kann dagegen sehr wohl die Marktstellung des Betriebs negativ beeinflussen.

---

[169] Vgl. SCHULZ, H./ BÖLZING, D.: "CIM-Status" für strategische Investitionsplanung, in: CIM-Management, 1988, Nr. 4, S. 8.

[170] WILDEMANN, H.: Strategische Investitionsplanung: Methoden ..., a.a.O., S. 198.

[171] WILDEMANN, H.: Strategische Investitionsplanung: Methoden ..., a.a.O., S. 67.

[172] Vgl. ZÄPFEL, G.: Wirtschaftliche Rechtfertigung ..., a.a.O., S. 1071.

Daraus ergibt sich, daß die Marktauswirkungen unbedingt zu beachten sind, auch wenn eine monetäre Bezifferung nur schwer erzielbar ist. Eine geldgleiche Bewertung marktorientierter Nutzengrößen ist somit fundierter und damit auch in bezug auf die getroffene Entscheidung exakter als die willkürliche Nichtberücksichtigung dieser Konsequenzen.[173] Anderenfalls läuft man Gefahr, Investitionsprojekte zu verwerfen, die – objektiv gesehen – wirtschaftlich lohnend oder gar für das Unternehmen überlebensnotwendig sind. Managemententscheidungen müssen generell die Zielsetzung verfolgen, die Wettbewerbsfähigkeit der Unternehmung wenigstens zu erhalten oder besser noch auszubauen.

Zur Lösung der Probleme, die aufgrund unsicherer Erwartungen über die Ausprägung der Zahlungsreihen einer Investition sowie die nur schwer monetär quantifizierbaren sonstigen Kenngrößen derartiger Entscheidungen bestehen, bieten sich Sensitivitätsanalysen verschiedener Szenarien an.[174] Die Grundlage einer Sensitivitätsanalyse besteht in der Gegenüberstellung unterschiedlicher Datenausprägungen des zu untersuchenden Planungsproblems. HORVATH und MAYER schlagen vor, drei Fallsituationen zu betrachten, die eine pessimistische (aber mit großer Wahrscheinlichkeit mindestens realisierbare), eine wahrscheinliche (auf mittlere Erwartungswerte bezogene) sowie eine optimistische (d.h. nur mit geringer Wahrscheinlichkeit erreichbare) Variante evaluieren.[175]

Durch den Versuch der Miteinbeziehung möglichst aller Einflußfaktoren in die Technologie-Entscheidung wird zwar die Unsicherheit der Daten nicht beseitigt, das vermutete Risiko bzw. die Chance einer Investition dagegen transparenter gemacht. Die Entscheidung selber wird dadurch besser begründbar, erfährt eine höhere Akzeptanz und verursacht letztlich einen größeren Erfolg.

---

173 Vgl. SCHREUDER, S./ UPMANN, R.: Wirtschaftlichkeit von CIM – Grundlage von Investitionsentscheidungen, in: CIM-Management, 1988, Nr. 4, S. 16.

174 Anstelle der von Zäpfel favorisierten – und bereits erwähnten – Nutzwertanalyse zur Berücksichtigung qualitativer Kriterien des Planungsproblems schlägt Wildemann in diesem Zusammenhang die Erstellung einer sogenannten Argumentenbilanz vor, welche auch die Wirkungen auf strategische Produktionsziele erfaßt (vgl. ZÄPFEL, G.: Wirtschaftliche Rechtfertigung ..., a.a.O., S. 1059 und WILDEMANN, H.: Strategische Investitionsplanung für neue Technologien in der Produktion, in: ZfB-Ergänzungsheft 1986, Nr. 1, S. 31).

175 Vgl. HORVATH, P./ MAYER, R.: CIM-Wirtschaftlichkeit aus Controller-Sicht, in: CIM-Management, 1988, Nr. 4, S. 52.

4. Montageorientierte Produktionsplanung

4.1 Einfluß der Montagebedingungen auf die Ablaufplanung

Die Montagesteuerung bildet die letzte Phase des eigentlichen Leistungserstellungsprozesses. Die Bereiche Produktentwurf, Konstruktion und Arbeitsvorbereitung als primär technische Funktionen sowie die Auftragssteuerung, die Primärbedarfsplanung und die Materialwirtschaft als betriebswirtschaftlich planerische Aufgaben sind zeitlich vorher angesiedelt.[176] Im Anschluß an die Montagesteuerung sind für eine erfolgreiche Unternehmensführung zusätzlich die Instandhaltung und Qualitätssicherung wichtig. Diese Funktionen dienen jedoch nicht unmittelbar dem Erzeugungsprozeß, sondern begleiten und unterstützen den Produktionsablauf.

Die Montage behandelt in der Gesamtschau der betrieblichen Produktion den Zusammenbau von Teilen und/oder Baugruppen zu Erzeugnissen oder zu Baugruppen höherer Erzeugnisebenen.[177] Sie ist somit logistischer Orientierungspunkt des Betriebsgeschehens. Im Rahmen der vorliegenden Problemstellung werden neben der Montageplanung die Kapazitätsterminierung, der Kapazitätsabgleich und die Auftragsfreigabe berücksichtigt. Insgesamt ist damit das Feld der kurzfristigen Montageplanung und -steuerung abgesteckt.

Die Montage bildet grundsätzlich ein System, welches Eingangsgrößen (d.h. Einzelteile und Halbfertigfabrikate) in Ausgangsgrößen (d.h. Baugruppen und Fertigfabrikate) transformiert. Dieser Transformationsprozeß umfaßt in der Regel einen weitreichenden Tätigkeitskomplex. Die effektive Verwirklichung der Montage resultiert aus der zielgerichteten Durchführung sämtlicher relevanter Arbeitsfunktionen unter Berücksichtigung unternehmensspezifischer Prämissen und Randbedingungen.

Die Ablaufsteuerung einer montageorientierten Fertigung kann nun durch fünf Planungsfunktionen beeinflußt werden:[178]

- Bedarfsermittlung für Montagemittel, -hilfsmittel und -einrichtungen,
- Zeitenplanung,
- Materialbereitstellungsplanung,
- Ermittlung des Raumbedarfs und

---

[176] Vergleiche hierzu das sogenannte Y-Modell von SCHEER in der Abb. 6.

[177] Vgl. VDI (Hrsg.): EDV bei der PPS, Bd. 6: Begriffszusammenhänge, Begriffsdefinitionen, VDI-Taschenbuch T77, Düsseldorf 1976, S. 162.

[178] Vgl. MIESE, M.: Systematische Montageplanung in Unternehmen mit Einzel- und Kleinserienproduktion, Diss. TH Aachen 1973, S. 144 ff.

– Personalplanung.

Der Schwerpunkt der nachstehenden Untersuchung liegt in der Raumbedarfsermittlung und
-belegung. Bereits zu früheren Zeitpunkten wurden sämtliche Montagemittel und
-einrichtungen, die frühestmöglichen sowie spätest zulässigen Produktionsstarttermine, die
Durchlaufzeit, das zu montierende Teilespektrum sowie die im Montagebereich benötigte
Belegschaftsstärke in engen Grenzen fixiert. Falls die räumlichen Planungsbedingungen diese
Restriktionen verletzen, werden ggf. Modifikationen im Montageprogramm erforderlich. Nur
bei derartigen Neuplanungen sind Anpassungen der genannten Bestimmungsgrößen akzeptabel. Ansonsten sollen keine Änderungen vorgenommen werden. Diese Parameter sind damit
als fest vorgegeben anzusehen.

Die Montage spielt gerade bei Unternehmen der Einzel- und Kleinserienfertigung eine
entscheidende Bedeutung, weil hier die Auftragsreihenfolge durch die Kundenanforderungen
bezüglich Liefertermin und -umfang beeinflußt wird. "Bei dem Konzept der integrierten
Auftragsabwicklung steht deshalb die Montageplanung und -steuerung im Mittelpunkt."[179]

Eine integrierte Informationsverarbeitung im Sinne von CIM rückt somit den – bislang durch
die EDV weniger durchdrungenen und künftig in eine rechnerunterstützte Produktionsplanung und -steuerung einzubindenen – Montagebereich näher ins Blickfeld. Die Montagesteuerung betrachtet zur Durchschleusung der Kundenaufträge vor allem die vorgegebenen
Termine sowie die verfügbaren Kapazitäten. Die Abstimmung zwischen dem vorhandenen
Kapazitätsangebot und den kapazitätsnachfragenden Aufträgen wird jedoch bislang durch
folgende Problembereiche erschwert:[180]

– Kritische Terminsituation,
– schlechter Informationsfluß,
– laufende Produktänderungen und
– unvollständige Planungsunterlagen.

Diese Situation ist infolge des hohen Lohnkostenanteils in der Montage bei Großanlagenbauern besonders relevant und unterstreicht die Bemühungen, durch EDV-Einsatz nun auch
in diesem Bereich eine Rationalisierung herbeizuführen.

Gefordert ist deshalb ein Entscheidungsunterstützungssystem, das unterschiedliche Planungsansätze integriert, die Denkgewohnheiten der Fertigungsplaner durchbricht und zugleich das
Expertenwissen berücksichtigt. Durch die Einführung computergestützter Informationssysteme im Montagesektor verändern sich die Arbeitsstrukturen für den betroffenen Beleg-

---

179 EVERSHEIM, W./ SOSSENHEIMER, K./ STOLZ, N.: Montageorientierte Produktionssteuerung in
Unternehmen mit Einzel- und Kleinserienproduktion, in: ZwF, 83. Jg., 1988, Nr. 9, S. 453.

180 Vgl. ALBRECHT, R./ LAY, K.: Die Montageplanung als CIM-Komponente, in: CIM-Management,
1986, Nr. 4, S. 43.

schaftsteil. Automatisierte Verfahren zur Montageplanung müssen so gestaltet sein, daß die Disponenten einen Handlungs- und Entscheidungsspielraum nutzen können und gleichzeitig von monoton-repetitiven Aufgaben befreit werden.

Folgende Anforderungen haben computergestützte Informations- und Planungssysteme insgesamt zu erfüllen, wenn sie den Problemen der Anlagenmontage gerecht werden wollen:[181]

- Integration von Operations-Research-Verfahren in die rechnergestützten Problemlösungskomponenten,
- getrennte Methoden- und Datenbank,
- benutzerfreundliche Änderung der Methodenbereiche (z.B. bei Weiter- oder Neuentwicklungen der Methoden),
- flexible Datenstrukturen, die einem modernen Datenmanagement entsprechen,
- hohe Benutzerfreundlichkeit des DV-Systems überhaupt sowie
- Systemzuverlässigkeit und kurze Antwortzeiten.

Vor diesem Hintergrund werden die für eine konkrete Realisierung aufzubringenden erheblichen Anstrengungen und infolgedessen beträchtlichen finanziellen Mittel nachvollziehbar. Gleichwohl beinhaltet die aktuelle Forderung nach einer Automatisierung von Montageaufgaben ein außergewöhnliches Rationalisierungspotential.

4.2 Kurzfristige Produktionsplanung bei Auftragsfertigung

4.2.1 Kennzeichnung der Einzel- und Kleinserienfertigung als Organisationsform der Produktion

Im Rahmen der operativen Produktionsplanung eines auftragsorientierten Einzelfertigers sind die Bearbeitungsfolgen und die Startzeitpunkte der Teilaufträge auf den Produktiveinheiten zu bestimmen. Folgende Merkmale kennzeichnen die Grundstruktur der Ablaufplanung:[182]

- In der vorab fixierten Planungsperiode ist ein Programm einzelner Kundenaufträge gegeben und verfügbar.
- Die Bearbeitungszeiten der Teilaufträge sind fest vorgegeben.
- Jeder Auftrag bildet eine unteilbare Einheit, eine parallele Produktion ist daher nur bei Einzelteilen möglich und technisch bedingte Reihenfolgen sind einzuhalten.
- Jede begonnene Operation wird ohne Unterbrechung zu Ende geführt.

---

[181] Vgl. ALBRECHT, R./ LAY, K.: a.a.O., S. 45.

[182] Vgl. u.a. SEELBACH, H.: Ablaufplanung, Würzburg-Wien 1975, S. 16 ff.; SEELBACH, H.: Ablaufplanung bei Einzel- und Serienproduktion, in: Kern, W. (Hrsg.): Handwörterbuch der Produktionswirtschaft, Stuttgart 1979, Sp. 15 f.; POLIXA, F.: a.a.O., S. 9 ff.

– Störungsbedingte Unterbrechungen sowie weitere Periodenunterteilungen werden nicht berücksichtigt.
– Begrenzte Kapazität der Produktionsfaktoren, unbegrenzte Lagerkapazität.

In der wissenschaftlichen Literatur wurden diese Prämissen bereits für konkrete Problemstellungen in mehrfacher Hinsicht verändert und erweitert. In der vorliegenden Situation sollen aber zunächst nur die wesentlichen Randbedingungen betrachtet und erst im Anschluß an die Beschreibung und Beurteilung des eigentlichen Verfahrens auf mögliche Erweiterungen bzw. Modifikationen aufmerksam gemacht werden. Eine Bewertung des montageorientierten heuristischen Ablauf- und Layoutplanungsverfahrens soll damit nicht durch viele zusätzliche und miteinander vermaschte Nebenbedingungen behindert werden.

Nachdem die wichtigsten Produktionsprämissen eines Einzel- bzw. Kleinserienfertigers festgelegt wurden, stehen nun eher praktische Überlegungen der Produktionslenkung im Vordergrund. Die am häufigsten genannten Zielsetzungen einer mit mathematischen Algorithmen optimierten industriellen Fertigung sind:[183]

– Die exakte Liefertermineinhaltung,
– eine maximale Kapazitätsauslastung und
– minimale Durchlaufzeiten.

Das wichtigste Kriterium für kundenauftragsorientierte Großanlagenbauer ist die Wahrung des zugesagten Fertigstellungstermins. Besonders deutlich wird dies im Falle der Erhebung von Konventionalstrafen bei Lieferverzug.

Die Entwicklung und der Einsatz von PPS-Systemen bei kundenspezifischer Einzel- oder Kleinserienfertigung beinhaltet einen äußerst komplexen Abstimmungsprozeß. Die substantiellen Probleme eines Fertigungsunternehmens sind nur mit Hilfe ganzheitlicher Informations- und Kommunikationssysteme zu lösen. Zu beachten ist vor allem, daß der Angebotserstellung eine große Bedeutung zukommt (ohne die eine Auftragserteilung undenkbar ist) und daß für jeden Kundenauftrag i.a. ein hoher konstruktiver Aufwand entsteht.[184]

Der Anteil der Aufwendungen des Konstruktionsbereichs an den gesamten Herstellungskosten ist bei diesem Industriezweig typischerweise sehr bedeutsam. "Nach empirischen Untersuchungen hat sich ergeben, daß die Konstruktion zwar lediglich 10% der Kosten eines Produktes verursacht, aber über 70% der Kosten bestimmt, da sie die Materialien und Fertigungsverfahren festlegt."[185]

---

183 Vgl. HOCH, P.: Zur Reihenfolgeoptimierung bei langfristiger Einzelfertigung, in: Bussmann, K.F./ Mertens, P. (Hrsg.): Operations Research und Datenverarbeitung bei der Produktionsplanung, Stuttgart 1968, S. 271.

184 Vgl. HELBERG, P.: PPS als CIM-Baustein, a.a.O., S. 104.

185 SCHEER, A.-W.: EDV ..., a.a.O., S. 220.

Neben den bislang skizzierten sachlichen Einschränkungen des Herstellungsprozesses existieren räumliche Organisationsprobleme zur Anordnung der Arbeitsplätze und Kapazitätseinheiten. In der Praxis haben sich hierzu zwei unterschiedliche Prinzipien herausgebildet:[186]

— Das Verrichtungsprinzip und
— das Fließprinzip.

Werden beim Verrichtungsprinzip die Produktionsfaktoren gleicher Funktion zu Organisationseinheiten zusammengefaßt, so erfolgt die Anordnung der Kapazitäten nach dem Fließprinzip entsprechend der Bearbeitungsfolge der Produkte.

Falls ein Unternehmen eine Baustellenfertigung aufweist, geht das Prinzip der Zentralisierung der herzustellenden Objekte mit einer Dezentralisierung der nötigen Verrichtungen einher.[187] Weiterhin ist hervorzuheben, daß über die klassischen Probleme der Termin-, Kapazitäts- und Reihenfolgeplanung hinaus zusätzliche räumliche Restriktionen innerhalb der Fertigungsplanung zu berücksichtigen sind, da die zu fertigenden Erzeugnisse beträchtliche Abmessungen besitzen können. Gegenwärtig verfügbare PPS-Systeme bieten für das Problem der Belegungsplanung von Montageflächen keine Lösung an. Dies gilt insbesondere auch dann, wenn für die Fertigungsaufträge zeitlich wachsende Flächenbedarfe vorgesehen werden müssen.[188]

Gerade im Anlagenbau stellt die zur Verfügung stehende Produktions- bzw. Montagefläche häufig eine Engpaßkapazität dar. Das Stellflächenangebot darf nicht vernachlässigt werden, sondern ist im Gegenteil explizit bei der Ablaufplanung mitzuberücksichtigen, um zielgerichtet handeln zu können.

Auf der einen Seite ist die Produktion damit durch einen weiteren Freiheitsgrad gekennzeichnet, der dem Planer zusätzliche Variationsmöglichkeiten und Flexibilitäten eröffnet. Auf der anderen Seite sind dadurch neue Randbedingungen zu beachten, die den ohnehin komplexen Abstimmungsprozeß der Produktionssteuerung weiter komplizieren. Eine reibungslose und im Ergebnis effiziente Fertigungsdurchführung ist in Anbetracht dieser Situation erschwert. Eine Lösungsfindung dieser Problemstellung unter Zuhilfenahme von Computerleistung ist jedenfalls kein triviales Unterfangen, bietet umgekehrt aber eine reelle Chance die zugrundeliegende Komplexität zu beherrschen. Dabei können eine große Anzahl Nebenbedingungen simultan betrachtet, an objektiven Kriterien ausgerichtete Resultate rechnergestützt hergeleitet sowie Planungsdaten manuell oder automatisiert modifiziert werden.

---

[186] MIESE, M.: a.a.O., S. 33.

[187] Vgl. ADAMOWSKY, S.: Fließprinzip, in: Grochla, E. (Hrsg.): Handwörterbuch der Organisation, Stuttgart 1973, Sp. 547.

[188] Vgl. SCHLAUCH, R./ LEY, W.: Flächenorientierte Termin- und Kapazitätsplanung in der Anlagenmontage, in: ZwF, 83. Jg., 1988, Nr. 5, S. 223.

4.2.2 Fertigungssteuerung mit Hilfe heuristischer Prioritätsregeln

Optimierende Fertigungssteuerungsverfahren eignen sich nur für wohlstrukturierte Problemstellungen. Weist die relevante Problemsituation demgegenüber Strukturmängel auf, handelt es sich um schlechtstrukturierte Probleme, für die sich heuristische Planungsverfahren anbieten. Schlechtstrukturierte Fragestellungen liegen dann vor, wenn mindestens einer der drei folgenden Strukturmängel auftritt:[189]

- Fehlen eines praktikablen systematischen Lösungsverfahrens, d.h., der Planende ist nicht in der Lage, ein Regelwerk zu bestimmen, welches bei Anwendung auf eine Entscheidungssituation zu einer eindeutigen Folge von Lösungsschritten und schließlich zur optimalen Lösung führt.
- Fehlen einer problemgerechten Bewertungsmöglichkeit. Dieser Zustand kann zum Beispiel durch das Vorliegen verschiedener konträrer Beurteilungskriterien entstehen. Eine Rangordnung der Handlungsalternativen kann nicht auf formal logischem Wege erstellt werden.
- Fehlen eines klar formulierten Zusammenhangs des Bewirkens. Diese Wirkungsdefekte treten dann auf, wenn lediglich Symptome auf ein Problem hinweisen, eine exakte Erfassung aber nicht möglich ist. Maßnahmen zur Lösung des Problems sind nur vage vorgezeichnet und weitgehend nicht festgelegt.

Ein heuristisches Lösungsverfahren ist eine Methode, für die kein Konvergenzbeweis existiert und bei der der verwendete Entscheidungsoperator nicht willkürlich potentielle Lösungsmengen vom Suchprozeß ausschließen darf.[190] Ein Beispiel ist die sogenannte Single-pass-Heuristik, die eine Lösung bereits nach einem einzigen Durchlauf durch die Daten erzielt. Bewertungskriterien zur Ermittlung der Güte von heuristischen Planungsverfahren sind:[191]

- Die Worst-case-Analyse (d.h. die Bestimmung der schlechtesten Ergebnissituation),
- die Analyse über Wahrscheinlichkeitsrechnungen und
- die empirischen Tests.

Eine wichtige Aufgabenstellung, die bei einer Fertigungssteuerung zu lösen ist, bildet die detaillierte Feinplanung. Sie dient dazu, freigegebene Werkstattaufträge den verfügbaren Kapazitäten und Arbeitskräften zuzuordnen. Prioritätsregeln eignen sich dabei zur Festlegung

---

189 WITTE, T.: Heuristisches Planen, Wiesbaden 1979, S. 76 ff.

190 Vgl. ADAM, D.: Planung in schlechtstrukturierten Entscheidungssituationen, in: BFuP, 35. Jg., 1983, S. 487 f.

191 FISHER, M.L./ RINNOOY KAN, A.H.G.: The Design, Analysis and Implementation of Heuristics, in: Mgmt. Sci., Vol. 34, 1988, Nr. 3, S. 263.

der Bearbeitungsreihenfolge der Aufträge, die bei einem Belegungslauf um eine Bearbeitungsstation konkurrieren.[192]

Prioritätsregeln sind heuristische Entscheidungsregeln, die sich auf einzelne Aufträge, Arbeitsgänge, Maschinen oder sonstige Kriterien beziehen. Für eine effiziente Steuerung der Produktion sind diejenigen Vorschriften miteinzubeziehen, an denen der menschliche Aufgabenträger bei vorgegebener Informationslage seine Entscheidung ausrichtet. Ein Verfahren zur Lösung eines bestimmten realen Problems sollte einen möglichst hohen Zielerreichungsgrad realisieren.

Bei der Betrachtung von betrieblichen Entscheidungsprozessen ist zu berücksichtigen, daß Computeranlagen Informationen aufbereiten und verarbeiten können, um die Komplexität des zu lösenden Entscheidungsproblems zu beherrschen. Unter diesem Gesichtspunkt kann ein Rechner ebenso wie der Mensch als Entscheidungsträger angesehen werden. "Letzterem obliegt aber in aller Regel die Verantwortung, die Entscheidung unter Verwendung der vom Rechner aufbereiteten Informationen und unter Beachtung der Entscheidungsregeln zu treffen."[193]

Die heutigen, kommerziell angebotenen und überwiegend nach einem Stufenkonzept arbeitenden EDV-Programme zur Produktionsplanung und -steuerung verwenden i.a. heuristische Prioritätsregeln zur Festlegung des Fertigungsablaufs.

Trotz der Möglichkeit, Prioritätsregeln individuell auswählen und gewichtet kombinieren zu können, steht der Anwender regelmäßig vor dem Problem der Kalibrierung der verwendeten Kennziffern. Eigene betriebliche Simulationsstudien können diese Spezifikation unterstützen, kosten allerdings auch recht viel Zeit und damit Geld. Feinabstimmungen der verschiedenen Prioritätsregel-Typen und verknüpften Regelbestandteile sind allerdings bislang für flächennutzende Anlagenbauer durch die wissenschaftliche Literatur noch nicht publiziert worden. Aus diesem Grunde sind an späterer Stelle detaillierte Untersuchungen zur Festlegung von Prioritätsregeln für dieses Anwendungsgebiet vorzunehmen. Eine unkritische Übernahme konkreter Prioritätsregeln ohne Prüfung der firmeninternen Bedingungen sollte jedoch nicht erfolgen.

---

[192] Vgl. WITTE, T.: Fallstudie zur Fertigungssteuerung mit Prioritätsregeln, in: SzU, Bd. 39, Wiesbaden 1988, S. 109.

[193] SCHREUDER, S./ UPMANN, R.: a.a.O., S. 12.

Prioritätsregeln für die Reihenfolgeplanung sind in großer Zahl vorgeschlagen worden.[194] Neben elementaren bzw. einfachen Regeln wurden eine Vielzahl kombinierter Vorrangsregeln in der wissenschaftlichen Forschung formuliert und zum Teil auch in der Praxis angewendet. In der vorliegenden Aufgabenstellung werden:[195]

- Elementare,
- additiv kombinierte,
- multiplikativ kombinierte und
- alternativ kombinierte

Prioritätsregeln unterschieden. Kombinierte Prioritätsregeln sollten dabei ausschließlich aus Komponenten zusammengesetzt werden, deren Wirkung bereits bekannt ist. Gemäß der Einteilung von SEELBACH[196] können zur Berechnung der Dringlichkeitsziffern:

- lokale und globale sowie
- statische und dynamische

Prioritätsregeln unterschieden werden. Globale Vorrangsregeln beziehen sich dabei auf einen Zustand des Gesamtsystems, wohingegen lokale Regeln örtlichen oder sachlichen Beschränkungen der Informationsbasis unterliegen. Eine Prioritätsregel wird als statisch bezeichnet, wenn die einmal berechnete Dringlichkeitsziffer sich während eines Belegungslaufs nicht mehr verändert. Dynamische Regeln nehmen dagegen im Zeitverlauf eine Neuberechnung vor.

Eine weitergehende Klassifizierung in zeitorientierte (d.h. die Ankunfts- und/oder Operationszeit bzw. den Fertigstellungstermin berücksichtigende) respektive stationäre (d.h. zeitinvariante) Prioritätsregeln dient der Bildung erfolgversprechender Regelkombinationen.[197] Hintergrund der Verwendung kombinierter Prioritätsregeln ist der Versuch, alle "guten" Eigenschaften der elementaren Komponenten in einer Regelverknüpfung zu vereinigen.

---

194 Vgl. u.a. GIFFLER, B./ THOMPSON, G.L.: Algorithms for Solving Production-Scheduling Problems, in: OR, Vol. 8, 1960, S. 487 ff.; HELLER, J./ LOGEMANN, G.: An Algorithm for the Construction and Evaluation of Feasible Schedules, in: Mgmt. Sci., Vol. 8, 1961/62, S. 168 ff.; CONWAY, R.W./ MAXWELL, W.L./ MILLER, L.W.: Theory of Scheduling, Reading, Massachusetts, 1967; aber auch VDI (Hrsg.): EDV bei der PPS, Bd. 2: ..., a.a.O., S. 91 ff.; SEELBACH, H.: Ablaufplanung, a.a.O., S. 172 ff.; PANWALKAR, S.S./ ISKANDER, W.: A Survey of Scheduling Rules, in: OR, Vol. 25, 1977, Nr. 1, S. 45 ff.; BERG, C.C.: Prioritätsregeln in der Reihenfolgeplanung, in: Kern, W. (Hrsg.): Handwörterbuch der Produktionswirtschaft, Stuttgart 1979, Sp. 1427 f.; ZÄPFEL, G.: Produktionswirtschaft, a.a.O., S. 273 f.; WITTE, T.: Fallstudie ..., a.a.O., S. 109 f.

195 Vgl. auch SEELBACH, H.: Ablaufplanung, a.a.O., S. 173; ZÄPFEL, G.: Produktionswirtschaft, a.a.O., S. 273 und HOITSCH, H.-J.: a.a.O., S. 275.

196 Vgl. SEELBACH, H.: Ablaufplanung, a.a.O., S. 171 f.

197 Vgl. hierzu auch PANWALKAR, S.S./ ISKANDER, W.: a.a.O., S. 45 ff.

Innerhalb der vorliegenden Untersuchung werden 10 elementare Prioritätsregeln zur Fertigungssteuerung verwandt: Sieben bekannte, universell einsetzbare Typen sowie drei auf die spezielle räumliche Situation zugeschnittene Vorrangssregeln. Die aus diesen Bestandteilen abgeleiteten Kombinationen werden im sechsten Kapitel beschrieben. Die einfachen Prioritätsregeln lauten nun:

1. KOZ-Regel (Kürzeste-Operationszeit-Regel):
   Die höchste Prioritätsziffer erhält derjenige Teil-Auftrag in der Warteschlange, der die kürzeste Operationszeit (d.h. Bearbeitungs- bzw. Produktionszeit) besitzt.

2. LOZ-Regel (Längste-Operationszeit-Regel):
   Die höchste Prioritätsziffer erhält derjenige Teil-Auftrag in der Warteschlange, der die längste Operationszeit besitzt. Diese Regel liefert damit eine umgekehrte Sortierung wie die KOZ-Regel.

3. FFT-Regel (Früheste-Fertigstellungstermin-Regel):
   Der Auftrag in der Warteschlange erhält die höchste Priorität, der den frühesten Fertigstellungstermin aufweist.

4. SFT-Regel (Späteste-Fertigstellungstermin-Regel):
   Der Auftrag in der Warteschlange erhält die höchste Priorität, der den spätesten Fertigstellungstermin aufweist (ergibt eine umgekehrte Sortierung wie bei der FFT-Regel).

5. FCFS-Regel (First-come-first-served-Regel):
   Der Auftrag, der als erster an der betreffenden Kapazitätseinheit (bzw. dem Montageort) angekommen ist, erhält die höchste Priorität. Diese Regel wird auch als Wartezeit-Regel bezeichnet, da der Auftrag mit der längsten Wartezeit die höchste Priorität zugeordnet bekommt.

6. SLACK-Regel (Schlupf-Zeit-Regel):
   Der Auftrag in der Warteschlange erhält die höchste Priorität, bei dem die Differenz zwischen dem Fertigstellungstermin und der verbleibenden (Rest-) Bearbeitungszeit, also sein Schlupf (englisch slack), am geringsten ist (Prinzip der Restpuffer-orientierten Zuweisung[198]). Falls der Fertigstellungstermin noch nicht bekannt ist, kann der Schlupf ersatzweise auch als Differenz aus spätest zulässigem und frühestmöglichem Produktions-Startzeitpunkt definiert werden.

7. WT-Regel (Wert-Regel):
   Der Auftrag in der Warteschlange erhält die höchste Priorität, der den höchsten Produktendwert besitzt. Alternativ erhält derjenige Auftrag in der Warteschlange die höchste Priorität, dessen Produktwert vor Ausführung des jeweiligen Arbeitsvorgangs der größte ist (dynamische Wertregel). Dieser Prioritätsregeltypus ist häufig als sogenannte Ma-

---

[198] Vgl. den Abschnitt 3.3.3.

nagement-Regel ausgebildet, d.h., eine willkürlich vom Mangement festgelegte Kennziffer stellt den Wert der Aufträge dar.

Für ein raumlich-orientiertes Fertigungsproblem sollten sinnvollerweise zusätzlich der Platzbedarf, das Bauteilgewicht und die Höhe der Teile bei der Spezifizierung des Regelwerks zur Verfügung stehen. Zu diesem Zweck wurden drei weitere elementare Prioritätsregeln formuliert: ·

8. GPB-Regel (Größte-Platzbedarfs-Regel):
    Der Auftrag in der Warteschlange erhält die höchste Priorität, dessen Montage-Platzbedarf (gemessen in Raum- oder Flächeneinheiten) der größte ist.

9. GEW-Regel (Gewicht-Regel):
    Der Auftrag in der Warteschlange erhält die höchste Priorität, der das größte Fertigstellungsgewicht aufweist.

10. HOCH-Regel (Höhen-Regel):
    Der Auftrag in der Warteschlange erhält die höchste Priorität, der die größte Fertigstellungshöhe aufweist.

Diese zehn elementaren Prioritätsregeln bilden die Basis für Simulationsstudien mit dem erarbeiteten und im sechsten Kapitel beschriebenen Steuerungsalgorithmus. Im Vorwege werden aber zunächst grundsätzliche Aussagen zur Arbeitsweise und zum Lösungsverhalten von Prioritätsregeln erörtert.

Die Abb. 14 stellt die Eignung von drei ausgesuchten elementaren Prioritätsregeln (KOZ, WT und SLACK) in bezug auf unterschiedliche Optimierungsziele (maximale Kapazitätsauslastung, minimale Durchlaufzeit, minimale Zwischenlagerungskosten und geringe Terminabweichung) zusammen.[199] Es ergibt sich, daß keine Regel für jedes Kriterium gleich gute Ergebnisse liefert. Die KOZ-Regel besitzt danach vor allem für die Erreichung einer hohen Kapazitätsauslastung sowie einer minimalen Durchlaufzeit Vorteile, wohingegen die Wert-Regel einer Kostenminimierung und die SLACK-Regel einer möglichst geringen Terminabweichung entgegenkommt.

---

[199] Vgl. auch HOSS, K.: a.a.O., S. 168.

Prioritätsregel Optimierungsziel	KOZ- Regel	WT- Regel	SLACK- Regel
Maximale Kapazitätsausnutzung	sehr gut	mässig	gut
Minimale Durchlaufzeit	sehr gut	mässig	mässig
Minimale Zwischenlagerungskosten	gut	sehr gut	mässig
Geringe Terminabweichung	schlecht	mässig	sehr gut

Abb. 14: Eignung elementarer Prioritätsregeln bei unterschiedlichen Optimierungszielen

Additiv, multiplikativ oder alternativ verknüpfte Regelkomponenten stellen Fortentwicklungen elementarer Prioritätsregeln dar. Allgemeine Richtlinien sowie konkret untersuchte Ausprägungen derartiger Kombinationen werden im Abschnitt 6.2.2.6 erläutert. Die Zweckmäßigkeit und Eignung von Prioritätsregel-Verknüpfungen werden bislang jedoch nicht einheitlich beurteilt. Für die üblicherweise zur Kapazitätsterminierung eingesetzten verbundenen Prioritätsregeln können sich im Einzelfall gravierende Nachteile ergeben:[200]

- Die kombinierten Regeln sind zu unübersichtlich. Der Planende vermag nicht abzuschätzen, welche Wirkungen von einer Änderung der Gewichte auf die Ziele der Ablaufplanung ausgehen. Folglich ist es unmöglich, gezielte Veränderungen bei den Prioritäten vorzunehmen, um z.B. eine bessere Termineinhaltung zu erreichen.

- Es gibt generell keine Prioritätsregel, die in jeder Planungssituation "optimal" ist. Eine in einer Situation befriedigende Prioritätsregel versagt u.U. bei veränderter Ausgangslage völlig.

- Prioritätsregeln erlauben in der Regel keine hinreichende Abstimmung der Produktionsend- und Liefertermine. Die Ursache für dieses Phänomen ist darin begründet, daß es

---

[200] Vgl. ADAM, D.: Aufbau ..., a.a.O., S. 14 f.

nicht gelingt, für einen Auftrag realistische Annahmen über den tatsächlichen Zeitbedarf zu treffen.

BERR und TANGERMANN kommen andererseits zu dem Schluß, daß nur mit kombinierten Prioritätsregeln, die eine Berücksichtigung mehrerer Einflußfaktoren ermöglichen, in der Tendenz häufig bessere Ergebnisse als mit einfachen Prioritätsregeln erreicht werden.[201]

In Anbetracht dieser unterschiedlichen Auffassungen ist jedenfalls der Schluß zu ziehen, daß eine kritiklose Übernahme wie auch immer gearteter Prioritätsregeln, ohne Prüfung der eigenen Bedingungen der Betriebsmittelbelegung, nicht empfehlenswert ist. Statt dessen sollten individuelle Untersuchungen Aufschluß über die Gestaltung und das Güteverhalten der Vorrangsregeln geben. Unter dieser Prämisse sind kombinierte Prioritätsregeln durchaus in der Lage, effizientere Planungsergebnisse zu offerieren, als es unverknüpfte Regeltypen vermögen.

Ausgetestete Regeln können in einem zweiten Schritt die Grundlage für Lernprozesse bei der Parameter-Gestaltung des heuristischen Verfahrens bilden. Die Entwicklung adaptiv-lernender Heuristiken stellt unter diesem Gesichtspunkt eine Erweiterung des Planungsverfahrens dar, um den Problemlösungsprozeß beschleunigen sowie im Hinblick auf die Wirkungshypothesen der Parametereinstellungen vorausschauender und exakter gestalten zu können.

Artverwandt mit Prioritätsregeln sind Strategien der Zuteilung von Fertigungsaufträgen auf die Produktionskapazitäten. Unter einer Zuteilungsstrategie soll im folgenden die heuristische Vorgehensweise verstanden werden, mit der im Anschluß an eine Rangreihung der Aufträge mit Hilfe von Prioritätsregeln eine Objekteinlagerung auf die verfügbaren Kapazitätseinheiten gesteuert wird. Im Kern bewirkt die Wahl der Zuteilungsstrategie nichts anderes als die Gestaltung, Anordnung und Priorisierung der dem Planungsverfahren zugrundeliegenden System-Freiheitsgrade.[202]

Die Spezifizierung der System-Freiheitsgrade schlägt sich im Ablaufplanungs-Algorithmus dadurch nieder, daß die Schnelligkeit der Heuristik sowie die Güte und Robustheit der Ergebnisse direkt beeinflußt werden. Relevante Komponenten einer adäquaten Zuteilungsstrategie sind:

– Die Präferenz der verfügbaren Betriebsflächen,

---

[201] Vgl. BERR, U./ TANGERMANN, H.P.: Einfluß von Prioritätsregeln auf die Kapazitätsterminierung der Werkstattfertigung, in: ZwF, 66. Jg., 1976, Nr. 1, S. 7 ff.

[202] In der Literatur wird auch der Begriff Fertigungsablaufstrategie verwandt (vgl. SPUR, G./ ALBRECHT, R./ RITTINGHAUSEN, H.: Strategien zur Online-Fertigungsoptimierung, in: ZwF, 76. Jg., 1981, Nr. 3, S. 114). Da allerdings unter einer Fertigungsablaufstrategie häufig lediglich einwertige Regularien zur Einlastung der Aufträge und zum Test des Systemverhaltens verstanden werden, soll hier vorrangig der Begriff Zuteilungsstrategie Verwendung finden. Diese Definition erlaubt daher auch die Berücksichtigung mehrerer Entscheidungskriterien.

- die zeitliche Einlagerungsrichtung innerhalb des Planungshorizonts,
- die örtliche Einlagerungsrichtung bei der Bauteil-Platzsuche und
- die zulässigen Orientierungen (bzw. Drehrichtungen) der Bauteile.

Die tatsächlich implementierten und später verifizierten Fertigungsablaufstrategien werden im Abschnitt 6.2.2.4 erläutert. Bewertungsmaßstab ist dabei die Lösungsgüte des jeweiligen Planungslaufs in Abhängigkeit von der Bauteil- und einer Flächen-Prioritätsregel sowie dem vorhandenen Auftragsbestand.

Für den Ablauf der Entscheidungsfindung sollten vorab Plausibilitätsgrenzen festgelegt werden, um das computergestützte Verfahren erst dann zu unterbrechen, wenn diese Grenzen verletzt werden.[203] Durch die Realisierung einer "Dialogverarbeitung by exception" kann der Planer versuchen, die Situation zu entschärfen, um damit auf die veränderten Anforderungen an Rechenzeit, Ergebnisbindung und Planungszeitraumgestaltung einzugehen.

Für die computergestützte Gestaltung kurzfristiger komplexer Planungsverfahren wird jedenfalls eine Tendenz zum Einsatz schneller Heuristiken und What-if-Simulationen erkannt.[204] Zugunsten einer stärkeren Mensch-Maschine-Kommunikation sowie individueller Sensitivitätsanalysen wird auf mathematische Optimierungen verzichtet. Gleichbedeutend mit dem rechnerischen Modellergebnis wird das Erfahrungswissen des Planenden beurteilt.[205] Dieser Konzeption wird in der vorliegenden Abhandlung ebenfalls gefolgt.

4.3 Charakterisierung der Montageplanung als Problem der innerbetrieblichen Standortplanung

4.3.1 Traditionelle Verfahren der innerbetrieblichen Standortplanung

Das Problem der Bestimmung räumlicher Zuordnungen taucht in zahlreichen Arbeitsbereichen auf.[206] Anwendungsgebiete sind die Planung räumlicher Anordnungen von Abteilungen oder Maschinen eines Betriebs in einem Gebäude. Die Zuschneide- bzw. Verschnitt- sowie die Pack- und Beladeprobleme werden im Kapitel 5.2.1 beschrieben.

---

203 SCHEER, A.-W.: Elektronische Datenverarbeitung und Operations Research im Produktionsbereich – zum gegenwärtigen Stand von Forschung und Anwendung, in: OR Spektrum, 2. Jg., 1980, S. 19.

204 Vgl. SCHEER, A.-W.: Elektronische Datenverarbeitung und Operations Research ..., a.a.O., S. 18.

205 Vgl. dazu LITTLE, J.D.C.: Models and managers: The concept of a decision calculus, in: Mgmt. Sci., Vol. 16, 1970, S. B466 ff.

206 Einen ersten systematischen Überblick über die einzelnen Problemkategorien geben Nugent u.a. (NUGENT, C.E./ VOLLMANN, T.E/ RUML, J.: An Experimental Comparison of Techniques for the Assignment of Facilities to Locations, in: OR, Vol. 16, 1968, S. 150 ff.) sowie Kiehne (KIEHNE, R.: Innerbetriebliche Standortplanung und Raumzuordnung, Wiesbaden 1969).

Ein bislang vernachlässigtes Gebiet ist die Belegung von Fertigungsaufträgen auf Planungsflächen. Sobald die zu produzierenden Bauteile, die im Schiffbau zu Sektionen vormontiert werden, kapazitätsbestimmende Abmessungen aufweisen, können die Montageflächen potentielle Engpaßeinheiten darstellen.

Das Ziel der sich anschließenden Ausführungen ist es, die Montageplanung als Spezialfall der Standortzuordnung zu charakterisieren. Dazu ist eine Klassifizierung der verschiedenen Formen der Layoutplanung vorzunehmen. Darüber hinaus wird auf die Determinanten und Lösungsansätze räumlicher Zuordnungsprobleme eingegangen, um die Übereinstimmungen aber auch Unterschiede zur vorliegenden Problemstellung herauszuarbeiten. Ferner ist die Bedeutung der Anordnungsplanung von Bauteilen auf Montageflächen im Rahmen von innerbetrieblichen Standortplanungsproblemen aufzuzeigen.

Besonderheiten und Lösungsansätze der Layoutprobleme sind in der Literatur in kaum überschaubarer Fülle vorgeschlagen worden.[207] Neben dem konkreten Planungsproblem fallen bei der Wahl des anzuwendenden Verfahrens die Zielsetzungen und die Nebenbedingungen der Endbenutzer ins Gewicht. Allgemeine Aussagen, wann welche Methode die besten Ergebnisse liefert, sind angesichts der großen Anzahl realer Situationen nur schwer formulierbar.

Entsprechend der Begriffsdefinition der Standort- oder Layoutplanung[208] können betriebliche und innerbetriebliche Standortprobleme differenziert werden. Neben einem festen bzw. variablen Unternehmensstandort lassen sich weitere wichtige Einflußfaktoren für die Objektzuordnung auf einer oder mehreren Stellflächen anführen:[209]

- Objekt-Charakteristika,
- Objekt-Interaktionen,
- Lösungsraum-Charakteristiken,
- Art der Entfernungsmessung und
- Zielkriterien.

---

207 Die verschiedenen Verfahren, die bei der Layoutplanung angewandt werden, stellen Warnecke und Dangelmaier (WARNECKE, H.-J./ DANGELMAIER, W.: Layoutplanung – der Stand der Technik, in: OR Spektrum, 3. Jg., 1981, S. 1 ff.) sowie Love u.a. zusammen (LOVE, R.F./ MORRIS, J.G./ WESOLOWSKY, G.O.: Facilies Location: Models & Methods, Amsterdam 1988). Auf die ökonomischen Implikationen der Standortplanung weist Wäscher hin (WÄSCHER, G.: Innerbetriebliche Standortplanung, in: ZfbF, 36. Jg., 1984, Nr. 11, S. 930 ff.). Erste Ansätze zur Implementierung einer rechnergestützten Raumplanung werden von Hardeck publiziert (HARDECK, W.: Raumplanung im Dialog mit graphischen Bildschirmsystemen, Diss., St. Ingbert/Saar 1977.). Schließlich gibt das Werk von Kruse einen guten Überblick über den gegenwärtigen Entwicklungsstand in der Layoutplanung (KRUSE, J.J.: Möglichkeiten der Layoutplanung mit Hilfe mathematischer Methoden am Beispiel der Aggregatzuordnung innerhalb einer Fabrikhalle, Diss., Hamburg 1986.).

208 Vgl. den Abschnitt 3.2.3.3.

209 Vgl. FRANCIS, R.L./ WHITE, J.A.: Facility Layout and Location, Englewood Cliffs 1974, S. 22.

Für zielorientierte Belegungsplanungen ist also neben den Bauteil- und Raum-Kenngrößen vor allem der Teil-Priorisierung, der Fertigungsablaufstrategie sowie der Abstandsmessung Beachtung zu schenken.

Eine Modellierung innerbetrieblicher Standortplanungen wird häufig über − einfache oder erweiterte − quadratische Zuordnungsprobleme (QZOP) vorgenommen. Ein Unterscheidungskriterium der Layoutprobleme besteht darin, ob räumliche Dimensionen explizit zu berücksichtigen sind. Quadratische Zuordnungsprobleme vernachlässigen die räumliche Ausdehnung der einzulagernden Organisationseinheiten (OE)[210] oder sind durch die Annahme des gleichen Flächenbedarfs der OE eingeschränkt.[211]

Das allgemeine QZOP läßt sich mit Hilfe zweier Mengen von Elementen beschreiben. "Gesucht ist diejenige Abbildung der einen Menge auf die andere, bei der die Summe der Produkte der Beziehungen zwischen den einander zugeordneten Elementen minimal ist."[212]

Um die heuristischen Algorithmen von den optimierenden Verfahren abzugrenzen, wird zunächst die Struktur eines QZOP vorgestellt. Unter Vernachlässigung der räumlichen Ausdehnung der OE und der Maßgabe, daß für jedes Objekt ein Standort zur Verfügung stehen muß, hat das QZOP das in der Abb. 15 dokumentierte Aussehen.[213]

---

[210] Eine Organisationseinheit ist hierbei gleichbedeutend mit einem Bauteil. Bei traditionellen innerbetrieblichen Standortplanungen ist das zuzuordnende Objekt allerdings i.a. eine Abteilung oder eine Maschine. Gleichwohl ist der Begriff "Organisationseinheit" für das Problem der Montageflächenbelegung analog für die einzulagernden Teile anwendbar.

[211] Vgl. LÜDER, K.: a.a.O., S. 73. Einen Überblick über die exakten Verfahren sowie heuristischen Algorithmen zur Lösung des QZOP geben Hillier und Connors (HILLIER, F.S./ CONNORS, M.M.: Quadratic Assignment Problem Algorithms and the Location of Indivisible Facilities, in: Mgmt. Sci., Vol. 13, 1966, Nr. 1, S. 42 ff.) sowie Burckhardt (BURCKHARDT, W.: Zur Optimierung von räumlichen Zuordnungen, in: Ablauf- und Planungsforschung, 10. Jg., 1969, Nr. 1, S. 233 ff.).

[212] Vgl. MÜLLER-MERBACH, H.: Optimale Reihenfolgen, a.a.O., S. 158.

[213] Vgl. DOMSCHKE, W./ DREXL, A.: a.a.O., S. 139.

<u>Quadratisches Zuordnungsproblem:</u>

Indizes:

i, j	Organisationseinheiten (OE);	$\forall\, i, j = 1, ..., S$
r, s	Standorte;	$\forall\, r, s = 1, ..., S$

Zuordnungsvariable:

$$x_{ir} \begin{cases} 1, \text{ falls OE } i \text{ auf Standort } r \text{ anzuordnen ist} \\ 0, \text{ sonst} \end{cases} \qquad [1]$$

Konstanten:

d_{rs}	Entfernung zwischen den Standorten r und s	[LE]
t_{ij}	Transportintensität zwischen den OE i und j	[ME/Periode]

Nebenbedingungen:

$$1. \quad \sum_{r=1}^{S} x_{ir} = 1; \qquad\qquad \forall\, i = 1, ..., S$$

$$2. \quad \sum_{i=1}^{S} x_{ir} = 1; \qquad\qquad \forall\, r = 1, ..., S$$

$$3. \quad x_{ir} \in \{0,1\}; \qquad\qquad \forall\, i, r = 1, ..., S$$

Zielfunktion:

Die Zielfunktion $Z(x)$ minimiert die Summe der (pro Periode) aufzuwendenden Transportkosten, wobei die Kosten für Materialtransporte von OE i zu j proportional zur transportierten Menge und zur zurückzulegenden Entfernung sind (so daß das Produkt aus t_{ij} und d_{rs} die Dimension GE/Periode aufweist):

$$Z(x): \quad \sum_{\substack{i=1}}^{S} \sum_{\substack{j=1 \\ j \neq i}}^{S} \sum_{\substack{r=1}}^{S} \sum_{\substack{s=1 \\ s \neq r}}^{S} t_{ij}\, d_{rs}\, x_{ir}\, x_{js} \quad \Rightarrow \min! \qquad [\text{GE/Periode}]$$

Abb. 15: Das Quadratische Zuordnungsproblem

Optimierende Verfahren für das QZOP sind jedoch nicht zur Lösung räumlich-zeitlicher Belegungsprobleme geeignet. Zum einen beachten die spezifizierten Entscheidungsvariablen nicht die räumlichen Abmessungen der Bauteile, zum anderen beinhalten die modellierten Nebenbedingungen nicht alle Planungsrestriktionen (u.a. die Kollisionsprüfung mit benachbarten Teilen) und zum dritten berücksichtigt die Zielfunktion nicht alle erforderlichen Kriterien (z.B. eine gute Raumnutzung). DOMSCHKE und DREXL weisen zwar darauf hin, daß die Verfahren grundsätzlich auf Probleme mit ungleichem Platzbedarf der OE übertragbar sind, sofern für die OE neben dem unterschiedlichen Platzbedarf nicht zugleich eine vorgegebene Geometrie (d.h. Form der von der OE bedeckten Fläche) einzuhalten ist.[214] Die festvorgegebene Geometrie, die zudem in mehreren Orientierungen und beliebigen Konturen auftreten kann, ist aber gerade ein wesentliches Merkmal innerbetrieblicher Flächenbelegungen. Verfahren zur Lösung des Quadratischen Zuordnungsproblems können aus diesen Gründen für die vorliegende Problemstellung nicht zweckgerichtet eingesetzt werden.

In der wissenschaftlichen Literatur sind zur innerbetrieblichen Standortplanung neben optimierenden Verfahren eine kaum überschaubare Anzahl verschiedener Heuristiken veröffentlicht worden. Da ein geeigneter optimierender Lösungsansatz für innerbetriebliche Montageflächenbelegungen nicht zur Verfügung steht,[215] müssen Algorithmen zum Einsatz kommen, die zwar lediglich suboptimale Resultate erzielen, dafür aber schnell und flexibel arbeiten.

Heuristische Belegungsverfahren werden in konstruktive,[216] verbessernde[217] und kombinierte Anordnungsmethoden eingeteilt. Im folgenden werden die grundsätzlichen Prinzipien dieser drei Verfahrenskategorien skizziert und auf deren Eignung für die Praxis der Layoutplanung überprüft.

Die Konstruktionsverfahren bauen ein Layout durch sukzessive Plazierung einzelner Organisationseinheiten auf einem anfangs unbelegten Standortträger auf, wobei bereits eingeplante OE ihren Standort nicht mehr verändern. Die verschiedenen Verfahren unterscheiden sich u.a. durch die Reihenfolge, in der die OE ausgewählt und eingelagert werden, sowie durch die Bestimmung des Standorts, dem eine betrachtete OE zugeordnet wird.[218]

---

[214] Vgl. DOMSCHKE, W./ DREXL, A.: a.a.O., S. 168.

[215] Vgl. auch den Abschnitt 3.2.4.

[216] In der Literatur werden diese auch als Eröffnungsverfahren bezeichnet.

[217] Hier werden die Begriffe Iterations- und Vertauschungsverfahren synonym verwandt.

[218] Vgl. hierzu NIEDEREICHHOLZ, C.: Heuristische Verfahren der transportkostenoptimalen Betriebsmittelzuordnung, in: ZfB, 45. Jg., 1975, S. 726; MINTEN, B.: Rechnerunterstützte Fabrikplanung, Mainz 1977, S. 9; WARNECKE, H.-J./ DANGELMAIER, W.: a.a.O., S. 4; ZÄPFEL, G.: Taktisches Produktions-Management, Berlin-New York 1989, S. 181.

Zur Arbeitsweise dieser Verfahren ist kritisch anzumerken, daß bei der schrittweisen Berechnung des Zielfunktionswerts in aller Regel nur die Materialflußbeziehungen der ausgewählten OE zu den bereits plazierten OE berücksichtigt werden. Beziehungen zu den noch nicht eingelagerten OE werden demgegenüber vernachlässigt. Zudem kann sich die Anpassung des Endlayouts an den Standortträger als schwierig erweisen, da – und dies macht einen direkten Vergleich alternativer Layout-Entwürfe nahezu unmöglich – die begrenzenden Abmessungen mitunter überschritten werden können.[219]

In der Praxis werden konstruktive Verfahren vorzugsweise zur Neuplanung kompletter Fertigungsbereiche angewendet (Aufbauorganisation), da ihre Vorgehensweise weitgehend dem Ablauf eines manuellen Neuaufwurfs entspricht.

Verbesserungsverfahren versuchen dagegen den Zielfunktionswert eines vorgegebenen Initiallayouts iterativ durch Vertauschen der Standorte von je zwei oder mehreren OE innerhalb der unveränderten Grundrißfläche des Standortträgers im heuristischen Sinne zu optimieren.[220] Die einzelnen Vertauschungsoperationen laufen nach Entscheidungsregeln ab, die zusammen mit der zugelassenen Vielfalt möglicher Vertauschungsprozesse das jeweilige Verfahren charakterisieren. Ein Tausch findet normalerweise zwischen zwei oder drei Objekten oder aber blockweise statt. Zwei Teilaufgaben lassen sich hierbei unterscheiden:[221]

- Bildung der Vertauschungsreihenfolge und
- Suche von Elementen, die miteinander vertauschbar sind.

Um vertauschbare OE zu finden, formulierte DANGELMAIER eine Flächenrestriktion, die eine Forderung nach gleicher Geometrie der umstellbaren OE-Grundrisse beinhaltet. Diese Nebenbedingung reicht allerdings alleine nicht aus, den Anforderungen von Montageflächenbelegungen zu genügen, da hierbei zusätzlich die Durchlaufzeit der Bauteile beachtet werden muß.

Nachteil der verbessernden Verfahren sind die starken Grundrißveränderungen der einzelnen OE, weil in aller Regel lediglich der Flächeninhalt und nicht die exakte Geometrie der Objekte bewertet wird. Zudem bestehen Abhängigkeiten des Endlayouts von der Ausgangsanordnung. Bezogen auf Neuplanungen erweist sich zusätzlich als nachteilig, daß i.a. kein (rechnerunterstützt ermitteltes) Anfangslayout zur Verfügung steht, so daß die Verbesserungsverfahren in der Praxis vorrangig für Probleme der Umstellungs- oder Erweiterungsplanung angewendet werden.

---

[219] Vgl. WÄSCHER, G.: Innerbetriebliche Standortplanung bei einfacher und mehrfacher Zielsetzung, Wiesbaden 1982, S. 200.

[220] Vgl. MINTEN, B.: a.a.O., S. 9; MAYER, S.: LAPEX – Ein rechnergestütztes Verfahren zur Betriebsmittelzuordnung, Berlin-Heidelberg u.a. 1983, S. 9.

[221] Vgl. DANGELMAIER, W.: Algorithmen und Verfahren zur Erstellung innerbetrieblicher Anordnungspläne, Berlin-Heidelberg u.a. 1986, S. 126 ff.

Diese Gegebenheiten führten zur Entwicklung kombinierter Layoutplanungsverfahren, die eine Kombination von Konstruktions- und Verbesserungsverfahren darstellen. Die Grundidee besteht hierbei in einer sukzessiven oder alternierenden Ausführung der beiden obigen Lösungsprozesse. Eine Ausgangslösung wird also durch einen Konstruktionsprozeß ermittelt und anschließend durch Vertauschungsoperationen Schritt für Schritt verbessert.

Die Eignung von Layoutverfahren für die Zwecke der Ideal- und Realplanung ist maßgeblich davon abhängig, in welcher Weise die Flächenausdehnungen der einzelnen OE und der Planungsfläche algorithmisch berücksichtigt werden.[222] Von großer Wichtigkeit ist daneben die Modellierungsfähigkeit der sonstigen entscheidungsrelevanten Randbedingungen.

Diese Anforderungen bewirken, daß sich die für räumliche Anordnungsplanungen bislang entwickelten Softwareprodukte nicht für die – mit diversen Nebenbedingungen behafteten – Flächenbelegungen bei Anlagenmontagen eignen. Sowohl die Eröffnungsverfahren als auch die iterativen Verbesserungsverfahren weisen signifikante Unterschiede in der Zielsetzung sowie der Prämissen- und Nebenbedingungsgestaltung gegenüber der vorliegenden Problemstellung auf.

Konstruktive Layoutplanungsverfahren plazieren die Organisationseinheiten immer auf einer zunächst leeren Planungsfläche, wohingegen die iterativen Verfahren eine Ergebnisverbesserung lediglich durch Probieren nach dem Prinzip des Vertauschens von Objekten erreichen. Veröffentlichte computergestützte Raumplanungssysteme enthalten meistens entweder einen konstruktiven oder einen iterativen Anordnungsalgorithmus. Eine Verbindung beider Ansätze wurde bislang nur vereinzelt realisiert.[223]

Auf die wesentlichen Kennzeichen wichtiger Softwaresysteme (CORELAP und CRAFT) soll trotzdem kurz eingegangen werden. Diese Erörterungen verfolgen den Zweck, die bestehenden Unterschiede zu einem rechnerunterstützten Flächenbelegungsverfahren noch deutlicher hervorzuheben.

CORELAP bewertet die Güte des Layouts eines betrieblichen oder innerbetrieblichen Standortproblems.[224] Hinsichtlich der algorithmischen Vorgehensweise handelt es sich um ein Eröffnungsverfahren, so daß ausschließlich eine erste zulässige, aber sicherlich nicht optimale Lösung für die zugrundeliegende Problemstellung ermittelt wird. Die Lösungsfindung erfolgt unter Beachtung des – bereits 1961 von MUTHER veröffentlichten – allgemei-

---

[222] Vgl. MINTEN, B.: a.a.O., S. 13; MAYER, S.: a.a.O., S. 36.

[223] Vgl. WARNECKE, H.-J./ DANGELMAIER, W.: a.a.O., S. 11. Siehe aber auch weiter unten die Umlaufmethode von Kiehne.

[224] Vgl. LEE, R.C./ MOORE, J.M.: CORELAP – Computerized Relationship Layout Planning, in: The Journal of Industrial Engineering, Vol. 18, 1967, S. 195 ff.

nen Ansatzes der sogenannten systematischen Layoutplanung (SLP), welcher den Prozeß der Layoutgestaltung in unbedingt erforderliche sowie optionale Design-Stufen unterteilt.[225]

CORELAP berücksichtigt bei der Standortplanung die Beziehungen zwischen allen sogenannten Aktivitäts-Paaren sowie den Flächen-Bedarf jeder einzelnen Aktivität.[226] Aktivitäten stellen hierbei allerdings keine Produktionsaufträge, sondern Betriebsgebäude oder -abteilungen dar. Planungen auf diesem Sektor sind oftmals einmalig, in aller Regel jedoch zumindest langfristiger Natur.

Bei CRAFT handelt es sich — im Gegensatz zu CORELAP — um ein Verbesserungsverfahren, welches das Vorhandensein einer zulässigen Startlösung zwingend voraussetzt.[227] Allerdings kann auch CRAFT die Erzielung optimaler Lösungen nicht garantieren. Interessanterweise wurde diese Verbesserungstechnik vor dem Eröffnungsansatz von CORELAP veröffentlicht. Zusammenfassend ermöglicht CRAFT:[228]

—   Die Festlegung des besten relativen Standorts von Werksabteilungen in einer neuen Maschinenhalle.

—   Die Bewertung neuer — aufgrund veränderter Rahmenbedingungen erstellter — Layouts bereits bestehender Maschinenhallen.

—   Die Unterstützung der Zuordnung einzelner Aktivitäten auf die verschiedenen Gebäude.

—   Die Bewertung von Zentralisierungs- bzw. Dezentralisierungsvorhaben.

—   Die Unterstützung von Standortentscheidungen im nichtproduzierenden Bereich (d.h. z.B. im Lager, aber auch im Krankenhaus oder Labor).

Eine Kombination aus Konstruktions- und Verbesserungsverfahren ist z.B. die Umlaufmethode von KIEHNE.[229] Als Ausgangslösung für ein Vertauschungsverfahren wählt man die durch ein Eröffnungsverfahren erhaltene Zuordnung.

Der wesentliche Unterschied von CORELAP, CRAFT und der Umlaufmethode zur vorliegenden Problemstellung ist, daß die zeitliche Perspektive des Produktionsablaufs unberücksichtigt bleibt. Ausschließlich räumliche — mit "Effektivitäts-Maßen" bewertete — Aspekte gehen in die Betrachtung ein. Eine auf die räumliche Ausdehnung begrenzte Planung reicht

---

225 Vgl. MUTHER, R.: Systematic Layout Planning, Industrial Education Institute, Boston, Massachusetts, 1961.

226 Vgl. MOORE, J.M.: Computer Program Evaluates Plant Layout Alternatives, in: Industrial Engineering, Vol. 3, 1971, Nr. 8, S. 20.

227 CRAFT steht für Computerized Relative Allocation of Facilities Technique (vgl. ARMOUR, G.C./ BUFFA, E.S.: A Heuristic Algorithm and Simulation Approach to Relative Location of Facilities, in: Mgmt. Sci., Vol. 9, 1963, S. 294 ff.).

228 Vgl. BUFFA, E.S./ ARMOUR, G.C./ VOLLMANN, T.E.: Allocating Facilities with CRAFT, in: Harvard Business Review, Vol. 42, 1964, Nr. 2, S. 137.

229 Vgl. KIEHNE, R.: a.a.O., S. 145 ff.

allerdings für eine realitätsbezogene und erfolgswirksame Montagedurchführung bei Anlagenbauern nicht aus. Ohne eine Erweiterung des Blickwinkels auf die zeitliche Dimension der Bauteil-Bearbeitung können die vorgestellten Software-Systeme nicht nutzbringend eingesetzt werden.

Weiterhin bestehen wichtige Differenzen zu allgemeinen betrieblichen Standortproblemen. Im Gegensatz zur Suche nach Betriebsstandorten, haben die firmenspezifisch durchzuführenden, innerbetrieblichen Layoutplanungen den Zusammenhang mit den Produktionsgegebenheiten (d.h. also auch die wesentlichen technischen Aspekte der Fertigungsverfahren) in adäquater Weise zu würdigen. Optimierungsmodelle in Form von Standard-Softwarepaketen konnten sich auf diesem Sektor bislang kaum durchsetzen, sondern es dominieren heuristische Verfahren und Simulationsmodelle für den Einzelfall.

Abschließend bleibt festzustellen, daß die traditionelle Layoutplanung Fragen der Standortwahl von Produktionsaufträgen in Fabrikhallen, im Sinne einer innerbetrieblichen Baustellenfertigung, bisher nicht angemessen unterstützt.

Diese Ausführungen belegen, daß ein Verfahren zur großvolumigen Bauteilbelegung auf innerbetrieblichen Stellflächen sowohl konstruktive als auch verbessernde (d.h. kombinierte) Elemente beinhalten muß. Anstelle eines optimierenden Ansatzes ist eine leistungsfähige Heuristik zu entwickeln, die auf der einen Seite zulässige Lösungen mit vertretbarem Aufwand ermittelt, auf der anderen Seite aber auch den besonderen Anforderungen räumlich-zeitlicher Planungen Rechnung trägt. Diese Einschätzung wird dadurch unterstrichen, daß bei praktischen Problemstellungen häufig der Wunsch besteht, neben beliebig geformten Objekten, mehrere variabel gewichtete Zielkriterien zu berücksichtigen.

4.3.2 Wissensbasierte Verfahren in der Layoutplanung

Bei der Realisierung eines umfassenden integrierten Informations- und Kommunikationssystems in der Fertigung muß beachtet werden, daß ein großer Teil des benötigten Wissens nicht algorithmisch formalisierbar ist. Gerade bei planerischen und auch steuernden Aufgaben stellen die Erfahrungen sowie die fachlichen Befähigungen des menschlichen Entscheidungsträgers ein derartiges Expertenwissen dar. Zur Automatisierung komplexer Produktionsprobleme sind daher die Spezialkenntnisse des Fertigungsplaners wünschenswerterweise sukzessiv in formalisierte Wissensbanken einzubringen.

Auch für Layoutprobleme im Montagebereich wird ein verstärkter Einsatz wissensbasierter Systeme gefordert. Grundsätzlich kann dadurch die problemimmanente Komplexität bewältigt werden. Wissensbasierte Entscheidungsunterstützungssysteme können u.a. nachstehende Ziele verfolgen:[230]

- Die Konservierung und Verbreitung von hochqualifiziertem Wissen,
- die Konsolidierung von Unternehmensstrategien (einheitliche Vorgehensweise) und
- die Verbesserung der Entscheidungsqualität.

Die wesentlichen Unterschiede zwischen der herkömmlichen Datenverarbeitung und der Wissensverarbeitung in Expertensystemen liegen in der Struktur des zu behandelnden DV-Prozesses (wohlstrukturiert gegenüber schlechtstrukturiert), der Art der involvierten Daten und Problemparameter (homogene Massendaten oder heterogene Wissenseinheiten) sowie den bekannten Lösungsverfahren (strukturierte prozedurale Ansätze bzw. nonprozedurale und diffuses Wissen verarbeitende Heuristiken).[231]

Wissensbasierte Methoden sollten allerdings nicht für jede Problemstellung angewandt werden. Wenn für bestimmte Gebiete effiziente Lösungsverfahren bekannt sind (z.B. die Lineare Programmierung für Mischungsprobleme der Futtermittel- oder Mineralölindustrie), sollten diese auch zum Einsatz kommen. Wissensbasierte Lösungen bieten sich dagegen an, wenn:[232]

- Keine geschlossenen Lösungsalgorithmen bekannt sind,
- die Einbeziehung von vagem, heuristischem Wissen notwendig ist,
- die Zahl der notwendigen Steuerungsparameter der Algorithmen so groß und deren Zusammenhänge so komplex sind, daß ein expliziter Kontrollfluß mit prozeduraler Programmierung nicht möglich ist und
- kein statischer, sondern ein dynamischer Kontrollfluß des Programms vorliegt (z.B. durch Adaption neuer Situationen).

Außerdem ist zu beachten, daß die Gefahr einer starken subjektiven Beeinflussung eines Ergebnisses besteht und daß das benötigte Expertenwissen einem größeren Personenkreis zugänglich sein sollte.

Im Fertigungsbereich gilt dies sowohl für Planungs- als auch für Scheduling-Aufgaben. Für die Entwicklung eines wissensbasierten Systems zur Unterstützung des Fertigungsplaners bei der zeitlichen Ablaufsteuerung müssen dessen Tätigkeiten, Informationsquellen, Wissen und Hilfsmittel rechnerseitig abbildbar sein.

---

230 Vgl. KRALLMANN, H.: Expertensystem in der Produktionsplanung und -steuerung, in: CIM-Management, 1987, Nr. 4, S. 60.

231 Vgl. HANSEN, H.R.: Wirtschaftsinformatik I, Einführung in die betriebliche Datenverarbeitung, 5. Aufl., Stuttgart 1986, S. 401.

232 Vgl. SCHNUPP, P./ SWIDERSKI, D.: Wissensbasierte Methoden für die Fertigung, in: CIM-Management, 1987, Nr. 4, S. 7.

Die zentrale Aufgabe des Sachbearbeiters ist die Einplanung der Produktionsaufträge. "Die Einlastung ist eine Konfigurations- und Planungstätigkeit und die Beseitigung von auftretenden Konflikten eine Beratungsaufgabe aufgrund einer Diagnose der aktuellen Situation in der Fertigung."[233] Neben dem Erfahrungswissen des Planers wird hierzu eine Vielzahl unterschiedlicher Informationen benötigt. Falls diese Daten bekannt sind, können Engpässe aufgedeckt und bestmöglich ausgelastet werden.

Implementierte Systeme arbeiten dabei nicht alle theoretisch denkbaren Lösungsmöglichkeiten ab, sondern betrachten von vornherein nur die Alternativen mit der größten Aussicht auf Erfolg. Der Computer sollte die Planungsergebnisse jedoch nicht monologartig entwickeln und kompromißlos vorschreiben, sondern den Sachbearbeiter bei bestimmten Abweichungen informieren. Sobald die Eckliefertermine überschritten werden, ist die jeweils übergeordnete Leitstelle zu unterrichten, damit diese eine Neuplanung der Produktionstermine vornehmen und der Planer eine erneute Auftragseinlastung starten kann. Im Rahmen der computergestützten Planung muß danach zwischen[234]

– Entscheidungen bei der Einlastung der Aufträge und
– Entscheidungen bei der Auflösung von Konflikten

unterschieden werden. Zur effizienten Einlastung der Fertigungsaufträge werden dabei Zuteilungsstrategien verwendet. Zur Auftragsauswahl und zur Auflösung von Konflikten (d.h. der Konkurrenz mehrerer Aufträge um gleiche Kapazitätseinheiten) kommen dagegen Prioritätsregeln zur Anwendung.[235]

Differierende Strategien ergeben sich also aus der jeweiligen Zielsetzung, entweder eine möglichst optimierte Einplanung der Aufträge oder aber eine frühzeitige Auskunft über den aktuellen Systemzustand zu erreichen. Der Anwender hat unter Berücksichtigung der konkreten Problemstellung individuell zu entscheiden, welche Variante er favorisieren möchte. Die kurzfristige Fertigungssteuerung erfordert daher "... die notwendigerweise vorhandenen Freiheitsgrade aus der mittelfristigen Grobplanung zu nutzen und die Planungsergebnisse unter Berücksichtigung der momentanen Situation im Produktionsprozeß zu detaillieren".[236]

---

233 STEINMANN, D.: Konzeption zur Integration wissensbasierter Anwendungen in konventionelle Systeme der Produktionsplanung und -steuerung (PPS) im Bereich der Fertigungssteuerung, in: SzU, Bd. 40, Wiesbaden 1989, S. 96.

234 Vgl. STEINMANN, D.: a.a.O., S. 106.

235 Steinmann schlägt anstelle von Zuteilungsstrategien Optimierungsregeln vor (vgl. Ebenda). Da bei einer räumlichen Belegungsplanung allerdings nicht – wie bereits ausgeführt – von einer Optimierung im mathematisch exakten Sinne gesprochen werden kann, ist dieser Begriff mißverständlich und soll daher nicht verwandt werden.

236 WARNECKE, H.-J.: Der Produktionsbetrieb – Eine Industriebetriebslehre für Ingenieure, Berlin-Heidelberg u.a. 1984, S. 389.

Wissensbasierte Systeme werden jedoch die konventionellen Entwicklungen nicht ersetzen, sondern ergänzen bzw. verbessern helfen. Eine Kopplung von Simulations- und Expertensystemen ist eine gegenwärtig häufig diskutierte Möglichkeit zur Verfeinerung traditioneller Einlastungsabläufe. Drei Alternativen sind hierbei vorstellbar:[237]

- Intelligente Umgebung für ein Simulationsmodell,
- Simulationsmodell im Expertensystem und
- Expertensystem im Simulationsmodell.

Diese Einteilung stellt dabei lediglich auf die programmtechnische Kooperationsform ab. Eine Klassifikation nach der Aufgabenteilung unterscheidet dagegen:[238]

- Programme zur automatischen Generierung von Modellen,
- Systeme, die den Benutzer bei der Interaktion unterstützen (sog. Intelligent Front-Ends) und
- Expertensysteme, welche die Simulation zur Wissensakquisition nutzen.

Die Abb. 16 stellt dazu die Interaktionsmöglichkeiten zwischen Benutzer, wissensbasiertem System und Simulation, bezogen auf den Bereich der Fertigungssteuerung dar.[239]

Bislang bietet jedoch die enge Zusammenarbeit zwischen Endanwendern und Simulationsfachleuten die einzige Garantie für eine erfolgreiche Modelluntersuchung. Die Einbeziehung wissensbasierter Komponenten in ein computergestütztes Informationssystem setzt voraus, daß das relevante Expertenwissen übernommen und effizient genutzt werden kann. Durch die Akkumulation des Expertenwissens vieler Fachleute ist es ferner möglich, wissensbasierte Systeme mit einer "künstlichen Intelligenz" auszustatten, die über das Wissen eines einzelnen Menschen weit hinausgeht.[240]

Die Verwendung wissensbasierter Systeme birgt beträchtliche Nutzenpotentiale in sich, so daß der Einsatz der künstlichen Intelligenz (KI), gerade bei der Produktionsplanung und -steuerung, in zukünftigen Anwendungsentwicklungen zweifelsohne eine wachsende Bedeutung gewinnen wird.

---

237 SCHMIDT, B.: Expertensysteme und Simulationsmodelle, in: OR Spektrum, 1989, 11. Jg., Nr. 4, S. 193.

238 Vgl. MERTENS, P./ RINGLSTETTER, T.: a.a.O., S. 205.

239 Vgl. SCHEER, A.-W./ ZELL, M.: Benutzergerechte Fertigungssteuerung, in: CIM-Management, 1989, Nr. 6, S. 77.

240 Vgl. hierzu auch SPECHT, D.: Wissensbasierte Systeme in der Produktion, in: ZwF, 84. Jg., 1989, Nr. 11, S. 621.

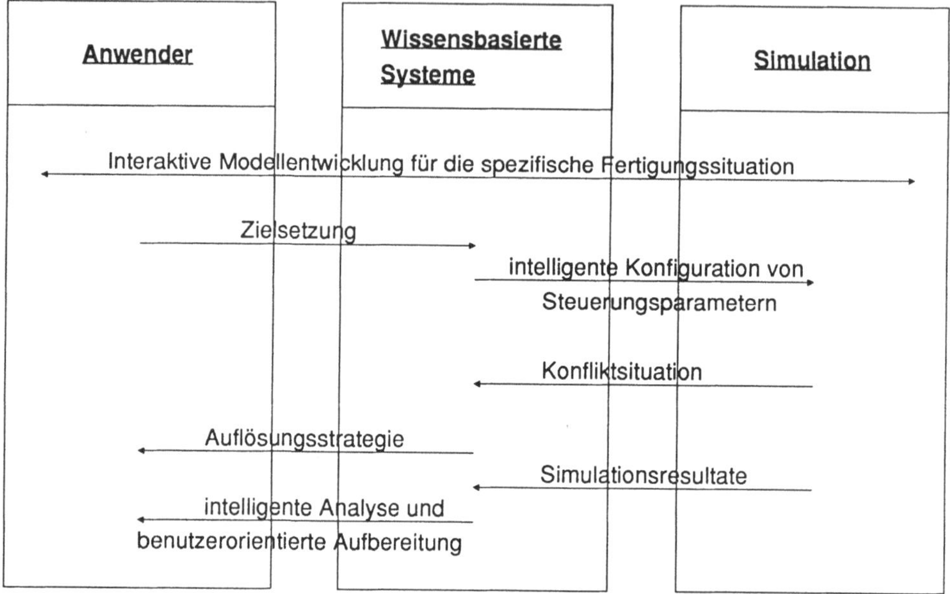

Abb. 16: Interaktionsmodell Anwender – Wissensbasiertes System – Simulation für die Fertigungssteuerung

Vor allem auch in komplexen Layoutplanungen wird die Verbreitung wissensbasierter Systeme zunehmen. Regelorientiert formalisierte Konfliktlösungsstrategien eröffnen einem industriellen Fertigungsplaner bei der Flächenbelegung die Chance, den Kapazitätsterminierungsprozeß wissensbasiert zu gestalten, interaktiv zu manipulieren und zeitnah zu steuern.

Ein Beispiel soll stellvertretend auf denkbare Integrationsformen hinweisen. Ein interessanter Vorschlag zur verbesserten Lösung von Zuschneideproblemen stammt von DAGLI.[241] Der von ihm entwickelte prototypische "Intelligent Pattern Layout Generator (IPLG)" integriert Verfahren der künstlichen Intelligenz und des Operations Research. Der Grundgedanke besteht hierbei in der mehrfachen Lösung von Subproblemen mit Hilfe von OR-Verfahren, wobei die Probleme jeweils durch ein Expertensystem identifiziert und konkretisiert wurden.

Es bleibt allerdings abzuwarten, ob die Forcierung von wissensbasierten Systemen nur ein Zugeständnis an komplexe Probleme mangels effizienter Verfahren ist, oder ob durch die Integration von KI-Verfahren akzeptable und wirtschaftliche Ergebnisse erzielbar sind. In jedem Fall führen wissensbasierte Methoden nicht in kurzer Zeit zu einer Ablösung sämt-

---

[241] Vgl. DAGLI, C.H.: Knowledge-based systems for cutting stock problems, in: EJOR, Vol. 44, 1990, S. 160 ff. sowie den Abschnitt 5.2.1.

licher traditioneller Verfahren, sondern dienen hauptsächlich der Unterstützung des Problemlösungsprozesses oder der Anreicherung des Methodeninstrumentariums.

Deshalb klingt mitunter auch Kritik an einer überschwenglichen Euphorie im Zusammenhang mit der künstlichen Intelligenz an. Eine KI-Unterstützung bietet sich demzufolge nur dort an, "... wo unter Zeitdruck Informationslücken überbrückt werden müssen und nicht sämtliche Entscheidungsmöglichkeiten abgeprüft werden können".[242]

Vor der Verwirklichung einer computergestützten regelbasierten Montagelayoutplanung ist somit abzuklären, ob auch ein Experte in der zur Verfügung stehenden Zeit, keine Lösung mit der erforderlichen Vollständigkeit, Detailliertheit, Aktualität und Objektivität erarbeiten könnte. Diese Frage ist im vorliegenden Fall, insbesondere in Anbetracht der Komplexität der praktischen Problemstellung, zu bejahen, so daß damit eine potentielle Anwendung aufgezeigt wird.

4.3.3 Montageflächenbelegung

Zunächst wird die generelle Problemstellung beschrieben, die bei der Planung von Flächenbelegungen besteht.[243] Im Rahmen der Montageflächenbelegung müssen n Aufträgen Standorte auf m Planungsflächen zugeordnet werden. Jedes Bauteil weist einen bestimmten Grundriss auf und jede Planungsfläche besitzt eine rechteckige Ausdehnung.

In praktischen Anwendungsfällen sind darüber hinaus verschiedene Randbedingungen zu beachten, die den zulässigen Lösungsraum weiter einengen. Grundsätzlich können hierbei bauteil- und bauflächenbezogene Restriktionen unterschieden werden. Für die Montage der Teilaufträge sind i.a. Fertigstellungstermine (ggf. mit Pufferzeiten) zu beachten. Die Positionierung auf einer Stellfläche kann mitunter alternativ in mehreren Orientierungen erfolgen. Dabei steht einem Planungsobjekt u.U. nicht das gesamte Flächenangebot zur Verfügung, weil z.B. bestimmte Betriebsmittel nicht überall vorhanden sind.

Zu Beginn des Einlagerungsprozesses sind die noch aus früheren Planungsperioden stammenden Anfangsbelegungen der Montageflächen zu berücksichtigen. Ferner spielen in der industriellen Praxis neben den Kapazitätsgrenzen (hier also die vorhandenen Flächenabmessungen) oftmals Stellplatz-Inhomogenitäten eine wichtige Rolle. Im Schiffbau ergibt sich eine solche Nebenbedingung beispielsweise durch installierte Außenhautlehren. Diese Großwerkzeuge dienen zur Wölbung wasserseitiger Schiffssektionen. Ein Hallenabschnitt, in dem eine Außenhautlehre steht, kann daher nicht von allen Aufträgen genutzt werden.

---

242 DANGELMAIER, W./ KÜHNLE, H./ MUSSBACH-WINTER, U.: a.a.O., S. 8.

243 Vergleichend sei auf die Darstellung des Maschinenbelegungsproblems im Abschnitt 3.2.3.1 hingewiesen.

Die Montageflächenbelegung unterscheidet sich von herkömmlichen (rein zeitbezogenen) Maschinenbelegungsplanungen durch eine sowohl räumliche als auch zeitliche Betrachtungsweise. Die dynamische Belegung von Betriebsflächen vereinigt damit die zeitliche Dimension traditioneller Kapazitätsplanungen mit dem räumlichen Aspekt der Layoutprobleme. Eine computergestützte Raum-Zeit-bezogene Betriebsmittelbelegungsplanung kann somit als zentraler Bestandteil eines räumlich-orientierten PPS-Systems bezeichnet werden.

Die wissenschaftliche Forschung hat bislang zur automatisierten räumlich-zeitlichen Belegungsplanung keine wirkungsvollen Lösungsverfahren hervorgebracht. Innovationen auf diesem Sektor sind jedoch überfällig, weil ganz unterschiedliche Anwender vergleichbare Probleme besitzen und mit derartigen Methoden unterstützt werden könnten. Praktische Einsatzmöglichkeiten ergeben sich im Prinzip für alle (Groß-) Anlagenbauer, die eine Leistungserstellung in Form einer innerbetrieblichen Baustellenfertigung betreiben. Im folgenden werden die bislang auf diesem Gebiet veröffentlichten Ansätze aufgegriffen und beschrieben sowie deren Prämissen und Zielsetzungen dargelegt.

Eine vergleichbare Problemstellung der computergestützten raum- und zeitrestriktiven Fertigungssteuerung wurde in einem aktuellen Projekt der AEG Olympia AG in Zusammenarbeit mit dem Fraunhoferinstitut für Produktionstechnik und Automatisierung behandelt.[244] Im Rahmen der Projekttätigkeit konnte hierbei ein interaktives Planungs- und Steuerungssystem realisiert werden. Ausgelegt ist dieses sogenannte flächenorientierte Termin- und Kapazitätsplanungsystem (FOKUS) z.Zt. als reines Informationssystem auf PC-Basis. Mit FOKUS kann allerdings eine Platzsuche für Bauteile lediglich manuell betrieben werden. Das Unternehmen produziert in diesem Fall automatische Briefverteilanlagen. Die zu montierenden Baugruppen werden in Form von Polygonzügen beschrieben und verwaltet.

Eine automatische Platzsuche mit Hilfe ausgewerteter Polygonzugabstände ist nach Aussage der Autoren für einen späteren Zeitpunkt geplant. Grundlage dieser Überlegungen ist eine weitere Forschungsarbeit, die sich mit der Berechnung minimaler und maximaler Abstände zwischen Polygonzügen beschäftigt.[245]

Das Konzept von FOKUS ist auf einen während des Montagefortschritts wachsenden Flächenbedarf der Erzeugnisse zugeschnitten. Falls die Flächenbedarfsentwicklung im Zeitverlauf bekannt ist, können benachbarte Teile örtlich-zeitlich überlappt eingeplant und so die Montageflächen besser ausgenutzt werden.[246]

---

[244] SCHLAUCH, R./ LEY, W.: a.a.O., S. 223 ff.

[245] PILLAND, U.: Überwachung des Handbetriebes – eine wichtige Aufgabe für einen umfassenden Online-Kollisionsschutz, in: Industrie-Anzeiger (HGF-Kurzberichte 1986/27), 108. Jg., 1986, Nr. 21, S. 43 f.

[246] Vgl. KÜHNLE, H./ SCHLAUCH, R.: Termin- und Kapazitätsplanung bei Anlagenmontage, in: dima, 1989, Nr. 4, S. 76.

Alternativ kann das Problem eines stufenweise ansteigenden Platzbedarfs der Montageaufträge jedoch auch dadurch gelöst werden, daß die einzelnen Montageabschnitte aufgespalten und als separate "virtuelle" Fertigungserzeugnisse aufgefaßt werden. Mit der Maßgabe, daß der ermittelte Montageplatz der ersten Stufe bereits denjenigen der nachfolgenden Stufen vorgibt, kann dieser Spezialfall berücksichtigt werden.

Im Rahmen der bestmöglichen Flächenbelegung sind für sowohl örtliche als auch zeitliche realitätsbezogene Abgleichmaßnahmen neben der eigentlichen Flächenkapazität zusätzlich die Personal- und die Betriebsmittelkapazität von Bedeutung.

Die Personalstruktur ist dabei hinsichtlich Qualifikation und Anzahl mit in den Planungsvorgang einzubeziehen. Vor dem Hintergrund einer begrenzten qualifikationsbezogenen Personalkapazität sowie einem mit den Fertigungsabschnitten wechselnden Personalbedarf ist eine aktuelle Personaleinsatzplanung wesentlicher Bestandteil einer termingerechten Auftragsabwicklung. Trotz dieser Bedeutung wird im folgenden auf die Betrachtung der Personalkapazität verzichtet. Die Komplexität räumlich-zeitlicher Fragestellungen und eine vertiefte Darstellung der wichtigen Problembestandteile gebieten diese Verfahrensweise.

Die verfügbare Montagefläche stellt bei der innerbetrieblichen Baustellenmontage von Erzeugnissen mit großen Abmessungen häufig einen restriktiven Produktionsfaktor dar. Die weiteren Rahmenbedingungen für kundenorientierte Montageaufgaben lassen sich wie folgt skizzieren:[247]

- Der vereinbarte Liefertermin ist verbindlich,
- bedingt durch die hohen Auftragsdurchlaufzeiten sowie längeren Planungshorizonte sind Belegungen mit einem Planungszeitraum von mehreren Monaten erforderlich,
- Stellplatzkorrekturen in Endmontageabschnitten sind in der Regel nicht möglich,
- bestimmte Hauptbaugruppen sollten bereits am Endmontageplatz vormontiert werden und
- Kundenaufträge umfassen mehrere Bauteilgruppen.

Für eine kollisionsfreie Positionierung der Objekte auf den verfügbaren Betriebsflächen müssen innerhalb eines computerunterstützten Planungssystems Verfahren zur Verfügung stehen, welche die involvierten räumlichen und zeitlichen Freiheitsgrade effektiv nutzen. Dabei ist allerdings den jeweiligen Zielvorgaben und Randbedingungen des Industriebetriebs Rechnung zu tragen.

---

[247] Vgl. SCHLAUCH, R./ LEY, W.: a.a.O., S. 224.

Anwendbar ist dieses System nur für den kundenorientierten Einzel- bzw. Keinserienfertiger. Rechnerunterstützte Algorithmen zur Anordnungsoptimierung sind für die Großserienfertigung i.a. nicht sinnvoll einsetzbar.[248]

Bereits durch die Anwendung computerunterstützter rein manueller Belegungsplanungen konnten deren Betreiber fundiertere Lieferterminentscheidungen und bessere Montageflächenbelegungen nachweisen. "Darüber hinaus sind mit dem Einsatz des Systems in der Montageplanung ein geringerer Planungsaufwand, eine höhere Betriebsflächenausnutzung, geringere Störungen durch gegenseitige räumliche Behinderungen benachbarter Objekte und eine höhere Termintreue durch einen störungsfreien Ablauf verbunden."[249]

Diese Aussage bestätigt, daß ein computergestütztes Programmsytem dem Wunsch nach zunehmender Optimierung der Planungsergebnisse gerecht werden kann. Den pluralistischen Zielvorstellungen kann man demnach schon durch die Installierung eines – zumindest algorithmisch einfachen – Informationssystems näherkommen. Die Implementierung einer automatisch ablaufenden Belegungsheuristik wird diesen Bestrebungen zweifellos zusätzliche Impulse verleihen.

Die Entwicklung eines rechnergestützten Belegungsverfahrens soll daher im Mittelpunkt der weiteren Ausführungen stehen. Dazu sind die Einflußgrößen, die Nebenbedingungen und die Zielvorstellungen exakt zu spezifizieren. Ein weiteres wesentliches Kriterium für erfolgreiche algorithmische Problemumsetzungen ist die Art der Beschreibung der Bauteile und -flächen. Prinzipiell sind nicht nur die drei Raumachsen, sondern zusätzlich auch die Zeitachse zu modellieren. Diese grundsätzliche Aussage ändert sich auch dadurch nicht, daß zunächst nur eine zeitlich-orientierte Flächenbetrachtung (d.h. eine insgesamt dreidimensionale Untersuchung) vorgenommen werden soll. Der oben erwähnte Vorschlag, die Bauteile durch Polygonzüge darzustellen, ist allerdings nicht aufgegriffen worden. Eine Begründung für diese Entscheidung deutete sich bereits durch die erwähnte Problem-Polydimensionalität an. Effiziente Objektbeschreibungen sind für reale flächenorientierte Termin- und Kapazitätsplanungen von herausragender Bedeutung. Eine detaillierte Erörterung der Bauteil-Darstellung in einem Computerprogramm erfolgt daher im nächsten Kapitel.[250]

Die Spezifikation der Ergebnisgrößen bildet schließlich einen weiteren wichtigen Aspekt der Verfahrensgestaltung. Erst eine sinnvolle Charakterisierung der ermittelten Lösungsgüte erlaubt es dem Benutzer, die Ergebnisse der Planung folgerichtig zu interpretieren. Simulationen und Sensivitätsanalysen können adäquat zielgerichtet erst dann durchgeführt werden,

---

248 Vgl. KREUTZFELDT, H.-F./ ODWODY, H.-G.: Rechnerunterstützte Fabrikplanung unter Berücksichtigung planungssystematischer Ansätze, in: ZwF, 84. Jg., 1989, Nr. 8, S. 439.

249 SCHLAUCH, R./ LEY, W.: a.a.O., S. 227.

250 Vgl. insbesondere den Abschnitt 5.3.

wenn auf der Outputseite auswertbare Informationen zur Verfügung stehen. Neben der Angabe von Gütekriterien sind daher graphische Ergebnisrepräsentationen ein entscheidendes Element, komplexe Sachverhalte abzubilden und zu analysieren.

In den beiden nachfolgenden Kapiteln werden daher die Besonderheiten räumlicher Zuordnungen und anschließend die Konzeption des entwickelten Programmsystems CALPLAN (Computergestützte Ablauf- und Layoutplanung) im einzelnen vorgestellt. Neben der Beschreibung des räumlichen Planungsverfahrens wird vor allem auch auf die DV-technische Realisierung des entwickelten Flächenbelegungsalgorithmus eingegangen.

5. Räumliche Anordnungsplanung

5.1 Aufgabenstellung und Ziele räumlicher Anordnungsplanungen

Abweichend von der klassischen Definition einer innerbetrieblichen Standortplanung[251] wird im Folgenden unter einer räumlichen Anordnungsplanung eine zielgerichtete Zuordnung einer gegebenen Menge von Bauteilen auf verfügbare Standorte verstanden.

Organisationseinheiten (OE) der Planung sind hierbei keine Maschinen, Räume, Abteilungen, Gebäude oder sonstigen Funktionsgruppen, sondern Bauteile, die in der anstehenden Planungsperiode zu fertigen sind. Damit werden vor allem Produktions- oder Montageaufträge als OE aufgefaßt.

Zusätzlich zu der Forderung nach bestmöglicher Schachtelung der OE müssen bei Layoutplanungsverfahren[252] häufig eine Vielzahl anderer Zielsetzungen beachtet werden, die den zulässigen Lösungsraum weiter einengen. Die Bewertung der Qualität eines gefundenen Layouts bereitet immer dann erhebliche Schwierigkeiten, wenn einige Nebenbedingungen nur teilweise oder überhaupt nicht berücksichtigt werden konnten. Nicht in jedem Fall führt bereits eine verletzte Randbedingung sofort zu einer vollständig unbrauchbaren Planung. Vielmehr können schon geringfügige Ergebniskorrekturen eine hohe Zielwirksamkeit des gesamten Belegungslaufs herbeiführen.

Weder die wechselseitigen Beziehungen zwischen den OE, noch die Frage der mathematischen Optimalität der ermittelten Lösung stehen bei dieser Problemstellung im Vordergrund der Betrachtung. Das heißt aber nicht, daß man sich bewußt mit suboptimalen Resultaten begnügt, sondern daß aufgrund der zugrundeliegenden Problem-Komplexität die Bestimmung optimaler Lösungen nicht garantiert werden kann. Die Qualität einer Planung ergibt sich erst aus dem Vergleich mit anderen Szenarien und nicht bereits aus der alleinigen Auswertung eines Zielkriteriums. Die Gestalt einer optimalen Lösungen kann meistens nicht einmal exakt charakterisiert werden, weil die Zielfunktion nicht ausreichend genau spezifizierbar ist. Eine präzise und zweifelsfreie Formulierung sowie gegenseitige Abstimmung sämtlicher Nebenbedingungen ist zudem nicht immer erreichbar. Diese Situation verhindert ebenso wie die komplizierte Problemstruktur eine Abbildung durch ein lineares Planungsmodell. Der schwierige Belegungsvorgang ist somit ausschließlich mit Hilfe heuristischer Verfahren durchführbar.

---

[251] Vgl. die Begriffsbestimmung im Abschnitt 3.2.3.3.

[252] Die Begriffe Layoutplanung und räumliche Anordnungsplanung werden nachfolgend synonym verwandt.

Analog allgemeinen Kapazitätsbelegungen können räumliche Anordnungsprozesse alternativ durch[253]

— Neuplanungen oder
— Umstellungsplanungen

formuliert werden. Während bei einer Neuplanung ein gesamter Fertigungsabschnitt komplett neu geplant wird, handelt es sich bei einer Umstellungsplanung um eine Überarbeitung bereits bestehender Layouts. Bei einer Umstellungsplanung werden entweder einige OE aus der bestehenden Anordnung gezielt an andere Standorte verlagert oder zusätzliche OE in die Anordnung aufgenommen bzw. aus den Planungsflächen entfernt. Das Problem der Umstellungsplanung ist allerdings für den allgemeinen Fall einer räumlichen Belegungsplanung beliebig geformter OE-Geometrien bis heute algorithmisch noch nicht ganzheitlich gelöst.[254]

Im Rahmen der Layoutplanung existieren eine Reihe von Kenngrößen, die unmittelbar durch die innerbetriebliche Standortzuordnung beeinflußt werden. Neben den entscheidungsrelevanten Kosten sind hier die Zeitziele (d.h. eine minimale Durchlaufzeit oder Lieferfrist), die Flächen- bzw. Raumnutzungsgrade, die Auslastung der Betriebsmittel sowie die Anfälligkeit auf Störungen des Betriebsablaufs zu nennen.[255]

Zwischen diesen Zielgrößen (insbesondere zwischen den Kosten- und Nichtkostenzielen) bestehen vielfältige Abhängigkeiten. So ist z.B. ein unmittelbarer Zusammenhang zwischen der Durchlaufzeit und den Kosten der Zwischenlagerung von Fertigungsteilen auszumachen. Für die innerbetriebliche Standortplanung hat sich das Ziel der Transportkosten-Minimierung bereits frühzeitig als zentrales Entscheidungskriterium herauskristallisiert.[256] Auch in aktuellen Layoutplanungsansätzen fungieren die Transportkosten – mitunter in Kombination mit den Produktions- und Lagerkosten – noch als wichtigstes Gütemaß.[257] Zurückzuführen ist dieser Umstand vor allem auf die in der Praxis einfache Erfaßbarkeit des Transportaufwands. In mathematischen Modellen kann dieser Kostenfaktor somit ohne große Mühe als Zielgröße definiert werden. Montageflächenbelegungen müssen aber vor allem auch eine gute Kapazitätsauslastung erzielen.

---

[253] Vgl. DANGELMAIER, W.: Algorithmen ..., a.a.O., S. 200.

[254] Vgl. DANGELMAIER, W.: Algorithmen ..., a.a.O., S. 225 f.

[255] Zur Darstellung eines umfangreichen Zielkatalogs vgl. WÄSCHER, G.: Innerbetriebliche Standortplanung bei einfacher ..., a.a.O., S. 56 ff.

[256] Vgl. DOMSCHKE, W.: Modelle und Verfahren zur Bestimmung betrieblicher und innerbetrieblicher Standorte – Ein Überblick, in: ZOR, 19. Jg., 1975, S. B14 und B28 sowie MELLEROWICZ, K.: Betriebswirtschaftslehre der Industrie, Bd. I: Grundfragen und Führungsprobleme industrieller Betriebe, 7. Aufl., Freiburg im Breisgau 1981, S. 298 f.

[257] Vgl. z.B. DOMSCHKE, W./ DREXL, A.: a.a.O., S. 12.

5.2 Verfahren zur Lösung räumlicher Zuordnungsprobleme

5.2.1 Traditionelle Modellierungsansätze

Der wesentliche Bestandteil eines computergestützten Planungsverfahrens ist ein geeignetes formales Modell. Die Konstruktion eines formalen Modells aus einem realen Problem findet i.d.R. nicht in einem einzigen Schritt statt, sondern ist ein rückgekoppelter zweistufiger Prozeß. Die grundsätzliche Abfolge einer Modellbildung verdeutlicht die Abb. 17.[258]

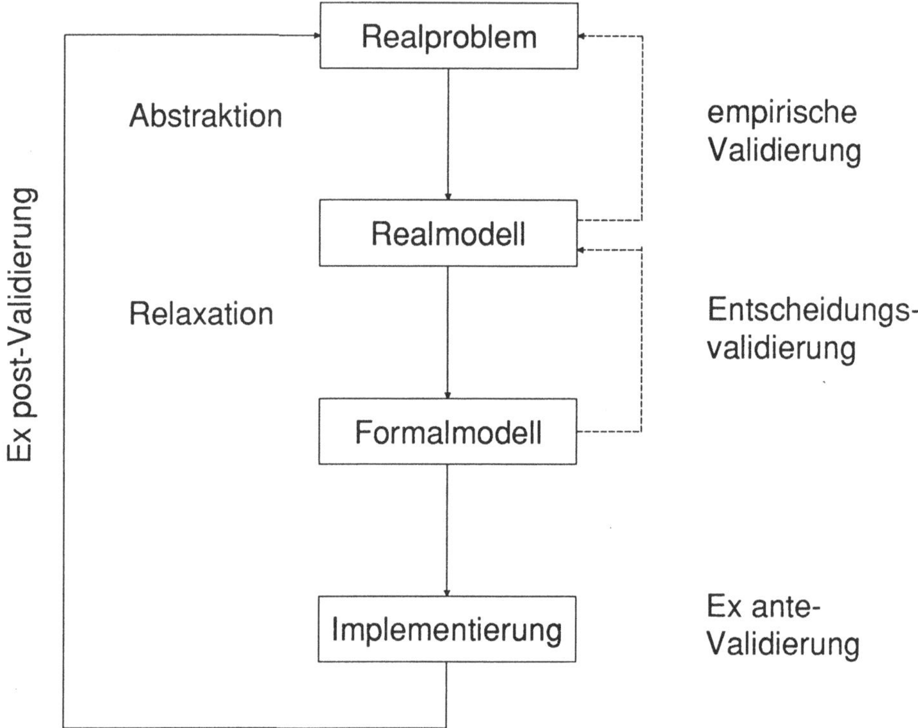

Abb. 17: Prozeß der Modellbildung

Zunächst abstrahiert man aus einem realen Problem ein sogenanntes Realmodell, welches eine möglichst gute Beschreibung aller wichtigen Aspekte darstellt. Das Realmodell ist jedoch aufgrund der problemimmanenten Komplexität häufig rechnerseitig nicht handhabbar. Daher reduziert man es durch geeignete Relaxationen zu einem formalen Modell, welches schließlich auf einem Computer implementierbar ist.

Für eine erfolgreiche Planung unerläßlich ist die Validierung jedes vorgenommenen Reduktionsvorgangs. Diese Überprüfung verfolgt das Ziel, daß ein Modell die vorliegende Planungsaufgabe nicht nur löst, sondern darüber hinaus akzeptable Ergebnisse liefert. Ein

---

[258] Vgl. SCHNEEWEISS, C.: a.a.O., S. 84.

generelles Qualitätskriterium eines Modells ist "... der Grad der Isomorphie zwischen der Realität und der Theorie".[259]

Auch für den Fall einer räumlichen Belegungsplanung von Objekten auf Planungsflächen bedeutet dies, daß zuerst das reale Problem mit seinen vielfältigen Entscheidungsvariablen, Zielkriterien und Nebenbedingungen formuliert wird. Aus sachlichen Gründen wird danach aus einem unübersichtlichen Zielkomplex eine strukturierte deterministische Zielfunktion abgeleitet. Anschließend werden zugunsten der mathematischen Lösbarkeit unwichtige Randbedingungen relaxiert. Das formale Modell dieser realen Problemstellung kann oftmals nur mit Hilfe eines Computers bearbeitet und gelöst werden. Das formale Modell eines Zuordnungsproblems ist entweder ein allgemeines exaktes Verfahren oder – wie im vorliegenden Fall – eine auf die jeweiligen Besonderheiten abgestimmte Heuristik.

Die räumliche Anordnungsplanung kann nun in nachfolgende Kategorien eingeteilt werden:[260]

- Objekt- oder einzelteilorientierte Ansätze sowie
- Schnittmusterorientierte Ansätze.

Im Gegensatz zu den objektorientierten Ansätzen, bei denen eine Teil-Zuordnung unmittelbar vorgenommen wird, erfolgt bei den musterorientierten Methoden zunächst eine Konstruktion der Schnittmuster und danach eine Zuordnung kleiner oder großer Objekte zu einigen dieser Muster.[261]

Zu der Klasse der objektorientierten Ansätze zählen die sogenannten Bin-Packing-Probleme und zu der Kategorie der musterorientierten Ansätze zählen die verschiedenen (auch mehrdimensionalen) Zuschneideprobleme. Heuristische Lösungsverfahren bilden dabei für praktische Problemstellungen die Klasse mit der weitaus größten Anzahl verschiedener Konkretisierungen.

Für die eigene Problemlösung dient diese Klassifizierung dazu, die Bedeutung kombinierter Heuristiken zu erkennen, die sowohl objekt- als auch musterorientierte Elemente beinhalten. Im Vorgriff auf das nächste Kapitel ist diese Feststellung dadurch begründbar, daß die auf den Montageflächen einzulagernden Objekte nur durch "gerasterte Muster" effizient beschrieben und anschließend algorithmisch bewältigt werden können.

Die räumlichen Abmessungen der einzulagernden Objekte werden demnach explizit von Zuordnungsverfahren berücksichtigt. Vor allem die englischsprachige Literatur beschäftigte sich sehr intensiv mit der Erforschung dieser Probleme. Inzwischen ist der Oberbegriff

---

259 DÄHNE, H.: Verkaufsflächeninterne Standortplanung, Wiesbaden 1977, S. 22.

260 Vgl. DYCKHOFF, H.: A typology of cutting and packing problems, in: EJOR, Vol. 44, 1990, S. 156.

261 Vgl. DYCKHOFF, H.: a.a.O., S. 156.

"Cutting and Packing Problem" (C&P-Problem) auch bei uns bekannt.[262] "The cutting-stock problem is the problem of filling an order at minimum cost for specified numbers of lengths of material to be cut from given stock lengths of given cost."[263] C&P-Problems können danach (wie der Begriff bereits vermuten läßt) in Zuschneide- und Pack- bzw. Beladeprobleme aufgespalten werden.

Zuschneideprozesse spielen immer dann eine Rolle, wenn Materialien fester Gestalt auf dem Wege ihrer Erzeugung Schnittoperationen unterworfen werden, bis sie ihre endgültigen Formate besitzen. "Im Vordergrund stehen Fragen der Materialwirtschaft, speziell die Frage, wieviel Rohmaterial durch Optimierung des Zuschneideprozesses und Verringerung des Verschnitts eingespart werden kann."[264]

Daher ist zu überprüfen, ob das dieser Arbeit zugrundeliegende Problem der Belegungsplanung von Montageflächen als Verschnittproblem aufgefaßt und mit einer bereits verfügbaren Software bearbeitet werden kann. Auch bei der Einlagerung von Bauteilen auf Werkflächen ist eine Zielsetzung, den dadurch realisierten "Zuschnitt" zu optimieren. Eine möglichst gute Raumausnutzung ohne großen Verschnitt zu erreichen ist also durchaus erwünscht.

Fraglich bleibt aber, auf welchem Wege diesem Ziel nähergekommen werden kann und ob die räumliche Zuordnung überhaupt das einzige Kriterium einer Bauteil-Einlagerung ist. Eine effektive Raumauslastung ist einerseits durch die Minimierung des Verschnitts (d.h. der freibleibenden Fläche) und andererseits durch die Minimierung der Kosten der Flächenbelegung zu erlangen. Diese Zielsetzungen brauchen allerdings nicht zu gleichen Ergebnissen zu führen, sondern können differierende Belegungsfolgen verursachen. Eine weitere Schwierigkeit der Verwendung standardisierter Verschnitt-Software zur Lösung von Flächenbelegungsproblemen besteht darin, daß in der Praxis verschiedenartig ausgeprägte Zuschneide-Aufgaben existieren. Zur näheren Erläuterung können folgende Charakteristika angeführt werden:[265]

---

[262] Die ersten beiden bahnbrechenden Veröffentlichungen zur Lösung von Verschnittplanungsproblemen stammen von Gilmore und Gomory (GILMORE, P.C./ GOMORY, R.E.: A Linear Programming Approach to the Cutting-Stock Problem, in: OR, Vol. 9, 1961, Nr. 6, S. 849 ff. und GILMORE, P.C./ GOMORY, R.E.: A Linear Programming Approach to the Cutting-Stock Problem – Part II, in: OR, Vol. 11, 1963, Nr. 6, S. 863 ff.). Später wurde das Verfahren von ihnen zu einem mehrdimensionalen Ansatz erweitert (GILMORE, P.C./ GOMORY, R.E.: Multistage Cutting Stock Problems of Two and More Dimensions, in: OR, Vol. 13, 1965, S. 94 ff.).

[263] GILMORE, P.C./ GOMORY, R.E.: A Linear ..., a.a.O., 1961, S. 849.

[264] DYCKHOFF, H./ KRUSE, H.-J./ MILAUTZKI, U.: Standardsoftware für Zuschneideprobleme, Eine vergleichende Übersicht anhand empirischer Erhebungen, in: Diskussionsbeitrag Nr. 119 des Fachbereichs Wirtschaftswissenschaften der FernUniversität Hagen, Mai 1987, S. 2.

[265] Vgl. DYCKHOFF, H.: a.a.O., S. 150 ff.

- Dimensionalität (meistens werden lediglich ein- oder zweidimensionale, nicht aber dreidimensionale Probleme betrachtet),
- diskrete bzw. kontinuierliche Entfernungsmessung,
- deterministisches respektive stochastisches Problem mit festen bzw. (in gewissen Grenzen) variablen Daten,
- Beschreibung der Objekte durch Form, Größe und Orientierung (in der Regel können nur Rechtecke, aber keine beliebigen Konturen verarbeitet werden),
- Kenngrößen und Nebenbedingungen der Objekte und Räume,
- quantitative, zeitliche und reihenfolgeabhängige Objekt-Verfügbarkeiten,
- Zuordnungs-Nebenbedingungen hinsichtlich Art, Menge und Zeit sowie
- Zielkriterien der Entscheidungsträger.

Der Anwender flächennutzungsorientierter Kapazitätsbelegungen kann aufgrund diverser Kriterien leicht feststellen, daß eine Problemlösung mit Hilfe von Zuschneide-Programmen nicht in Betracht kommt:

Zunächst hat man zu berücksichtigen, daß bei herkömmlichen Systemen von vornherein eine Beschränkung auf zweidimensionale Konturen erfolgt. Weiterhin sind die Problemgröße eingegrenzt, die Zielsetzungen nicht übertragbar sowie vielfältige Nebenbedingungen nicht modellierbar. Auch die Annahme, daß eine Optimierung des Zuschnitts im Sinne einer guten Raumausnutzung das einzige Zielkriterium darstellt, kann in der Praxis nicht bestätigt werden. Neben den räumlichen Abmessungen ist vor allem die Einlagerungsdauer der Bauteile abzubilden und die vorhandene Personalkapazität zu beachten. Dies führt zu einer Forderung nach kurzen Lieferfristen und einer möglichst gleichmäßigen Personalauslastung.

Im Ergebnis stellt sich die Frage des Einsatzes derartiger Softwarepakete für die vorliegende Planungssituation also nicht. Gleichwohl sind in der Vergangenheit große Anstrengungen unternommen worden, um das Problem der Verschnittoptimierung in praktischen Einsatzfällen computerunterstützt zu lösen. Ein PC-gestütztes Verfahren zur interaktiven Verschnittplanung stammt beispielsweise von RODE und ROSENBERG.[266] Mit dem von ihnen entwickelten Simulationsmodell TRIMLOSS wird ein graphikorientiertes System zur Lösung zweidimensionaler Zuschneideprobleme vorgestellt. Der von MOLL publizierte Ansatz zur Verschnittplanung basiert dagegen auf Verfahren der Mustererkennung.[267] Mit Hilfe eines "lernenden Problemmustererkennungssystems" wird hierbei versucht, für "mehrzielorientierte

---

[266] Vgl. RODE, M./ ROSENBERG, O.: Entwicklung und Analyse von PC-gestützten Verfahren zur interaktiven graphikorientierten Verschnittplanung, in: Kurbel, K./ Mertens, P./ Scheer, A.-W. (Hrsg.): Interaktive betriebswirtschaftliche Informations- und Steuerungssysteme, Berlin-New York 1989, S. 89 ff.

[267] Vgl. MOLL, R.: Problemmustererkennung zur Auswahl von Verschnittplanungsverfahren, Ein Expertensystem, Bergisch Gladbach-Köln 1987.

reale 1,5-dimensionale Verschnittplanungen" ex ante günstige Lösungsstrategien zu offerieren.

Das objektorientierte Bin-Packing-Problem ist ein NP-vollständiges Problem.[268] Das heißt, daß es bereits für das räumlich-statische Problem keine Verfahren geben kann, die eine optimale Lösung in polynomial beschränkter Zeit bestimmen.[269] Bin-Packing-Probleme werden in der Weise beschrieben, daß "... one is asked to pack items of various sizes into bins so as to optimize some given objective function".[270] Das häufigste Zielkriterium ist hierbei die Minimierung der Behälteranzahl, die erforderlich ist, um alle Einzelteile unterzubringen. Eine konzeptionelle Erweiterung zu einer mehrdimensionalen Formulierung stammt von KARP u.a.[271] Dieser ebenfalls rein statische Ansatz berücksichtigt neben der Behälteranzahl auch zwei- oder sogar multidimensionale Konturen.

In der englischsprachigen Literatur sind im Zusammenhang mit dem Bin-Packing-Problem eine große Zahl verschiedener Zuteilungsstrategien dokumentiert. Die bekanntesten Vertreter sind:[272]

— Die FF-Heuristik (First-Fit): Die Einlagerung beginnt beim ersten nicht-leeren Behälter und wählt den ersten freien Platz.

— Die NF-Heuristik (Next-Fit): Die Einlagerung beginnt beim letzten nicht-leeren Behälter und wählt den ersten freien Platz.

— Die BF-Heuristik (Best-Fit): Analog FF, wobei derjenige Platz gewählt wird, der den kleinsten Freiraum übrigläßt.

Bin-Packing- und Zuschneide-Probleme unterscheiden sich allerdings von der betrachteten Fragestellung dadurch, daß ausschließlich räumliche Optimierungsaspekte eine Rolle spielen. Die zeitliche Perspektive bleibt dagegen völlig außer acht, obwohl gerade der Zeit bei der Kapazitäts-Belegungsplanung eine entscheidende Bedeutung zukommt. Die dargestellten "Fit"-Strategien eignen sich somit ohne Erweiterung in bezug auf die übrigen System-Freiheitsgrade nicht zur Lösung dynamischer Ablaufplanungsprobleme.

---

[268] Vgl. COFFMAN, E.G./ LUEKER, G.S./ RINNOOY KAN, A.H.G.: Asymptotic Methods in the Probabilistic Analysis of Sequencing and Packing Heuristics, in: Mgmt. Sci., Vol. 34, 1988,Nr. 3, S. 266.

[269] Vgl. HOROWITZ, E./ SAHNI, S.: a.a.O., S. 612.

[270] Vgl. GAREY, M.R./ JOHNSON, D.S.: Approximation Algorithms for Bin Packing Problems: A Survey, in: Ausiello, G./ Lucertini, M. (Hrsg.): Analysis and Design of Algorithms in Combinatorial Optimization, Wien-New York 1981, S. 147.

[271] Vgl. KARP, R.M./ LUBY, M./ MARCHETTI-SPACCAMELA, A.: A Probabilistic Analysis of Multidimensional Bin Packing Problems, in: Proceedings 16th Annual ACM Symposium on Theory of Computing, Conference Record, New York 1984, S. 289 ff.

[272] Vgl. u.a. GAREY, M.R./ JOHNSON, D.S.: a.a.O., S. 147 ff.; COFFMAN, E.G./ LUEKER, G.S./ RINNOOY KAN, A.H.G.: a.a.O., S. 278 ff.

Neben den herkömmlichen Zuordnungsproblemen existieren sogenannte "abstract C&P-Problems", die zwar die räumliche Dimension vernachlässigen, statt dessen jedoch alternativ das Gewicht (z.B. beim Knapsack-Problem), die Zeit (z.B. bei der Austaktung von Montagelinien), das Geld (z.B. bei der Kapital-Budgetierung) oder sonstige Bereiche (z.B. die Speicherzuweisung von DV-Anlagen) berücksichtigen.

Beim Knapsack- oder Rucksackproblem geht es beispielsweise um die optimale (maximale) Füllung eines Behälters (Rucksacks). Gefüllt wird der Behälter mit Gütern, die einen unterschiedlichen Nutzen stiften, verschieden viel Raum beanspruchen und nicht teilbar sind (0/1-Bedingung). Die grundsätzliche Problemstellung ist inzwischen in mehrere Varianten abgeändert worden. Eine mehrdimensionale Formulierung findet sich zum Beispiel bei LEE und GUIGNARD.[273]

Bei flächennutzungsorientierten Montageplanungen sind die mit geometrischen Abmessungen versehenen Bauteile in Fertigungshallen zu erstellen. Es liegt somit auch hier ein C&P-Problem (und damit ein NP-vollständiges Problem) vor. Das Planungsproblem muß jedoch um die zeitliche Dimension erweitert werden. Dynamische Raum- bzw. Flächenbelegungen weisen daher sowohl eine Ablauf- als auch eine Layoutplanungs-Komponente auf. Unter Zugrundelegung dieser Begriffsbestimmung werden im folgenden nur noch kombinierte raum- und zeitbezogene Probleme behandelt.

Einen zusammenfassenden Überblick über die verschiedenen Layoutprobleme inklusive deren Kennzeichen gibt die Abb. 18. Hauptunterscheidungsmerkmale liegen einerseits bei geometrischen und nichtgeometrischen sowie andererseits bei statischen und dynamischen Kombinatoriken. Im Gegensatz zu einem C&P-Problem und einer konventionellen Maschinenbelegungsplanung handelt es sich bei einer räumlich-orientierten Montageflächenbelegung prinzipiell um eine vierdimensionale Problemstellung, weil zusätzlich zu den drei Raumkoordinaten die zeitliche Dimension ins Gewicht fällt.

Innerhalb dieser Abhandlung wird eine Bauteil-Kontur allerdings zunächst nur flächenhaft betrachtet. Durch die Projektion eines dreidimensionalen Körpers auf seine Grundfläche bleiben mit der Zeit lediglich drei Dimensionen relevant. In diesem Zusammenhang ist nochmals darauf hinzuweisen, daß konventionelle Maschinenbelegungsplanungen keine räumlichen Aspekte und C&P-Probleme keine temporalen Gesichtspunkte berücksichtigen.

---

273 Vgl. LEE, J.S./ GUIGNARD, M.: An Approximate Algorithm for the Multidimensional Zero-One Knapsack Problems – A Parametric Approach, in: Mgmt. Sci., Vol. 34, 1988, Nr. 3, S. 402 ff.

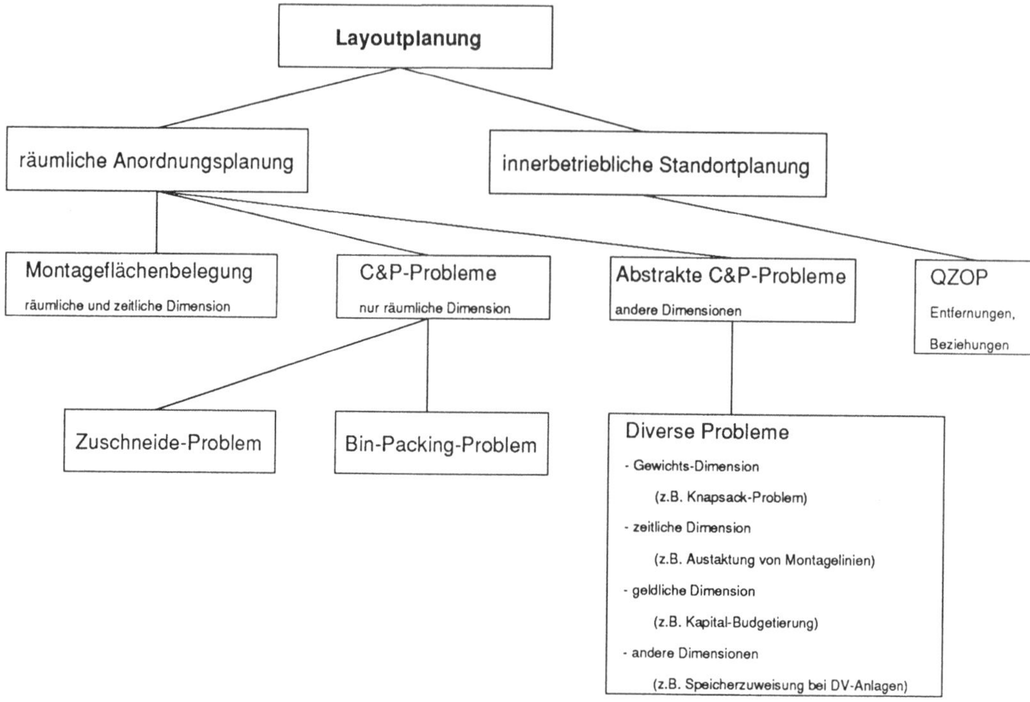

Abb. 18: Erscheinungsformen und Kennzeichen von Layoutproblemen

Durch entsprechend fein gerasterte Objekte und Planungsräume werden diskrete Entfernungsmessungen ermöglicht, die computertechnisch besonders einfach handhabbar sind. Auf rechtwinklige oder euklidische Entfernungsmessungen kann dadurch verzichtet werden.[274] Schließlich ist anzumerken, daß das Flächenbelegungsproblem deterministisch aufgefaßt wird und feste Datenkonstellationen aufweist. Eine weiterführende Konkretisierung sämtlicher Problem-Bestandteile erfolgt im Abschnitt 6.1.

5.2.2 Verfahren der innerbetrieblichen Anordnungsplanung[275]

Die Planung räumlicher Anordnungen ist im wesentlichen durch die Abbildung der OE-Grundrisse und durch den Ablauf der Einlagerung gekennzeichnet. Folgende Verfahren zur Bauteil-Anordnung auf Planungsflächen können prinzipiell unterschieden werden:[276]

---

274 Zur Darstellung verschiedener Arten der Entfernungsmessung vgl. z.B. DOMSCHKE, W./ DREXL, A.: a.a.O., S. 115 f.

275 Für eine grundsätzliche Würdigung der Layoutplanung sowie einer Einteilung der traditionellen innerbetrieblichen Standortplanungsverfahren vgl. die Kapitel 3.2.3.3 und 4.3.1.

276 Vgl. DANGELMAIER, W.: Algorithmen ..., a.a.O., S. 76 ff.

- Serielle Verfahren und
- parallele Verfahren.

Bei seriellen Verfahren wird die Reihenfolge, in der die OE-Grundrisse auf den Planungsflächen angeordnet werden, getrennt von der eigentlichen Platzzuordnung festgelegt. Das heißt, daß erst im Anschluß an eine vollständige OE-Priorisierung eine Plazierung der Objekte auf die Planungsflächen erfolgt. Die Bestimmung der Anordnungsreihenfolge der Bauteile und -flächen kann dabei z.B. mit Hilfe von Prioritätsregeln vorgenommen werden.

Bei parallelen Verfahren wird demgegenüber die Reihenfolge der OE nicht vorab vollständig ermittelt. Statt dessen wird ein Element bereits unmittelbar nach Festlegung seiner Rangposition zugeordnet. Damit vereinigen die parallelen Verfahren Auswahl und Anordnung einer OE in einem Verfahrensschritt.

In diesem Zusammenhang ist auf einige Besonderheiten der Montageflächenbelegung hinzuweisen: Die gewählte Anordnungsreihenfolge wirkt sich lediglich qualitativ, aber nicht mehr inhaltlich auf die anschließende Zuordnung zu einem Areal einer Planungsfläche aus. Im erarbeiteten Ablauf- und Layoutplanungsverfahren wurde aus diesem Grunde der seriellen Methode den Vorzug gegeben.

Den eigentlichen Kern eines Verfahrens zur innerbetrieblichen Anordnungsplanung bildet der realisierte Belegungsalgorithmus. Dieser Algorithmus kann entweder objektorientiert oder standortorientiert arbeiten, d.h., daß entweder für die Objekte Einlagerungsorte oder umgekehrt für die verfügbaren Standorte einzulagernde Bauteile gesucht werden. Eine detaillierte Beschreibung des entwickelten räumlich-zeitlichen Positionierungsverfahrens erfolgt im Abschnitt 6.1.5.

Die Abbildung der OE-Grundrisse durch das Anordnungsverfahren kann nun folgendermaßen definiert sein:[277]

- Einheitsabbildung von OE-Grundrissen
- Individuelle Grundrißabbildung
    - Flächentreue Grundrißabbildung
    - Deckungsgleiche Grundrißabbildung

Bei der Einheitsabbildung verzichtet man auf die Darstellung unterschiedlicher OE-Grundrisse in der Planungsfläche. Eine Einheitsabbildung wird durch die Zuordnung einer OE zu nur einer Rastereinheit erreicht. Für die Belegungsplanung von Montageteilen sind aber gerade unterschiedliche Objekt-Abmessungen ein wichtiger Planungsfaktor, der in der Realität nicht vernachlässigt werden kann. Die Einheitsabbildung ist aus diesem Grund als

---

277 Vgl. DANGELMAIER, W.: Algorithmen ..., a.a.O., S. 36 ff.

Form der geometrischen Betrachtung von heterogenen OE- und Standortträger-Grundflächen nicht geeignet.

Individuelle Grundrißabbildungen sehen grundsätzlich vor, daß in der Planungsfläche unterschiedliche OE-Grundrisse entstehen können. Ein einzelnes Objekt kann daher auch mehreren Rastereinheiten zugeordnet werden. Hierbei existieren die beiden Varianten der flächentreuen und deckungsgleichen Abbildung.

Bei einer flächentreuen Grundrißabbildung werden lediglich Flächeninhalte über die Anzahl zuzuordnender Rastereinheiten maßstabsgerecht berücksichtigt. Die Grundrißform ist bei dieser Abbildungsart vom Anordnungsalgorithmus und von der Bewertungsfunktion abhängig. OE-interne Strukturen, welche die Form eines OE-Grundrisses und damit die gegenseitige Lage der zugeordneten Rastereinheiten beeinflussen, finden keine Beachtung. Aus dem Urbild einer OE wird ausschließlich der Flächeninhalt übernommen. Der räumliche Optimierungsaspekt wird dadurch eindeutig zuungunsten der Realitätstreue in den Vordergrund gestellt. Eine exakte Würdigung der OE-Grundrisse ist nun aber gerade der entscheidende Aspekt einer räumlich-zeitlichen Flächenbelegung von Anlage-Bauteilen, so daß auch diese Abbildungsform keine problemadäquate Darstellung bietet.

Gerade die auftragsspezifischen OE-Konturen können häufig nicht vernachlässigt werden. Das Urbild und der OE-Grundriß in der Planungsfläche muß bei vielen Anwendungen nicht nur den gleichen Flächeninhalt, sondern auch dieselbe Form besitzen. Diese Art der Abbildung wird als deckungsgleiche Grundrißabbildung bezeichnet. Aus Aufwandsgründen verzichten die meisten Autoren[278] auf die Betrachtung beliebiger OE-Grundrisse und beschränken sich auf rechteckige oder wenige simplifizierte Formen. Eine Begründung wird dabei über die Gestaltung der Verfahren abgeleitet. Zur Verarbeitung beliebiger Konturen sind zwar zeitaufwendigere, aber nicht unbedingt inhaltlich abweichende Verfahren erforderlich.

Bei den Größenordnungen realer Problemstellungen sind allerdings Kollisionsprüfungen komplizierter Bauteilformen mit herkömmlichen Verfahren in angemessener Zeit nach Auffassung des Verfassers nicht mehr durchführbar. Nur eine deckungsgleiche Grundrißabbildung, verbunden mit einem innovativen Anordnungsalgorithmus, kann hierfür ein tragfähiges Konzept bieten. Alleine diese Darstellungsform stellt eine praktikable Möglichkeit zur Handhabung komplexer räumlich-zeitlicher Belegungsplanungen dar. Im Rahmen einer Flächenbelegung können zudem für ein Objekt entweder

— nur ein Urbild oder
— mehrere alternative Urbilder

---

278 Vgl. u.a. KÜHNLE, H.: LAPEX-EXTENDED, ein erweitertes Layoutplanungsverfahren zur Beachtung mehrerer Zielkriterien, in: Industrie Anzeiger, 108. Jg., 1986, Nr. 55, S. 29 f. sowie DANGELMAIER, W.: Algorithmen ..., a.a.O., S. 46.

vorgegeben und einplanbar sein. Diese Unterscheidung zielt darauf ab, ggf. verschiedene Objekt-Orientierungen (bzw. -Ausrichtungen) in der Planungsfläche zu differenzieren. Die Realisierung einfacher Bauteil-Drehungen während eines Einnistungsversuchs entspricht dabei einer generellen Praxisforderung.

Bei räumlich begrenzten Planungsflächen ist es zweckmäßig, zuerst große OE-Grundrisse anzuordnen und erst anschließend, gewissermaßen auf die Lücken aufteilend, kleinere Flächeninhalte zu plazieren. Will man die räumlichen Bauteil-Abmessungen bereits beim Erstellen der Anordnungsreihenfolge berücksichtigen, sollten Prioritätsregeln gewählt werden, die den Platzbedarf der OE variabel gewichten.

Anordnungspläne mit flächentreuer Grundrißabbildung weisen typischerweise eine äußerst kompakte Form (bzw. Anordnung) der ineinander verzahnten Teile auf. Allerdings entstehen bei dieser Abbildungsart je nach verwendeten Flächenrestriktionen mitunter sehr unregelmäßige Grundrißgeometrien, die in der Praxis (z.B. bei der Planung der Maschinenaufstellung innerhalb einer Abteilung) erhebliche Zuordnungsprobleme der einzelnen Konturen zu den OE hervorrufen. Im Extremfall sind die ermittelten Ergebnisse vollständig unakzeptabel und damit unbrauchbar.

Lediglich bei deckungsgleichen Grundrißabbildungen mit mehreren Urbildern können die zu plazierenden Objekte unterschiedliche Lagen (bzw. Orientierungen) innerhalb der Planungsfläche einnehmen. Theoretisch sind neben Rotationen um beliebige Winkel auch Klappungen (oder Spiegelungen) um die horizontale oder vertikale Achse möglich. In praktischen Untersuchungen sind jedoch meistens nur eine geringe Anzahl verschiedener Orientierungen relevant und auch zu bewältigen. Bei zumindest näherungsweise regelmäßigen OE-Grundrissen (wie z.B. Rechtecken, Dreiecken, Trapezen und Kreisen) sollten in aller Regel Lagen in 0, 90, 180 und 270 Grad (oder eventuell eine Klappung um die senkrechte Achse) ausreichen. Selbst für unregelmäßige Strukturen macht die Betrachtung allzu vieler unterschiedlicher Ausrichtungen meist nur wenig Sinn.

In der industriellen Praxis ist es darüber hinaus mitunter erforderlich, die Anzahl zulässiger Lagen noch weiter einzuschränken. Bauteil-Klappungen können bei dreidimensionalen Geometrien beispielsweise nicht gestattet sein, da sonst Höhenrestriktionen verletzt werden. Weiterhin sind Drehungen um 180 Grad bei Rechtecken normalerweise nicht sinnvoll, da jeweils der gleiche Grundriß abgebildet wird. Bei trapezförmigen Teilen sind Drehungen um 90 Grad teilweise nur von theoretischer Bedeutung, weil bestimmte Fertigungsbedingungen derartige Lagen in praktischen Anwendungen unerwünscht machen. Im Schiffbau ist beispielsweise für Bug- oder Heck-Sektionen (die i.a. eine trapezförmige Kontur besitzen) die Orientierung zum Endmontage-Dock wichtig, so daß nur 0- und 180-Grad-Lagen akzeptabel sind. Auf weitere Details zur Festlegung zulässiger OE-Anordnungen wird bei der Durchführung der Simulationsstudien noch näher einzugehen sein.[279]

Bei deckungsgleichen Grundrißabbildungen ist es zudem häufig erforderlich, OE-Geometrien bereits vor dem eigentlichen Anordnungslauf bestimmten Standorten fest zuzuordnen. Dieser Fall tritt z.B. dann ein, wenn bereits bestehende Anordnungen überarbeitet oder einige Teile aus Sicherheits- oder sonstigen Beweggründen an bestimmte Stellen plaziert werden müssen. Im Vorwege der Neueinlagerung oder Änderungsplanung sind die Stellflächen mit den jeweiligen Anfangsbelegungen zu versehen.

Bei den bislang veröffentlichten Layoutplanungsverfahren hat der Planer nach Eingabe der Daten, aufgrund der Batch-Orientierung der Programme, keinen weiteren Einfluß mehr auf die Lösungsfindung. Dies ist vor allem deswegen problematisch, weil i.d.R. erst im Verlauf des Planungsprozesses sämtliche relevanten Entscheidungsparameter exakt quantifizierbar werden. In jüngerer Zeit wurden aus diesem Grund Dialogverfahren entwickelt, die mit Hilfe einer graphisch interaktiver Mensch-Maschine-Kommunikation der Visualisierung und graphischen Aufbereitung von Layoutplanungen eine größere Bedeutung einräumen. Diese Verfahren führen die Erfahrung und die Intuition des Fertigungsplaners innerhalb des Entscheidungsprozesses zusammen und ermöglichen einen aktiven Eingriff in den Programmablauf durch zielorientierte Korrekturmaßnahmen.[280]

Innerhalb der computergestützten Fertigungssteuerung wird der Anwender damit in die Lage versetzt, mit Hilfe der Nutzung von Rechnerleistung, Steuerungssoftware und Graphikmöglichkeiten eine zufriedenstellende Lösung seiner Problemstellung zu erarbeiten. Einen modellartigen Vorschlag für eine Interaktion von Simulations- und Prozeßvisualisierungstechniken (Animation) im Bereich der Fertigungslenkung offeriert dazu die Abb. 19.[281]

---

[279] Vgl. den Abschnitt 6.2.

[280] Vgl. DOMSCHKE, W./ DREXL, A.: a.a.O., S. 173.

[281] Vgl. auch SCHEER, A.-W./ ZELL, M.: a.a.O., S. 76.

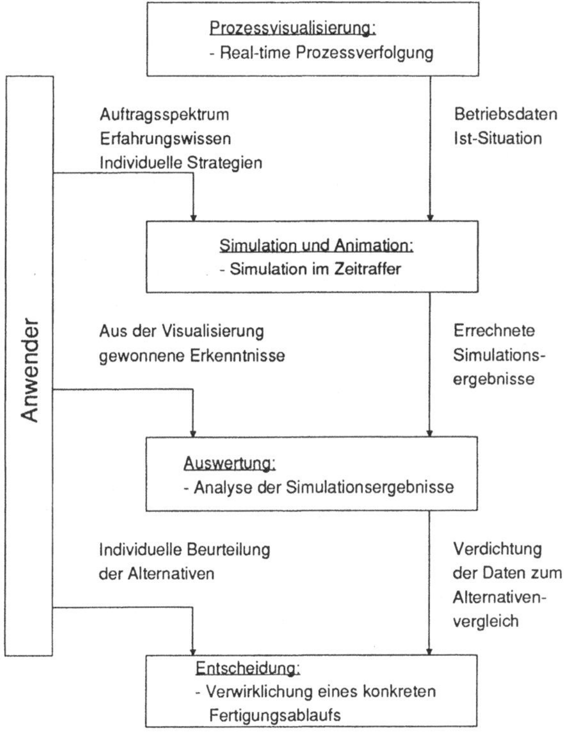

Abb. 19: Interaktionsmodell zur Fertigungssteuerung mit Hilfe von Simulations- und Prozeßvisualisierungstechniken (Animation)

Ausgehend von graphisch-visualisierten Betriebszuständen ist es dem Benutzer möglich, individuelle Strategien zur Planung des Fertigungsfortschritts anzustoßen. Durch interaktive Parametervariationen können alternative Simulationsergebnisse erzeugt und analysiert werden. "Die Bewertung der Alternativen erfolgt durch eine Verdichtung der entscheidungs-relevanten Daten nach unterschiedlichen Zielkriterien, die die Grundlage für die Entschei-dung des Anwenders bilden."[282] Eine durch Sensitivitätsanalysen verifizierte Simulationsstu-die sichert die Entscheidung für einen konkret verwirklichten Fertigungsablauf ab. Dieses Szenario bietet dann eine relative Sicherheit für eine vergleichsweise effiziente Steuerung des Produktionsprozesses. Mehrfache Computersimulationen und ggf. anschließend durchge-führte, manuelle Feinkorrekturen bieten allerdings keine Gewähr für eine von subjektiven Einflüssen befreite Planung.

---

[282] SCHEER, A.-W./ ZELL, M.: a.a.O., S. 77.

5.2.3 Graphische Verfahren für Ablaufplanungsprobleme

Zur Lösung von Reihenfolgeproblemen existieren – wie bereits oben erwähnt – neben exakten analytischen Verfahren, heuristische Näherungsalgorithmen. Eine alternative Einteilung in graphische und algebraische Methoden unterscheidet vorrangig das Instrumentarium, mit dem eine Lösung erarbeitet wird.

Graphisch-kombinatorische Verfahren ermitteln die Lösung von Ablaufplanungsproblemen auf graphischem Wege.[283] Zwar werden bei graphischen Verfahren algebraische Rechnungen notwendigerweise nicht ganz vermieden, ihre Durchführung aber durch die graphische Problemauffassung gefördert. Graphische Verfahren können einen optimierenden Charakter besitzen oder lediglich eine Näherungslösung erzielen.

Für das allgemeine Kapazitätsbelegungsproblem mit n Aufträgen und m Maschinen liegen bislang graphische Ansätze nicht vor. Sowohl das grundlegende Verfahren von AKERS[284] als auch die Modifizierungen von SZWARC[285], HARDGRAVE und NEMHAUSER[286] sowie die Diagonalmethode von MENSCH[287] sind auf den Sonderfall von nur zwei Aufträgen beschränkt.

Obgleich HARDGRAVE und MENSCH beide erklären, daß ihre Verfahren prinzipiell für beliebig viele Aufträge erweitert werden können,[288] muß bereits zur Einplanung von drei Aufträgen auf den rein algebraischen Algorithmus von GIFFLER und THOMPSON[289] zurückgegriffen werden.[290]

Einigen in der Vergangenheit entwickelten Näherungsverfahren[291] liegen dagegen derart restriktive Prämissen zugrunde oder liefern so schlechte Resultate, daß sie für die Praxis von

---

283 Vgl. SIEGEL, T.: a.a.O., S. 138.

284 Vgl. AKERS, S.B. Jr.: A Graphical Approach to Production Scheduling Problems, in: OR, Vol. 4, 1956, S. 244 f.

285 Vgl. SZWARC, W.: Solution of the Akers-Friedman Scheduling Problem, in: OR, Vol. 8, 1960, S. 782 ff.

286 Vgl. HARDGRAVE, W.W./ NEMHAUSER, G.L.: A Geometric Model and a Graphical Algorithm for a Sequencing Problem, in: OR, Vol. 11, 1963, S. 889 ff.

287 Vgl. MENSCH, G.: Ablaufplanung, Köln-Opladen 1968, S. 89 ff. und derselbe: Generalization of Akers' Two-Dimensional Job Shop Scheduling Model to J Dimensions, in: SIAM Journal of Applied Mathematics, Vol. 18, 1970, S. 462 ff.

288 Vgl. HARDGRAVE, W.W./ NEMHAUSER, G.L.: a.a.O., S. 890 und MENSCH, G.: Ablaufplanung, a.a.O., S. 92 f.

289 Vgl. GIFFLER, B./ THOMPSON, G.L.: a.a.O., S. 487 ff.

290 Vgl. SIEGEL, T.: a.a.O., S. 150.

291 Vgl. u.a. SZWARC, W.: Solution ..., a.a.O., S. 786 ff. und derselbe: On Some Sequencing Problems, in: Naval Research Logistics Quarterly, Vol. 15, 1968, S. 127 ff.

vornherein nicht in Betracht kommen. Darüber hinaus ist für alle erwähnten graphischen Algorithmen festzuhalten, daß die räumlichen Ausdehnungen der Produktionsaufträge unberücksichtigt bleiben. Ohne eine Würdigung der Bauteil-Abmessungen ist aber jedes Kapazitätsbelastungsverfahren zur Lösung von Montageflächenbelegungen ungeeignet. Gegenwärtig verfügbare graphische Ablaufplanungsalgorithmen können damit nicht zweckorientiert angewandt werden.

Die Merkmale der optimierenden und heuristischen Verfahren wurden bereits oben vorgestellt. Dabei wurde auch darauf hingewiesen, daß die bekannten algebraischen Verfahren die Auftragsabmessungen bei der Lösung von Kapazitätsbelegungsproblemen nicht beachten.[292] Daran hat sich bis heute nichts geändert, so daß demnach veröffentlichte graphische und algebraische Verfahren für Montageflächenbelegungen keine Unterstützung anbieten.

5.2.4 Kritische Beurteilung der Verfahren

Allgemeingültige Aussagen über die Leistungsfähigkeit und Eignung der Layoutplanungsverfahren sind aufgrund unterschiedlicher Anwendungsgebiete, voneinander abweichender Charakteristika sowie individueller Zielsetzungen und Nebenbedingungen nur schwer formulierbar. Gleichwohl können unabhängig von der jeweiligen Problemklasse eine Reihe grundsätzlicher Kritikpunkte herausgearbeitet werden.

Im Zusammenhang mit der Datenbereitstellung und -speicherung wird für viele Layoutplanungssysteme das Fehlen einer zeitgemäßen Datenbanktechnologie negativ angemerkt.[293] In einer Datenbank können nicht nur Informationen über Kundenaufträge, sondern auch über Planungsflächen und Konstruktionsteile, über frühere und aktuelle Flächenbelegungen sowie über verfügbare und effiziente Planungsstrategien abgelegt werden.

Computergestützte Layoutverfahren unterstellen i.a. eine Werkstattfertigung mit einem vom Werker selber durchzuführenden Transport. Andere Organisationsformen und Materialflußbedingungen, die im Zusammenhang mit einer rechnerintegrierten Fabrik von Interesse sein können, werden nur unzureichend abgebildet.[294]

Konventionelle Verfahren unterstellen eine statische Betrachtungsweise und erwarten vom Planer ein sukzessives Vorgehen bei der Layout- und Innentransportplanung. Interdependen-

---

292 Beispielhaft sei neben dem bereits erwähnten Ansatz von Giffler und Thompson auf den Algorithmus von Heller und Logemann verwiesen. Allerdings berücksichtigen auch diese beiden Verfahren nicht die kapazitätsbestimmenden Abmessungen der einzulastenden Objekte (vgl. HELLER, J./ LOGEMANN, G.: a.a.O., S. 168 ff.).

293 Vgl. MOORE, J.M.: Plant Layout and Material Handling Systems – Computer Methods in Facilities Layout, in: Industrial Engineering, Vol. 21, 1980, Nr. 9, S. 82 und DANGELMAIER, W.: Möglichkeiten und Grenzen der rechnerunterstützten Fabrikplanung, in: f+h, 35. Jg., 1985, Nr. 6, S. 440.

294 DANGELMAIER, W.: Möglichkeiten ..., a.a.O., S. 440.

zen zwischen der Layout-Generierung, der Maschinenfolge- und Innentransportplanung werden i.d.R. vernachlässigt.[295] Weitere wesentliche Schwachstellen EDV-gestützter Anordnungsplanungsverfahren werden von DANGELMAIER wie folgt zusammengefaßt:[296]

– Vernachlässigung oder ungenügende Berücksichtigung problemrelevanter Bestimmungsgrößen,
– Verwendung ungeeigneter Algorithmen oder ungünstige Kombination von Algorithmen in einem Verfahren sowie
– mangelhafte Verknüpfung der Methoden (Algorithmen), des Menschen (als Aufgabenträger) und des Rechners (als Hilfsmittel) in einem Verfahren.

Zum ersten Kritikpunkt ist anzumerken, daß ein Verfahren nur dann eine zweckmäßige Problemlösung entwickeln kann, wenn alle maßgeblichen Nebenbedingungen modellierbar sind. CORELAP und CRAFT bilden die OE-Grundrisse beispielsweise nur flächentreu ab. Sie sind daher vorrangig für eine Generalbebauungsplanung und weniger für eine Maschinenaufstellungsplanung geeignet. CORELAP betrachtet den Transportaufwand im Rahmen einer Bewertungsfunktion, CRAFT bewertet ihn demgegenüber ausschließlich mit einem konstanten Kostenfaktor. Die alleinige Würdigung des Transportaufwands als Entscheidungskriterium ist aber realitätsfern und daher ein schwerwiegendes Manko vieler Rechnerprogramme. Systeme, die multikriterielle Zielfunktionen zugrunde legen, sind bislang noch in der Minderheit. Ein Verfahren, welches mehrere Kriterien beachtet, wurde z.B. von KÜHNLE vorgeschlagen.[297] Basierend auf dem Konzept der Fuzzy-Logik[298] werden verschiedene Zielkriterien in eine geschlossene Bewertungsfunktion eingearbeitet und in eine Anordnungsheuristik eingebunden. Allerdings können lediglich rechteckige Objekte verarbeitet werden.

Die Einplanung von Verkehrswegen geschieht zudem üblicherweise durch die Vorgabe von Sperrflächen. Alternativ können Wege ebenso durch entsprechend größer dimensionierte Objekte vorgehalten werden. Die Entwicklung eines Verkehrswegenetzes unter Berücksichtigung deckungsgleich abgebildeter OE-Grundrisse mit Materialflußein- und -ausgängen wird jedoch von keinem bislang veröffentlichten Verfahren geleistet.

EDV-unterstützte Verfahren für die Anordnungsplanung befassen sich schließlich i.d.R. nur mit Neuplanungen, obgleich in der Praxis Umstellungsplanungen bei weitem überwiegen. Die Konsequenz ist, daß selbst endgültige Layouts traditioneller Verbesserungsverfahren, ohne

---

[295] Vgl. WÄSCHER, G.: Innerbetriebliche Standortplanung bei einfacher ..., a.a.O., S. 24 und derselbe: Innerbetriebliche Standortplanung, a.a.O., S. 933.

[296] Vgl. DANGELMAIER, W.: Algorithmen ..., a.a.O., S. 202.

[297] Vgl. KÜHNLE, H.: a.a.O., S. 29 f.

[298] Fuzzy-Logik läßt sich am treffendsten mit unscharfer Logik umschreiben.

eine weitere Überarbeitung durch den Planer, wegen der Grundflächen-Verzahnung einzelner flächentreuer OE in der Praxis wertlos sind.

Verfahren mit deckungsgleicher Grundrißabbildung dienen überwiegend der Detailplanung. Meistens kann aber nur ein einziger OE-Grundriß vorgegeben werden. Dies stellt eine wesentliche Einschränkung der Allgemeingültigkeit dar und ist im übrigen für die vorliegende Problemstellung nicht ausreichend. Damit unterstützen diese Ansätze zwar sowohl Neu- als auch Umstellungsplanungen, können aber nur in einigen Sonderfällen angewendet werden.

Ausgehend von diesen Nachteilen ist das niederschmetternde Ergebnis einer Untersuchung über den Einsatz rechnerunterstützter Layoutplanungsverfahren in der Praxis nicht verwunderlich: Nur in höchstens 10% der Planungsfälle wurden die entwickelten Programme auch tatsächlich eingesetzt.[299]

Erfolgversprechende Realisierungen auf dem Gebiet der räumlichen Belegungsplanung sollten daher folgende Zusatzmerkmale aufweisen:

- Ermöglichung dynamischer Neu- und Umstellungsplanungen.
- Verwaltung von Objekten beliebiger Kontur in mehreren Orientierungen über deckungsgleiche Grundrißabbildungen in einer Datenbank. Die Objektabmessungen sollten dabei um Verkehrswege beaufschlagt werden.
- Berücksichtigung mehrerer Zielkriterien (multikriterielles Verfahren).
- Realisierung manueller Modifikationsmöglichkeiten zusätzlich zu computergestützten Planungen.

Mit der Beachtung dieser Forderungen werden räumliche Anordnungsplanungsverfahren eine stärkere Verbreitung als bisher in der Industrie erfahren.

5.3 Flächenorientierte Termin- und Kapazitätsplanung

Eingeführte PPS-Systeme leiten das Kapazitätsangebot aus den Verfügbarkeiten von Maschinen, Personal, Material, Werkzeugen und sonstigen Hilfsstoffen ab. In der Kapazitätsterminierung wird damit ausnahmslos der begrenzte Vorrat an Produktionsfaktoren beachtet.

Die geometrischen Abmessungen der Fertigungserzeugnisse stellen i.a. technische Informationen dar, die lediglich im Rahmen einer Stammdatenverwaltung mitgeführt werden. Für die Planung des Fertigungsfortschritts besitzen sie i.d.R. keine Bedeutung. Sobald die räumlichen Objekt-Ausdehnungen jedoch einen restriktiven Einfluß aufweisen, ist der Platzbedarf der Teilaufträge nicht weiter vernachlässigbar. Diese Besonderheit bei der Auftragssteuerung hat

---

[299] DANGELMAIER, W.: Möglichkeiten ..., a.a.O., S. 440.

vor allem ein kundenorientiert operierender (Groß-) Anlagenbauer zu berücksichtigen, der eine Montage nach dem Baustellenprinzip betreibt.

Im Kern ist dieses Planungsproblem durch eine Suche nach sowohl örtlich als auch zeitlich optimierten Zuordnungen einer Menge von Planungsobjekten zu einer Menge von Standortträgern gekennzeichnet. Im Gegensatz zu traditionellen Maschinenbelegungen erhalten Anordnungsplanungen von Bauteilen auf Planungsflächen somit zusätzlich einen entscheidenden geometrischen Aspekt. Bei Maschinenbelegungsplanungen sind die Auftragsfolgen und Maschinenfolgen zu planen, wobei aber nur eine rein zeitliche Einlastung vorzunehmen ist. Bei Montageflächenbelegungen sind darüber hinaus die Fertigungsorte der Aufträge festzulegen.

Die räumliche Problemkomponente konkretisiert sich in der Fragestellung, wo die Objekte auf den verfügbaren Standorten eingelagert werden können. Eine effiziente Lösung dieses Problems besitzt für ein Unternehmen einen strategischen Nutzen. Nur so ist gewährleistet, daß Flächenengpässe erkannt, vorhandene Montageflächen wirtschaftlich genutzt und im Ergebnis kürzere Lieferfristen erreicht werden. Die Risiken verspäteter Lieferungen sind bei montageorientierten Anlagenbauern durch die Vereinbarung von Konventionalstrafen direkt meßbar.[300]

Die Vorteile einer erfolgreichen Problemlösung liegen weiterhin in der Bereitstellung zeitgenauer Daten für Beschaffungsvorgänge sowie einer schnellen Lokalisierung und Beseitigung von Störungen. Aufgrund exakter Terminierungen reduzieren sich sowohl die Kapitalbindung als auch die zweckentfremdeten Zwischenlagerungsflächen auf den eigentlichen Standortträgern. Schließlich ist dadurch eine aufgewertete bedarfsorientierte Materialwirtschaft etablierbar.

Das Charakteristikum eines flächennutzungsorientierten Produktionsprozesses ist also die räumlich-zeitliche Einplanung der Fertigungsaufträge auf betriebsinternen Stellflächen. Für flächenhaft betrachtete Bauteile und Stellflächen ergibt sich damit ein dreidimensionaler Planungsraum. Wenn man zusätzlich die Ausdehnung der Planungsobjekte in Höhenrichtung miteinbezieht, führt dies sogar zu einer vierdimensionalen Problemstellung.

Einen zeitlich-flächenorientierten Planungsraum veranschaulicht hierzu die Abb. 20. Für den dreidimensionalen Fall verdeutlicht diese Darstellung, daß sich für die Bauteile zu verschiedenen Zeitpunkten unterschiedliche Grundrißformen ergeben können, wenn man die räumliche Entwicklung der herzustellenden Erzeugnisse im Zeitverlauf senkrecht auf die x,y-

---

[300] Vgl. z.B. BUSSMANN, K.F.: Produktionsrisiken, in: Kern, W. (Hrsg.): Handwörterbuch der Produktionswirtschaft, Stuttgart 1979, Sp. 1579.

Ebene projiziert. Dieses Phänomen tritt immer dann auf, wenn sich der Flächenbedarf der Erzeugnisse während des Montagefortschritts vergrößert.[301]

Planungsraum

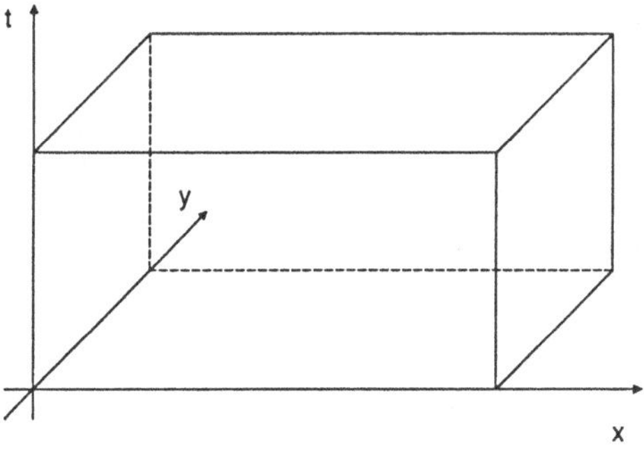

Planungsobjekte

a) ohne zeitlich ansteigendem Flächenbedarf

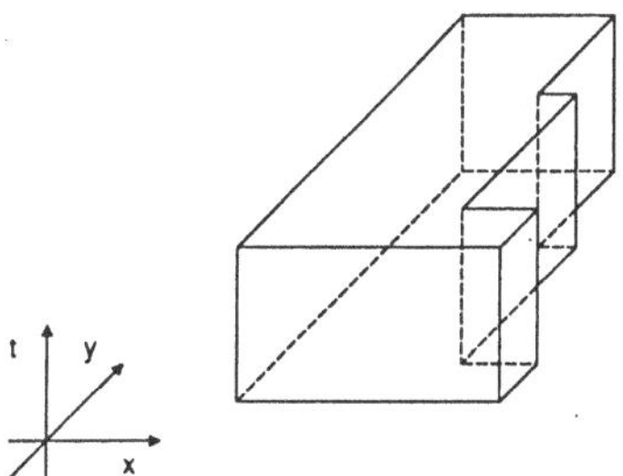

b) mit zeitlich ansteigendem Flächenbedarf

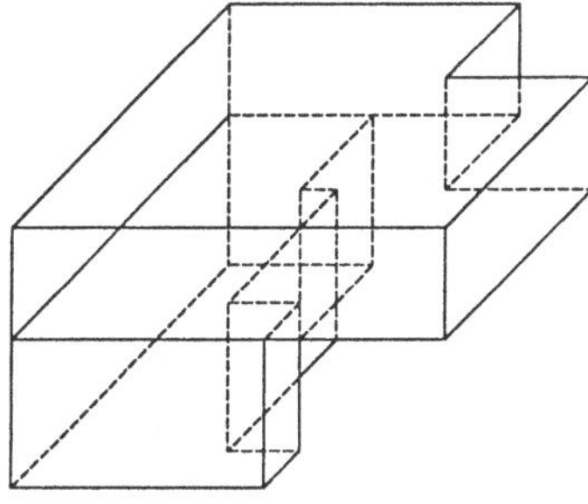

Abb. 20: Darstellung von Planungsraum und -objekt

Der Sonderfall eines zeitlich anwachsenden Flächenbedarfs der Planungsobjekte wird im folgenden nicht weiter untersucht, weil keine prinzipiell neuen Problembedingungen geschaffen werden. Obwohl die Bauteile aufwendiger zu beschreiben sind, können dieselben Algorithmen angewendet werden, die auch für den Fall ohne ansteigenden Flächenbedarf zum Einsatz kommen. Eine wachsende Flächennachfrage der Bauteile kann entweder durch eine

---

[301] Vgl. KÜHNLE, H./ SCHLAUCH, R.: a.a.O., S. 76.

explizite Verwaltung der zeitlichen Entwicklung oder mit Hilfe einzeln gespeicherter Belegungssegmente berücksichtigt werden. Diese Segmente wären dann im Produktionsverlauf zeitlich nacheinander gültig. Bei der Abbildung .mit Hilfe zusammengesetzter, "virtueller" Planungsaufträge gibt der Belegungsstandort der ersten Stufe den Ort der nachfolgenden Stufen vor.

Der Schwerpunkt der weiteren Untersuchung liegt nun in der Beschreibung eines neuartigen computergestützten Verfahrens zur räumlich-zeitlichen Belegungsplanung von Objekten auf Montageflächen. Im Vordergrund steht somit nicht die abschließende Würdigung sämtlicher vorstellbarer Sonderfälle mit deren Zielsetzungen und Randbedingungen. Dem Verfasser erscheint es zweckmäßiger, zunächst eine innovative Rechner-Unterstützung für die grundsätzliche Problemstellung zu liefern als wenn durch die unmittelbare Überfrachtung mit unterschiedlichen Zusätzen eine Problemlösung erschwert oder sogar verhindert wird. Gleichwohl kann eine verifizierte Modellierung später mit speziellen Nebenbedingungen schrittweise erweitert werden.

Im Kern muß durch das Belegungsverfahren ein räumlich-zeitliches Schachtelungsproblem gelöst werden. Die Objekt-Grundrisse sind möglichst verschnittminimal auf die verschiedenen Planungsflächen zu positionieren. Dabei sind die zeitliche Dimension, verschiedene Planungsstrategien, mehrere Zielsetzungen sowie Objekt- und Flächenrestriktionen zu berücksichtigen. Eine bestimmte Planungsstrategie konkretisiert sich in der Festlegung einer gewünschten Prioritäts- und Fertigungsablaufregel. Zielkriterien sind neben einem hohen Flächennutzungsgrad beispielsweise kurze Durchlaufzeiten, geringe Lieferterminverzögerungen und hohe Kapazitätsauslastungen. Relevante Restriktionen der einzulagernden Planungsobjekte sind u.a. die verschiedenen zeitlichen Fertigungsgrößen (also Durchlaufzeit sowie frühestmöglicher und spätest zulässiger Startzeitpunkt), der Wert, die Höhe, das Gewicht und die Grundriß-Abmessungen. Randbedingungen der Planungsfläche sind z.B. die Hallenhöhe, die Boden- oder Krantragfähigkeit, die Flächengröße sowie ein spezifischer Standortwert (also etwa der Buchwert der Montagehalle).

Ein wichtiger Bestandteil zeitgemäßer PPS-Systeme ist eine effektive Datenverwaltung. Für administrativ-betriebswirtschaftliche Datenbestände besitzen inzwischen relationale Datenbank-Managementsysteme (DBMS) eine herausragende Bedeutung. Im vorliegenden Anwendungsfall spielt aber zudem die Modellierung von Raum und Zeit zur Repräsentation der Planungsgrunddaten eine wichtige Rolle. Technische Konstruktionszeichnungen des Produktspektrums wurden bislang jedoch überwiegend in CAD-Datenbanken abgelegt.[302]

---

[302] CAD steht für Computer-Aided Design.

Eine Schwachstelle herkömmlicher DBMS ist die mangelhafte Modellierung temporaler und geometrischer Zusammenhänge.[303] Klassische Datenmodelle bieten zur Strukturierung und Manipulation räumlicher Objekte sowie heterogenen zeitabhängigen Wissens häufig nicht einmal rudimentäre Mechanismen an. Gleichwohl werden in letzter Zeit einige darauf abzielende Erweiterungen diskutiert. Der Zeitbezug ist entweder über eine eigene Objektklasse (bzw. einen Entitytyp)[304] oder aber über spezielle Prädikate der standardisierten relationalen Datenbank-Anfragesprache SQL (Structured Query Language)[305] herstellbar.

Die Abbildung räumlicher Gebilde mit Hilfe des Relationenmodells ist keine triviale Fragestellung. Beliebige Körper müssen einfach gespeichert und schnell wiedergefunden werden. Die rechnerinterne Darstellung (RID) der räumlichen Gestalt von Bauteilen sieht i.a. die Zerlegung der mitunter komplexen Gebilde in geometrisch einfache Elemente wie Volumen, Flächen, Konturen und Punkte vor.[306] Durch die stärkere Betonung objektorientierter Datenbank-Erweiterungen und durch die Definition geeigneter abstrakter Datentypen sollte aber künftig eine Vereinfachung der Verwaltung und Manipulation von dreidimensionalen Objekten erreicht werden.

Zur rechnerinternen Darstellung von Flächenkomponenten eignen sich nun grundsätzlich zwei alternative Vorgehensweisen:

–   Verwaltung der Bauteile mit Hilfe von Polygonzügen oder
–   Abbildung des multidimensionalen Raums mit Hilfe diskreter Orts- und Zeitkoordinaten (d.h. die Bauteile werden mit einem Raster überzogen und lediglich die Rasterinhalte werden gespeichert, vgl. hierzu die Abb. 21).

Die Entscheidung für eine der beiden Varianten hat eine herausragende Bedeutung für die Formulierung des Belegungsalgorithmus. Flächennutzungsoptimierte Einlagerungen von Fertigungsaufträgen müssen Kollisionsprüfungen und -analysen zwingend beinhalten. Eine Untersuchung möglicher Kollisionen unterscheidet sich aber grundsätzlich, wenn man mit Polygonzügen oder mit gerasterten Planungsobjekten arbeitet.

Eine umfassende Kollisionsprüfung durch Polygonzug-Berechnungen ist zwar für zwei Objekte noch recht einfach implementierbar,[307] jedoch für eine vollständige Kontrolle einer

---

303   Vgl. HÄRDER, T.: Klassische Datenmodelle und Wissensrepräsentation, in: it, 31. Jg., 1988, Nr. 2, S. 149.

304   Vgl. etwa den Entitytyp ZEIT bei Scheer (SCHEER, A.-W.: Wirtschaftsinformatik, a.a.O., S. 117 f.). Vgl. auch HILDEBRAND, K./ MÜSSIG, M.: Modellierung zeitbezogener Daten im unternehmensweiten Datenmodell (UDM), in: Wirtschaftsinformatik, 33. Jg., 1991, Nr. 3, S. 238 ff.

305   Vgl. z.B. die Prädikate AT, WHEN, DURING und WHILE bei Härder (HÄRDER, T.: a.a.O., S. 149).

306   SPUR, G./ IMAM, M./ ARMBRUST, P./ HAIPTER, J./ LOSKE, B.: Baugruppenmodelle als Basis der Montage- und Layoutplanung, in: ZwF, 84. Jg., 1989, Nr. 5, S. 234.

307   Vgl. etwa PILLAND, U.: a.a.O., S. 43 f.

größeren Anzahl dreidimensionaler, beliebig geformter Bauteile nach Meinung des Verfassers nicht mehr effizient durchführbar.

Erst eine realitätsnahe wirtschaftliche Objektverwaltung in bezug auf Form und Anzahl führt zu einer praxisadäquaten Problemumsetzung. Aus diesem Grund sind nicht nur einfache regelmäßige OE-Grundrisse wie Rechtecke und Dreiecke, sondern beliebige Konturen zu betrachten. Außerdem sind nicht nur einige wenige Objekte, sondern 50 bis 500 Stück pro Planungsperiode zu verwalten. Nur mit einer Rasterung der Planungsgeometrien ist diese Aufgabe effizient zu bewältigen.

Gerasterter Planungsraum

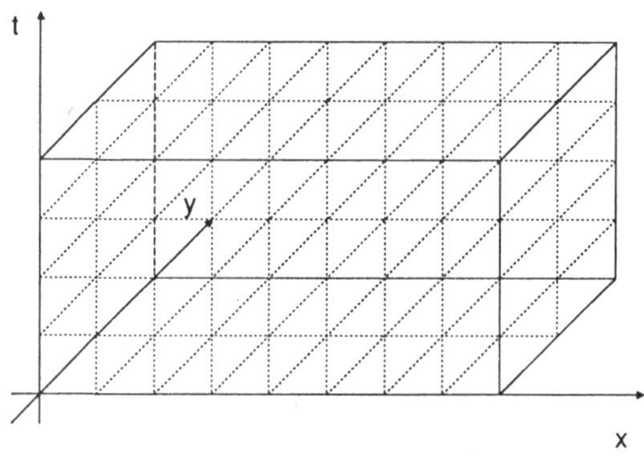

Gerastertes Planungsobjekt

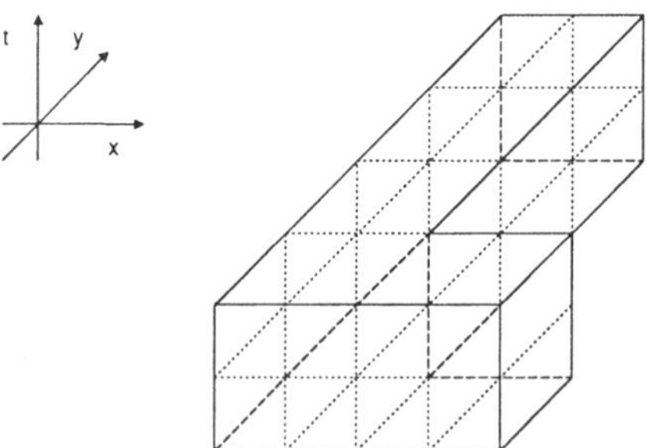

Abb. 21: Darstellung von gerastertem Planungsraum und -objekt

Die Feinheit der auf eine Längeneinheit bezogenen Rasterung ist problemabhängig justierbar und kann – zumindest theoretisch – vom Millimeter- bis zum Kilometer-Bereich variieren, wobei es algorithmisch irrelevant ist, ob standardisierte Dimensionen (d.h. mm, m oder km) oder eher ungebräuchliche Einheiten (wie 0,5 dm oder 250 m) gewählt werden.

Auf Basis vorgegebener Ecktermine eines Netzplans erfolgt eine heuristische Planung der Flächenbelegung für einen bestimmten Planungszeitraum. Jede herzustellende Baugruppe besitzt danach eine Pufferzeit (als Differenz aus frühestmöglichem und spätest zulässigem Startzeitpunkt) und eine (Standard-) Durchlaufzeit. Diese Daten stammen bei einem Großanlagenbauer unmittelbar nach der Auftragserteilung häufig noch aus einem Generalkonstruktionsplan, da Detailpläne (je nach Dringlichkeit) erst nach und nach erstellt werden. Aus diesem Grund sind mit der Datenerhebung gewisse Unsicherheiten verbunden, die sich später niederschlagen können. Weitere Einflußfaktoren sind die bereits oben erwähnten Bauteil- und Standort-Restriktionen sowie die verwendete Planungsstrategie. Schließlich sind die Kapazitätsterminierungen früherer rollierender Planungsperioden zu beachten. Diese Objekt-Einlagerungen stellen eine Flächen-Anfangsbelegung für die anstehende Planung dar.

In funktionaler Hinsicht sind damit Software-Module zur Auswahl und Rangreihung der einzuplanenden Objekte, zur räumlich-zeitlichen Kapazitätsbelegung (inklusive Kollisionsprüfung) sowie zum Kapazitätsabgleich mit Hilfe diverser Parametervariationen bereitzustellen. Neben einer automatischen regelbasierten Auswahl der einzulastenden Planungsobjekte sollte der Planer auch in die Lage versetzt werden, seine subjektiven Vorstellungen manuell festzulegen.

Eine Regel zur automatisierten Bauteil-Selektion könnte beispielsweise überprüfen, ob sich das aus der Differenz aus frühestem und spätestem Startzeitpunkt (der Pufferzeit) eines Objekts ergebende Zeitfenster in den betreffenden Planungszeitraum fällt. Wenn dies der Fall ist, wird der Teilauftrag in die Menge der einzunistenden Objekte aufgenommen.

Anschließend können die freigegebenen Aufträge mit Hilfe von Prioritätsregeln sortiert und durch einen mehrstufigen Belegungsvorgang eingelagert werden. Unter der Zielsetzung einer hohen Flächenauslastung (die innerhalb eines Zielkomplexes mit weiteren Kriterien verknüpft sein kann) ist ein leistungsfähiger Algorithmus zur kollisionsfreien Bauteil-Platzsuche zu entwickeln. Zusätzlich zu automatischen Kollisionsprüfungen und -analysen ist es häufig wünschenswert, Einlastungen manuell durchzuführen. Erst mit individualisierten Planungsvorgaben kann die Akzeptanz der Entscheidungsträger vollständig gewährleistet werden.

Eine endgültige Terminierung sollte demnach im Dialog zwischen Mensch und Maschine erfolgen, wobei ein Kapazitätsabgleich durch Parameteränderungen computergestützt angestoßen und mit manuellen Feinkorrekturen abgerundet werden kann.

Wesentliche Bestimmungsfaktoren dynamischer Flächenbelegungsplanungen sind die Suchrichtung innerhalb einer Planungsfläche, die Terminierungsrichtung innerhalb des Planungszeitraums (vorwärts oder retrograd), der Zeitpunkt einer Objekt-Einlagerung, die Orientierung (Lage) des Planungsobjekts und die Baufläche, in der eine Belegung angestrebt wird. Nur durch die kombinierte Berücksichtigung räumlicher und zeitlicher Freiheitsgrade sind sowohl dichte kollisionsfreie als auch verzugsfreie bzw. termintreue Ablaufpläne generierbar.

Neben einer räumlichen Terminierung der Sektionsbauteile auf den verfügbaren Montageflächen kommt der Material- und Personal-Bedarfsplanung eine wichtige Bedeutung zu. Sowohl die darstellbaren Belastungsübersichten als auch die einzuleitenden Ausweich- oder Abgleichsmaßnahmen unterscheiden sich jedoch nicht von den herkömmlichen Werkstattsteuerungsverfahren. Eine nähere Untersuchung kann demnach in dieser Abhandlung entfallen.

Bei realen Kapazitätsanpassungen sind oftmals vielfältige Einflußgrößen zu berücksichtigen. Aufgrund der Problemkomplexität können automatische Kapazitätsabgleiche durch Algorithmen eines Computerprogramms in der Praxis nicht immer befriedigend durchgeführt werden.[308] Vielmehr wird die Anpassung durch den Anwender selber vollzogen, wobei die PPS-Software Informationen liefern sollte, die diese Entscheidung erleichtern (beispielsweise die Darstellung eines Kapazitätsgebirges, die Ausweisung von Ausweicharbeitsplätzen oder die Angabe von Kosten für kapazitätserweiternde Maßnahmen).

Es ist naheliegend, daß manuell durchgeführte Kapazitätsabgleiche, bei denen das EDV-System nur entscheidungsunterstützende Informationen liefert, keine "optimale" Lösungen hervorbringen können. Da bei der Kapazitätsplanung komplexe Entscheidungssituationen auftreten, erscheint der Ansatz, den Menschen als Ausführungsinstanz zu belassen, praxisgerechter, als wenn man einen aufwendigen rechnergestützten, aber wenig flexiblen Kapazitätsabgleich entwickelt. Die Einbindung der Disponenten und Fertigungsplaner in die betrieblichen Abläufe erhöht die Akzeptanz der Entscheidungsträger. Ausschließlich automatisch erzeugte Problemlösungen eines PPS-Systems können vom Anwender nur schwer nachvollzogen werden. Zudem nimmt die Unzufriedenheit mit dem PPS-System aufgrund der mangelnden Transparenz der Entscheidungen zu. Letztlich entsteht damit die Gefahr, daß das PPS-System von der Anwenderseite her unterlaufen wird.

Das Problem bei der Entwicklung eines räumlichen Belegungsverfahrens liegt daher weniger in der Kapazitätsanpassung als in der Realisierung eines effizienten Einlastungsalgorithmus. Der Kern eines innerbetrieblichen Anordnungsproblems erinnert wegen der Konkurrenz mehrerer Aufträge um freie Flächenkapazitäten an die Grundstruktur eines Zuschneideproblems. Bei einer größeren Anzahl einzulagernder Objekte stößt man sehr schnell an die Grenze menschlicher Planungsfähigkeiten. Ein automatisierter Schachtelungsprozeß sollte die Qualität und Geschwindigkeit einer Problemlösung erheblich verbessern. Eine optimierende mehrdimensionale Verschnittroutine, die zudem vielfältige Nebenbedingungen berücksichti-

---

308 Vgl. KURBEL, K./ MEYNERT, J.: Flexibilität und Planungsstrategien für interaktive PPS-Systeme, in: HMD, 25. Jg., 1988, Nr. 139, S. 63.

gen kann, ist auf dem Softwaremarkt bislang nicht verfügbar.[309] Wenn man sich dieses Problems annehmen möchte, werden innovative Neuentwicklungen erforderlich. Ein konkretes Verfahren zur computergestützten dynamischen Montageflächenbelegung ist nun vom Verfasser erarbeitet worden. Im nächsten Kapitel erfolgt dazu eine detaillierte Beschreibung der zugrundeliegenden Prämissen, des Anordnungsalgorithmus und der Ergebnisse verschiedener Simulationsstudien. Anschließend werden die untersuchten Belegungsläufe kritisch analysiert und das Verfahren insgesamt verifiziert.

Unabhängig von der Notwendigkeit automatisierter Einlagerungsfunktionen sollte die Möglichkeit verwirklicht werden, weitere Ergebnisverbesserungen manuell vorzunehmen. Diese Resultatsmodifikationen beziehen hauptsächlich unternehmensspezifische oder atypische und damit computerseitig nur schwer faßbare Randbedingungen ein.

Im Rahmen einer umfassenden Computerunterstützung im Fertigungsbereich wird die Integration der Betriebsdatenerfassung (BDE) sowie einer Kontroll- bzw. Überwachungsmöglichkeit postuliert.[310] Ein ausgebautes BDE-Modul dient der Erfassung relevanter Daten aus dem Produktions- und Montagebereich, der Aktualisierung des Fertigungsfortschritts sowie der Durchführung von Soll-Ist-Vergleichen. Der Planer erhält damit Informationen, um auf Störungen reagieren, um Änderungsplanungen einleiten oder um Ergebnisse an übergeordnete Steuerungsebenen weiterreichen zu können.

Eine Ergebnisausgabe komplettiert jede Rechnerunterstützung. Die Resultate einer Planung sind dem menschlichen Entscheidungsträger in entsprechend aufbereiteter (möglichst graphischer) Form zur Verfügung zu stellen. Mit Hilfe von Listen, Berichten und vor allem Flächenbelegungslayouts können manuelle Nachkorrekturen begründet, automatisierte Neu- oder Umstellungsplanungen eingesteuert sowie das gewünschte Dokumentationsmaterial erzeugt, archiviert und vor- bzw. nachgelagerten Unternehmensbereichen zugeleitet werden.

Die Nutzung von Computerleistung auf diesem Niveau stellt einen wichtigen Schritt in Richtung auf die Verwirklichung einer rechnerintegrierten Fabrik dar. Ergänzungen bieten sich im Grunde nur noch durch hochwertige Schnittstellen zwischen den technischen und betriebswirtschaftlichen Bereichen, einer noch konsequenteren vernetzten Datenhaltung und durch überbetriebliche Integrationsmaßnahmen.

---

[309] Vgl. hierzu den Abschnitt 5.2.1.

[310] Vgl. SCHEER, A.-W.: CIM ..., a.a.O., S. 2 sowie die Abb. 6.

6. Computergestütztes Verfahren zur Ablauf- und Layoutplanung

6.1 Konzeption und Grundlagen der Realisierung

Mit der Entwicklung eines Softwaresystems zur computergestützten Ablauf- und Layoutplanung wird das Ziel einer funktionalen Integration von Terminierungs- und räumlichen Zuordnungsaufgaben für kundenauftragsorientierte Produktionsformen verfolgt. Voraussetzung für dieses Automationsvorhaben im Fertigungs- oder Montagebereich ist die Nutzung einer einheitlichen gemeinsamen Datenbasis durch die einzelnen Anwenderprogramme.

Das Problem der Montageflächenbelegung erhält durch die sowohl örtliche als auch zeitliche Modellierung des Planungsprozesses eine neue Qualität. In herkömmlichen Computerprogrammen zur Produktionssteuerung wird ausschließlich die rein zeitliche Einplanung der Aufträge auf die verfügbaren Kapazitäten berücksichtigt. Hierbei erschweren diverse Nebenbedingungen (wie z.B. mehrstufige und divergierende Produktionsprozesse sowie reihenfolgeabhängige Rüstzeiten oder -kosten) die Ermittlung zulässiger, möglichst optimierter Lösungen. Traditionelle Maschinenbelegungen klammern allerdings die räumlichen Ausdehnungen der Fertigungsaufträge algorithmisch vollständig aus.

Für diese Problemstellung, die vor allem bei Unternehmen mit großflächiger engpaßbehafteter Hallenmontage von Bedeutung ist, bedarf es neuartiger Lösungsansätze. Eine Konkurrenz der Aufträge um freie Produktionskapazitäten kann in diesem Fall nicht nur zu zeitlichen, sondern auch zu räumlichen Kollisionen führen. Eine erfolgreiche Planungsstrategie hat daher zusätzlich zu örtlich-zeitlichen Kollisionsanalysen räumliche Kapazitätsauslastungen zu berücksichtigen. Das herkömmliche Maschinenbelegungsproblem wird damit – zumindest dem Prinzip nach – um ein Verschnittproblem angereichert, wodurch sich die Berechnung effizienter Fertigungsabläufe weiter erschwert.

Eine beispielhafte System-Konfiguration für den Arbeitsplatzrechner eines Fertigungsplaners veranschaulicht die Abb. 22. Der Großrechner dient hierbei nur noch zur längerfristigen Grobplanung. Ein dezentraler Arbeitsplatzcomputer, der über ein Gateway mit der Mainframe verbunden ist, übernimmt die Bearbeitung der zeitnahen und rechenintensiven Planungs- oder Steuerungsprobleme. Aufgrund der Kopplung mit dem Zentralrechner brauchen die Stammdaten nur einmal gespeichert und gepflegt zu werden. Im Anforderungsfall ist der relevante Datenausschnitt jederzeit schnell lokal abrufbar. Der dezentrale Mikrorechner ermöglicht darüber hinaus flexible Eingriffe in den kurzfristigen Planungsvorgang, so daß schwerfällige Neuplanungen durch batchorientierte Großrechner-Programme entfallen.

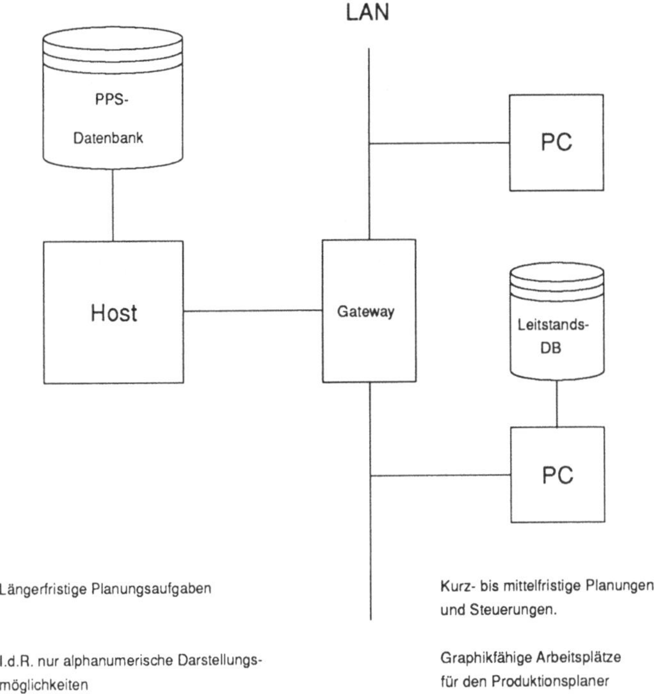

Abb. 22: Standardkonfiguration für einen PPS-Arbeitsplatz

Für den Planer des Fertigungsablaufs eröffnen sich zudem durch die moderne PC- und Workstation-Technik bislang nicht gekannte graphische Visualisierungsmöglichkeiten. Mit Hilfe neuartiger Benutzeroberflächen, die den verzahnten Produktionsprozeß übersichtlicher präsentieren können, gewinnt man eine bessere Vorstellung über das Zusammenwirken der verschiedenen Systemparameter. Diese bereits durch die konventionellen CIM-Leitstände favorisierte Konzeption ermöglicht Simulationsexperimente mit unterschiedlichen Planungs-szenarien. Im Dialog können dadurch Fertigungsabläufe sukzessiv verfeinert, Strategien mehrmals verbessert und schließlich die ermittelten Ergebnisse soweit optimiert werden, bis ein Höchstmaß an Akzeptanz des menschlichen Entscheidungsträgers herbeigeführt ist. Das für die jeweilige Aufgabenstellung wichtige Datenmaterial sollte dabei bis zum Abschluß einer Planungsphase zusätzlich auf den vorhandenen lokalen Massenspeichern gehalten werden.

Ein weiterer vorteilhafter Aspekt der in der o.g. Abbildung dargestellten Konfiguration ist die Vernetzung mehrerer Arbeitsplatzrechner zu einem lokalen Netzwerk (LAN[311]). Mehrere Sachbearbeiter können daher unterschiedliche Teilaufgaben betrachten und lösen. An-schließend können die Ergebnisse einem übergeordneten Rechner zur Verfügung gestellt

---

311 LAN ist die Abkürzung für Local Area Network.

werden. Eine teamorientierte Vorgangsintegration[312] bildet die entscheidende Voraussetzung, daß sich die wesentlichen Informationen aktuell dort befinden, wo sie benötigt werden. Gleichzeitig sind damit verdichtete Datenbestände an die jeweiligen Leitrechner transferierbar.

Im Hinblick auf erhöhte Flexibilitätsanforderungen bei auftragsgebundener Produktion ergeben sich weitere Schwierigkeiten für die Planung des Produktionsprozesses. Eine an den Wünschen des Kunden orientierte Fertigung erfordert weitaus kompliziertere Kapazitätsterminierungen als bei der Ausrichtung auf anonyme Märkte. Nicht nur verbindliche Liefertermine, die den Planungsspielraum eingrenzen, sondern auch eine große Anzahl heterogen strukturierter Planungsparameter begründen diese Tatsache.

Besondere Anforderungen an die Planung entstehen durch die Bindung an feste Liefertermine. Hohe Termintreue und kurze Lieferfristen werden in Unternehmen mit auftragsgebundener Fertigung meist als wichtigste Ziele der Produktionsplanung angesehen, da sie für die Wettbewerbsfähigkeit von herausragender Bedeutung sind. Traditionelle Ziele wie die Minimierung der Lagerhaltungs- und Rüstkosten oder die Maximierung der Kapazitätsauslastung treten daneben in den Hintergrund, wenngleich sie nicht völlig vernachlässigt werden.[313]

Aufgrund auftretender Störungen des Produktionsablaufs veralten geplante Betriebsmittelbelegungen. Der Ausfall von Maschinen oder Personal unterliegt in der Realität i.a. einem stochastischen Prozeß. Über einen längeren Zeitraum treten Planänderungen nahezu kontinuierlich auf. Die dadurch erforderlich werdenden Neu- bzw. Umstellungsplanungen begründen eine hohe Planungsfrequenz. Ursachen können daneben u.a. neue Kundeneilaufträge oder Fehlmengen im Rohmaterialbestand sein.

Zur computergestützten Steuerung des Fertigungsflusses bedarf es aus diesem Grund einer außerordentlich hohen Systemverfügbarkeit von Hardware, Software und Kommunikationseinrichtungen.[314] Zeitgemäße PPS-Systeme unterliegen zudem hohen Anforderungen hinsichtlich Benutzerfreundlichkeit, flexibler Parameter-Spezifikation sowie komfortabler graphischer Ergebnispräsentation. Nur dialogisiert gestaltete Computersysteme eröffnen die Möglichkeit, zeitnahen Planungsaktivitäten effektiv nachzukommen. Die Realisierung einer anspruchsvollen standardisierten Benutzerschnittstelle trägt hierbei den Flexibilitätswünschen des Planers Rechnung. Dieses gilt ebenfalls für individuell konfigurierbare Softwaresysteme. Den Bedürfnissen, Strategien und Zielsetzungen der Entscheidungsträger kann damit wirkungsvoll begegnet werden.

---

[312] Dieser Sachverhalt wird auch durch den Begriff Groupware umrissen.

[313] Vgl. KURBEL, K./ MEYNERT, J.: Flexibilität und Planungsstrategien ..., a.a.O., S. 65.

[314] Vgl. BUSCH, U.: a.a.O., S. 117.

Dem scheinbaren Widerspruch zwischen hohem Dialogisierungsgrad, kurzen Antwortzeiten sowie hochkomplexen Planungsfunktionen, die ein großes Datenvolumen bearbeiten und entsprechend viel Rechenzeit benötigen, kann nur durch den Einsatz einer leistungsfähigen Hardware in Verbindung mit einer ausgefeilten Algorithmenstruktur sowie durch vereinfachte (d.h. bewußt suboptimale) Planungsverfahren Rechnung getragen werden.

Im folgenden sind diese Überlegungen auf das Problem einer räumlich-zeitlichen Belegungsplanung zu übertragen. Das hauptsächliche Ziel des computergestützten heuristischen Algorithmus ist die Berechnung möglichst guter Anordnungsergebnisse von Planungsobjekten auf Standortträgern in vertretbarer Rechenzeit.

Im Hinblick auf erfolgreiche Durchführungsplanungen sind Programmoptionen zur Strategie- und Parametervariation (z.B. der Auftragsauswahl- und Fertigungsablaufstrategie), zur Datenänderung (der Planungsobjekte oder -flächen) sowie zur manuellen Einlagerung der Organisationseinheiten einzurichten. Die spezifischen Anforderungen des Anwenders werden damit durch das Softwaresystem beachtet (sog. Customizing).

Eine detaillierte Beschreibung der einzelnen Modellparameter erfolgt im Abschnitt 6.1.2. Zunächst soll aber der Grundgedanke der eigentlichen Belegungsheuristik vorgestellt werden. Zwei entscheidende Prämissen charakterisieren das vom Verfasser entwickelte Planungsverfahren:

- Diskretisierung von Raum und Zeit sowie
- Betrachtung von Bauteilen (nahezu) beliebiger Kontur.

Der Ort und die Zeit sind demnach nicht als Kontinuum aufzufassen, sondern sind diskrete Größen. Eine äquidistante (d.h. im vorliegenden Fall etwa meter- und tageweise) Betrachtung bewirkt eine ausreichende Genauigkeit. Hingegen erlaubt die zweite Prämisse eine weitgehende Differenzierung der Bauteil-Geometrien. Das Belegungsverfahren soll invariant gegenüber der Teilform arbeiten. Eine ausschließliche Berücksichtigung weniger simplifizierter Grundformen (z.B. nur Rechtecke und Trapeze) bedeutet mithin eine unzulässige Vereinfachung.

6.1.1 Struktur des Planungsprozesses

Vom Standpunkt des Betrachters aus kann der Kern des Planungsverfahrens prinzipiell als Black-Box aufgefaßt werden. Auf der Inputseite ist ein Satz von Ausgangsgrößen (unabhängige bzw. exogene Variablen) zu übergeben, so daß im Anschluß an einen mehrstufigen Transformationsvorgang (durch die Black-Box) auf der Outputseite die Ergebnisgrößen (abhängige bzw. endogene Variablen) übersichtlich (graphisch) präsentiert werden können. Die Systemvariablen werden dabei durch einen Simulator mit Hilfe von deterministischen oder stochastischen mathematischen Beziehungszusammenhängen funktional transformiert.

Dieser Simulator "spielt" mehrere Szenarien nacheinander durch, von denen die beste Planungsvariante tatsächlich in den Produktionsprozeß überführt wird.

Die interne Verarbeitungslogik ist für den Anwender normalerweise ohne Bedeutung. Statt dessen erwartet er einfache, schnelle und weitreichende Möglichkeiten zur Adjustierung der "Einstellschrauben" des Verfahrens. Die Abb. 23 veranschaulicht dazu die Planungsstrategien und -parameter. Der Simulationsprozeß kann entweder als reine Steuerkette oder als rückgekoppelter Regelkreis ausgebildet sein. Zusätzlich zu vollautomatisierten Einplanungen ist für industrielle Praxiseinsätze jedoch die Realisierung manueller Objektbelegungen unabdingbar.

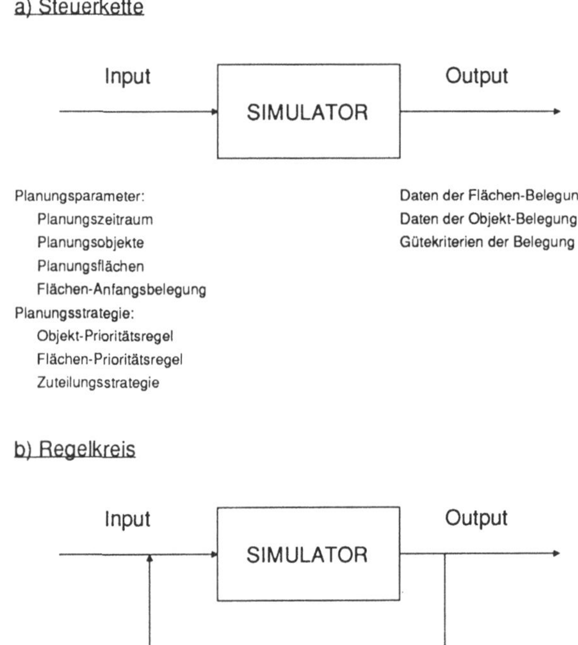

Abb. 23: Die Struktur des Planungsprozesses

6.1.2 Belegungsplanung der Montageflächen

Für das Problem der Montageflächenbelegung ist vom Verfasser ein computergestütztes System zur Ablauf- und Layoutplanung (CALPLAN[315]) ausgearbeitet worden. CALPLAN greift das Problem einer sowohl räumlichen als auch zeitlichen Kapazitätsbelegung erstmals simultan algorithmisch auf und beschränkt sich damit nicht auf eine rein informationsbezo-

---

[315] CALPLAN steht also für Computergestützte Ablauf- und Layout-PLANung.

gene Unterstützung des zuständigen Fertigungsplaners. Die räumlich-zeitliche Belegungsplanung behandelt hierbei vor allem die Einlagerung der Objekte, die kapazitätsbestimmende Abmessungen aufweisen. Die Planungsflächen stellen innerhalb eines solchen Produktionsprozesses potentielle Engpaßkapazitäten dar.

In diesem Zusammenhang stellt sich die Frage, ob nicht ein herkömmlicher Leitstand diese Aufgabe übernehmen kann. Die Philosophie computergestützter Fertigungsleitstände ist grundsätzlich auch auf andere Bereiche sinnvoll übertragbar.[316] Gegenwärtige CIM-Leitstände sind zwar bereits teilweise in der Lage, Expertenwissen abzubilden, bieten allerdings durchweg keine Unterstützung zur Positionierung räumlicher Fertigungsaufträge an.

Vor diesem Hintergrund entstand ein prototypischer räumlich-orientierter Fertigungsleitstand, der mit wissensbasierten Komponenten erweiterbar ist. Mit CALPLAN wird das Problem der örtlich-terminierten Fertigungslenkung unter Zuhilfenahme regelbasierter heuristischer Algorithmen gelöst. Vor allem werden reale Erfordernisse dabei beachtet.

Das erarbeitete Plazierungsverfahren gehört zur Klasse der sogenannten Greedy-Heuristiken, d.h., daß in jedem Verfahrensschritt sukzessive ein noch nicht positioniertes Objekt ausgewählt und plaziert wird.[317] Das berechnete Layout kann im Sinne einer stufenweisen Belegungsoptimierung nachträglich automatisch und/oder manuell verbessert werden.

Der Ablauf einer computergestützten Anordnungsplanung mit Hilfe von CALPLAN geht aus der Abb. 24 hervor. Diesem Planungsprozeß liegt ein rückgekoppelter Regelkreis zugrunde, der insgesamt aus sieben Modulen besteht:

- Festlegung der Planungsparameter und -strategie,
- Datenbank-Management,
- Räumlich-zeitliche Belegungsplanung,
- Graphische Ausgabe der Planungsdaten,
- Variation der Planungsparameter und/oder -strategie,
- Manuelle Ergebnis-Nachkorrektur,
- Aktualisierung der Flächenbelegung (Speichern der ermittelten Ergebnisse).

Diese Komponenten werden im folgenden einzeln beschrieben.

---

[316] Vgl. den Abschnitt 3.3.4.

[317] Vgl. HOROWITZ, E./ SAHNI, S.: a.a.O., S. 186.

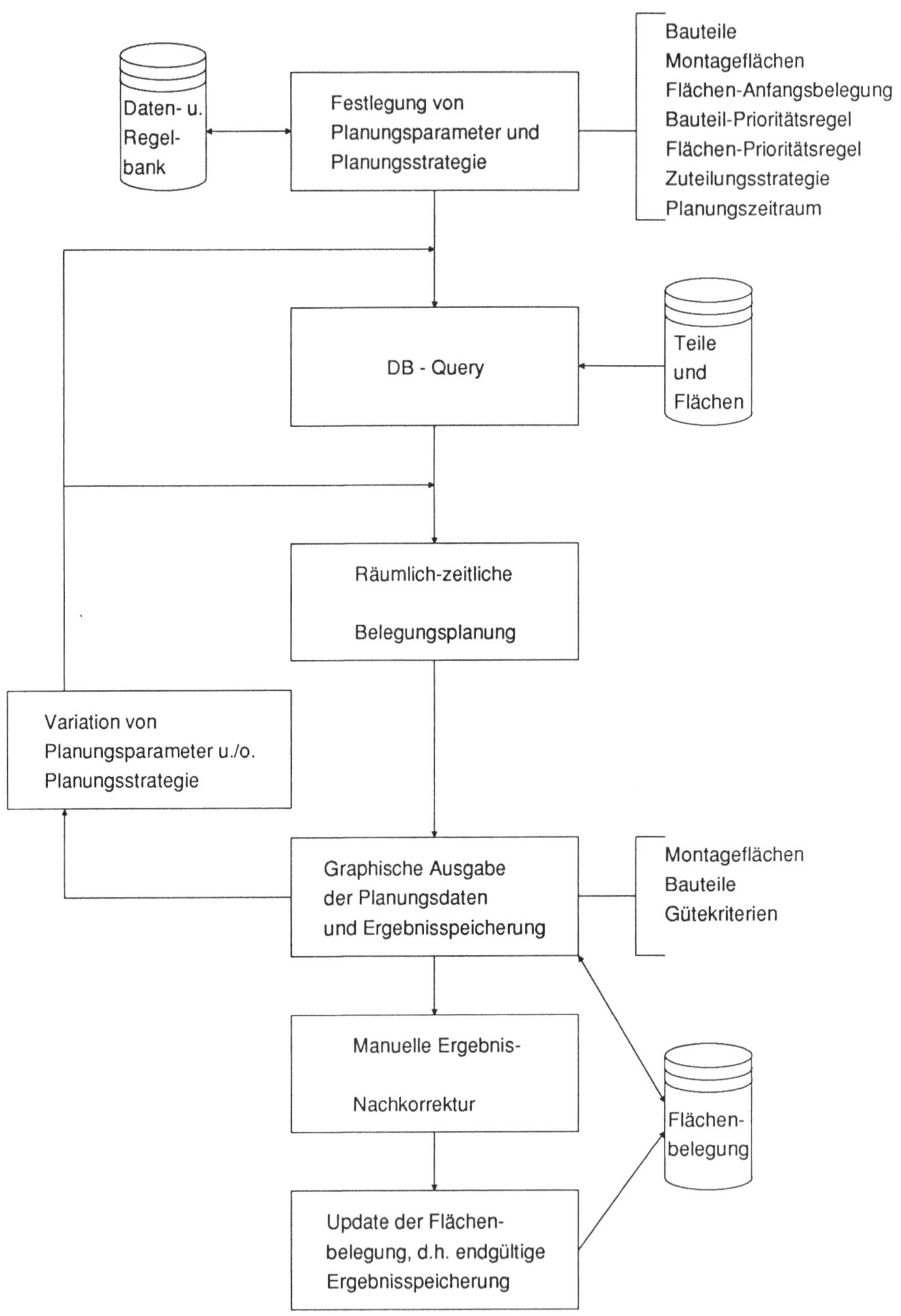

Abb. 24: CALPLAN - Planungsablauf

6.1.2.1 Festlegung der Planungsparameter und der Planungsstrategie

Der industrielle Einsatz zeitgemäßer computerunterstützter Produktionssteuerungssysteme erfordert eine interaktive Verwaltung der aktuellen Modelldaten und wissensbasierten heuristischen Methoden. Diese Informationen sind in einer Daten- bzw. Regelbank abzulegen. Die Abfrage des relevanten Datenmaterials wird dadurch erleichtert, die Wahrscheinlichkeit für Fehleingaben vermindert und die Form der Bestätigung standardisierter Vorgabewerte (Default-Spezifikationen) verbessert.

In der bislang vorliegenden Ausbaustufe von CALPLAN wurde allerdings eine für Entwicklungszwecke vereinfachte Parametereingabe gewählt. Aus Zeitgründen erfolgt die Manipulation jeglicher Systemgrößen innerhalb einer Eingabedatei, die beim Belegungsstart gelesen und ausgewertet wird. Gleichwohl sieht die Benutzeroberfläche und die Menüstruktur von CALPLAN bereits das Daten-Management vor, so daß dieser Teil leicht hinzugefügt werden kann.

Die Einträge in der Parameterdatei können mit Hilfe eines handelsüblichen Texteditors modifiziert werden. Bestimmte Formatierungen sind also nicht vorzunehmen (die Datei liegt im standardisierten ASCII-Format[318] vor). Vor dem Start der computergestützten Belegungsplanung sind also die erforderlichen Planungsparameter sowie die gewünschte Planungsstrategie in dieser Datei festzulegen. Die Vorgabe konkreter Parameterwerte betrifft:

— Den Planungszeitraum,

— die einzulagernden Bauteile,

— die einzusetzenden Planungsflächen und

— die jeweilige Flächen-Anfangsbelegung.

Der Planungszeitraum besteht aus einem Anfangs- und einem Endzeitpunkt (System-Variablen a_zeit und e_zeit). Das betreffende Zeitfenster besitzt z.B. die Dimension Tage bzw. Betriebskalendertage (BKT). Die beim nächsten Belegungsvorgang zu berücksichtigenden Planungsobjekte und -flächen werden durch das Intervall aus erster und letzter Identifikationsnummer konkretisiert (e_tnr und l_tnr bzw. e_flaeche und l_flaeche). Zusätzlich zu diesen drei Datenintervallen ist die Anfangsbelegung der verfügbaren Montageflächen festzulegen. In Form rollierender Planungen muß jede Flächen-Anfangsbelegung fortlaufend aktualisiert und bei den Simulationsläufen als Startvorgabe miteinbezogen werden.

Die Planungsstrategie wird nun durch folgende Größen fixiert:

— Die Bauteil-Prioritätsregel,

— die Flächen-Prioritätsregel und

— die Zuteilungsstrategie.

---

318 ASCII ist die Abkürzung für American Standard Code for Information Interchange.

Während Prioritätsregeln eine Rangreihung der Aufträge und Kapazitätseinheiten ermöglichen, bestimmt die Zuteilungsstrategie die Gewichtung der Systemfreiheitsgrade. Freiheitsgrade der Betriebsmittelbelegung sind dabei der Einlastungszeitpunkt, die Objekt-Orientierung, die vorhandenen Planungsflächen, in denen eine Einlagerung erfolgen soll, der Flächen-Koordinatenursprung, bei dem eine Platzsuche beginnt, sowie die Terminierungsrichtung der Planung.

Der Flächenursprung sollte bei einer Stellflächensuche sinnvollerweise in einem Eckpunkt eines Standortträgers liegen. Neben der Eckpunkt-Bestimmung ist prinzipiell auch die Suchrichtung in der Fläche wählbar. Bei einer rechteckigen Planungsgrundfläche kann nämlich bei jedem der möglichen vier Ursprungspunkte entweder eine Suche zuerst in horizontaler und dann in vertikaler Richtung erfolgen oder umgekehrt.

Die Einplanung der Aufträge auf den Kapazitätseinheiten kann alternativ vom frühestmöglichen Anfangszeitpunkt der Objekte hin zum spätest zulässigen Termin (sog. Vorwärtsterminierung) oder vom spätesten Starttermin hin zum frühesten Zeitpunkt erfolgen (Rückwärts- bzw. Retrograde Terminierung).

CALPLAN unterstützt nun nicht alle denkbaren Freiheitgrade, sondern zunächst nur die für einen Anwender unverzichtbaren Bestandteile. Die tatsächlich implementierten Variationsmöglichkeiten werden im Abschnitt 6.1.4 vorgestellt. Um eine an den Bedürfnissen des Benutzers orientierte, erfolgreiche Ablaufsteuerung mit CALPLAN zu gewährleisten, sind über die Festlegung der Prioritätsregeln und Zuteilungsstrategien hinaus weitere Überlegungen anzustellen.

Im Rahmen der Ablaufsteuerung ist beispielsweise zu entscheiden, ob eine Einlagerung bereits im Anschluß an die Plazierung eines Objekts unterbrochen oder die Beendigung des gesamten Belegungslaufs abgewartet werden soll. Der Planer hätte damit zwar die Möglichkeit, den erreichten Zwischenzustand zu überprüfen und ggf. zu verändern, auf der anderen Seite müßte das Verfahren aber immer auf Eingaben des Anwenders warten. Das Softwaresystem muß ferner in der Lage sein, alle während eines Planungsprozesses getroffenen Entscheidungen aufzuheben und rückgängig zu machen. Dabei ist es gleichgültig, ob diese Vorgaben vom Computer oder vom Planer stammen. Schließlich sollte der Anwender auf Planungsvorschläge nicht nur reagieren, sondern den Produktionsprozeß auch aktiv gestalten können.

Am Beispiel eines konstruktiv-seriellen, räumlichen Anordnungsalgorithmus aus der Literatur wird der Unterschied zwischen CALPLAN und den herkömmlichen Verfahren aufgedeckt und verdeutlicht.[319] Dieser Ansatz geht ebenfalls von einer errechneten Einlastungsreihen-

---

[319] Vgl. DANGELMAIER, W.: Algorithmen ..., a.a.O., S. 81 ff.

folge und einer leeren Planungsfläche aus. Von der grundsätzlichen Belegungskonzeption her besteht also noch kein Unterschied zu CALPLAN.

Damit dem Anordnungsplan Entwicklungsmöglichkeiten in alle vier Koordinatenrichtungen offengehalten werden können, beginnt der Plazierungsvorgang jedoch in der Mitte der Planungsfläche.[320] Bei räumlich-orientierten Termin- und Kapazitätsplanungen würde diese Vorgehensweise zu erheblichem Verschnitt an den Flächenrändern führen, so daß diese Strategie ineffizient ist.

In den nachfolgenden Anordnungsschritten wird ausschließlich eine Minimierung des Zuwachses an Transportaufwand angestrebt. Für die vorliegende Belegungsplanung ist demgegenüber der Transportaufwand zwischen den OE von untergeordneter Bedeutung. Die Vorschriften für die weiteren Einlagerungsschritte sind für das bestehende Problem überhaupt nicht mehr relevant und werden daher nicht untersucht. Algorithmen für sowohl räumliche als auch zeitliche Belegungsplanungen sind bislang nicht bekannt. Auf der anderen Seite sind Verfahren, die entweder räumliche oder zeitliche Aspekte betrachten, nicht auf den kombinierten Fall übertragbar, so daß für diese Problemstellung ein neuer Ansatz entwickelt werden muß.[321]

6.1.2.2 Datenbank-Management

Im Anschluß an die Festlegung des Planungszeitraums sowie der Bauteil- und Standortträger-Nummern können die Stammdaten der gewählten Planungsobjekte und -flächen aus der Datenbank eingelesen werden. Der selektierte Datenbestand umfaßt hierbei neben den zeitlichen, monetären und sonstigen traditionellen Kenngrößen, die geometrischen Abmessungen sowie die räumlichen Grundrisse der Flächen und Teilaufträge.

Danach erfolgt eine Sortierung der Bauteile und Montageflächen mit Hilfe der jeweils aktivierten Prioritätsregel. Dazu sind die Prioritätsziffern sämtlicher Planungsobjekte zu berechnen und eine ab- respektive aufsteigende Rangreihung vorzunehmen. Diese Sortierung wurde programmseitig von einem sogenannten Quick-Sort-Algorithmus (C-Funktion qsort) durchgeführt. Bei gleichen Prioritätsziffern liefert dieser standardisierte Sortieralgorithmus allerdings eine nicht vorhersehbare Reihenfolge.

Die Durchführung der Flächenbelegung hängt unmittelbar von der Anfangsbelegung der Standortträger ab. Im gegenwärtigen Entwicklungsstadium von CALPLAN ist die Einbeziehung einer Flächen-Anfangsbelegung allerdings nicht empfehlenswert, weil vorrangig die

---

320 Das gilt im übrigen nicht nur für diesen konkreten Algorithmus, sondern für die Mehrzahl der bekannten Eröffnungsverfahren.

321 Die Möglichkeit der Übertragung eines Flächenbelegungs-Algorithmus auf das herkömmliche Maschinenbelegungsproblem wird im Abschnitt 6.2.1 untersucht.

Arbeitsweise des Planungsverfahrens und nicht die Qualität des Systems in Abhängigkeit von unterschiedlichen Ausgangslösungen über einen längeren Zeitraum hinweg getestet werden sollte. Die Verwendung konkreter Initialbelegungen verschleiert die Erfolgswirksamkeit der eigentlichen Heuristik. Dadurch ist die Qualität der erzielten Lösung nicht mehr uneingeschränkt ablesbar. Zudem sind die einzelnen Resultate bei wechselnden Anfangsbelegungen nicht mehr vergleichbar. Außerdem können bestimmte Starteinlagerungen gegenwärtig nur subjektiv, d.h. rein willkürlich festgelegt werden. In späteren Praxiseinsätzen sind die Planungen jedoch rollierend über mehrere Perioden durchzuführen. Unter Berücksichtigung früherer Durchläufe werden die vorhandenen Anfangsbelegungen in den folgenden Planungsperioden sukzessiv fortgeschrieben.

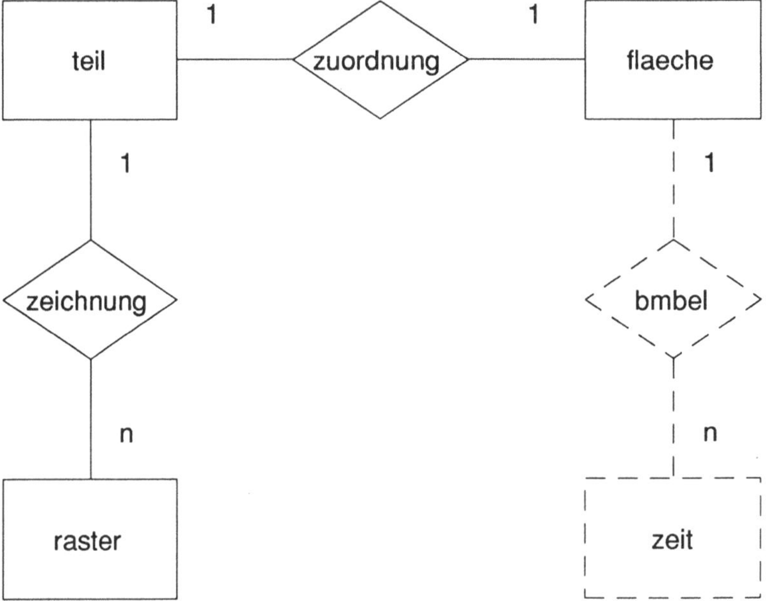

Abb. 25: CALPLAN - Entity-Relationship-Diagramm

Im folgenden wird nun auf die modellierten Datenstrukturen näher eingegangen. Die Abb. 25 zeigt dazu in Form eines sogenannten Entity-Relationship-Diagramms (ER-Diagramm) die relevanten Objekte und Beziehungen des zugrundeliegenden Planungsproblems.[322] Durch eine normalisierte und gleichzeitig performante Implementation der Relationen können alle

---

[322] Die Grundlagen der Datenmodellierung sowie des Entity-Relationship-Ansatzes werden in dieser Arbeit nicht vertieft. Einen einführenden Überblick gibt z.B. SCHEER, A.-W.: Wirtschaftsinformatik, a.a.O., S. 29 ff.

erforderlichen Datenbank-Anfragen einfach und schnell beantwortet werden. Zunächst werden drei Objekte eingeführt:

- Bauteil (Entity-Bezeichnung teil),
- Bauteil-Rasterung (raster) und
- Planungsfläche (flaeche).

Darüber hinaus existieren die Beziehungen:

- Teil besitzt die Orientierung (Relationship-Name zeichnung) und
- Teil wurde plaziert in Fläche (zuordnung).

Der in der Abb. 25 gestrichelt dargestellte ER-Modellausschnitt ist als Erweiterung geplant und kennzeichnet die Beziehung zwischen den Planungsflächen und der Zeit (Relationen bmbel und zeit). Terminierte Flächenbelegungen wurden bislang datenbankseitig nicht berücksichtigt, da Mehrperiodenplanungen noch keine Rolle spielten.

Zwischen den Entitytypen teil und raster besteht die 1:n-Beziehung zeichnung. Dieser Relationshiptyp wird durch Angabe der Zeichnungsnummer und der Teilenummer (Schlüsselattribute zeichnr und tnr) identifiziert. Die Beziehung besagt, daß ein Planungsobjekt mehrere Orientierungen (d.h. mehrere Grundrißausrichtungen) aufweisen kann. Die Belegung eines Bauteils auf einer konkreten Planungsfläche wurde durch die 1:1-Beziehung zuordnung zwischen den Entitytypen teil und flaeche modelliert. Ein Objekt wird daher jeweils nur auf einer Fläche eingelagert.

Die Tab. 2 stellt nun die Merkmale der einzelnen Relationen übersichtlich zusammen. Das Datenmodell von CALPLAN wurde mit Hilfe der relationalen Datenbank INFORMIX[323] auf einem Personal Computer implementiert. Die Attribute der Entities und Beziehungen sind hinsichtlich des gewählten Datentyps, eines eventuell vorhandenen Index sowie unbedingter Wertangaben (sogenannte NOT-NULL-Vereinbarung) gekennzeichnet.[324] Eine NULL-Deklaration für bestimmte Attribute der Relationen bedeutet, daß der konkrete Inhalt mancher Tupelmerkmale zum Zeitpunkt der Informationserfassung noch nicht existent oder aber noch nicht bekannt ist. Der Benutzer wird damit nicht gezwungen, jede Tabellenspalte auszufüllen, sondern kann die Werteingabe bei solchen Attributen auch unterlassen.

---

[323] Die Datenbank INFORMIX wird entwickelt von der Firma Informix Inc., USA.

[324] Der Datentyp smallint kann dabei ganze Zahlen aus dem Intervall [-32.767; +32.767] aufnehmen, der Datentyp integer dagegen ganze Zahlen aus dem Intervall [-2.147.483.647; +2.147.483.647]. Vgl. INFORMIX Software, Inc. (Hrsg.): INFORMIX-SQL, Relational Database Management System, Reference Manual, Version 2.10, Menlo Park 1987, S. 2-11.

Name	Attribut	Datentyp	Index	NULLS
teil	tnr	smallint	unique	no
	anz_zeich	smallint	-	yes
	wert	smallint	-	yes
	pb	smallint	-	yes
	faz	smallint	-	yes
	saz	smallint	-	yes
	dlz	smallint	-	yes
	gew	smallint	-	yes
	hoch	smallint	-	yes
zeichung	zeichnr	smallint	unique	no
	tnr	smallint	dups	no
	lfd_zeichnr	smallint	-	yes
	lang	smallint	-	yes
	breit	smallint	-	yes
raster	zeichnr	smallint	dups	no
	lfd_rasternr	smallint	dups	no
	raster_i	integer	-	yes
flaeche	hnr	smallint	unique	no
	hl	smallint	-	yes
	hb	smallint	-	yes
	hh	smallint	-	yes
	kap	smallint	-	yes
	wert	smallint	-	yes
zuordnung	tnr	smallint	unique	no
	f_t	smallint	-	yes
	x_koor	smallint	-	yes
	y_koor	smallint	-	yes
	lfd_zeichnr	smallint	-	yes
	bb	smallint	-	yes
	be	smallint	-	yes
bmbel	*hnr*	*smallint*	*dups*	*no*
	bkt	*smallint*	*dups*	*no*
	versionsnr	*smallint*	*dups*	*no*
	lfd_rasternr	*smallint*	*dups*	*no*
	raster_i	*integer*	*-*	*yes*
zeit	*bkt*	*smallint*	*unique*	*no*
	beschreibung	*char (30)*	*-*	*yes*

Tab. 2:   Attributisierte CALPLAN - Relationen

Die Vergabe von Indizes für bestimmte Datenbank-Felder dient der Beschleunigung von Tupel-Sortierungen und Such-Anfragen. Indizes sollten allerdings nicht wahllos vergeben werden, sondern sind erst ab einer bestimmten Satzanzahl zweckmäßig, da sich sonst die Pflege der Indextabellen aufwendiger gestaltet als die eigentliche Suche.[325] Bei INFORMIX können in verschiedenen Tabellenzeilen die gleichen Index-Werte eingetragen werden (duplicate-Index, abgekürzt dups). Eindeutige Identifikationsnummern sind dagegen durch einen unique-Index zu kennzeichnen. Die Ident-Nummer der Bauteile (Attribut tnr) besitzt daher einen unique-Index und die laufende Nummer der einzelnen gerasterten Bauteilspalten einen duplicate-Index. Die Schlüsselattribute der Relationen wurden in der tabellarischen Aufstellung durch eine Unterstreichung kenntlich gemacht.

Die erforderlichen Datenbank-Abfragen werden in CALPLAN durch SQL-Statements[326] realisiert. SQL-Anfragen an eine relationale Datenbank können inzwischen in verschiedene herkömmliche Programmiersprachen eingebunden werden. Die SQL-Einbindung in C-Programme wird heute von verschiedenen Datenbank-Anbietern durch die Bereitstellung sogenannter ESQL/C-Werkzeuge[327] ermöglicht. Für INFORMIX ist ebenfalls ein solches ESQL/C-Tool verfügbar. Dieses Werkzeug wurde nun für sämtliche Datenbank-Zugriffe verwandt.

Eine wichtige Datenbank-Anfrage lautet bei der behandelten Problemstellung beispielsweise: "Selektiere alle Bauteile bzgl. sämtlicher Teile-, Zeichnungs- und Raster-Informationen, deren Teilenummer innerhalb eines bestimmten Bereichs liegt und die einen Startzeitpunkt während des Planungszeitraums besitzen." In der erweiterten SQL-Notation von INFORMIX hat diese Anfrage folgendes Aussehen (wobei die Programm-Variablen eines SQL-Statements als Host-Variablen[328] bezeichnet werden und ein Präfix ($) aufweisen müssen):

---

325 Die Firma Informix schlägt hier einen Wert von 200 vor. Vgl. INFORMIX Software, Inc. (Hrsg.): INFORMIX-SQL, Relational Database Management System, Reference Manual, Version 2.10, Menlo Park 1987, S. 2-23 und User Guide, S. 9-30.

326 SQL steht für Structured Query Language. SQL ist die inzwischen normierte Anfragesprache an relationale Datenbanken unterschiedlicher Hersteller.

327 ESQL/C bedeutet Embedded SQL and Tools for C.

328 Vgl. INFORMIX Software, Inc. (Hrsg.): INFORMIX-ESQL/C, Embedded SQL and Tools for C, Programmers Manual, Version 2.10, Menlo Park 1987, S. 2-7 ff.

SELECT	*alle gewünschten Spalten der Tabellen teil, zeichnung und raster*
INTO	*entsprechende Host-Variablen des Verarbeitungsprogramms*
FROM	teil, outer (zeichnung, outer raster)
WHERE	teil.tnr between $etnr and $ltnr
and	teil.faz < $ezeit
and	teil.saz > $azeit
and	teil.tnr = zeichnung.tnr
and	zeichnung.zeichnr = raster.zeichnr
ORDER BY	teil.tnr, zeichnung.zeichnr, raster.lfd_rasternr

Die hierbei vereinbarte OUTER-JOIN-Operation (äußere Verknüpfung)[329] behandelt die involvierten Relationen asymmetrisch. Die jeweils zuerst aufgeführte Tabelle ist dabei dominant. Enthält das abhängige Objekt der Suchanfrage kein Tupel, welches die Verknüpfungsbedingung erfüllt, weist die OUTER-JOIN-Anweisung der dominanten Tabellenzeile einen Satz mit NULL-Werten (also Werte ohne Inhalt) zu, bevor eine Spalten-Projektion vorgenommen wird. Diese Konstruktion erlaubt es, eine Anfrage über drei Ebenen zu spezifizieren.

Eine Alternative zu dieser Formulierungsweise besteht lediglich darin, die Daten mit Hilfe einer Zweifach-Schleife zu extrahieren. Im Anschluß an die Selektion der Bauteile müßte dann für jedes gefundene Teil eine Suche der vorhandenen Orientierungen und für jede gefundene Zeichnung wiederum eine Selektion der jeweiligen Rasterungen durchgeführt werden. Daraus ergibt sich jedoch eine sehr große Anzahl von SELECT-Befehlen, die insgesamt erheblich langsamer ablaufen als wenn nur eine einzige, etwas aufwendiger gestaltete Anweisung abgearbeitet wird.

Der Vorteil der Verwendung von OUTER-JOIN-Konstruktionen liegt in der Möglichkeit, aggregierte Objekte zu spezifizieren. Bei traditionellen relationalen Datenmodellen sowie SQL-Anfragesprachen fehlen allgemeine Abstraktionskonzepte wie Klassifikation, Generalisierung, Aggregation und Assoziation.[330] Bei der Abbildung dreidimensionaler Werkstücke muß aber i.a. eine Aggregation von Punkten über Kanten und Flächen zum eigentlichen dreidimensionalen Körper vorgenommen werden. Die SQL-Erweiterung von INFORMIX erfüllt diese Anforderung über die besagte OUTER-JOIN-Verknüpfung.

Im Falle der o.g. Datenbank-Anfrage über drei Aggregationsebenen muß eine Verbindung zwischen jeweils benachbarten Ebenen bestehen. Das erste Entity (teil) faßt deshalb die Informationen der zweiten Tabelle (zeichnung) und diese wiederum die Daten der dritten

---

[329] Vgl. INFORMIX Software, Inc. (Hrsg.): INFORMIX-SQL, Relational ..., Reference Manual, a.a.O., S. 2-65 f.

[330] Vgl. HÄRDER, T.: a.a.O., S. 147.

Relation (raster) zusammen. Für jedes gefundene Tupel der ersten Relation (welches also die WHERE-Klausel erfüllt) erfolgt demnach eine zweistufige Suche nach abhängigen Tupeln. Im Ergebnis wird damit gerade die gewünschte, oben sprachlich formulierte Anfrage realisiert.

Um einen SQL-Befehl aus einem Quellprogramm absenden zu können, ist ein sogenannter Cursor zu vereinbaren, welcher auf die einzelnen Anfrageergebnisse sukzessiv positioniert werden kann. Eine Auswertung erfolgt durch die Übergabe der selektierten Datenbank-Informationen an interne, im Hauptspeicher befindliche Programmvariablen, die anschließend beliebig manipulierbar sind. Nachdem der SQL-Cursor geschlossen wurde, ist der Programmablauf ohne weitere Zugriffe auf diesen Datenbank-Teil fortsetzbar.

Zur Speicherung von Planungsergebnissen sind interne Variablen mit Hilfe von eingebundenen SQL-Anweisungen in die Datenbank zurück zu übertragen. Die Informationen sind hier ebenfalls sukzessiv nacheinander über INSERT- oder UPDATE-Operationen in die jeweiligen Relationen zu schreiben.

6.1.2.3 Räumlich-zeitliche Belegungsplanung

Die Durchführung von Montageflächenbelegungen setzt voraus, daß die Einlagerungsreihenfolge der Bauteile gegeben ist. Mit Hilfe von Prioritätsregeln können im Anschluß an eine Datenselektion sortierte Warteschlangen erzeugt werden. Sobald die Rangreihung der einzulagernden Planungsobjekte und -flächen bekannt ist, kann die eigentliche Belegungsplanung angestoßen werden. Dazu ist für jedes einzuplanende Bauteil, unter Beachtung der Zuteilungsstrategie und Flächenpriorität, eine Platzsuche vorzunehmen.

Die Entwicklung geometrischer Algorithmen für dynamische Anordnungsplanungen ist allerdings keine triviale Aufgabenstellung. Schwierigkeiten, die hierbei zu überwinden sind, liegen auf der einen Seite im Entwurf eines geeigneten Modells[331] und zum anderen in der Formalisierung eines Einlastungsverfahrens, welches räumlich-zeitliche Kollisionen vermeidet sowie eine zielgerichtete Ablaufsteuerung ermöglicht.

Für erfolgswirksame Problemlösungen sind theoretisch elegante Modellierungen weniger entscheidend als die praktische Eignung. Eine Kombination aus kompakter, vielseitiger und flexibler Modellgestaltung sowie einer leistungsfähigen Anordnungsheuristik stellt den Idealfall eines innovativen Ansatzes dar. Der Positionierungsalgorithmus muß daher auch bei realen Problemgrößen in vertretbarer Zeit zu ansprechenden Ergebnissen kommen, um nicht von vornherein unbrauchbar zu bleiben. Eine detaillierte Beschreibung des vom Verfasser erarbeiteten Algorithmus erfolgt im Abschnitt 6.1.5.

---

331 Geeignet bedeutet hier nicht nur, daß das Modell eine gute Beschreibung des realen Problems darstellt, sondern, daß das Modell auch effizient auf einem Computer abbildbar sein muß.

6.1.2.4 Graphische Ausgabe der Planungsdaten

Im Anschluß an die computergestützte Berechnung der Einlagerungsorte und -zeiten sämtlicher betrachteter Planungsobjekte sind die ermittelten Resultate dem Benutzer übersichtlich zu präsentieren. Die Informationen sollten dabei nicht nur auf dem Bildschirm, sondern für Dokumentations- und Archivierungs-Zwecke auch auf Papier verfügbar sein.

Komplizierte Flächeneinlagerungen sind effektiv nur graphisch darstellbar. Mit der Fähigkeit eines Computers, Daten bildhaft zu visualisieren, steigt die Neigung des Menschen, komplizierte Zusammenhänge zu hinterfragen.[332] Graphische Informationen werden leichter aufgenommen, prägen sich schneller ein und reduzieren die Komplexität.

Die vom Computer berechneten Ergebnisse räumlich-zeitlicher Belegungsplanungen können dem Anwender unter alternativer Hervorhebung

- der Planungsflächen,
- der Planungsobjekte oder
- der Zielkriterien

zusammengefaßt dargeboten werden. Eine derartige Gruppierung bietet die Möglichkeit, aktuell nur diejenigen Daten abzurufen, die momentan von Interesse sind. Durch diese Einteilung können die zeitliche Entwicklung der Flächenbelegung, die Einlagerungsinformationen der Bauteile oder die Qualität des Durchlaufs getrennt ausgegeben werden. Die errechneten Objektanordnungen werden wahlweise für einen Zeitpunkt oder einen bestimmten Zeitabschnitt farbig dargestellt.

Graphische Ausgaben der Flächenbelegungen visualisieren also die Einlagerungsorte und -orientierungen der Planungsobjekte. In diese Belegungsgraphiken sind außerdem die Produktionsanfangs- und -endzeitpunkte der Aufträge sowie der aktuelle Betriebskalendertag aufzunehmen, damit der Planer eine zeitliche Vorstellung des Fertigungsfortschritts erhält.

Die bauteilbezogene Ergebnisausgabe umfaßt dagegen neben den relevanten Stammdaten sämtliche Informationen der Betriebsmittelbelegung. Die Grunddaten der Aufträge beinhalten u.a. den Wert, die räumlichen Abmessungen und die Durchlaufzeit. Berechnete Größen sind insbesondere die Prioritätsziffer, die Position in der sortierten Warteschlange sowie der Ort und die Zeit der Einlagerung. Angaben bzgl. der Raumkoordinaten, der Orientierung des Bauteils sowie des Beginns und des Endes der Einnistung konkretisieren die gefundene Flächenzuordnung.

Die Präsentation der Zielkriterien muß sich allerdings an den individuellen Bedürfnissen der betreffenden Unternehmung orientieren. Bei jedem Praxiseinsatz werden u.U. voneinander abweichende Schwerpunkte postuliert. Das bedeutet, daß die in einer Anwendung erzielten

---

332 Vgl. HARRINGTON, S.: Computer Graphics, 2nd ed., New York-St. Louis u.a. 1987, S. 1.

Planungsergebnisse nicht ohne weiteres in anderen Situationen verwertbar sind. Gleichwohl ist das Planungssystem so zu gestalten, daß der Benutzer die relevanten Zielkriterien selber festlegen kann. Diese Wahl muß aber innerhalb des Zuordnungsalgorithmus berücksichtigt werden.

Eine Kenntnis der Planungsergebnisse bildet anschließend die Grundlage für eventuelle Korrekturen der Verfahrensparameter. Der Entscheidungsträger muß durch aussagekräftige Informationen in die Lage versetzt werden, individuelle Analysen anzustellen und danach den Planungsprozeß zielgerichtet fortzusetzen. Dazu kann der Planer die ermittelten Ergebnisse entweder unverändert akzeptieren, einen in den Systemparametern modifizierten (d.h. konkretisierten und daher erfolgversprechenderen) Belegungsvorgang einleiten oder aber einzelne Einlagerungen manuell überarbeiten. Damit deutet sich der Zusammenhang zwischen Datenausgabe und Systemgrößen-Einstellung unmittelbar an.

6.1.2.5   Variation der Planungsparameter und der Planungsstrategie

Ergebnisanalysen heuristischer Planungsrechnungen bewirken beim zuständigen Fertigungsplaner häufig den Wunsch, die Planung mit – ggf. nur geringfügig – modifizierten Parameterwerten erneut anzustoßen. Diesem Vorhaben liegt das Bestreben zugrunde, bessere Resultate zu erzielen und so den Planungsprozeß weiter zu optimieren.

Mit der Modifikation des Planungsmodells ist häufig die Vorstellung verbunden, daß sich durch Variationen der Modellgrößen oder -strategien die Ergebnisse in eine vorhersehbare Richtung bewegen. Leider sind die Auswirkungen, die sich mit der Neujustierung der vorhandenen "Einstellschrauben" des Planungsprozesses ergeben, meist nicht exakt prognostizierbar. Die Hoffnung, bessere Lösungen zu erzielen, erfüllt sich nicht immer.

Aus diesem Grund wird häufig eine Simulation mit unterschiedlichen Parameterkonstellationen durchgeführt. Für den Planer ergeben sich Erkenntnisse über die Wirkung von Parametervariationen auf die Qualität der Flächenbelegung. Gleichzeitig kann dadurch die Sensitivität des Verfahrens analysiert werden.

Eine größere Anzahl verschiedener Simulationsexperimente ermöglicht es wiederum häufig, eine heuristische Steuerung in einen rückgekoppelten Regelkreis zu überführen. Durch die Erweiterung zu einer adaptiv-lernfähigen Heuristik kann sich ein Belegungsverfahren an wechselnde Planungsbedingungen anpassen. Lernfähige Prozesse sind jedoch nicht einfach zu entwickeln, da sie eine genaue Kenntnis der komplizierten Problemstrukturen voraussetzen. Die Kennzeichnung adaptiver Verfahren bietet aber eine große Chance, zunehmend bessere Bauteileinlagerungen zu generieren.

Im Bereich der zeitnahen Prozeßsteuerung besitzt eine erfahrene menschliche Planungs- und Kontrollinstanz eine Flexibilität, Kreativität und Leistungsfähigkeit, die durch computergestützte Algorithmen nur schwer zu erreichen ist. Wissensbasierte Verarbeitungskomponenten besitzen zwar keine kreative Spontaneität, können sich aber mit Hilfe einer breit angelegten Wissensbasis auf wechselnde Anforderungen einstellen. Die Nachteile der PPS-Expertensysteme führen dazu, daß man den existenten Prototypen derzeit generell die Praxisreife abspricht.[333] Das bedeutet nicht, daß dies auch in Zukunft so bleiben muß. Die sorgfältige Integration wissensbasierter Teilkomponenten in PPS-Systeme ist durchaus erfolgverschend.

Ausgearbeitete Anordnungsverfahren sind ebenfalls erweiterungsfähig. Für das vorliegende Problem wird dazu ein Konzept vorgestellt, welches die Heuristik um adaptiv-lernende Komponenten anreichert. Eine zielgerichtete Prioritätsregelwahl kann darüber hinaus von einem Expertensystem situationsabhängig vorgenommen werden. Die Erfüllungsgrade der Planungsziele sind durch diese Kopplung deutlich steigerbar.[334] Für eine abschließende Diskussion möglicher Systemerweiterungen wird auf das siebte Kapitel verwiesen.

Unveränderliche, automatisch ermittelte Lösungen DV-gestützter Feinplanungsverfahren werden vom Entscheidungsträger häufig nicht akzeptiert. Auf manuelle Ergebnis-Korrekturen darf daher in praxisorientierten Anwendungen nicht verzichtet werden.

6.1.2.6 Manuelle Ergebnis-Nachkorrektur

Vor dem Hintergrund einer nicht vollständig algorithmisierbaren Problemstellung kommt der individuellen Überarbeitungsmöglichkeit rechnergestützt ermittelter Planungsergebnisse eine nicht zu vernachlässigende Bedeutung zu. In realen Anwendungen räumlich-orientierter PPS-Systeme existieren mitunter Positionierprobleme, die sich einer vollständig regelbasierten Formulierung entziehen. Für bestimmte Fertigungsaufträge ist es beispielsweise erforderlich, den Belegungsort vorab und unabhängig vom "normalen" Zuordnungsverfahren fest vorzugeben. Besondere Gründe[335], die nur für dieses Teil ausnahmsweise zu beachten sind, können derartige Vorgaben begründen. Dem Anwender computergestützter Belegungsprogramme sind daher Werkzeuge zur Verfügung zu stellen, die manuelle Korrekturen zulassen.

Für komplexe Planungsprobleme ist es normalerweise nicht möglich, sämtliche Entscheidungsregeln fest und unumstößlich zu spezifizieren. Häufig treten erst durch industrielle Einsätze bestimmte Randbedingungen zu Tage, die bis zu diesem Zeitpunkt noch nicht

---

[333] Vgl. ZELEWSKI, S.: Expertensysteme haben viele Gesichter, in: FOCUS, Beilage Nr. 2/90 zur Computerwoche vom 27.04.1990, S. 25.

[334] Vgl. ZELEWSKI, S.: PPS-Expertensysteme für die Terminfeinplanung und -steuerung, Teil 1: Konzepte, in: Information Management, 1990, Nr. 1, S. 59.

[335] Ein besonderer Grund kann im Schiffbau z.B. die Nähe eines Teils zu einer installierten Außenhautlehre sein. Eine Außenhautlehre formt die gewölbten wasserseitigen Flächen der Schiffssektionen.

erkannt bzw. für relevant gehalten wurden. Eine grundsätzliche Praxisforderung betrifft daher die flexible und schnelle Erweiterung der Regelbasis.

Ergebnis-Manipulationen sind dem Benutzer selbst bei scheinbar vollständig konkretisierten Wissensbasen zu ermöglichen. Die Ursache liegt dann im subjektiven Empfinden des Entscheidungsträgers begründet, in speziellen Situationen gerade nicht formalisierte Überlegungen zugrunde zu legen.

Die Entwicklung von Software-Modulen zur manuellen Korrektur der Belegungsresultate ist allerdings auch mit Schwierigkeiten behaftet. Einerseits sollte dem Anwender das komplette Entscheidungsfeld übersichtlich präsentiert werden. Andererseits müssen die durch die Modifikationen eventuell hervorgerufenen Konsequenzen für andere Organisationseinheiten ebenfalls offengelegt werden. Realisierte manuelle Überarbeitungsprogramme haben dieses Dilemma zu berücksichtigen und sollten daher drei alternative Vorgehensweisen beinhalten:

- Einlagerung eines Bauteils vor dem eigentlichen Belegungslauf,
- wahlfreie Umlagerung eines Bauteils nach erfolgtem Belegungslauf, wobei die Konsequenzen für andere Objekte angezeigt werden müssen, und
- Ermittlung freier Zuordnungsplätze für ein bereits eingelagertes Bauteil, ohne die gefundene Lösung an anderen Stellen zu beeinflussen.

Vor allem die zweite Option kann einen erheblichen Umplanungsaufwand auslösen, der vorab nicht abzuschätzen ist. Die dritte Alternative bewirkt dagegen prinzipiell nur eine erneute (ggf. mehrfach durchzuführende) maschinelle Einlagerung des betreffenden Bauteils im Anschluß an den eigentlichen Planungslauf. Die erste Variante erfordert sogar lediglich eine simplifizierte Platzzuordnung, da im Vorwege der Hauptbelegung nur in Ausnahmefällen Kollisionen mit anderen Planungsobjekten auftreten sollten.

Für effiziente Umstellungsplanungen ist daher eine komfortable Benutzerschnittstelle erforderlich. Eine zeitabhängige Layoutplanung ist nur mit Hilfe graphischer Eingabegeräte (z.B. Maus, Lichtgriffel oder Fadenkreuzlupe) sowie hochwertiger Ausgabeeinheiten (also hochauflösender Graphik-Bildschirm und Laserdrucker bzw. Plotter) benutzergerecht zu handhaben.

6.1.2.7 Speichern der Planungsergebnisse

Nachdem eine in allen Teilen zufriedenstellende Lösung der Planungsaufgabe gefunden wurde, kann eine Sicherung der Belegungsresultate erfolgen. Hauptgegenstand der Datensicherung sind die Einlagerungsorte und -zeiten der Bauteile sowie die zeitabhängigen Grundrisse der Planungsflächen.

Neben diesen elementaren Planungsergebnissen sollten die eingestellten Parameterwerte sowie die berechneten Zielerreichungsgrade archiviert werden. Die Qualität der einzelnen

Läufe kann damit über einen längeren Zeitraum verfolgt und ausgewertet werden. Statistische Analysen ermöglichen zudem die Ableitung von Hypothesen über die generelle Gestaltung der Systemparameter. Aufgrund zielgerichtet spezifizierter Zuteilungsstrategien und Prioritätsregeln verkürzt sich der Lösungsprozeß erheblich.

Im Rahmen einer Datensicherung ist ebenfalls die Frage der Versionsverwaltung zu beantworten. Im Verlauf einer Planung kann der Wunsch entstehen, zunächst mehrere Lösungen nebeneinander zu speichern. Erst zu einem späteren Zeitpunkt wird dann der endgültige Produktionsablauf festgelegt. Dazu wählt der Fertigungsplaner eine bestimmte Belegungskonstellation aus den unterschiedlichen Lösungen aus. Eine Software muß diesen Selektionsvorgang unterstützen, so daß der Benutzer die gewünschte Alternative jederzeit einfach einspielen kann.

Der Anwender ist ferner in die Lage zu versetzen, eine beliebige Lösung zu einem späteren Zeitpunkt weiter zu verbessern. Diese Absicht impliziert, daß ein noch nicht vollständig beendeter Anordnungslauf temporär gespeichert, hinterher wieder eingelesen und weiterbearbeitet sowie schließlich endgültig archiviert wird.

Die Notwendigkeit zur Speicherung der Flächenbelegungen ist bereits bei der Datenmodellierung berücksichtigt worden.[336] Die Zuordnung zwischen Planungsobjekt und Montagefläche wird in der Relation zuordnung festgehalten. Dieser Beziehungstyp verwaltet den Einlagerungsort (d.h. die Flächenkoordinaten) jedes Bauteils. Eine Identifikation erfolgt dabei über die Teilenummer. Weitere Eigenschaften sind der Zeitpunkt der Einlastung (Belegungsbeginn) und der Fertigstellung (Belegungsende) sowie die Orientierung des Objekts. Die Verwaltung eines zusätzlichen Statusmerkmals, welches den aktuellen Fertigungsfortschritt charakterisiert (also eingeplant, freigegeben, begonnen, fertiggestellt, gestört bzw. nicht zulässig positionierbar), würde den Informationsgehalt des Werkstattgeschehens weiter erhöhen.

Die Konventionen des Entity-Relationship-Ansatzes fordern für die Tabelle zuordnung normalerweise einen zusammengesetzten Primärschlüssel aus Teil- und Flächen-Nummer. Der Plazierungsort eines Objekts wird allerdings inhaltlich bereits durch die Teilenummer eindeutig identifiziert. Ein weiteres Schlüsselattribut brauchte deshalb nicht angelegt zu werden.

Die Belegungssituation in den Montagehallen verwaltet die Relation bmbel. Auf der einen Seite existiert damit über den Entitytyp flaeche eine Beziehung zu den Stammdaten des Montagestandorts und auf der anderen Seite wird der Zeitbezug durch den Entitytyp zeit hergestellt. Mit der Aufnahme eines Kennzeichens (z.B. eine laufende Versionsnummer als zusätzliches Schlüsselattribut) in der Tabelle bmbel kann eine fortschrittliche Versionsverwal-

---

[336] Vgl. dazu nochmals die Abb. 25. Die Attributisierung ergibt sich zudem aus der Tab. 2.

tung eingerichtet werden. Das bedeutet, daß für jede abgespeicherte Planungsvariante unmittelbar die zugehörige Belegungssituation abrufbar ist. Der Schlüssel der Relation bmbel setzt sich also aus der Hallennummer, dem Betriebskalendertag (bkt), der Versionsnummer und dem laufenden Rasterzähler (der die einzelnen Flächenspalten identifiziert) zusammen.

6.1.3 Praxisorientierter Planungsablauf

Die Entwicklung einer PPS-Software wird maßgeblich vom Anwendungsgebiet beeinflußt. Im Hinblick auf die Bedienerführung unterscheidet sich ein Programm häufig dadurch, ob der Einsatz in wissenschaftlichen Forschungs- und Entwicklungsvorhaben oder in industriellen Unternehmungen vorgesehen ist. An ein praxisbezogenes PPS-System sind erheblich höhere Anforderungen hinsichtlich der Bedienungsqualität zu stellen als an ein in wissenschaftlichen Forschungseinrichtungen installiertes Programmpaket.

Für einen Produktionsbetrieb ist neben der eigentlichen Problemlösungskomponente eine benutzerfreundliche Dialogschnittstelle wichtig. Das bedeutet, daß eine erfolgreiche Anwendung erst durch eine einfache, homogene und gleichzeitig robuste Benutzeroberfläche ermöglicht wird. Für innovative Neuentwicklungen im Rahmen von Forschungsarbeiten ist demgegenüber die Problemlösung von herausragender Bedeutung. Damit der Planungsaufgabe eine angemessene Beachtung eingeräumt werden kann, wird häufig zunächst nur eine vereinfachte Benutzerschnittstelle realisiert. Die Oberfläche eines Softwaresystems läßt sich i.a. ohne größere Schwierigkeiten zu einem späteren Zeitpunkt verbessern.

Für die vorliegende Forschungsarbeit war die Entwicklung und Validierung eines Algorithmus zur kollisionsfreien Platzsuche von Planungsobjekten auf Standortträgern maßgebend. Unter der Verwendung traditioneller und neuartiger Auftragsauswahl- sowie Fertigungsablaufstrategien ist dabei dem komplizierten Anordnungsverfahren ein größeres Gewicht beizumessen als einer aufwendig gestalteten Dialogkomponente.

Der grundsätzliche Planungsprozeß mit CALPLAN erfordert in aller Regel mehrfache, zunehmend verfeinerte Einlastungsläufe, da eine optimierte Lösung nur durch eine Adaption der Verfahrensparameter an die Besonderheiten des jeweiligen Auftragsbestands erzielt werden kann.[337] Für reale betriebliche Fertigungsaufgaben wird daher eine dreistufige Vorgehensweise vorgeschlagen:

1. Festlegung von unternehmensspezifischen Prioritätsregeln, welche die konkreten Ziele und vorherrschenden Randbedingungen einbeziehen. Allgemeine Empfehlungen sowie betriebliche Simulationsstudien bilden dabei die Grundlage für eine effektive Regelspezifikation.

---

[337] Für die Kennzeichnung eines adaptiv-lernenden Belegungsverfahrens vgl. den Abschnitt 6.3.3.

2. Mehrfache Durchführung einer Flächenbelegung mit CALPLAN. Im Anschluß an die Analyse eines Belegungslaufs können die Prioritätsregeln zielgerichtet verfeinert werden, um den speziellen Bedürfnissen des Planers möglichst weitgehend Rechnung zu tragen. Die Belegungsplanung kann mit diesem veränderten Szenario erneut gestartet werden.

3. Manuelle Nachbesserung eines computergestützt erstellten Einlagerungsvorschlags. Die Akzeptanz der Fertigungsplaner kann schließlich durch die Einplanung subjektiver Korrekturwünsche vollständig sichergestellt werden.

Innerhalb dieses strukturierten Planungsprozesses sind dem Anwender Optionen anzubieten, die den Belegungsablauf weiter individualisieren. Beispielsweise ist es mitunter wünschenswert, daß ein Planungslauf an bestimmten Stellen unterbrochen werden kann. Man erwartet damit bereits zu einem frühen Zeitpunkt eine Zustimmung vom Benutzer, ob die bis dahin ermittelte Zuordnung beibehalten oder eine interaktive Umlagerung vorgenommen werden soll.

Ein zweiter Gesichtspunkt betrifft die Möglichkeit, nicht nur komplette Neuplanungen, sondern auch inkrementelle Änderungsplanungen durchzuführen. Diese Net-Change-Planungen erlauben es, nicht fortwährend einen grundsätzlich zufriedenstellenden Planungszwischenzustand komplett in Frage stellen zu müssen. Statt dessen können von Zeit zu Zeit aktuelle Umstellungsplanungen gestartet werden. Andere Situationen erfordern trotzdem weiterhin die Durchführung von Neuaufwurfsplanungen. Eine richtungweisende Strategie zeichnet sich also durch den ergänzenden Einsatz beider Varianten ab, bei der ein Neuaufwurf z.B. wöchentlich und eine Net-Change-Planung täglich vorgenommen wird.

Ein vorerst letzter Aspekt zur Anpassung einer PPS-Software bezieht sich auf die Terminierungsart der Kundenaufträge. Im Hinblick auf eine flexible Einlastungsorientierung sollte neben einer konventionellen Vorwärtsterminierung auch die Retrograde Terminierung angeboten werden. Die Retrograde Terminierung versucht eine an die Soll-Liefertermine angepaßte Reihenfolgeplanung der Aufträge auf der Basis von Prioritätsziffern vorzunehmen.[338]

Ein Höchstmaß an Flexibilität (aber u.U. auch an Unhandlichkeit) wäre durch das Mitführen eines Parametersatzes je Bauteil erreicht. Dieser legt dann die jeweilige Zuteilungsstrategie, die Bauteil- und die Flächen- Prioritätsregel sowie die Terminierungsart objektabhängig fest.

---

[338] Vgl. ADAM, D.: Retrograde Terminierung: Ein Verfahren zur Fertigungssteuerung bei diskontinuierlichem Materialfluß oder vernetzter Fertigung, in: SzU, Bd. 39, Wiesbaden 1988, S. 90 und 92.

6.1.4 Implementation

Die vorgestellte Konzeption einer computergestützten Ablauf- und Layoutplanung ist nun in einem Software-System umgesetzt worden. Im folgenden werden die Architektur sowie die wesentlichen Realisierungsdetails beschrieben.

CALPLAN wurde auf einem Personal Computer entwickelt und eingesetzt. Das Programm kann entweder "stand-alone" oder aber in einem Netzwerk installiert werden. In Abhängigkeit von der spezifischen DV-Ausstattung und den Anforderungen eines Industriebetriebs ergibt sich der Integrationsgrad der Fertigung.[339] Während für eine zentrale Werkstattsteuerung oft ein größerer Fertigungsrechner ausreicht, können bei einer dezentralen Organisation mehrere Personal Computer für jeweils abgegrenzte Bereiche betrieben werden.[340] Der Unterschied liegt hierbei in der Aufgabenbewältigung. Eine zentralisierte Steuerung ist für sämtliche Fertigungsaufgaben zuständig, wohingegen dezentrale Einheiten, die miteinander kommunizieren können, jeweils eigenständige Funktionen übernehmen.

Die Architektur von CALPLAN wird durch die Abb. 26 veranschaulicht. Die gegenwärtige Ausbaustufe des Gesamtsystems umfaßt Funktionen des Datenbank-Managements, der Ablaufplanung und der graphischen Layoutdarstellung. Die aktuelle Version läuft unter dem Betriebssystem MS-DOS[341] (ab Version 3.3). Die Festlegung auf den PC-Industriestandard bewirkt, daß CALPLAN auf allen Rechnern mit INTEL-Prozessoren 80286, 80386 oder 80486 eingesetzt werden kann.

Als Datenbank-Managementsystem (DBMS) wurde INFORMIX verwendet. Das relationale DBMS INFORMIX wird für mehrere Hardware-Plattformen angeboten und arbeitet unter zahlreichen Betriebssystemen. Ein späterer Wechsel auf das leistungsfähigere Betriebssystem UNIX[342] ist damit ohne größeren Aufwand möglich.

---

[339] Die Vorteilhaftigkeit der Kopplung mehrerer dedizierter Mikrorechner in einem lokalen Netzwerk folgt bereits aus der oben angeführten Abb. 22. In diesem Zusammenhang wurde insbesondere auch auf die Verbindung zum zentralen PPS-System des Großrechners der Unternehmung hingewiesen.

[340] Vgl. KURBEL, K./ MEYNERT, J.: Flexibilität in der Fertigungssteuerung ..., a.a.O., S. 584.

[341] Abk. für Microsoft Disk Operating System.

[342] In einem möglichst weitreichend standardisierten Release-Stand (etwa System V, Version 4.0).

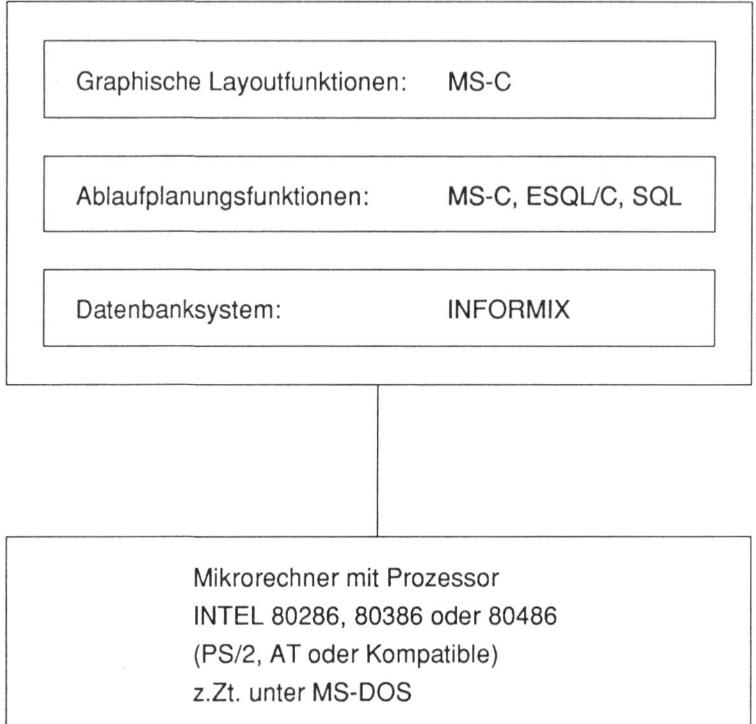

Abb. 26: Architektur von CALPLAN

Dies unterstreicht auch die Programmierung, die mit Hilfe der inzwischen bevorzugten Programmiersprache C vorgenommen wurde. Heutige C-Compiler ermöglichen zukunftssichere und gleichzeitig effiziente Implementationen.[343] Die Schnittstelle zur Datenbank wird hierbei über – in C-Quellprogramme eingebundene – SQL-Statements realisiert. Durch einen Präprozessor-Lauf erfolgt eine Übersetzung der ESQL/C-Anweisungen in C-Code, den der Compiler danach übersetzen kann. Durch Ad-hoc-Anfragen respektive in Kommandodateien abgelegte SQL-Befehle sind Datenbank-Zugriffe jederzeit möglich und einfach ausführbar.

Die Programmierung wurde überwiegend mit Hilfe standardisierter (durch ANSI[344] genormter) C-Funktionen erledigt. Dadurch ist ein Höchstmaß an Portabilität sichergestellt. Die graphischen Layouts zur Darstellung der berechneten Flächenbelegungen wurden ebenfalls mit C-Funktionen realisiert. Leider hatten sich zu Beginn der Entwicklungsarbeit in diesem Bereich noch keine einheitlichen Programmier-Standards durchgesetzt, so daß für diese Aufgabe die Graphik-Bibliothek des Microsoft-Compilers verwandt wurde. Implementationen unter MS-Windows (für das Betriebssystem MS-DOS), dem Presentation Manager

---

[343] Zur Entwicklung wurde der Microsoft C-Compiler verwandt (zunächst in der Version 5.1 und später 6.0A).

[344] Abk. für American National Standards Institute.

(für OS/2[345]) oder X/Windows bzw. OSF/Motif[346] (für UNIX) besitzen aber inzwischen diesen Standardisierungscharakter. Die Forderung nach einfach realisierbaren graphischen Benutzerschnittstellen wurde jedoch von den Anbietern der Entwicklungswerkzeuge lange vernachlässigt.[347]

Die Verwendung graphischer Funktionen dient also der übersichtlichen Präsentation verschiedener Anordnungsergebnisse. Für künftige Industrieeinsätze spielen zudem komfortable Objekt-Eingaben eine wichtige Rolle. Die verwirklichte Benutzeroberfläche ist dann neu zu gestalten. Viele Anwendungsentwickler haben sich hier auf Windows festgelegt. Die nachfolgend entwickelten Layoutdarstellungen liefern dabei eine Vorstellung über den endgültigen Aufbau der Bildschirmgraphiken.

Der Entwicklungsarbeit lag das Konzept der Modularisierung zugrunde. Eine Migration nach OS/2 oder UNIX vereinfacht sich erheblich bei einer modular aufgebauten, standardisierten und daher portablen Programmierung. Lediglich diejenigen Programm-Komponenten, die externe Hardware-Einheiten ansprechen (also vor allem die graphischen Bildschirmausgaben sowie Tastaturabfragen) müssen ggf. angepaßt werden.

Zur Realisierung des Menüaufbaus von CALPLAN wurde das Software-Produkt "The Window BOSS"[348] eingesetzt. Diese Programm-Bibliothek beinhaltet C-Funktionen zur Erstellung, zum Management und zur Manipulation von Fenstern und Menüstrukturen.[349] Für eine prototypische Verwirklichung des Programmablaufs konnte damit eine vereinfachte Menügestaltung zugrunde gelegt werden. Das Hauptmenü von CAPLAN ergibt sich aus folgendem Bildschirm-Abzug.

---

[345] Abk. für Operating System/2.

[346] OSF ist eine firmenübergreifende Software-Vereinigung und steht für Open Software Foundation.

[347] Erste Produkte, die hierzu eine Abhilfe bieten, sind das Software Development Kit (SDK), Quick-C für Windows oder Visual Basic von Microsoft sowie Turbo Pascal für Windows von Borland.

[348] Das Shareware-Produkt "The Windows BOSS" wird vertrieben von der Star Guidance Consulting. Vgl. Star Guidance Consulting, Inc. (Hrsg.): The Window BOSS & Data Clerk, Version 5.17 vom 01.07.1990, Waterbury, Connecticut, USA 1990.

[349] Die Version 5.17 wurde allerdings in einigen Quellprogrammen geringfügig modifiziert.

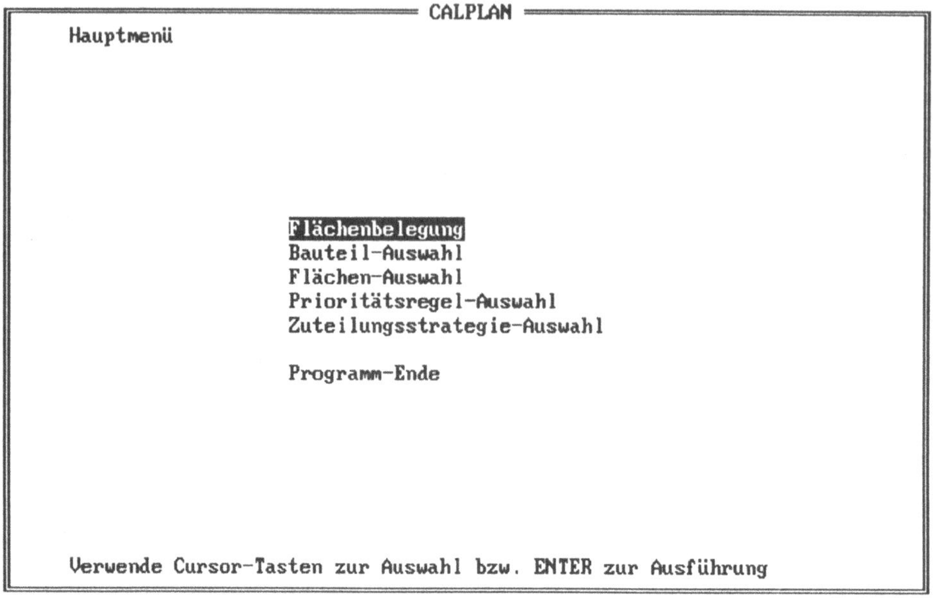

```
═══════════════════════════ CALPLAN ═══════════════════════════
 Hauptmenü




                        Flächenbelegung
                        Bauteil-Auswahl
                        Flächen-Auswahl
                        Prioritätsregel-Auswahl
                        Zuteilungsstrategie-Auswahl

                        Programm-Ende




       Verwende Cursor-Tasten zur Auswahl bzw. ENTER zur Ausführung
```

Abb. 27: Bildschirm-Hardcopy des Haupmenüs

Die erste Menüoption bewirkt die Durchführung einer Flächenbelegung mit voreingestellten bzw. gewählten System-Parametern. Die zweite Position dient zur Auswahl einzelner oder sämtlicher Bauteile, die innerhalb des nächsten Planungslaufs einzulasten sind. Analog verläuft die Festlegung der Planungsflächen, d.h. entweder werden alle verfügbaren oder nur einige konkret spezifizierte Flächen berücksichtigt. Die Flächen-Selektion könnte prinzipiell für jedes Objekt eigenständig vorgenommen werden. Dadurch wäre es möglich, unterschiedlichen Bauteilen jeweils ein eingegrenztes Kapazitätsangebot zu unterbreiten. Realisiert wurden bislang aber lediglich globale Vereinbarungen. Ferner ist die Anfangsbelegung der Standortträger zu bestimmen. Dies geschieht i.a. durch das Laden einer bereits abgespeicherten Lösung früherer Planungen.

Ein weiterer Menüpunkt betrifft die Festlegung der Bauteil- und Flächen-Prioritätsregeln. Hinsichtlich der objektbezogenen Vorrangregel sind die relevanten Komponenten und Parameter zu fixieren. Die Regelbestandteile können dabei elementar oder additiv, multiplikativ bzw. alternativ kombiniert werden. Zur Priorisierung der Planungsflächen stehen derzeit allein elementare Regeln zur Verfügung.

Mit der letzten Option des Hauptmenüs wird die Zuteilungsstrategie für den anstehenden Belegungslauf bestimmt. Dazu ist die Variationsreihenfolge der vorhandenen Freiheitsgrade dem computergestützten Planungssystem mitzuteilen. Zur Vereinbarung einer Fertigungsablaufstrategie gehört auch die Wahl der Terminierungsrichtung. In Betracht kommt entweder die Vorwärts- oder die Rückwärtsterminierung. CALPLAN verfolgt jedoch zunächst lediglich die erste Strategie.

Im Zusammenhang mit der Einlagerungsstrategie ist der Planungshorizont festzulegen. Obwohl keine unmittelbare Beziehung zum Fertigungsablauf besteht, muß der Planungszeitraum menüseitig wählbar sein. Die Angabe dieses Zeitfensters ist von entscheidender Bedeutung, da damit das Teilespektrum für den anstehenden Belegungsprozeß eingegrenzt wird. Eine Abstimmung der Planperiode ist entweder im Rahmen der letzten oder in einer neu einzurichtenden Menüoption abzuhandeln.

Nicht alle Positionen der CALPLAN-Menüstruktur konnten bereits vollständig realisiert werden. Dies betrifft insbesondere die Festlegung bauteilabhängiger Flächen-Prioritätsregeln und Zuteilungsstrategien. Zudem bestand nicht die Notwendigkeit, sämtliche Varianten menügesteuert zu aktivieren, da schnelle (aber nicht sehr komfortable) Änderungen des Planungsszenarios bislang über Manipulationen der Eingabedatei erreicht wurden.[350] Für den Echteinsatz sind derartige Einflußmöglichkeiten jedoch unerläßlich.

Im Anschluß an die computergestützte Flächenbelegung wird dem Anwender ein Ausgabemenü präsentiert. Die zur Verfügung stehenden Alternativen stellt die folgende Abbildung dar.

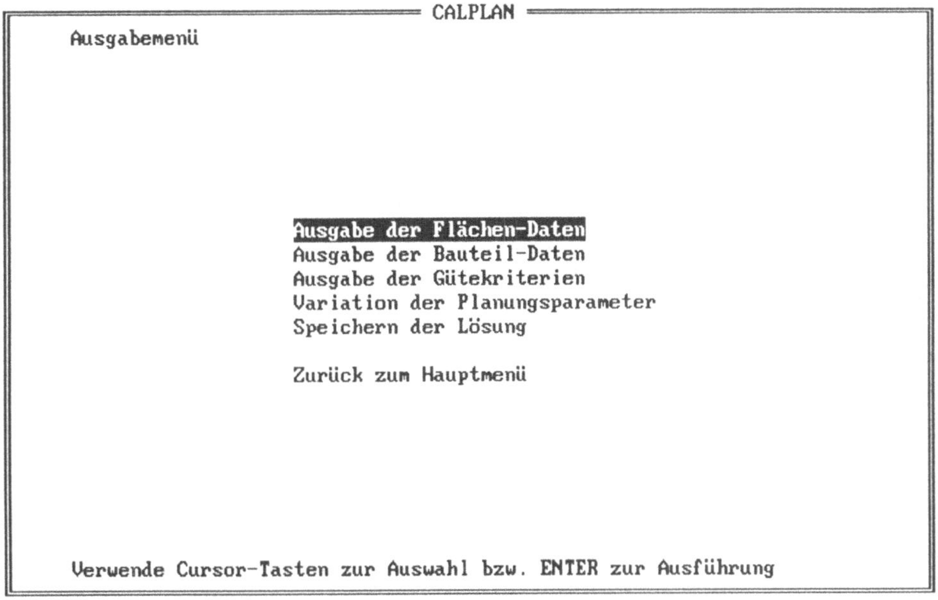

Abb. 28: Bildschirm-Hardcopy des Ausgabemenüs

---

350 Vgl. hierzu den Abschnitt 6.1.2.1.

Die ermittelte Flächenbelegung wird zunächst durch Eingabe der Hallennummer und des jeweiligen Betriebskalendertags graphisch ausgegeben. Zusätzlich dargestellte Informationen sind die Teilenummer, die Orientierung, der Koordinaten-Ursprung sowie der Produktions-start- und -endzeitpunkt jedes eingelagerten Bauteils. Einen beispielhaften Bildschirm-Abzug veranschaulicht dazu die Abb. 29.

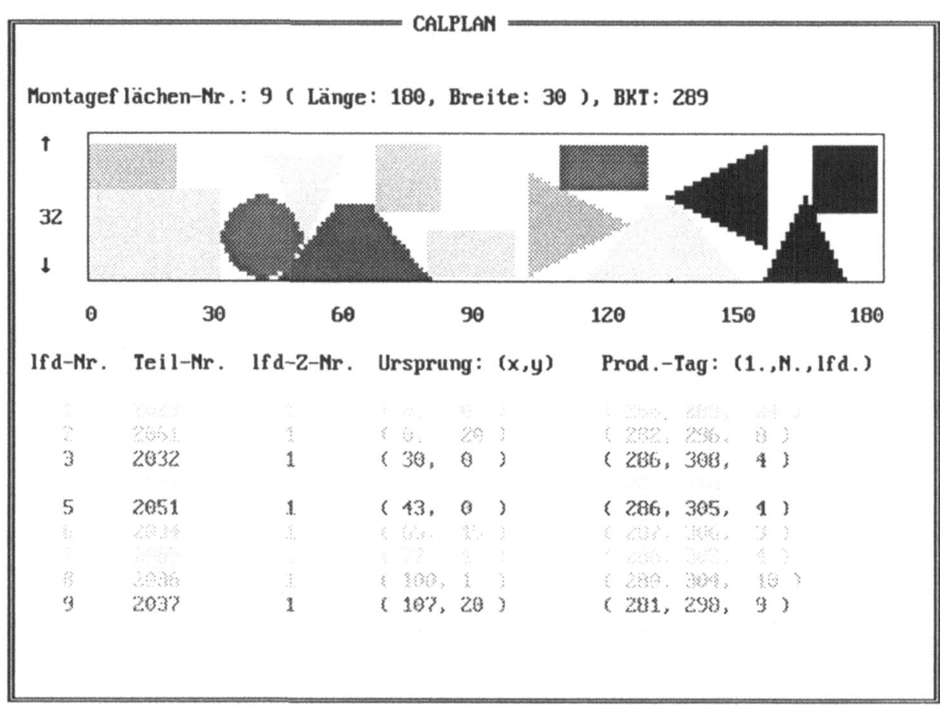

Abb. 29: In Grautöne aufgelöste, ursprünglich farbige Bildschirm-Hardcopy einer Flächen-belegung

Von besonderem Interesse für den Entscheidungsträger ist die zeitliche Entwicklung einer Flächenbelegung. Ein Beispiel ist dazu auf den beiden folgenden Seiten angegeben.[41] Die verfügbare Stellfläche wird hierbei sehr gut ausgenutzt. Der innere Teil eines rahmenförmi-gen Bauteils steht anderen Teilen ebenso zur Verfügung wie Freiräume eines S-förmigen Objekts. Darüber hinaus werden die rechteckigen Teilaufträge im linken Hallenabschnitt effizient (d.h. nahezu verschnittfrei) geschachtelt.

---

[41] Das gewählte Planungsszenario dieses Beispiels wird im Abschnitt 6.2.3 beschrieben.

Exemplarische Entwicklung einer Flächenbelegung
an verschiedenen Betriebskalendertagen (BKT)

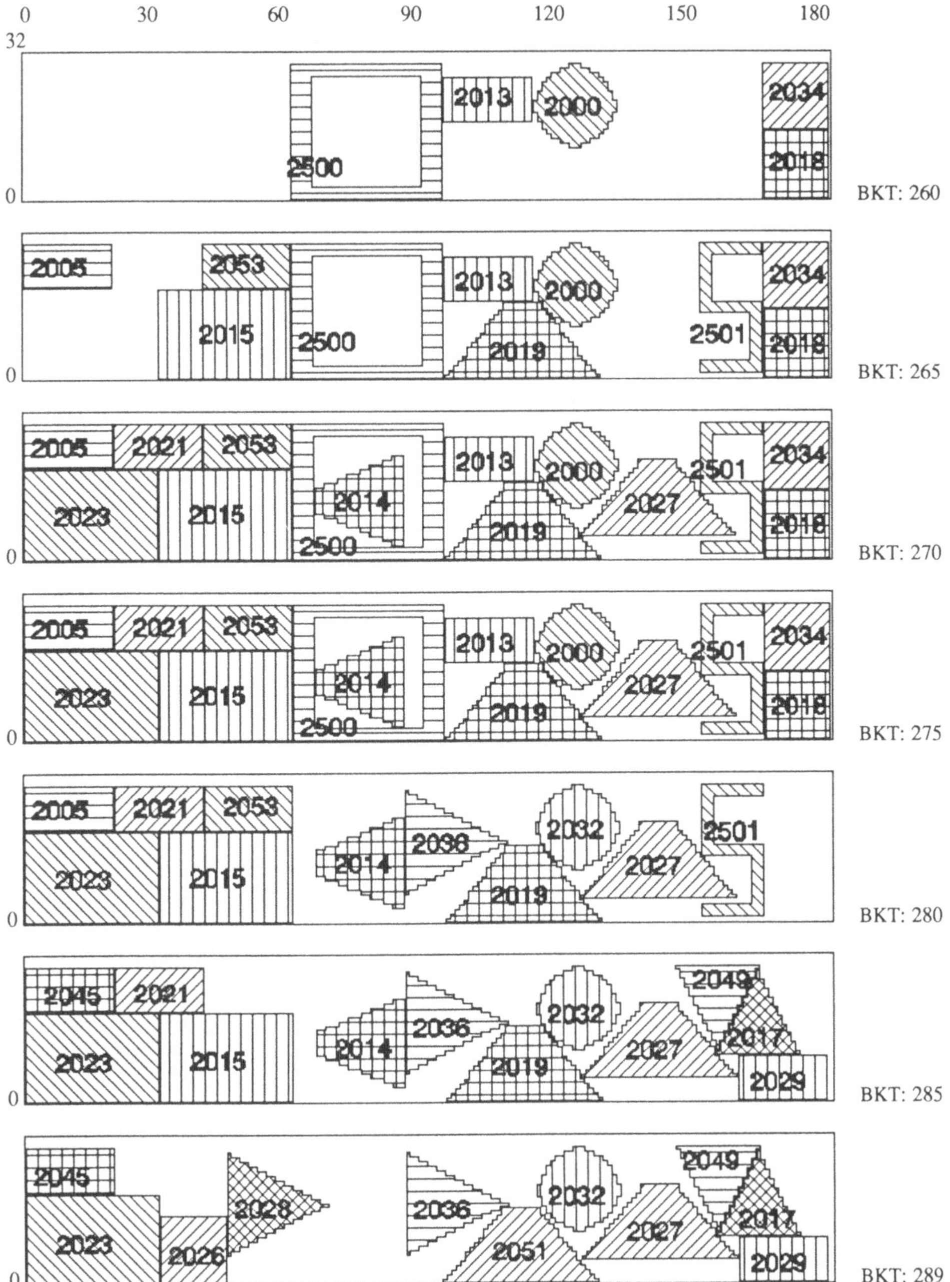

Abb. 30: Zeitliche Entwicklung einer Montageflächenbelegung

Teile-Nr.	Orientierung	Ursprung	Start-/ Fertigstellungstermin
2000	1	(114, 11)	260/ 279
2005	1	(0, 20)	261/ 281
2013	1	(94, 17)	260/ 275
2014	1	(65, 3)	268/ 288
2015	1	(30, 0)	262/ 285
2017	1	(154, 10)	283/ 305
2018	1	(165, 0)	260/ 279
2019	1	(94, 0)	265/ 285
2021	1	(20, 20)	267/ 288
2023	1	(0, 0)	266/ 289
2026	1	(30, 0)	286/ 313
2027	1	(124, 5)	268/ 289
2028	1	(45, 6)	286/ 305
2029	1	(159, 0)	283/ 301
2032	1	(114, 11)	280/ 302
2034	1	(165, 15)	260/ 279
2036	1	(85, 6)	280/ 304
2045	1	(0, 20)	282/ 304
2049	2	(145, 11)	283/ 307
2051	1	(93, 0)	286/ 305
2053	1	(40, 20)	263/ 284
2500	1	(60, 0)	260/ 279
2501	1	(151, 1)	262/ 282

Tab. 3: Zusammenstellung der Teil-Einlagerungsinformationen

Bei der Betrachtung der Flächenbelegungen fällt auf, daß die Bauteile lückenlos aneinander plaziert wurden. Die Arbeit an den Aufträgen erfordert jedoch i.a. einen ungehinderten Zugang mit zum Teil großvolumigen Werkzeugen (z.B. Schweißgeräten). Diese Verkehrswege können aber bereits bei der Objekt-Dimensionierung berücksichtigt werden, indem man die Abmessungen um den nötigen Verfahrwege-Betrag beaufschlagt. Wenn also beispielsweise die Verkehrswege wenigstens 2 Metern breit sein sollen, müssen die Bauteile in beide Achsenrichtungen um je einen Meter größer dimensioniert werden als es die Konstruktionszeichnung vorgibt. Die explizite Aufnahme und Verwaltung eines Wegenetzes kann damit entfallen.

Die Einlagerungsinformationen dieser Montageflächenbelegung sind in der Tab. 3 zusammengestellt worden. Die nächste Möglichkeit besteht darin, die Planungsergebnisse in Abhängigkeit von den Bauteilen zu präsentieren. Alternativ können alle durch den Belegungslauf berücksichtigten, alle eingelagerten, alle nicht eingelagerten oder speziell selektierte Objekte ausgegeben werden. Die Resultate der Einlagerung wurden wiederum exemplarisch dargestellt (vgl. die Abb. 31). Neben der Flächenzuordnung umfaßt die Bildschirmausgabe verschiedene Teile-Stammdaten, die berechnete Prioritätsziffer und die laufende Nummer in der Warteschlange.

```
════════════════════════════ CALPLAN ════════════════════════════
    Bauteil-Daten-Ausgabe


    Ident-Nr.:     2037
    lfd. Nr.:      53
    Prio.-Ziffer:  -3.000000e+001
    Wert:          412
    Platzbedarf:   200          Status:        Platz gefunden !
    FAZ:           272          Flächen-Nr.:   9
    SAZ:           284          Bel.-Beginn:   281
    DLZ            18           Bel.-Ende:     298
    Gewicht:       330          x-Koor.:       107
    max. Höhe      380          y-Koor.:       20
    Anz. Orient.:  2            lfd. Orient.:  1




    Drücken Sie eine beliebige Taste um fortzufahren
```

Abb. 31: Bildschirm-Hardcopy der Bauteil-Daten-Ausgabe

Ein weiterer Menüpunkt betrifft die Ausgabe sämtlicher Gütekriterien des aktuellen Planungslaufs. Die Auswertung der Zielerreichungsgrade bildet einen wichtigen Bestandteil der Ergebnisanalyse und die Grundlage eventueller Folgeplanungen. Die Festlegung bestimmter Ziele hängt vom jeweiligen Anwendungsfall ab, ein Beispiel dokumentiert die Abb. 32.[352]

Vielfältige Einflußmöglichkeiten ergeben sich aus der Variation der Systemparameter und der Planungsstrategie. Neben einer interaktiven manuellen Veränderung der heuristischen Lösung (durch individuelle Bauteilein- oder -umplanungen) sollten Routinen zur Anhebung bzw. Absenkung der Bauteil- und Flächen-Prioritätsziffern, zur Modifikation der Prioritätsregeln, zur Änderung der Bauteil- bzw. Flächen-Daten, zur erneuten Auswahl der Objekte oder Standortträger, zur Änderung der Zuteilungsstrategie sowie zur Spezifikation eines anderen Planungszeitraums oder einer modifizierten Flächen-Anfangsbelegung zur Verfügung stehen.

---

[352] Die verwendeten Symbole werden im Abschnitt 6.2.2.7 erläutert.

```
============================== CALPLAN ==============================

    Gütekriterien-Ausgabe


    ke_t_anz:  55                    kn_t_anz:  17
    ke_t_dlz:  1127                  kn_t_dlz:  283
    ke_t_wert: 31694                 kn_t_wert: 8360
    ke_t_pb:   14913                 kn_t_pb:   6309
    zke_t_pb:  306617                zkn_t_pb:  106753


    zkk_t_pb:  228399
    k_f:       13600

    d_f_a:     55.98 %







    Drücken Sie eine beliebige Taste um fortzufahren
```

Abb. 32: Bildschirm-Hardcopy der Gütekriterien-Ausgabe

Der Planer ist aber erst mit kontinuierlichen Ergebnissicherungen in der Lage, den disponiblen Gestaltungsspielraum effektiv zu nutzen. Eine Speicherung sämtlicher Kenngrößen der berechneten Belegung übernimmt daher die letzte Menüoption (wenn man von einem Rücksprung zum Hauptmenü absieht). Dazu ist eine identifizierende laufende Nummer zu vergeben (erweitert um ein Kennzeichen für die bisher beste Lösung). Anschließend können sämtliche Einlagerungsresultate inklusiv zugehöriger Planungsparameter, Zuteilungsstrategie und Zielfunktionswerte archiviert werden.

6.1.5 Der heuristische Belegungs-Algorithmus

In diesem Abschnitt wird die Heuristik zur Anordnung räumlicher Bauteile auf den betrieblichen Montageflächen hergeleitet. Das Belegungsverfahren bildet dabei den Kern einer räumlich-orientierten Produktionsplanung und -steuerung.[353]

Eine räumlich-zeitliche Anordnungsplanung besteht im wesentlichen aus einer flächen- und durchlaufzeitdeckenden Platzsuche für die einzulagernden Teilaufträge. Eine freie Objekt-Stellfläche steht demnach erst dann zur Verfügung, wenn eine Kollisionsprüfung über der gesamten Bauteil-Ausdehnung und über der ganzen Fertigungszeit durchgeführt wurde. Den erarbeiteten flächennutzungsorientierten Einlastungsalgorithmus veranschaulicht die Abb. 33.

---

[353] Vgl. die Abb. 24.

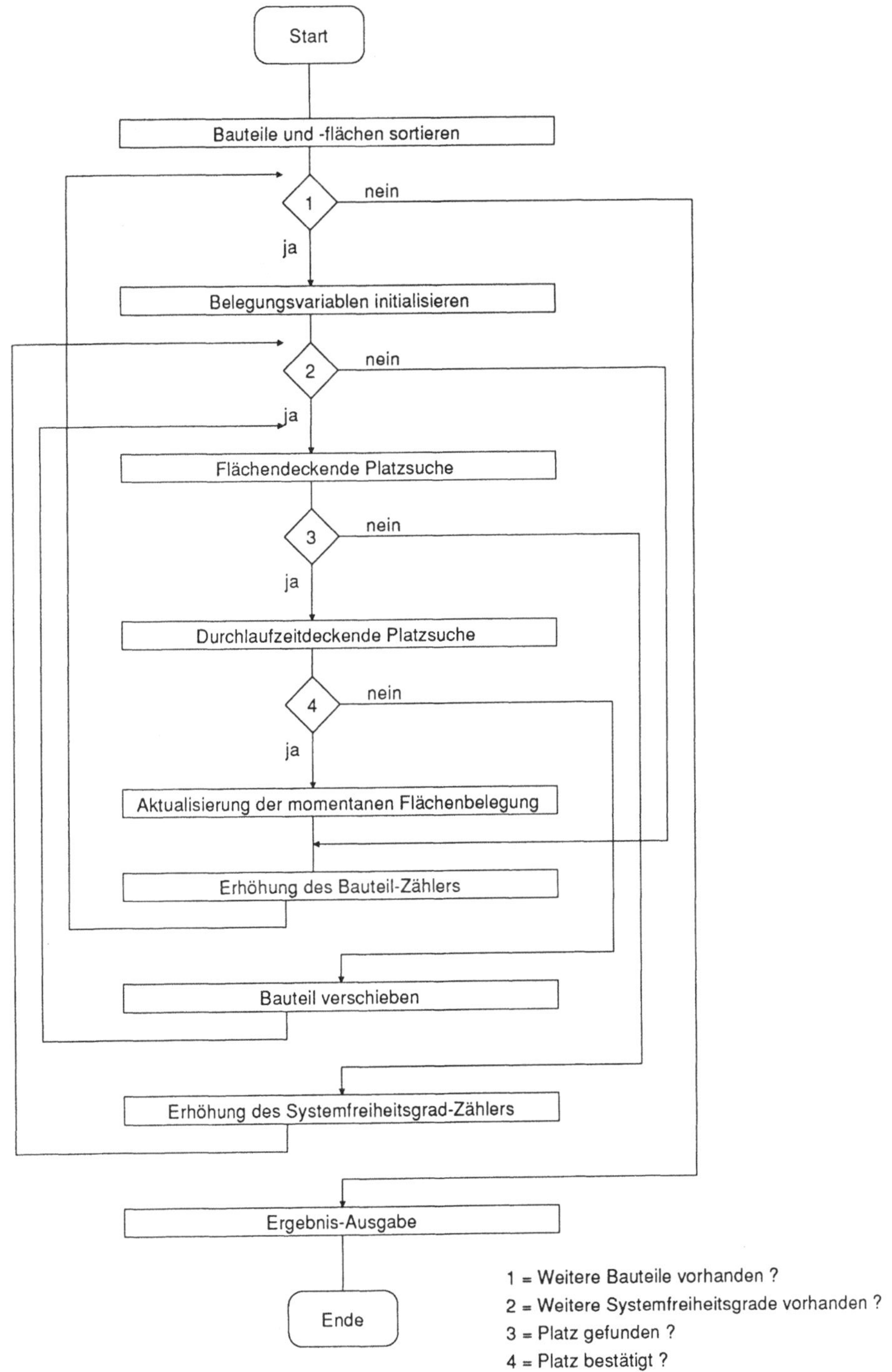

Abb. 33: Programmablaufplan der räumlich-zeitlichen Belegungsplanung

Vor der eigentlichen Platzsuche sind die Bauteile und -flächen gemäß der spezifizierten Reihenfolgeregeln zu sortieren. Die Erstellung einer sortierten Warteschlange setzt voraus, daß die Planungsstrategie und die Systemparameter bereits festgelegt sowie die relevanten Anfragen an die Datenbank beantwortet wurden.

Für jedes einzuplanende Teil ist anschließend eine Platzsuche in den entsprechenden Bauflächen durchzuführen. Im Falle einer erfolgreichen Suche muß dieser Montageort über der gesamten Durchlaufzeit bestätigt werden. Die Suche einer Stellfläche hängt entscheidend von der Variationsreihenfolge der Systemfreiheitsgrade ab. Implementierte Freiheitsgrade der Belegungsplanung sind:

- Der Start-Termin der Einlagerung eines Bauteils,
- die Planungsfläche, in der das Teil eingelagert wird und
- die Orientierung (d.h. Lage) des Teils in der Montagefläche.

Es besteht daher ein Unterschied, ob bei einer erfolglosen Platzsuche zuerst der Belegungszeitpunkt, die Halle oder die Orientierung des Teils verändert wird. Wenn also ein ausreichender Stellplatz in der momentanen Fläche, der jeweiligen Lage und an dem aktuellen Betriebskalendertag nicht verfügbar ist, wird die Suche mit variierten Parametern systematisch fortgeführt. Das Abbruchkriterium des Algorithmus wird entweder durch die Ermittlung einer über der Produktionszeit bestätigten Einlagerungsmöglichkeit oder einer endgültig gescheiterten Platzsuche gebildet. Sofern ein Montageplatz für das betreffende Bauteil gefunden wurde, ist diese Fläche zu reservieren. Anschließend kommt das nächste Objekt an die Reihe.

Für eine zwar erfolgreiche flächendeckende, aber nicht zu bestätigende durchlaufzeitdeckende Platzsuche muß die Planung mit einer Objektverschiebung (unter Beibehaltung aller anderen Parametereinstellungen) fortgesetzt werden. Die Verschiebung verläuft dabei zuerst in Hallenbreiten-Richtung (y-Koordinate) und danach in Längen-Richtung (x-Koordinate).

Das Ende des kompletten Planungslaufs ergibt sich durch die Präsentation des Ergebnis-Ausgabe-Menüs. Der Planer hat nun die Möglichkeit, sich die gewünschten Belegungsresultate detailliert graphisch anzeigen zu lassen oder den Planungsprozeß anderweitig fortzuführen.

Der flächendeckende Einlastungsalgorithmus bildet den wichtigsten Teil des Verfahrens und wird für ein einziges Planungsobjekt mehrfach aufgerufen.[354] Den prinzipiellen Ablauf verdeutlicht die Abb. 34. Die Zuordnungssuche basiert auf einer sowohl räumlich als auch zeitlich diskretisierten Rasterung der Planungsflächen und -objekte.[355]

---

[354] Dieses Unterprogramm wird – je nach Flächenauslastungsgrad – mehrere hundert- oder sogar tausendmal durchlaufen.

[355] Vgl. nochmals die Abb. 21.

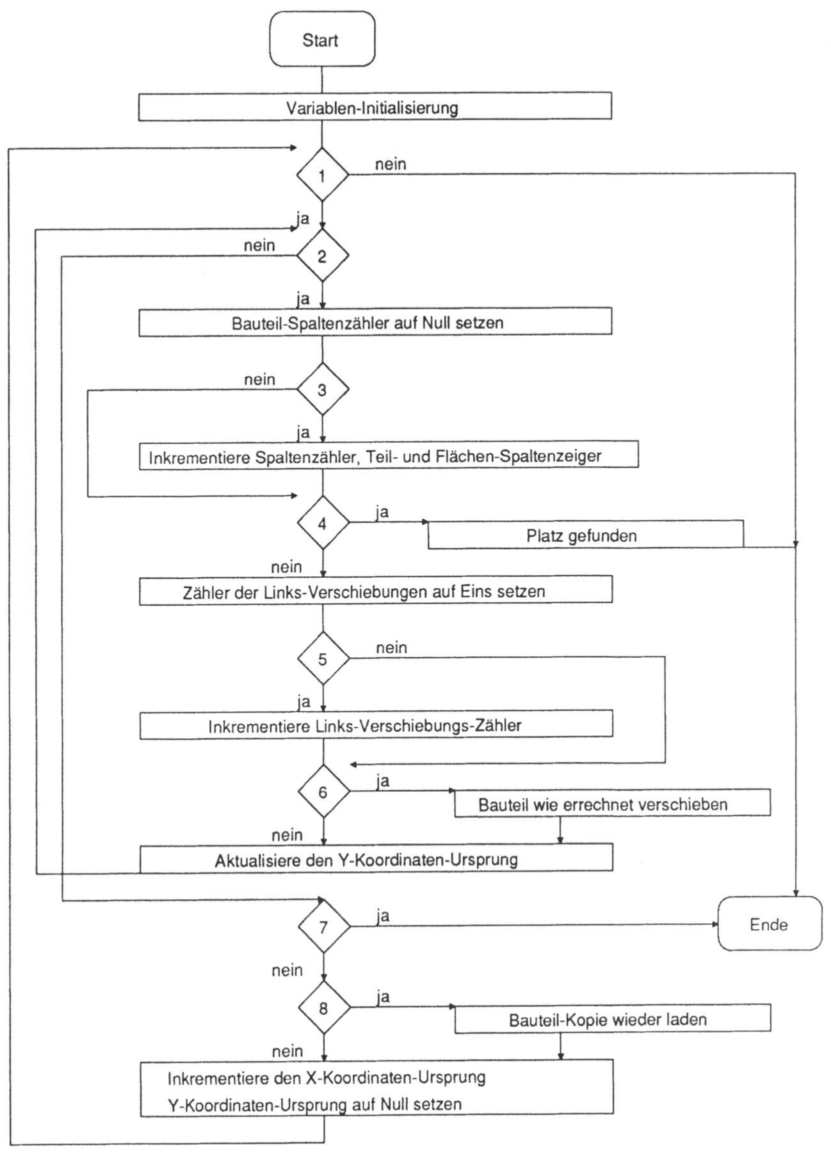

1 = Ist das Bauteil noch in X-Richtung verschiebbar ?

2 = Ist das Bauteil noch in Y-Richtung verschiebbar ?

3 = Sind weitere Teilspalten vorhanden und ist die Flächen- & Teilspalte = 0 ?

4 = Alle Bauteilspalten geprüft ?

5 = Ist das Bauteil in Y-Richtung weiter verschiebbar und ist die Teil- & Flächenspalte <> 0 ?

6 = Verschiebemöglichkeit in Y-Richtung für diese Teilspalte gefunden ?

7 = Platz gefunden ?

8 = Passt das Bauteil nach der Verschiebung in X-Richtung noch in die Fläche ?

wobei: & = logischer bitweiser UND-Operator

Abb. 34: Programmablaufplan zur flächendeckenden Platzsuche

Eine Kollision mehrerer Bauteile wird dabei über logische bitweise UND-Verknüpfungen der Teile- und Flächen-Spalten erkannt. Diese UND-Operationen erfolgen im Register des Computers und werden somit äußerst schnell ausgeführt.[356] Wenn also sämtliche Spalten des betrachteten Bauteils mit den entsprechenden Flächen-Spalten verglichen wurden und keine Kollision auftrat, könnte dieses Teil auf dem gefundenen Platz am aktuellen Tag eingelagert werden. Die Suche erfordert allerdings mehrere Millionen UND-Verknüpfungen, falls vor einer erfolgreichen Belegung eine größere Anzahl Fehlversuche absolviert wurde.[357] Die Bedeutung einer hardwarenahen Implementation wird dadurch unterstrichen.

Die Arbeitsweise einer logischen bitweisen UND-Verknüpfung ergibt sich aus der Abb. 35. Eine UND-Operation besitzt als Resultat nur dann eine Eins (bzw. den Zustand TRUE), wenn sowohl der erste als auch der zweite Operand gleich Eins sind. In allen anderen drei möglichen Fällen lautet das Ergebnis Null (bzw. FALSE). Das bedeutet, wenn keiner oder lediglich einer der beiden Operanden den Zustand TRUE aufweist, ist das Ergebnis der Verknüpfung FALSE. Der Inhalt TRUE eines Operanden repräsentiert nun ein belegtes Flächenelement und FALSE umgekehrt eine unbelegte Rasterzelle. Damit identifiziert das Verknüpfungsergebnis TRUE gerade eine Kollision der beiden Operanden. Das Ergebnis FALSE kennzeichnet dagegen, daß die beteiligten Flächenelemente nicht miteinander kollidieren.

---

[356] Zur Information sei angemerkt, daß beim Prozessor INTEL 80386 ein bitweiser UND-Registervergleich (AND-Befehl) nur 2 Systemtakte in Anspruch nimmt (vgl. MORSE, S.P./ ISAACSON, E.J./ ALBERT, D.J.: The 80386/387 Architecture, New York-Chichester u.a., 1987, S. 276). Bei einem mit 16 MHz getakteten 80386-Rechner können demnach 8 Millionen Vergleiche in der Sekunde durchgeführt werden. Das setzt allerdings voraus, daß die Instruktionen bereits geladen und decodiert sind. Außerdem müssen die Operanden in Registern stehen.

[357] Für ein Bauteil (mit der Abmessung von 50 x 10 [LE]) und drei besetzte Flächen (180 x 30 [LE]) ergibt sich für eine einzige Orientierung und eine Durchlaufzeit von 20 [ZE] eine Zahl von $50 \cdot 20 \cdot 130 \cdot 20 \cdot 3$ = 7,8 Millionen Operationen.

Regeln zur Bit-Kombination unter Verwendung des UND (&) Operators

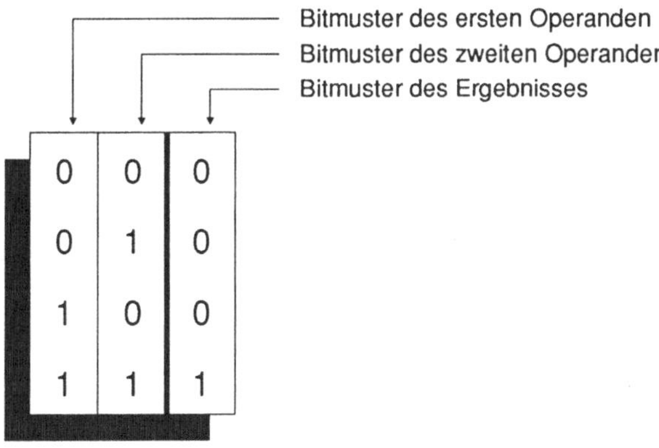

Beispiele zur bitweisen UND-Verknüpfung von 32 Bit-Variablen

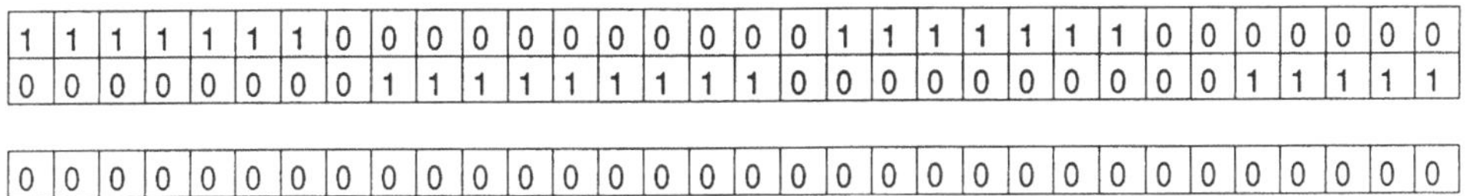

Das erste Beispiel liefert als Ergebnis Null, d.h. Operand 1 "kollidiert" nicht mit Operand 2

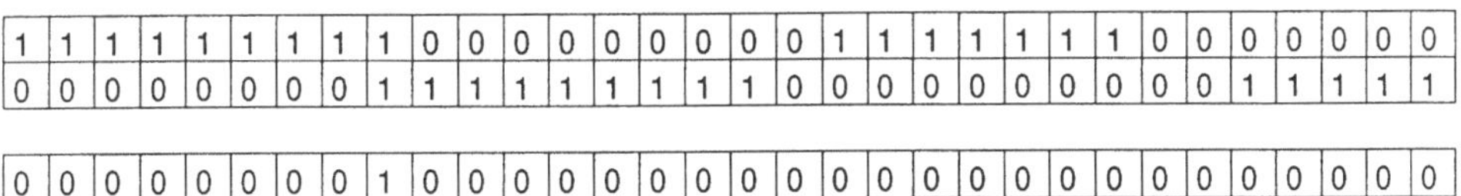

Das zweite Beispiel liefert als Ergebnis nicht Null, d.h. Operand 1 "kollidiert" mit Operand 2

Abb. 35: Darstellung der logischen bitweisen UND-Verknüpfung

In einem 32-Bit-Register der Zentraleinheit eines Computers können nun 32 UND-Verknüpfungen mit Hilfe eines Maschinenbefehls simultan durchgeführt werden. Dadurch ist es möglich, eine eventuelle Kollision einer gesamten Teil-Spalte mit einer Flächen-Spalte in einem einzigen 32-Bit-Register-Vergleich zu erkennen. Die Boolesche Algebra[358] wird dazu auf eindimensionale Vektoren ausgedehnt:

<u>Boolesche Algebra für Vektoren:</u>

Seien x, v_1 und v_2 eindimensionale Vektoren. Die Verknüpfung:

$$x = v_1 \ \& \ v_2$$

heißt bitweise logische UND-Verknüpfung, wenn gilt:

$$x^j = v_1^j \wedge v_2^j \ ; \qquad \forall \ j = 1, ..., n$$

wobei x^j, v_1^j und v_2^j die j-ten Komponenten der Vektoren x, v_1 und v_2 sind.

Der Vektor x ist dann und nur dann der Nullvektor, wenn für alle j

v_1^j und v_2^j nicht beide gleich eins sind.

Sei v ein eindimensionaler Vektor und s eine natürliche Zahl $\leq$ n. Die Operation:

$$x = v \ << \ s$$

heißt Verschiebeoperation nach links (bzw. Links-Shift-Operation), wenn gilt:

$$x^j = v^{j+s} \ ; \qquad \forall \ j = 1, ..., n\text{-}s \ \text{ und}$$

$$x^j = 0 \ ; \qquad \forall \ j = n\text{-}s+1, ..., n.$$

Abb. 36: Ausschnitt einer Booleschen Algebra für Vektoren

Der Algorithmus zur flächendeckenden Platzsuche führt die Registerverknüpfungen sukzessive in Teillängen- (bei konstantem Flächen-Ursprung), danach in Flächenbreiten- und schließlich in Flächenlängen-Richtung aus. Die Abarbeitung der Teillänge wird dabei mit

---

[358] Benannt nach dem britischen Mathematiker George Boole (1815 bis 1864). Er schuf das erste System der logischen Algebra, von dem die Entwicklung der mathematischen Logik ihren Ausgang genommen hat. 1940 wurde die Boolesche Algebra von dem amerikanischen Mathematiker und Informationstheoretiker Claude Elwood Shannon zur rechnerischen Behandlung digitaler Schaltungen erschlossen. Als Schaltalgebra fand sie damit Einzug in die Informationstechnik.

Hilfe eines Spaltenzählers, die Flächenbreite mit einem y-Koordinaten-Zähler und die Flächenlänge mit einem x-Koordinaten-Zähler berücksichtigt.

Im Verlauf des Verfahrens muß daher ein Bauteil bei erfolgloser Platzsuche zunächst in y-Richtung verschoben werden. Diese Linksverschiebungen eines Objekts (mit Hilfe von Links-Shift- bzw. Rotier-Befehlen, vgl. die Abb. 37) können durch Rotationen eines Registers wiederum hardwarenah und dadurch sehr schnell implementiert werden.[359] Die gesamte Platzsuche und Kollisionsprüfung beschränkt sich damit auf Maschinenbefehle der Zentraleinheit eines Computers.[360] Die Verschiebe-Operationen in y-Richtung können optimiert werden, indem nicht sofort das gesamte Planungsobjekt, sondern nur die kollisionsverursachende Teil-Spalte verschoben wird. Eine erneute Kollisionsprüfung, welche die ganze Bauteillänge einbezieht, findet erst in dem Augenblick wieder statt, wenn für die verschobene Spalte ein freier Platz gefunden wurde (oder der Flächenrand erreicht ist und eine Verschiebung in x-Richtung erfolgen muß).

Zyklische Links-Verschiebung eines (hier 8 Bit breiten) Registerinhalts

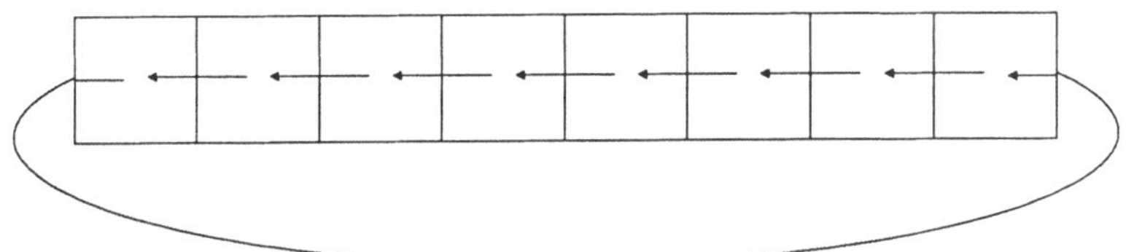

Abb. 37: Links-Shift-Operation

Daher ist im Anschluß an eine Inkrementierung des x-Koordinaten-Zählers das Teilraster entweder wieder nach rechts zurückzuschieben oder eine vorab gesicherte Objektkopie zu laden. Eine mehrfache Rechts-Verschiebung nimmt aber nach Erkenntnissen des Verfassers im Mittel mehr Zeit in Anspruch als das neuerliche Laden der ursprünglichen Bauteil-Rasterung. Aus diesem Grund wurde die zweite Alternative gewählt. Am Rande sei noch angemerkt, daß die Verschiebung eines Registerinhalts um eine Stelle nach links die gleiche Wirkung besitzt, wie eine Multiplikation mit der natürlichen Zahl 2. Der Unterschied liegt lediglich in der Geschwindigkeit der Befehlsbearbeitung. Die Multiplikation einer Zahl mit

---

359 Ein Schiebefehl benötigt beim INTEL 80386 (SHL-Befehl) 3 Systemtakte (vgl. MORSE, S.P./ ISAACSON, E.J./ ALBERT, D.J.: a.a.O., S. 283).

360 Es ist bedeutungslos, ob bei einer Linksverschiebung Nullen oder aber die herauswandernden Bits nachgeschoben werden, da im Fall der Teilmanipulation ohnehin nur Nullen das Register verlassen. Dadurch ist es unerheblich, daß zwar unterschiedliche Maschinenbefehle existieren, die Programmiersprache C aber nur den zuerst genannten Befehlstyp kennt.

dem Faktor 2 ist um ein Vielfaches langsamer als ein einmaliger Schiebevorgang der Speicherstellen eines CPU-Registers.

Der Belegungs-Algorithmus ist damit vollständig beschrieben. Die Arbeitsweise des Verfahrens wird im folgenden anhand verschiedener Beispiele verdeutlicht. Schließlich sind die Ergebnisse zu analysieren und die Eignung der Heuristik zu evaluieren.

6.2 Detailbeschreibung des Planungssystems anhand ausgesuchter Beispielmodelle

6.2.1 Prämissen

Zur realistischen Beurteilung der Leistungsfähigkeit des heuristischen Algorithmus muß das Programmsystem mit verschiedenartigen Problemstellungen konfrontiert werden. Ein Untersuchungsschwerpunkt liegt daher in der Bewertung unterschiedlicher Systemparameter und Planungsstrategien. Die zielwirksamsten Planungsszenarien ergeben sich dabei aus der Analyse dieser Simulationsläufe. Die Wirkungen der implementierten Systemfreiheitsgrade werden damit für den Planer transparenter. Schließlich kann aufgrund der Kenntnis besonders vorteilhafter Planungsergebnisse ein adaptiv-lernendes Verfahren konzipiert werden, welches eine computerunterstützte Parameterregelung ermöglicht.

Im folgenden wird auf die wesentlichen Merkmale von CALPLAN eingegangen. Ein neuartiges Planungsverfahren sollte jedoch nicht schon in der Erprobungsphase mit allzu vielen Restriktionen überfrachtet werden. Verfeinerungen des Planungsmodells wurden daher nicht sofort in sämtliche theoretisch denkbaren Richtungen vorgenommen. Zuerst hat sich das erarbeitete Verfahren mit der räumlich-zeitlichen Problemstellung und den wichtigsten Nebenbedingungen auseinanderzusetzen. Modellerweiterungen werden zu einem späteren Zeitpunkt diskutiert. Zunächst ist statt dessen auf die grundsätzlichen Eigenschaften hinzuweisen, die die Anwendbarkeit des realisierten Systems begrenzen. Die wichtigsten Beschränkungen, auf die der Anwender aufmerksam gemacht werden sollte, lauten:

- Allgemeine mehrstufige Maschinenbelegungsprobleme können mit Hilfe eines Algorithmus zur Montageflächenbelegung nicht gelöst werden. Der Versuch, im Rahmen der Ablaufplanung eine Generalisierung räumlich-orientierter Heuristiken herbeizuführen, mißlang.

- Adaptiv-lernende Verfahrensbestandteile wurden bislang noch nicht implementiert. Gleichwohl konnte infolge umfangreicher Simulationsstudien ein Konzept entwickelt werden, welches den computergestützten Planungsprozeß in einer späteren Phase mit lernfähigen Komponenten anreichert.

- Benutzerseitige Neuaufnahmen von Auftragsdaten sowie hochwertige statistische Ergebnisauswertungen gestalten sich bislang noch recht aufwendig und nehmen daher viel Zeit in Anspruch, so daß nicht eine beliebig große Anzahl verschiedener Planungsläufe absolviert werden konnte.[361]
- Eine Möglichkeit zur manuellen Modifikation der Planungsergebnisse (im Sinne einer graduellen Nachkorrektur) ist derzeit noch nicht vorhanden. Die prinzipielle Gestaltung eines derartigen Moduls wird dennoch beschrieben.

Einige Anmerkungen sollen diese Aussagen nun verdeutlichen. Zunächst ist für das räumlich-zeitliche Zuordnungsproblem eine effiziente MIP-Formulierung[362] nicht bekannt. Bislang stehen lediglich Algorithmen für herkömmliche Verschnitt- und Bin-Packing-Probleme zur Verfügung. Diese sind aber aufgrund der Prämissen, der Zielsetzungen und der Nebenbedingungen nicht geeignet, das simultane Raum-Zeit-Problem zu lösen.[363] Zum Einsatz müssen daher Näherungsverfahren kommen, die individuelle Ziele sowie vielfältige Randbedingungen berücksichtigen können und sich durch die Fähigkeit auszeichnen, Kapazitätsterminierungen räumlich vorzunehmen. Die Überprüfung unterschiedlicher Planungsstrategien deckt hierbei effiziente Parametereinstellungen auf.

Wenn man ein allgemeines Ablaufplanungsproblem als "dreidimensionales Rasternetzproblem" formuliert, müßte – wenigstens von der Anschauung her – ein Gantt-Diagramm durch einen gerasterten Planungsraum abgebildet werden. In einem Gantt-Diagramm werden die Kapazitäten über der Zeit aufgetragen. Eine Maschinenbelegungsplanung behandelt die Zuordnung mehrstufiger Produktionsaufträge auf die verfügbaren Kapazitätseinheiten. Bei einer Flächenbelegungsplanung wird demgegenüber eine zielgerichtete Objekt-Einlagerung auf verschiedenen Stellflächen im Planungszeitraum gesucht. Für eine Übertragung entstehen dadurch zwei schwierige Probleme:

- Zum einen müßten die einzelnen Teilaufträge einer Maschinenbelegung (ggf. unter Einbeziehung der Nebenbedingungen) durch gerasterte Planungsobjekte abgebildet werden und
- zum anderen wären die einzelnen Maschinen als – ebenfalls gerasterte – Planungsflächen aufzufassen.

---

361 Insgesamt wurden etwa 500 verschiedene Szenarien untersucht.

362 MIP ist die Abkürzung für Mixed-Integer-Programming.

363 Cutting- und Packing-Verfahren können häufig nur zweidimensionale Konturen verarbeiten. Zudem ist nur die räumliche Verschnittminimierung relevant und nicht gleichzeitig die Einhaltung der Liefertermine und die gleichmäßige Kapazitätsauslastung. Für Flächenbelegungen sind des weiteren unterschiedliche Planungsstrategien, individuelle Unternehmensvorgaben und Kapazitätsgrenzen der Betriebsmittel zu beachten. Vgl. auch den Abschnitt 5.2.1.

Die zeitliche Dimension ist in beiden Problemen vertreten. Eine zufriedenstellende Lösung dieses Transformationsproblems konnte bisher nicht gefunden werden. Vielmehr bleibt fraglich, ob es überhaupt eine effiziente Abbildung geben kann.

Verfeinerungen des Grundmodells unterliegen den Anforderungen des jeweiligen Praxiseinsatzes. Von Fall zu Fall sind allerdings unterschiedliche Aspekte relevant. Beispielsweise ist im Schiffbau der Transport eines Objekts zum Dock von Bedeutung, wohingegen bei Druckmaschinenherstellern ein im Zeitverlauf ansteigender Platzbedarf der Bauteile zu beachten ist. Derartige Besonderheiten sollen vorerst in den Hintergrund treten. Eine Basis für künftige Anwendungen in Industrieunternehmen wurde dennoch durch die Bereitstellung flexibler Regel- und Strategie-Änderungen geschaffen. Die Einbeziehung allzu vieler Randbedingungen ist nicht zweckmäßig und soll nicht das Ziel dieser Untersuchung sein.

Eine Weiterentwicklung des Belegungsverfahrens durch die Implementation selbstregelnder Heuristiken, auf der Grundlage laufender Informationsauswertungen, ist ein entscheidender Schritt zu einer noch effizienteren Planung.[364] Den auf Ergebnisanalysen basierenden Prozeß der fortwährenden Änderung der Systemparameter nennt man Adaption.[365] Die Erarbeitung adaptiv-lernender Heuristiken stellt zwar eine Erweiterung dar, die algorithmisch keine neue Qualität beinhaltet, die aber durch sukzessive Änderungen der Planungsvariablen dennoch zunehmend bessere Abläufe generiert.

Eine manuelle Ergebnis-Korrektur ist für die Validierung des Belegungsalgorithmus schließlich vollends ohne Belang. Da zur Verwirklichung dieser Überarbeitungsmöglichkeit eine längere Programmierphase erforderlich wäre, ist auf eine Implementation vorerst verzichtet worden.

Für heuristische Algorithmen sind einfache und kombinierte Prioritätsregeln von großer Bedeutung. Die Prioritätsregel-Spezifikation entscheidet zu einem wesentlichen Teil über die Lösungsgüte des heuristischen Planungsverfahrens. Kombinierte Prioritätsregeln wurden daher nicht willkürlich, sondern nach einer vorab festgelegten Systematik zusammengestellt. Diese Prämissen gehören somit zum heuristischen Planungsprozeß und werden nun detaillierter erörtert.

---

[364] Vgl. u.a. ZYPKIN, J.S.: Adaption und Lernen in kybernetischen Systemen, München-Wien 1970, S 50 ff.; GRIESE, J.: Adaptive Verfahren im betrieblichen Entscheidungsprozeß, Würzburg-Wien 1972, S. 75 ff.; HANSMANN, R.: Ansätze zur systemtheoretischen Modellierung lernfähiger und adaptiver betriebswirtschaftlicher Entscheidungsprozesse, München 1986, S. 84 ff.; BÜNGER, J.: Ein lernendes Mustererkennungssystem zur betrieblichen Prozeßsteuerung, Bergisch Gladbach-Köln 1988, S. 133 ff.; MATTHES, W.: Ein lernendes Expertensystem in der Ablaufplanung – Problematik und Konzeption der Entwicklung einer Wissensbasis, in: Wolff, M.R. (Hrsg.): Entscheidungsunterstützende Systeme im Unternehmen, München-Wien 1988, S. 73 ff.

[365] Vgl. ZYPKIN, J.S.: a.a.O., S 51.

Im vorliegenden Fall der Montageflächen-Belegungsplanung werden ausschließlich globale statische Vorrangsregeln eingesetzt.[366] Vorschläge zur Bildung kombinierter Regeln sind von diversen Autoren gemacht worden,[367] allerdings mit unterschiedlichem Erfolg und mit eingegrenztem Anwendungsgebiet. Insgesamt muß jedoch festgestellt werden, daß es nicht sinnvoll ist, zuviele einfache Prioritätsregeln zu vermengen, da sich die Vor- und Nachteile dann häufig neutralisieren. Wenig zweckmäßig ist zudem eine Regelkombination, die Komponenten mit gleichen Zielen und gleichen Eigenschaften berücksichtigt, da aufgrund fehlender gegenläufiger Tendenzen ein Herantasten an besser werdende Lösungen nicht möglich ist. SÄGESSER empfiehlt, eine kombinierte Prioritätsregel in der Weise zu spezifizieren, daß folgende elementare Komponenten enthalten sind:[368]

- KOZ-Regel (zur Erzielung kleiner Durchlaufzeiten),
- SLACK-Regel oder eine geeignete Terminregel (für eine gute Termineinhaltung) und
- evtl. WT-Regel (zur möglichst geringen Kapitalbindung).

Da in der Praxis ein kleiner Objekt-Wert häufig mit kleinen Operationszeiten verbunden ist, beinhaltet die KOZ-Regel mitunter gewisse Eigenschaften der WT-Regel. Die Berücksichtigung von Terminen in der Reihenfolgeplanung fördert nicht nur das Funktionsverhalten terminorientierter Prioritätsregeln, sondern erbringt der anwendenden Unternehmung bei einer engen Festlegung Vorteile gegenüber den Wettbewerbern am Markt.[369] Aus diesem Grunde werden später zeitbezogene und nicht zeitlich-orientierte Prioritätsregeln unterschieden.

In diesem Zusammenhang sei darauf hingewiesen, daß eine kritiklose Übernahme von bestimmten, im Einsatz befindlichen Prioritätsregeln für neue Praxisanwendungen nicht ratsam ist. Je weniger ausgetestet eine Regel in einer Situation ist, desto einfacher sollte sie gestaltet sein. Eine Anreicherung einer Regel mit zusätzlichen Komponenten sollte daher erst dann erfolgen, wenn die Wirkung der Regel auch ohne diesen Bestandteil hinlänglich bekannt ist.

Auf der anderen Seite gibt es durchaus Argumente, die eine (aus mehreren Komponenten und/oder Fällen zusammengesetzte) alternativ kombinierte Prioritätsregel attraktiv erscheinen lassen. Eine heterogene Zielkriterien-Struktur oder eine unsichere Datenkonstellation kann

---

366 Vgl. den Abschnitt 4.2.2.

367 Vgl. z.B. HOSS, K.: a.a.O., S. 198; HAUPT, R.: Reihenfolgeplanung im Sondermaschinenbau, Wiesbaden 1977, S. 106 ff.; BIENDL, P.: a.a.O., S. 238 ff.

368 Vgl. SÄGESSER, R.: Analytische und heuristische Methoden zur Lösung des Reihenfolgeproblems mit besonderer Berücksichtigung der Werkstattfertigung, Diss., St. Gallen 1976, S. 159.

369 Vgl. BIENDL, P.: a.a.O., S. 83.

diese Vorgehensweise begründen.[370] Kombinierte Prioritätsregeln sollten daher vor einem betrieblichen Einsatz mit Hilfe von Simulationsstudien und anschließenden Sensitivitätsanalysen intensiv getestet und verifiziert werden.

Die Verknüpfung elementarer Prioritätsregelkomponenten erzeugt bei einigen Anwendungsfällen durchaus zielgerichtetere Ergebnisse.[371] Der Einsatz kombinierter Auftragsauswahlstrategien kann zu qualitativ höherwertigen Planungen führen, weil sich dadurch die spezielle Situation eines Unternehmens besser berücksichtigen läßt.

Für allgemeine Problemstellungen, welche die besonderen Bedingungen eines Einzelfalls vernachlässigen, sind bislang allerdings noch keine konkreten kombinierten Regeln veröffentlicht worden. Die vorgeschlagenen Regelwerke beziehen sich allesamt auf eng abgegrenzte Praxisgegebenheiten, die nicht ohne weiteres auf andere Bereiche übertragen werden können. Aus diesem Grunde ist es auch bei Flächenbelegungsplanungen erforderlich, die Eignung kombinierter Prioritätsregeln neu zu überprüfen. Dem Anwender sollen fundierte Empfehlungen und Handlungsalternativen zur Festlegung der Planungsstrategie unterbreitet werden. Daraus ergab sich nun folgende grundsätzliche Vorgehensweise:[372]

- Verwendung von sieben klassischen elementaren Prioritätsregeln. Berücksichtigung von drei weiteren neuartigen Regeln, die vor allem der räumlichen Problematik Rechnung tragen.
- Einteilung dieser zehn elementaren Prioritätsregeln im Anschluß an die Planungsläufe in relevante (d.h. auch für kombinierte Regelwerke geeignete) und weniger erfolgreiche Komponenten.
- Klassifikation der verbleibenden elementaren Prioritätsregeln in zeitbezogene und nicht zeitlich-orientierte Regeln.
- Bildung von kombinierten (entweder additiv oder multiplikativ verknüpften) Vorrangsregeln, die ausschließlich Komponenten des gleichen Typs (also Elemente mit oder ohne Zeitbezug) aufweisen. Zusätzlich Bestimmung gemischter Regeln, deren Zusammensetzung inhaltlich auf den Anwendungsfall abgestimmt sein muß.
- Jeder involvierte Regelbestandteil besitzt vorerst das gleiche Gewicht. Diese Prämisse besagt nicht, daß die Gewichtungsfaktoren der Komponenten gleich sind, sondern daß jedes Element im Mittel mit dem gleichen prozentualen Anteil in die Berechnung der verknüpften Prioritätsziffer eingeht.

---

[370] Vgl. auch DAHLMANN, M.: Fertigungssteuerung, in: Harvard manager, IV. Quartal 1983, S. 39 ff. DAHLMANN entwickelt eine spezielle kombinierte Prioritätsregel für ein Unternehmen der Einzel- und Kleinserienfertigung, welche insbesondere für mehrstufige Fertigungen geeignet ist.

[371] Vgl. hierzu HAUPT, R.: a.a.O., S. 106 ff.; BIENDL, P.: a.a.O., S. 276 ff.

[372] Die Umsetzung dieser Konzeption wird im Abschnitt 6.2.2.6 beschrieben.

- Die Zusammenstellung alternativ kombinierter Prioritätsregeln unterliegt zusätzlichen Randbedingungen. Eine Fallunterscheidung wird durch folgende Angaben festgelegt:
  - Anzahl unterscheidbarer Prioritätsregel-Fälle,
  - Art der jeweiligen Fallunterscheidung (unabhängige Vergleichsvariable, -zahl und -operator),
  - Prioritätsregel sowie
  - Gewichtungsfaktor eines Falls.

Einige Anmerkungen sollen dieses Konzept nun erläutern. Die Vergleichsvariable einer alternativ kombinierten Prioritätsregel wird aus den gleichen Größen gebildet, die bei den elementaren Regeln das Sortierkriterium darstellen. Mit Ausnahme der Teilenummer und der Bauteilhöhe wurde in den absolvierten Simulationsläufen jede vorhandene exogene Variable eingesetzt.

Weiterhin ist festzulegen, welche Regelkomponenten alternativ verknüpft werden. Kombinierte Prioritätsregeln sollten nicht wahllos gestestet werden, sondern sind aufgrund der spezifizierten Zielsetzungen zusammenzustellen. In dieser Frage wurde dem Grundsatz gefolgt, einerseits möglichst vielseitige und flexible Kombinationen zu verwenden, andererseits aber auch alle vorhandenen Freiheitsgrade zu berücksichtigen. Eine höhere Regelkomplexität darf dabei nicht zu einer Vernachlässigung der Ergebnisanalysen führen. Die Resultate der Belegungsläufe sollten also ausgewertet werden und als Grundlage zusätzlicher Simulationen dienen. Die Wirkungsweise der Prioritätsregeln kann somit in Abhängigkeit von den Zielen der Entscheidungsträger verifiziert werden.

Den Untersuchungsabschluß bilden Empfehlungen zur Spezifikation konkreter, alternativ verknüpfter Vorrangsregeln. In den verschiedenen Regelalternativen wurden sowohl elementare Komponenten als auch additiv und multiplikativ kombinierte Verknüpfungstypen eingesetzt. Eine wahllose Vermengung sämtlicher Möglichkeiten ist jedoch nicht zweckmäßig. Bei den kombinierten Prioritätsregeln wurden daher entweder nur additive oder nur multiplikative Komponenten verwandt. Beide Verknüpfungsformen kamen lediglich dann zum Einsatz, wenn in den Regeln dieselben (z.B. ausschließlich zeitbezogenen) Bestandteile kombiniert wurden.

Schließlich muß bei alternativen Verknüpfungen entschieden werden, welche Regel in welchem Fall einzusetzen ist. Hierbei ist es zweckmäßig, diejenige Regel dem – der subjektiven Einschätzung nach – wichtigsten Fall zuzuschreiben, die im Mittel die größten Vorrangsziffern[373] generiert. Bei einer auf die Durchlaufzeit bezogenen Fallunterscheidung ist

---

[373] Bei einer absteigenden Sortierung die größten, sonst die kleinsten Prioritätsziffern. Bei kombinierten Prioritätsregeln wird dabei, wenn nötig, mit Vorzeichenänderungen der betroffenen Komponenten immer eine absteigende Sortierung erzwungen.

beispielsweise i.a. derjenige Fall der wichtigste, der die Aufträge mit den längsten Durchlaufzeiten behandelt.

6.2.2 Systematik der heuristischen Regeln

Zur Durchführung vielfältiger Simulationsstudien werden die Planungsparameter systematisch variiert und dadurch das heuristische Verfahren mit unterschiedlichen Problemsituationen konfrontiert. Gleichzeitig wird die Arbeitsweise von CALPLAN beschrieben und die Leistungsfähigkeit des Algorithmus überprüft. Strukturierte Belegungen von Montageflächen erfordern die Kennzeichnung des Auftragsbestands, der Standortträger, des Planungszeitraums, der Zuteilungsstrategien, der Prioritätsregeln und der Gütekriterien.

6.2.2.1 Organisationseinheiten

Die Datenbank von CALPLAN beinhaltet zwei verschiedenartige Teilespektren. Die Berücksichtigung der Bauteile erfolgt über die Spezifikation der jeweiligen Identifikationsnummern. Ein bestimmter Auftragsbestand wird hierbei als Bauteil-Satz bezeichnet:

1. Der erste Bauteil-Satz umfaßt 66 Objekte. Die Teile weisen 3 verschiedene Grundrisse in je 2 Orientierungen auf. Die Grundrisse bestehen aus einem kleinen und einem großen Rechteck sowie einem Trapez. Der erste Bauteil-Satz ist gekennzeichnet durch die Ident-Nummern 1000 bis 1065.
2. Der zweite Bauteil-Satz wird aus 72 Objekten gebildet. Hierbei wurden 8 verschiedene Grundrisse in insgesamt 14 unterscheidbaren Lagen berücksichtigt. Der zweite Auftragsbestand setzt sich aus einem Kreis, einem Quadrat, 2 Dreiecken, 2 Rechtecken und 2 Trapezen zusammen. Identifiziert wird er durch die Nummern 2000 bis 2071.

Neben der Rasterung der Grundrisse in den einzelnen Lagen wird für jedes Bauteil der Wert, der Platzbedarf (gemessen in Flächeneinheiten), der frühestmögliche und der spätest zulässige Startzeitpunkt, die geplante Durchlaufzeit, das Gewicht sowie die Höhe mitgeführt.

6.2.2.2 Planungsflächen

Die Ergebnisse der Simualtionsläufe sind nur dann untereinander vergleichbar, wenn dieselben Standortträger verwendet werden. Eine Planungsfläche wird ebenfalls über eine Identifikationsnummer angesprochen. Da sämtliche Standorträger einen rechteckigen Grundriß aufweisen, brauchen die Abmessungen allein mit Hilfe der Länge und der Breite verwaltet zu werden. Die Ausdehnung einer Fläche wird sowohl in der Längen- als auch in der Breitenrichtung in der Dimension LE angegeben und ist beliebig skalierbar. In der Praxis (z.B. im Schiffbau) stellt die Längeneinheit (LE) ein Meter häufig eine ausreichende Genauigkeit dar. Insgesamt wurden drei Montageflächen in der Datenbank gespeichert:

1. Eine Fläche mit der Abmessung 160 LE x 30 LE und der Ident-Nummer 7.
2. Eine Fläche mit der Abmessung 170 LE x 20 LE und der Ident-Nummer 8.
3. Eine Fläche mit der Abmessung 180 LE x 30 LE und der Ident-Nummer 9.

Alle Planungsflächen besitzen zu Beginn eines Simulationslaufs keine Anfangsbelegung. Für jeden Standortträger wurde ferner die Breite, die Höhe, die Kapazität (beispielsweise des Hallenkrans) und der Wert (z.B. der aktuelle Abschreibungsbetrag) archiviert.

6.2.2.3 Planungszeitraum

Für jeden absolvierten Planungsdurchlauf wurde der gleiche Zeitraum zugrunde gelegt. Dieser Planungszeitraum umfaßte eine Länge von 6 Wochen bzw. 30 Betriebskalendertagen (abgekürzt BKT und gemessen in Zeiteinheiten ZE). Ein Planungshorizont von sechs Wochen bedeutet für die Praxis durchaus einen realistischen Wert. Um die Betriebskalendertage nicht einfach von 1 bis 30 zu enumerieren, wurde willkürlich das Werktags-Intervall 260 bis 289 gewählt.

6.2.2.4 Zuteilungsstrategien

Zur Steuerung der Zuordnungsregel besitzt der Algorithmus drei Freiheitsgrade, die vor der Einlagerung beliebig priorisiert werden können. Diese Systemgrößen sind:

- Der Termin (t) der Belegung,
- die Orientierung (o) des Bauteils und
- die Baufläche (b) des Anordnungsprozesses.

Die Reihenfolge der Variation dieser Größen kann über eine Zeichenkette (englisch String) vorgegeben werden. Einen weiteren Freiheitsgrad bildet – wenigstens theoretisch – der Flächen-Ursprung (u) einer Montagehalle, der den Ausgangspunkt einer Platzsuche darstellt. Dieser Parameter wurde bereits zu einem frühen Zeitpunkt aufgenommen, schließlich aber nicht mehr berücksichtigt, da keine signifikante Ergebnisbeeinflussung erwartet wurde. Die Reihenfolge der Parameter-Änderung wird damit programmtechnisch über einen vierstelligen String gesteuert. Aus den verbleibenden drei variierbaren Größen ergeben sich 6 verschiedene Zuteilungsstrategien (repräsentiert durch die Zeichenketten ubot, ubto, uobt, uotb, utbo und utob). Eine Platzsuche in einer Montagehalle wird somit bei konstanter Orientierung und festem Betriebskalendertag immer als erstes durchgeführt. Die Strategie utob besagt also z.B., daß bei einer vergeblichen Suche für ein Bauteil zu einem Zeitpunkt in einer Lage und in einer bestimmten Fläche zuerst solange wie möglich der Termin der Einlagerung variiert wird, anschließend eine Änderung der Orientierung und erst zum Schluß ein Wechsel der jeweiligen Baufläche erfolgt.

6.2.2.5 Flächen-Prioritätsregeln

Die Reihenfolge der Platzsuche in den Planungsflächen wird ebenfalls mit Hilfe von Prioritätsregeln festgelegt. Folgende elementare Flächen-Prioritätsregeln wurden implementiert und eingesetzt:

1. Eine Längen-Regel,
2. eine Breiten-Regel,
3. eine Höhen-Regel und
4. eine Kapazitätsregel.

Die Verwendung der Längen-Regel bewirkt zum Beispiel, daß ein Platz für ein Objekt zuerst in der längsten zur Verfügung stehenden Fläche gesucht wird. Erst wenn dieser Standortträger keine ausreichend große Stellfläche bietet, werden die verbleibenden Betriebsflächen überprüft. Die anderen Regeln arbeiten dabei analog. Die Kapazität einer Fläche kann z.B. als Tragfähigkeit des Hallenkrans oder -bodens interpretiert werden. Die Einbeziehung kombinierter Flächen-Prioritätsregeln erschien bereits nach ersten Testläufen nicht mehr erforderlich zu werden, da Regeländerungen nur verhältnismäßig geringe Resultatsschwankungen verursachten.

6.2.2.6 Bauteil-Prioritätsregeln

Schon die Auswertung der ersten Simulationsergebnisse verdeutlichte, daß die Bauteil-Prioritätsregel einen herausragenden Einfluß auf die Qualität der Planung besitzt. Der Schwerpunkt der Simulationsstudien lag daher in der Untersuchung sowohl einfacher als auch kombinierter Vorrangsregeln. Mit einer Vielzahl von Belegungsläufen war es möglich, detaillierte Analysen anzustellen sowie Entscheidungen für automatisierte Strategiemodifikationen (im Sinne eines Regelungsprozesses) vorzubereiten.

Bevor die einzelnen Regeln konkret angegeben werden, sind allgemeine Bestimmungsgleichungen herzuleiten, nach denen sich die Prioritätsziffern berechnen.

<u>Allgemeine Formulierung der Bauteil-Prioritätsregeln:</u>

Sei:

EL := die Menge aller elementaren Prioritätsregeln,

AD := die Menge aller additiv kombinierten Prioritätsregeln,

MU := die Menge aller multiplikativ kombinierten Prioritätsregeln,

EAM := $EL \cup AD \cup MU$ und

AL := die Menge aller alternativ kombinierten Prioritätsregeln.

Die Prioritätsziffer eines Bauteils pz_t berechnet sich bei einer elementaren Prioritätsregel aus:

$$pz_t(EL) = R_{p=1,k=1}$$

pz_t berechnet sich bei einer additiv kombinierten Prioritätsregel aus:

$$pz_t(AD) = A_{p=1} \sum_{k=1}^{K} \alpha_{p=1,k} \cdot R_{p=1,k}$$

pz_t berechnet sich bei einer multiplikativ kombinierten Prioritätsregel aus:

$$pz_t(MU) = A_{p=1} \prod_{k=1}^{K} R_{p=1,k}^{\alpha_{p=1,k}}$$

pz_t berechnet sich bei einer alternativ kombinierten Prioritätsregel aus:

$$pz_t(AL) = \begin{cases} \text{Für } V\ o_1\ Z_1: BPR_1\ \varepsilon\ EAM \\ \qquad\qquad \ldots \\ \text{Für } V\ o_p\ Z_p: BPR_p\ \varepsilon\ EAM \\ \qquad\qquad \ldots \\ \text{Für } V\ o_P\ Z_P: BPR_P\ \varepsilon\ EAM \end{cases}$$

wobei:

k = Index der Prioritätsregel-Komponente; $k = 1, ..., K$

p = Index des Prioritätsregel-Falls; $p = 1, ..., P$

t = Index des Bauteils; $t = 1, ..., T$

V = Unabhängige Variable einer alternativ kombinierten Prioritätsregel

A_p = Prioritätsregel-Faktor im Fall p

BPR_p = Bauteil-Prioritätsregel im Prioritätsregel-Fall p

o_p = Vergleichsoperator im Prioritätsregel-Fall p

Z_p = Vergleichszahl im Prioritäsregel-Fall p

α_{pk} = Gewichtungsfaktor der Prioritätsregel-Komponente k im Fall p

R_{pk} = Wert der Prioritätsregel-Komponente k im Fall p

Abb. 38: Allgemeine Formulierung der Bauteil-Prioritätsregeln

Zur Bestimmung der aufgeführten Parameter ist folgendes anzumerken:

- Die Anzahl Prioritätsregel-Komponenten k sollte maximal 3 betragen. Der Einfluß eines Bestandteils in einer Kombination geht sonst verloren.
- Analog sollte auch die Anzahl unterscheidbarer Prioritätsregel-Fälle p nicht größer als 3 gewählt werden.
- Jede Komponente R_{pk} sollte mit dem gleichen prozentualen Anteil in der Kombination vertreten sein. Das führt ggf. zu verschiedenen Gewichtsfaktoren α_{pk}.
- Der Prioritätsregel-Faktor A_p ist – entsprechend der Sortierrichtung – vorerst mit +1 oder -1 zu belegen. In alternativ kombinierten Regeln kann allerdings auch eine andere Gewichtung der einzelnen Fälle vorgenommen werden.
- Unterschiedliche Verknüpfungsoperatoren o_p sind spezifizierbar (also: $<, \leq, =, \geq, >$).
- Die unabhängige Variable V ist aus den verfügbaren Möglichkeiten auszuwählen (also z.B.: Durchlaufzeit, Platzbedarf, Gewicht usw.).
- Die Vergleichszahl Z_p wird zunächst näherungsweise (einheitlich für alle vorhandenen Prioritätsregel-Fälle) als Mittelwert aller Bauteil-Ausprägungen festgelegt. Später wurden Variationen in beide Richtungen um bis zu 50% der Standardabweichung vorgenommen. Bei alternativen Regelkombinationen könnten darüber hinaus Vergleichszahlen-Intervalle spezifiziert werden. Bislang wurde aber von der zweiten Variante noch kein Gebrauch gemacht, um eine Nachvollziehbarkeit zu gewährleisten.

Im einzelnen wurden nun nachfolgende Bauteil-Prioritätsregeln eingeführt.

I.) Elementare Prioritätsregeln

Zehn elementare Bauteil-Prioritätsregeln werden unterschieden:

1. KOZ-Regel: Die Prioritätsziffer (pz_t) ergibt sich aus der Durchlaufzeit der Organisationseinheiten (Programmvariable dlz_t, gemessen in ZE). Die Prioritätsziffern der Bauteile werden aufsteigend sortiert. Das heißt, daß derjenige Teilauftrag die Warteschlange anführt, bei dem dlz_t am kleinsten ist.

2. LOZ-Regel: pz_t ergibt sich (analog KOZ) ebenfalls aus dlz_t. Die Sortierung wird allerdings absteigend vorgenommen.

3. FFT-Regel: pz_t berechnet sich aus der Addition aus frühestmöglichem Anfangszeitpunkt (faz_t) und dlz_t (in ZE). Die Sortierung erfolgt aufsteigend.

4. SFT-Regel: pz_t berechnet sich aus der Addition aus spätest zulässigem Startzeitpunkt (saz_t) und dlz_t. Die Sortierung erfolgt absteigend.

5. FCFS-Regel: pz_t ergibt sich aus der Teilenummer (tnr_t). Da diese fortlaufend vergeben wird, ergibt sich eine First-come-first-served-Abfertigung. Die Sortierung erfolgt hierbei aufsteigend.

6. SLACK-Regel: pz_t berechnet sich aus der Differenz aus saz_t und faz_t (wiederum in ZE). Die Sortierung erfolgt aufsteigend.
7. WT-Regel: pz_t ergibt sich unmittelbar aus dem Wert der Objekte ($wert_t$, in GE). Die Sortierung erfolgt absteigend.
8. GPB-Regel: pz_t ergibt sich aus dem Platzbedarf des Bauteils (pb_t, in FE). Die Sortierung wird absteigend vorgenommen.
9. GEW-Regel: pz_t ergibt sich aus dem Gewicht des Teils (gew_t, in GewE). Die Sortierung erfolgt absteigend.
10. HOCH-Regel: pz_t ergibt sich aus der Höhe des Bauteils ($hoch_t$, in LE). Die Sortierung erfolgt absteigend.

Einige Anmerkungen mögen die gewählten Planungsszenarien und die gebildeten Regelkombinationen verdeutlichen:

- Die Regeln Nr. 5 und 9 liefern aufgrund der implementierten Datenkonstellation die gleichen Resultate. Für nachfolgende Untersuchungen wurde daher willkürlich nur die GEW-Regel berücksichtigt (die genau wie die FCFS-Regel die als erstes ankommenden Teile zuerst bedient). Außerdem sollte diese Regel vor allem bei Großanlagenbauern eine größere Bedeutung besitzen als die FCFS-Regel.
- Die Regeln 3, 4 und 10 wurden nur beim ersten Bauteil-Satz zum Testen der Flächen-Prioritätsregeln verwandt. In späteren Belegungsläufen blieben sie unberücksichtigt, da sie deutlich schlechtere Resultate hervorbrachten.
- Die Regeln 1, 2 und 6 arbeiten zeitbezogen. Dies ergibt sich aus der Dimension der Prioritätsziffern (ZE).
- Die Regeln 7, 8 und 9 arbeiten nicht zeitlich-orientiert, d.h., daß hier die Prioritätsziffern andere Einheiten aufweisen.
- Hinsichtlich der "räumlichen" Regel 8 wird in der Literatur alternativ zum Platzbedarf die Verwendung der Länge oder der Breite vorgeschlagen.[374] Das Belegungsverfahren muß allerdings die Bauteile in unterschiedlichen Orientierungen einlagern können, wodurch die jeweiligen Abmessungen variieren. Da die Prioritätsziffern und die Auftragssortierung bereits zu Beginn des Verfahrens ermittelt werden, ist lediglich die Berücksichtigung des von der Bauteillage unabhängigen Platzbedarfs zweckmäßig.

<u>II.) Additiv und multiplikativ kombinierte Prioritätsregeln</u>

Aus den verbliebenen sechs elementaren Prioritätsregeln wurden zunächst drei additiv und drei multiplikativ kombinierte Regeln gebildet. Diese bestanden aus je einer zeitbezogenen, einer nicht zeitlich-orientierten und einer gemischten Verknüpfung.

---

374 Vgl. ISRANI, S.S./ SANDERS, J.L.: Performance testing of rectangular parts-nesting heuristics, in: IJPR, Vol. 23, 1985, Nr. 3, S. 438.

Die Kombinationsbildung unterlag dem Grundsatz, daß jedes elementare Kriterium mit der gleichen Gewichtung in der neuen Regel vertreten ist. Das setzt allerdings voraus, daß die Sortierrichtung der elementaren Regelbestandteile vereinheitlicht wird. Dazu wurde die aufsteigende Sortierung der KOZ- und der SLACK-Regel mit Hilfe eines negativen Faktor- bzw. Exponenten-Vorzeichens umgedreht. Alternativ wurde bei gleicher Komponenten-Orientierung ein negativer Prioritätsregel-Faktor eingesetzt. Kombinierte Prioritätsregeln arbeiten daher ausschließlich mit einer absteigenden Sortierung.

Die Bildung einer Regelkombination aus sehr vielen Komponenten ist nicht vorteilhaft, da dann die gewünschte positive Wirkung einer Regelkomponente nicht mehr zu Tage tritt und sich die negativen Eigenschaften häufig ergänzen. Aus diesem Grund wurde eine Kombination aus maximal drei elementaren Regeln gebildet.

Folgende additiv kombinierte Prioritätsregeln (AD) wurden gewählt:

1.   - (1 SLACK + 1 KOZ)   [Zeitlich-orientierte Kombination]
2.   1 (1 WT + 2 GPB + 2 GEW)   [nicht zeitlich-orientierte Kombination]
3.   1 (1 GPB + 1 GEW + 18 LOZ)   [gemischte Kombination]

Gewählte multiplikativ kombinierte Prioritätsregeln (MU):

1.   - $SLACK^1 \cdot KOZ^1$ [Zeitlich-orientierte Kombination]
2.   1 $WT^1 \cdot GPB^1 \cdot GEW^1$ [nicht zeitlich-orientierte Kombination]
3.   1 $GPB^1 \cdot GEW^1 \cdot LOZ^2$ [gemischte Kombination]

In Kenntnis der Ergebnisse der elementaren Prioritätsregeln wurden je zwei weitere additiv und multiplikativ kombinierte Regeln spezifiziert. Damit sollte überprüft werden, ob sich effiziente elementare Regelkomponenten auch in Kombinationen positiv hervorheben. Ferner wurde die Sortierrichtung der zeitbezogenen Komponente (KOZ- bzw. LOZ-Regel) gewechselt,[375] um die Konsequenzen gleich- respektive gegenläufiger Sortierungen genauer offenzulegen.

Es ergaben sich damit zusätzliche additiv kombinierte Regeln:

4.   1 (1 GEW - 18 KOZ)
4'   1 (1 GEW + 18 LOZ)

Zusätzlich gewählte multiplikativ kombinierte Regeln:

4.   1 $GEW^1 \cdot KOZ^{-2}$
4'   1 $GEW^1 \cdot LOZ^2$

Im nachfolgenden Schaubild sind nun sämtliche elementaren sowie additiv und multiplikativ kombinierten Bauteil-Prioritätsregeln noch einmal zusammengetragen worden.

---

[375] Ein Wechsel der Sortierrichtung ist bei den zeitinvarianten Bestandteilen i.a. nicht sinnvoll.

Gewählte elementare Prioritätsregeln (EL):

EL1 := KOZ

EL2 := LOZ

EL3 := FFT

EL4 := SFT

EL5 := FCFS

EL6 := SLACK

EL7 := WT

EL8 := GPB

EL9 := GEW

EL10 := HOCH

Gewählte additiv kombinierte Prioritätsregeln (AD):

AD1 := - (1 SLACK + 1 KOZ)

AD2 := 1 (1 WT + 2 GPB + 2 GEW)

AD3 := 1 (1 GPB + 1 GEW + 18 LOZ)

AD4 := 1 (1 GEW - 18 KOZ)

AD4' := 1 (1 GEW + 18 LOZ)

Gewählte multiplikativ kombinierte Prioritätsregeln (MU):

$MU1 := - SLACK^1 \cdot KOZ^1$

$MU2 := 1\ WT^1 \cdot GPB^1 \cdot GEW^1$

$MU3 := 1\ GPB^1 \cdot GEW^1 \cdot LOZ^2$

$MU4 := 1\ GEW^1 \cdot KOZ^{-2}$

$MU4' := 1\ GEW^1 \cdot LOZ^2$

Abb. 39: Gewählte elementare, additiv und multiplikativ kombinierte Prioritätsregeln

III.) Alternativ kombinierte Prioritätsregeln

Alternativ kombinierte Bauteil-Prioritätsregeln verknüpfen elementare, additive oder multiplikative Regeln in Abhängigkeit von der jeweiligen Vergleichsvariablen-Ausprägung. Eine Fallunterscheidung klassifiziert die Bauteile aufgrund einer Gegenüberstellung der unabhängigen Objekt-Variablen mit den gewählten Vergleichszahlen. Der Vergleich mit einer reellen Zahl darf nur in einem Fall zu einem logisch wahren Ergebnis führen. Dieser Fall dient dann zur Berechnung der Prioritätsziffer.

Als Vergleichszahl einer Fallunterscheidung wurde zunächst der Mittelwert aller Objektausprägungen gewählt. Zum Einsatz kamen dabei sieben verschiedene Vergleichsvariablen. Analog der Komponenten-Anzahl additiver oder multiplikativer Regeln sollten bei alternativ kombinierten Vorrangsregeln nicht zuviele Fälle differenziert werden. Die maximale Anzahl wurde daher zunächst auf drei begrenzt. Für die Zuordnung eines konkreten Regeltyps zu einem Fall galt die Prämisse, daß entweder elementare oder nur additive bzw. multiplikative Kombinationen oder aber nur Regeln gleicher Kategorie (d.h. zeitbezogene bzw. nicht zeitlich-orientierte Typen) miteinander verknüpft werden. Eine letzte Forderung bestand darin, diejenige Prioritätsregel, die im Mittel die größten Prioritätsziffern (wegen der absteigenden Sortierung) erzeugt, demjenigen Regelfall zuzuweisen, welcher die größte Bedeutung bzgl. der Zielerreichung besitzt. Das nächste Schaubild zeigt dazu die zuerst getesteten sieben alternativ kombinierten Bauteil-Prioritätsregeln (AL):

Gewählte alternativ kombinierte Prioritätsregeln (AL):

$$AL1 := \begin{cases} \text{Für } dlz_t > 19: AD2 \\ \text{Für } dlz_t = 19: AD3 \\ \text{Für } dlz_t < 19: AD1 \end{cases}$$

$$AL2 := \begin{cases} \text{Für } (saz_t\text{-}faz_t) > 19: MU2 \\ \text{Für } (saz_t\text{-}faz_t) = 19: MU3 \\ \text{Für } (saz_t\text{-}faz_t) < 19: MU1 \end{cases}$$

$$AL3 := \begin{cases} \text{Für } pb_t > 300: AD1 \\ \text{Für } pb_t \leq 300: MU1 \end{cases}$$

$$AL4 := \begin{cases} \text{Für } gew_t \geq 330: MU3 \\ \text{Für } gew_t < 330: AD3 \end{cases}$$

$$AL5 := \begin{cases} \text{Für } wert_t \geq 550: MU2 \\ \text{Für } wert_t < 550: AD2 \end{cases}$$

$$AL6 := \begin{cases} \text{Für } (faz_t\text{+}dlz_t) > 285: AD1 \\ \text{Für } (faz_t\text{+}dlz_t) \leq 285: AD2 \end{cases}$$

$$AL7 := \begin{cases} \text{Für } (saz_t\text{+}dlz_t) > 303: MU2 \\ \text{Für } (saz_t\text{+}dlz_t) \leq 303: MU1 \end{cases}$$

Abb. 40: Gewählte alternativ kombinierte Prioritätsregeln

Aus dieser Darstellung ergibt sich, daß die Regel AL1 Aufträge mit einer großen Durchlaufzeit präferiert. Für die Regeln AL3, AL4 und AL5 bedeutet dies, daß ein großer Platzbedarf, ein hohes Gewicht bzw. ein großer Wert Priorität hat. Schließlich bevorzugt AL6 diejenigen Bauteile, die einen nahe in der Zukunft liegenden frühestmöglichen Fertigstellungstermin aufweisen. Bei den Regeln AL2 und AL7 wurde zunächst ein großer Schlupf bzw. ein weit entfernt liegender spätest zulässiger Fertigstellungstermin privilegiert. Ökonomisch interessanter erscheint aber gerade der umgekehrte Fall zu sein, so daß unten eine Modifikation zu AL2' und AL7' vorgenommen wurde.

Der Vorschlag, eine Fallunterscheidung mit mittleren Objektdaten zu bilden, wird nun anhand eines Beispiels erläutert. Der mittlere Wert eines Objekts ($wert_t$) lag beim zweiten Bauteil-Satz bei ca. 550 GE. Die Regel AL5 unterschied daher die beiden Fälle, in denen $wert_t \geq 550$ bzw. $wert_t < 550$ ist. Die separate Untersuchung des Falls $wert_t = 550$ ist hierbei wenig sinnvoll, da diese Ausprägung nur mit einer äußerst geringen Wahrscheinlichkeit angenommen wird. Für die Durchlaufzeit (dlz_t) ist dagegen eine derartige Konstellation durchaus zweckmäßig (siehe z.B. den Fall $dlz_t = 19$ in der Regel AL1).

Im Anschluß an die Ergebnisauswertung des ersten Simulationsabschnitts wurden weitere fünfzehn alternativ kombinierte Prioritätsregeln getestet. Mit diesen Vorrangsregeln sollen die Sensitivität des Verfahrens auf Parameteränderungen untersucht und die vorab formulierten Gütehypothesen verifiziert werden.

Diese Zielsetzungen konkretisieren sich in der Wahl neuer (meist besserer) elementarer oder kombinierter Regeltypen, in der Festlegung vom Mittelwert abweichender Vergleichszahlen und im Tausch der Regeltypen in den einzelnen Fällen. Der Untersuchungsschwerpunkt lag dabei auf der sechsten Fallunterscheidung, da diese besonders effiziente Ergebnisse lieferte und sich deshalb als interessanter Testfall für vielfältige Analysen anbot.

Die zusätzlich gewählten, alternativ kombinierten Prioritätsregeln wurden nun ebenfalls zusammengestellt. Bei jeder Formulierung wurde dabei angemerkt, wie die Modifikation im Vergleich zur ursprünglichen Vorrangsregel aussah. Im Anschluß daran sind die wichtigsten Objekt-Daten (Minima, Maxima, Mittelwerte und Standard-Abweichungen) für beide Produktionsprogramme in Form von Werte-Tabellen dokumentiert.

Zusätzlich gewählte alternativ kombinierte Prioritätsregeln (AL):

$$AL2' := \begin{cases} \text{Für } (saz_t\text{-}faz_t) > 19: MU1 \\ \text{Für } (saz_t\text{-}faz_t) = 19: MU3 \\ \text{Für } (saz_t\text{-}faz_t) < 19: MU2 \end{cases}$$ [Bzgl. AL2: Tausch der Regeln in den Fällen]

$$AL3' := \begin{cases} \text{Für } pb_t > 300: MU3 \\ \text{Für } pb_t \leq 300: AD3 \end{cases}$$ [Bessere Regel-Komponenten]

$$AL31 := \begin{cases} \text{Für } pb_t > 250: AD1 \\ \text{Für } pb_t \leq 250: MU1 \end{cases}$$ [Kleinere Vergleichszahl]

$$AL32 := \begin{cases} \text{Für } pb_t > 375: AD1 \\ \text{Für } pb_t \leq 375: MU1 \end{cases}$$ [Größere Vergleichszahl]

$$AL41 := \begin{cases} \text{Für } gew_t \geq 400: MU3 \\ \text{Für } gew_t < 400: AD3 \end{cases}$$ [Größere Vergleichszahl]

$$AL42 := \begin{cases} \text{Für } gew_t \geq 260: MU3 \\ \text{Für } gew_t < 260: AD3 \end{cases}$$ [Kleinere Vergleichszahl]

$$AL61 := \begin{cases} \text{Für } (faz_t\text{+}dlz_t) > 285: AD3 \\ \text{Für } (faz_t\text{+}dlz_t) \leq 285: MU3 \end{cases}$$ [Bessere Regel-Komponenten]

$$AL611 := \begin{cases} \text{Für } (faz_t\text{+}dlz_t) > 288: AD3 \\ \text{Für } (faz_t\text{+}dlz_t) \leq 288: MU3 \end{cases}$$ [Größere Vergleichszahl]

$$AL612 := \begin{cases} \text{Für } (faz_t\text{+}dlz_t) > 282: AD3 \\ \text{Für } (faz_t\text{+}dlz_t) \leq 282: MU3 \end{cases}$$ [Kleinere Vergleichszahl]

$$AL62 := \begin{cases} \text{Für } (faz_t\text{+}dlz_t) > 285: KOZ \\ \text{Für } (faz_t\text{+}dlz_t) \leq 285: GEW \end{cases}$$ [Bessere elementare Regel-Komponenten]

$$AL63 := \begin{cases} \text{Für } (faz_t\text{+}dlz_t) > 285: MU4 \\ \text{Für } (faz_t\text{+}dlz_t) \leq 285: AD4 \end{cases}$$ [Zusätzlich eingeführte Regel-Komponenten]

$$AL63' := \begin{cases} \text{Für } (faz_t\text{+}dlz_t) > 285: MU4 \\ \text{Für } (faz_t\text{+}dlz_t) \leq 285: AD4' \end{cases}$$ [Zusätzlich eingeführte Regel-Komponenten]

$$AL64 := \begin{cases} \text{Für } (faz_t\text{+}dlz_t) > 285: AD4 \\ \text{Für } (faz_t\text{+}dlz_t) \leq 285: MU4 \end{cases}$$ [Zusätzlich eingeführte Regel-Komponenten]

$$AL64' := \begin{cases} \text{Für } (faz_t\text{+}dlz_t) > 285: AD4' \\ \text{Für } (faz_t\text{+}dlz_t) \leq 285: MU4' \end{cases}$$ [Zusätzlich eingeführte Regel-Komponenten]

$$AL7' := \begin{cases} \text{Für } (saz_t\text{+}dlz_t) > 303: MU1 \\ \text{Für } (saz_t\text{+}dlz_t) \leq 303: MU2 \end{cases}$$ [Tausch der Regeln in den Fällen]

Abb. 41: Zusätzlich gewählte alternativ kombinierte Prioritätsregeln

	Minimum	Maximum	Mittelwert	Std.-Abw.
KOZ	5	35	18,17	5,21
LOZ	5	35	18,17	5,21
FFT	260	316	284,82	7,52
SFT	269	324	302,06	9,72
FCFS	1000	1065	1032,5	19,05
SLACK	2	40	17,24	8,01
WT	50	982	542,97	290,81
GPB	200	600	333,03	159,11
GEW	5	650	325,08	190,38
HOCH	1	66	33,50	19,05
AD1	-60	-14	-35,41	10,58
AD2	688	3229	1859,18	589,05
AD3	444	1670	985,11	277,40
AD4	-450	450	-1,92	197,69
AD4'	184	1070	652,08	225,81
MU1	-800	-30	-323,55	191,06
MU2	205.400	293.508.000	62.788.024	70.167.497
MU3	292.500	232.500.000	41.148.856	46.574.595
MU4	0,02	20,0	1,43	2,54
MU4'	1125	387.500	122.079	102.384

Tab. 4:   Werte-Tabelle für den ersten Bauteil-Satz

	Minimum	Maximum	Mittelwert	Std.-Abw.
KOZ	12	28	19,58	3,69
LOZ	12	28	19,58	3,69
FFT	274	297	284,71	5,35
SFT	284	328	304,63	7,83
FCFS	2000	2071	2035,5	20,78
SLACK	5	40	19,92	6,95
WT	123	987	556,31	214,15
GPB	181	600	294,75	127,51
GEW	30	700	347,5	203,96
HOCH	10	720	365,0	207,83
AD1	-68	-22	-39,50	8,50
AD2	907	3085	1840,81	506,35
AD3	511	1582	994,75	245,93
AD4	-418	410	-5,0	208,66
AD4'	251	1060	700,0	220,12
MU1	-1120	-85	-395,22	176,27
MU2	4.615.500	266.490.000	56.030.050	53.875.473
MU3	1.310.400	190.080.000	40.352.959	34.026.075
MU4	0,07	3,16	0,97	0,69
MU4'	5040	381.250	139.773	93.590

Tab. 5:   Werte-Tabelle für den zweiten Bauteil-Satz

6.2.2.7 Gütekriterien

Die nachstehenden Gütekriterien dienen dazu, die Qualität der ermittelten Lösung unabhängig von subjektiven Einflußfaktoren zu quantifizieren:

- Kumulierte Anzahl eingelagerter Bauteile (Programmvariable ke_t_anz, Dimension [1])
- Kumulierte Durchlaufzeit der eingelagerten Bauteile (ke_t_dlz in ZE)
- Kumulierter Wert der eingelagerten Bauteile (ke_t_wert in GE)
- Kumulierter Platzbedarf der eingelagerten Bauteile (ke_t_pb in FE)
- Zeitlich kumulierter Platzbedarf der eingelagerten Bauteile (zke_t_pb in FE·ZE). Der zeitlich kumulierte Platzbedarf berechnet sich aus der Summe des Produkts aus dem Platzbedarf und der Durchlaufzeit sämtlicher Teile. Ein hilfsweise zusätzlich errechneter, zeitlich kumulierter korrigierter Platzbedarf (zkk_t_pb in FE·ZE) berechnet sich aus der Produktsumme aus Platzbedarf und Einlagerungszeit der Teile innerhalb des Planungszeitraums.
- Durchschnittliche Montageflächen-Auslastung (d_f_a in %). Diese Kapazitätsauslastung berechnet sich aus dem Quotienten aus zkk_t_pb und kumulierter Montagefläche (k_f in FE) dividiert durch die Länge des Planungszeitraums[376] (ZE).

Mit diesen Qualitätskriterien stehen dem Planer Informationen zur Verfügung, die eine zielgerichtete Justierung der Systemparameter und der Planungsstrategie ermöglichen. Im Rahmen von statistischen Auswertungen werden diese Einstellungen bestätigt oder abweichende Vorgaben abgeleitet.

Mit den genannten Wirksamkeitskriterien wurden sicherlich nicht alle denkbaren Gütemaße abschließend aufgezählt. Gleichwohl stellen sie wichtige Kennziffern zur Beurteilung der Leistungsfähigkeit der erarbeiteten Heuristik dar.

6.2.3 Abbildung realer Organisationseinheiten

Zur effizienten Systemmodellierung ist es erforderlich, die Bauteile und -flächen mit einem Raster zu überziehen. Erst mit Hilfe einer feinen Rasterung können die mitunter komplizierten Grundrisse einfach rechnergerecht verwaltet werden.[377] Im vorliegenden Fall müssen Abmessungen zwischen 10 und 180 LE (in der Realität des Schiffbaus entspricht dies gerade Metern) verarbeitet werden. Eine meterweise Rasterung bietet eine bei weitem ausreichende Genauigkeit. Ein besonderes Merkmal des vorgeschlagenen Algorithmus liegt in der Möglichkeit, nahezu beliebig geformte Teile zu handhaben. Die im Grunde einzige Einschränkung

---

[376] Die Länge des Planungszeitraum ergibt sich aus der Differenz aus Endzeitpunkt (e_zeit) und Anfangszeitpunkt (a_zeit) der Planung.

[377] Eine ausführliche Begründung, weshalb die Planungsobjekte nicht mit vektorisierten Polygonzügen verwaltet werden sollten, wurde bereits im Abschnitt 5.3 gegeben.

besteht darin, daß durch die gewählte Rasterdimension die Produktionsaufträge hinreichend exakt abgebildet werden müssen.

Jedes Feldelement der gerasterten Teile und Flächen kann ausschließlich die beiden Zustände belegt oder nicht belegt annehmen. Damit sei nochmals auf den Kern des Belegungsverfahrens hingewiesen, der im wesentlichen aus einer zweiwertigen Zuordnungslogik besteht. Eine hardwarenahe und dadurch schnelle Kollisionsprüfung der Bauteil-Anordnungen wird für praktische Problemgrößen erst mit dieser Gitternetzbetrachtung ermöglicht.

Im Anhang ist die Rasterung jeder implementierten Bauteilform dokumentiert. Für sämtliche Orientierungen der Teile sind darin die Abmessungen, der Platzbedarf und die interne Codierung der einzelnen Spalten wiedergegeben. Aus Darstellungsgründen wurden die Spalten der Bauteile in diesen Graphiken allerdings horizontal abgebildet. Die Belegungsmuster dieser Längenelemente (die zeilenweise von rechts nach links zu lesen sind) wurden – der Nachvollziehbarkeit wegen – zunächst hexadezimal und erst danach dezimal codiert. Nachfolgende Grundrißtypen sind in den Simulationsexperimenten berücksichtigt und graphisch dargestellt worden (vgl. die Abbildungen 43 bis 58 im Anhang):

- 2 verschiedene dreieckige Bauteile (in je zwei Orientierungen),
- 1 Kreis,
- 1 Quadrat,
- 2 Rechtecke (in je zwei Lagen) und
- 2 Trapeze (in ebenfalls je zwei Lagen).

Zur Verdeutlichung der Flexibilität der Bauteil-Verarbeitung wurden zwei zusätzliche Grundriß-Formen implementiert. Die Miteinbeziehung eines rahmenartigen sowie eines S-förmigen Bauteils hebt die Stärke des Verfahrens hervor, beliebige Konturen verarbeiten zu können.[378]

Für das Bauteil vom Typ Dreieck Nr. 1 (vgl. die Abb. 43) wurde beispielsweise eine Länge und eine Breite von jeweils 19 Metern (bzw. LE) gewählt. Der Platzbedarf berechnet sich aus dem Produkt aus halber Länge und der Breite. Das ergibt einen theoretischen Flächenbedarf von 180,5 m^2 (FE). Durch Auszählen der belegten Rastereinheiten erhält man den tatsächlichen und dann auch gewählten Platzbedarf von 181 FE.

Die hexadezimalen und dezimalen Umsetzungen der Flächenraster sind am rechten Rand der Abbildungen dargestellt. Die oberste Rasterzeile des Dreiecks enthält in der ersten Orientierung lediglich links außen eine "Belegt-Marke". Diese Markierung repräsentiert – von rechts

---

[378] Die Schachtelung dieser beiden zusätzlichen Konturen (repräsentiert durch die Teilenummern 2500 und 2501) wurde in einigen Szenarien getestet. Vergleiche hierzu die Abb. 30: In dieser Darstellung wurden die beiden Bauteile zum zweiten Auftragsbestand hinzugefügt. Die Belegung erfolgte mit der Bauteil-Prioritätsregel AL1, der Zuteilungsstrategie utob und der Flächen-Prioritätsregel Nr. 1. Aufgetragen wurde die Montagefläche Nr. 9 an verschiedenen Betriebskalendertagen.

nach links gelesen – die natürliche Zahl Eins. Das zehnte Feld belegt demgegenüber die ersten 19 linken Rastereinheiten. Dieses Muster wird somit durch die hexadezimale Zahl 1FFFF bzw. durch die dezimale Zahl 524287 codiert.

6.2.4 Anwendung des Planungs- und Informationssystems

Das Softwaresystem CALPLAN wird nun mit den verschiedenartigen Planungssituationen konfrontiert. Dazu sind Belegungssimulationen der Teilespektren mit den variablen Parametern und den implementierten Planungsstrategien durchzuführen. Danach wird eine Analyse und eine Interpretation der Ergebnisse vorgenommen. Das Ziel ist es, Vorschläge für erfolgswirksame Parametereinstellungen zu erarbeiten sowie ein Konzept für ein adaptivlernendes Verfahren zu entwickeln.

Die Abb. 42 stellt nun den Aktionsraum des Simulationsprozesses dar. Zusammengetragen wurden die Systemparameter, die Planungsstrategie sowie die in Kategorien zusammengefaßten Belegungsläufe und hergeleiteten Planungsresultate. Zu den festen Parametern zählen der Planungszeitraum und die drei vorhandenen Planungsflächen, die allesamt keine Anfangsbelegung aufweisen. Hinsichtlich der Auftragsbestände wurden bereits die Bauteil-Sätze Nr. 1 und 2 unterschieden. Die Strategie eines Belegungslaufs ergibt sich aus einer wählbaren Bauteil- und Flächen-Prioritätsregel sowie einer variablen Zuordnungsstrategie.

Im folgenden werden zunächst die einzelnen Szenarien beschrieben, die den Rahmen der Simulationsstudien bilden.[379]

---

[379] Die Ergebnisse der Belegungsläufe werden im Abschnitt 6.2.5 vorgestellt und diskutiert.

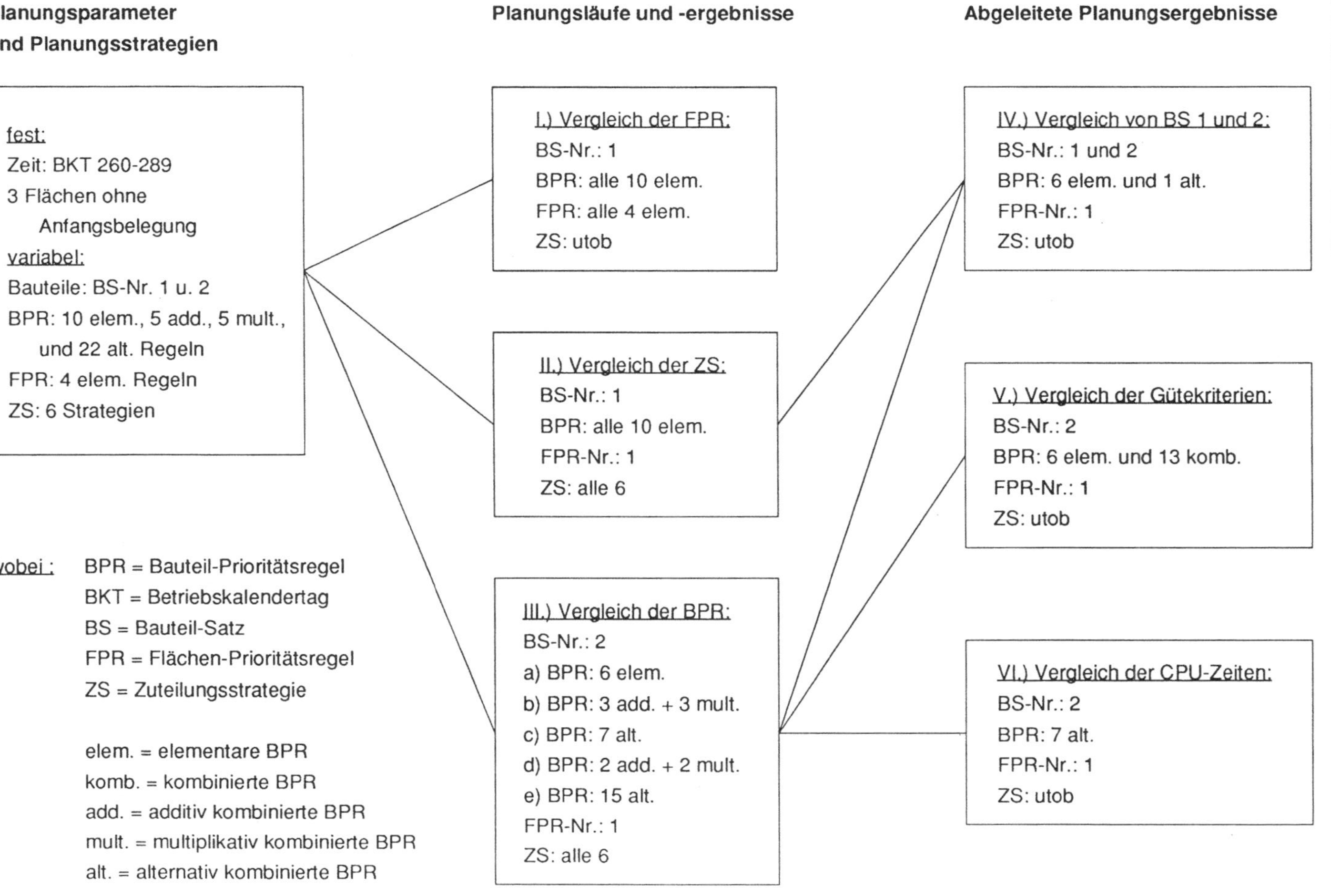

Abb. 42: *Systematik des heuristischen Regelwerks und der Simulationsstudien*

6.2.4.1 Vergleich der Flächen-Prioritätsregeln

Für den Vergleich der Hallen-Vorrangsregeln wurden in 40 Simulationsläufen folgende Ausgangsdaten untersucht:

- Bauteil-Satz Nr. 1,
- alle 10 elementaren Bauteil-Prioritätsregeln,
- alle 4 Flächen-Prioritätsregeln und
- Zuteilungsstrategie utob.

In Abhängigkeit von der Teil- und Flächen-Prioritätsregel wurden jeweils die Ausprägungen der Gütekriterien aufgenommen. Durch die Unterscheidung von insgesamt sechs Zielkriterien sind sechs verschiedene Ergebnisgraphiken darstellbar.

6.2.4.2 Vergleich der Zuteilungsstrategien

Zum Vergleich der Zuteilungsstrategien wurden in 60 Planungsläufen folgende Ausgangsdaten zugrunde gelegt:

- Bauteil-Satz Nr. 1,
- alle 10 elementaren Bauteil-Prioritätsregeln,
- Flächen-Prioritätsregel Nr. 1 und
- alle 6 Zuteilungsstrategien.

Die Belegungsergebnisse werden hierbei übereinstimmend in Abhängigkeit von der Zuordnungsstrategie und der Bauteil-Prioritätsregel aufgenommen. Ebenfalls sechs Abbildungen veranschaulichen – getrennt für jedes Zielkriterium – die Qualität der Einlagerung.

6.2.4.3 Vergleich der Bauteil-Prioritätsregeln

Zum Vergleich der Objekt-Prioritätsregeln wurden nachstehende Daten verwandt:

- Bauteil-Satz Nr. 2,
- Flächen-Prioritätsregel Nr. 1 und
- alle 6 Zuteilungsstrategien.

Zunächst erfolgt ein getrennter Vergleich der elementaren sowie additiv, multiplikativ und alternativ kombinierten Regeln. Im Anschluß an die Ableitung separater Aussagen werden die Ergebnisse zusammengefaßt, um einheitliche Gütehypothesen formulieren zu können. In einem ersten Schritt wurden folgende Vorrangsregeln gegenübergestellt:

a) 6 elementare Bauteil-Prioritätsregeln (EL1, EL2, EL6, EL7, EL8 und EL9),

b) 3 additiv und 3 multiplikativ kombinierte Regeln (AD1 bis AD3 und MU1 bis MU3) und

c) 7 alternativ kombinierte Prioritätsregeln (AL1 bis AL7).

Diese 114 Belegungsläufe werden umfangreichen Ergebnisauswertungen unterzogen. Bei einer Unterscheidung von drei Regelkategorien und sechs Zielkriterien ergeben sich insgesamt 18 verschiedene graphische Darstellungen.

Unter Berücksichtigung der Ergebnisse dieser Simulationsläufe wurden zusätzliche Regeln formuliert, die die Sensitivität des heuristischen Verfahrens bezüglich Parameteränderungen aufdecken sowie die generellen Möglichkeiten der Verbesserung des Planungsprozesses offenlegen. Dazu wurde eine beträchtliche Anzahl verschiedener Parametervariationen überprüft und in erfolgversprechende neue Regeln eingearbeitet. Weitere Planungsläufe wurden daher mit nachfolgenden Prioritätsregeln unternommen:[380]

d) 2 additiv und 2 multiplikativ kombinierte Bauteil-Prioritätsregeln (AD4, AD4' sowie MU4 bzw. MU4') und

e) weitere 15 alternativ kombinierte Prioritätsregeln (AL2' bis AL7').

Die Ergebnisse dieser 114 zusätzlichen Durchläufe wurden in 12 weiteren Graphiken zusammengestellt, die ebenfalls im Anhang dokumentiert sind.

6.2.4.4   Vergleich der Bauteil-Sätze

Für den Vergleich der untersuchten Auftragsbestände wurde mit folgenden Rahmendaten gearbeitet:

- Bauteil-Satz Nr. 1 und 2,
- 6 elementare (EL1, EL2, EL6, EL7, EL8 und EL9) sowie eine alternativ kombinierte Bauteil-Prioritätsregel (AL611),
- Flächen-Prioritätsregel Nr. 1 und
- Zuteilungsstrategie utob.

Das Ergebnis bilden hier die in Abhängigkeit von beiden Bauteil-Sätzen aufgenommenen Gütekriterien. Die Qualität der einzelnen Planungsläufe wird daher mit Bezug auf den Auftragsbestand in sechs Schaubildern dargestellt. Es wird ferner darauf eingegangen, welche Unterschiede zwischen einfachen und kombinierten Prioritätsregeln im Hinblick auf die beiden Produktionsprogramme bestehen. Dabei soll überprüft werden, ob sich eine Prioritätsregel, die für einen bestimmten Bauteil-Satz hochwertige Ergebnisse liefert, auch beim anderen Auftragsbestand hervorhebt.

6.2.4.5   Vergleich der Gütekriterien

Zum Vergleich der einzelnen Gütekriterien untereinander wurden folgende Ausgangsdaten zugrunde gelegt:

---

[380] Vgl. die Abbildungen 39 und 41.

- Bauteil-Satz Nr. 2,
- 19 verschiedene Bauteil-Prioritätsregeln (EL1, EL2, EL6 bis EL9 und AD1 bis AD3, MU1 bis MU3 sowie AL1 bis AL7),
- Flächen-Prioritätsregel Nr. 1 und
- Zuteilungsstrategie utob.

Für die Ergebnis-Präsentation wurden die Gütemaße dieser 19 Belegungsläufe zueinander in Beziehung gesetzt. Dazu wurden für jedes Kriterium die entsprechenden Zielerreichungsgrade der Einzelplanungen aufgetragen. Die maximale Ausprägung eines Zielkriteriums erhielt dabei den Erreichungsgrad 100%.

6.2.4.6 Vergleich der Rechenzeiten

Zum Rechenzeiten-Vergleich der CALPLAN-Simulationsläufe (mit Hilfe der benötigten CPU-Zeiten) wurden folgende Ausgangsdaten zugrunde gelegt:

- Bauteil-Satz Nr. 2,
- 7 alternativ kombinierte Bauteil-Prioritätsregeln (AL1 bis AL7),
- Flächen-Prioritätsregel Nr. 1 und
- alle 6 Zuteilungsstrategien.

Bei der Durchführung dieser 42 verschiedenen Belegungsläufe wurden die Rechenzeiten (in Minuten) aufgenommen. Diese Informationen werden in einer Ergebnisgraphik zusammengestellt.

In diesem Zusammenhang ist recht interessant, daß sich die Wahl einer schnellen Hardware-Plattform stärker bemerkbar macht, als man vielleicht im Vorwege vermuten würde. Der vollständige Simulationsprozeß wurde insgesamt auf drei verschiedenen Personal Computern durchgeführt. Als erstes kam ein IBM-Rechner PS/2-Modell 30 (Typ H21: Prozessor INTEL 80286 mit einer Taktrate von 10 MHz), danach ein Modell 80 (Typ 071: Prozessor INTEL 80386, 16 MHz) und als letztes das Modell 70 (Typ R21: Prozessor INTEL 80486, 25 MHz) zum Einsatz.

Dabei stellte sich heraus, daß das Modell 70 um den Faktor 3,65 schneller als das Modell 80 und sogar um den Faktor 6,81 schneller als das Modell 30 arbeitete (bezogen auf die eigentliche Flächenbelegung, d.h. ohne vorherigen Datenbank-Zugriff, da hierfür nahezu ausschließlich die Geschwindigkeit der Festplatte maßgebend ist). Die Resultate sind vor allem deshalb interessant, weil konventionelle Testprogramme (sogenannte Benchmark-Programmme) diese Performance-Steigerungen nicht bestätigen können.[381]

---

[381] Der MIPS-Test (dies ist ein solches Benchmark-Programm) der Firma Chips and Technologies, Inc., USA (Version 1.2 von 1986), liefert Geschwindigkeitsunterschiede um den Faktor 2,4 bzw. 3,98 beim Vergleich des Modells 70 mit dem Modell 80 bzw. 30.

Abgesehen davon, daß sämtliche Benchmark-Programme sicherlich nicht genau denjenigen Instruktionsmix testen, wie dies für CALPLAN erforderlich wäre, bleibt festzustellen, daß bei dem referierten Programm keine Befehlskategorie[382] diese Beschleunigungsfaktoren erreichte. Ungeachtet des Nutzens und der Qualität der Benchmark-Tests zeigt sich also, daß hardwarenahe Implementierungen (wie z.B. der vorgeschlagene Algorithmus zur Platzsuche von Bauteilen) hochentwickelten Rechner-Architekturen entgegenkommen und dadurch ein exzellentes Laufzeitverhalten bieten.

Eine wichtige Aufgabe bei der Konstruktion eines laufzeitintensiven computergestützten Verfahrens ist die Identifikation der häufig auszuführenden Teile des Algorithmus. Ein Programm, welches ein Verfahren zur Suche von Anordnungsmöglichkeiten realisiert, enthält i.a. nur wenige besonders "performance-kritische" Bereiche. Das Leistungsverhalten des implementierten Verfahrens wird hauptsächlich von der Effizienz dieser Bereiche beeinflußt. Die performance-kritischen Teile müssen identifiziert werden, um die entsprechenden Programm-Module besonders wirkungsvoll gestalten zu können.

Im vorliegenden Fall liegt der laufzeit-kritische Programmteil in der Suche einer Objekt-Stellfläche bei gegebener Parametereinstellung. Der Forderung nach einer hohen Performance ist durch eine Codierung zu begegnen, welche die Register der Zentraleinheit verwendet. Schließlich ist eine Code-Optimierung nicht nur mit Hilfe von Compiler-Optionen, sondern auch durch den Einsatz aktueller Compiler-Versionen erreichbar.[383]

6.2.5 Ergebnisinterpretation

Im folgenden werden die durchgeführten, nahezu 500 verschiedenen Simulationsläufe detailliert analysiert und einer kritischen Bewertung unterzogen. Zudem wird auf die Interdependenzen zwischen den variierbaren Planungsparametern und dem Teilespektrum eingegangen. Das Ziel dieser Analysen ist es, dem industriellen Entscheidungträger Vorschläge zur Gestaltung zweckgerichteter Planungsszenarien zu unterbreiten. Weiterhin sollten sich aus den Simulationsergebnissen Anhaltspunkte zur Kalibrierung der Parametereinstellungen ergeben. Besonderes Gewicht liegt dabei auf der Strukturierung des Einflusses der Prioritätsregeln, der Zuordnungsstrategie und der jeweiligen Auftrags- sowie Betriebsmittel-Daten. Aus den Untersuchungsergebnissen wird schließlich das Konzept einer adaptiv-lernenden Heuristik abgeleitet. Die Qualität und die Akzeptanz der computergestützten Fertigungssteuerung kann durch eine automatisierte Regelung der Systemparameter beträcht-

---

382 Ausgewertet werden hier General-, Integer-, Memory-to-Memory-, Register-to-Register- und Register-to-Memory-Instruktionen sowie eine Overall-Performance. Dabei kommt es nicht darauf an, ob ein Coprozessor installiert ist, da der Algorithmus ohne Gleitkomma-Operationen auskommt.

383 Der Objektcode des neuen Microsoft C-Compilers (Version 6.0A) bewirkte gegenüber der vorangegangenen Übersetzung (mit Hilfe der Compiler-Version 5.1) eine zusätzliche Laufzeitsteigerung von ca. 20%.

lich erhöht werden. Der damit verbundene Lernprozeß steht ebenfalls im Mittelpunkt der Untersuchung.

Die Wirkung einer Planungsstrategie ist nur dann exakt evaluierbar, wenn nicht gleichzeitig andere Systemparameter modifiziert werden. Eine Variation und eine anschließende Auswertung der Systemparameter sollten demnach nacheinander durchgeführt werden. Die Reihenfolge der Ergebnisanalysen orientiert sich dabei an der Einteilung des vorherigen Abschnitts.

6.2.5.1 Analyse der Flächen-Prioritätsregeln

Die Abbildungen 59 bis 64 dokumentieren die Ergebnisse der durchgeführten Belegungsläufe zum Vergleich der Flächen-Prioritätsregeln (FPR).[384] Aus diesen Graphiken ergibt sich, daß die Verwendung unterschiedlicher FPR keine signifikante Veränderung der Zielerreichung bewirkt. Das heißt, daß in Abhängigkeit von der Bauteil-Prioritätsregel alle FPR nahezu überall das gleiche Lösungsniveau erreichen. Eine Ausnahme bildet die Längen-Regel (FPR Nr. 1), die bzgl. der durchschnittlichen Flächen-Auslastung (Gütekriterium d_f_a) die höchste Erfolgswirksamkeit aufweist.[385]

Da die Wahl der FPR nahezu keinen Einfluß auf die Planungsgüte besitzt, wurden für die nachfolgenden Untersuchungen nicht alle Regeln weiter verwendet. Statt dessen wurde ausschließlich die Längen-Regel berücksichtigt, weil sie für das Kriterium d_f_a die besten Resultate lieferte. Diese Maßnahme führt darüber hinaus zu einer erheblichen Verringerung der Anzahl zu absolvierender Belegungsläufe.

Eine Zusammenstellung der 5%-besten Planungsergebnisse unterstreicht diese Analyse (vgl. die Tab. 6). Die besten Ergebnisse werden mehrheitlich entweder von allen oder von gar keiner Regel erreicht. Mit Hilfe dieser aggregierten Darstellung wird ebenfalls deutlich, daß sich nur selten eine einzelne Regel hervorhebt. Diese Form der Ergebnisdarstellung wird im folgenden beibehalten, um die verschiedenartigen Informationen möglichst einheitlich und kompakt zu präsentieren.

---

[384] Die jeweils zugrunde gelegten Planungsszenarien sind bereits im Abschnitt 6.2.4 beschrieben worden.

[385] Vgl. die Abb. 64.

Die Tab. 6 stellt die 5%-besten Belegungsergebnisse in Abhängigkeit von der gewählten Flächen-Prioritätsregel dar. Die laufende Nummer dieser Regel wird hierbei bzgl. sämtlicher elementarer Bauteil-Prioritätsregeln und Gütekriterien aufgetragen für:

- Bauteil-Satz Nr.: 1
- Flächen-Anfangsbelegung: Keine
- Zuteilungsstrategie: utob

	ke_t_anz	ke_t_dlz	ke_t_wert	ke_t_pb	zke_t_pb	d_f_a
KOZ	1, 2, 3, 4					
LOZ		1, 2, 3, 4				
FFT	2	2		2, 3	2	2
FCFS	1, 2, 3, 4	1, 2, 3, 4	3, 4	1, 2, 3, 4	1, 2, 3, 4	
SLACK	1, 2, 3, 4	1, 2, 3, 4	1, 2, 3, 4	1, 2, 3, 4	1	
WT	1, 2, 4	1, 2, 4	1, 2, 3, 4			
GPB				1	1	1, 4
GEW	1, 2, 3, 4	1, 2, 3, 4	3, 4	1, 2, 3, 4	1, 2, 3, 4	

Anm.: Die Regeln SFT und HOCH liefern keine 5%-besten Resultate

Tab. 6:   5%-beste Ergebnisse der Flächen-Prioritätsregeln

6.2.5.2   Analyse der Zuteilungsstrategien

Die Simulationsergebnisse zur Bewertung der Fertigungsablaufstrategien sind in den Abbildungen 65 bis 70 wiedergegeben. Die Zuteilungsstrategien (ZS) uotb, utbo und utob liefern danach bessere Resultate als ubot, ubto und uobt. Das Gütekriterium d_f_a bildet aber wiederum eine Ausnahme. Hinsichtlich der Montageflächen-Auslastung können nämlich einheitliche Aussagen nicht abgeleitet werden. Hier schneiden uotb, utbo und utob lediglich bzgl. der Prioritätsregeln KOZ, SLACK und GPB besser ab, wohingegen die restlichen ZS hinsichtlich LOZ, FFT, FCFS, WT und GEW vorteilhaftere Ergebnisse liefern (SFT und HOCH realisieren dagegen eine noch andere Aufteilung).

Aggregierte Belegungsinformationen ergeben sich nochmals aus der Zusammenstellung der 5%-besten Ergebnisse. Die Tab. 7 veranschaulicht dazu die Besonderheiten beim Zielkriterium d_f_a. Von diesem Sonderfall abgesehen, zeigt das Schaubild jedoch auch, daß die Zuordnungsstrategien uotb, utbo und utob präferiert werden sollten.

Die Tab. 7 stellt also die 5%-besten Belegungsergebnisse in Abhängigkeit von der Zuteilungsstrategie zusammen. Die Strategiebezeichnung wird hierbei bzgl. sämtlicher elementarer Bauteil-Prioritätsregeln und Gütekriterien aufgetragen für:

- Bauteil-Satz Nr.: 1
- Flächen-Prioritätsregel Nr.: 1
- Flächen-Anfangsbelegung: Keine

	ke_t_anz	ke_t_dlz	ke_t_wert	ke_t_pb	zke_t_pb	d_f_a
KOZ	uotb, utbo, utob					
LOZ	uotb	uotb, utbo, utob			uotb	ubot, ubto, uobt
FCFS	uotb, utbo, utob	uotb, utbo, utob		uotb, utob	ubot, ubto, uobt, uotb, utbo, utob	ubot, ubto, uobt
SLACK	uotb, utbo, utob	uotb, utbo, utob	uotb, utbo, utob	uotb, utbo, utob	uotb, utbo, utob	
WT	utob	uotb, utob	uotb, utbo, utob		uotb, utob	ubot, ubto, uobt
GPB		uotb, utbo, utob		uotb, utbo, utob	uotb, utbo, utob	ubot, ubto, uobt, uotb, utbo, utob
GEW	uotb, utbo, utob	uotb, utbo, utob		uotb, utob	ubot, ubto, uobt, uotb, utbo, utob	ubot, ubto, uobt

Anm.: Die Regeln FFT, SFT und HOCH liefern keine 5%-besten Resultate

Tab. 7:   5%-beste Ergebnisse der Zuteilungsstrategien

Die Wahl der ZS ist somit von entscheidenderer Bedeutung als die Wahl der FPR. Dieses Urteil begründet sich außerdem durch die höheren Ergebnis-Streuungen der einzelnen ZS im Vergleich zu den FPR. Aufgrund der bislang untersuchten Belegungsläufe könnte man also die Auffassung vertreten, daß der Zuteilungszeitpunkt (t) eher als die Baufläche (b) variiert werden sollte (was einer Präferenz von uotb, utbo und utob gegenüber den verbleibenden ZS entspricht). Der Variationszeitpunkt der Bauteil-Orientierung (o) ist danach weniger wichtig. Diese Hypothese ist – zumindest plausibel – dadurch begründbar, daß eine größtmögliche Flächenauslastung nur über intensive Platzrecherchen in derselben Halle erreicht werden kann. Ein Wechsel der jeweiligen Planungsfläche sollte aus diesem Grund erst im Anschluß an eine Änderung der anderen Planungsparameter eingeleitet werden.

Die bislang ausgewerteten Resultate sind hingegen noch nicht so zahlreich, daß ein klarer Trend unverkennbar ist. Für die weiteren Untersuchungen werden daher alle ZS weiter berücksichtigt. Aussagekräftige Empfehlungen zur Fixierung der Fertigungsablaufstrategie werden erst am Ende des gesamten Simulationsprozesses gegeben.

6.2.5.3 Analyse der Bauteil-Prioritätsregeln

Die Wahl der "richtigen" Bauteil-Prioritätsregel (BPR) beeinflußt die Planungsgüte in überragender Weise. Die Ergebnis-Spannbreite ist bei den verschiedenen getesteten BPR wesentlich größer als bei den übrigen Steuerungsparametern. Der Untersuchungsschwerpunkt lag deshalb in der Evaluation einer Vielzahl unterschiedlicher einfacher und kombinierter Vorrangsregeln.

Die Simulationsexperimente gliedern sich nun in zwei Teile. Die ersten 114 der insgesamt 228 verschiedenen Durchläufe (also 19 Regeln mit je sechs Zuteilungsstrategien) dienten der Differenzierung von zielwirksamen und weniger erfolgreichen BPR. Die zweite Hälfte befaßte sich anschließend mit einer Verifikation der Planungsergebnisse sowie einer Sensitivitätsanalyse der interessantesten Szenarien.

Die Ergebnisse des ersten Simulationsteils sind in den Abbildungen 71 bis 88 zusammengestellt worden und bilden den Beurteilungsmaßstab der nachfolgenden Planungsläufe. Absolute Zielerreichungen sind dabei nicht so aufschlußreich wie ein Vergleich mit anderen Szenarien. Deshalb sind für jedes Zielkriterium die 5%-besten Ergebnisse tabellarisch zusammengetragen worden (vgl. die Tab. 8). Die erfolgreichsten Belegungsresultate des zweiten Planungsabschnitts ergeben sich aus den beiden nachfolgenden Tabellen 9 und 10. Durch den Bezug zu früheren Planungsergebnissen kann damit die vorgenommene Parameteränderung bewertet werden.

Die Tab. 8 stellt die 5%-besten Belegungsergebnisse in Abhängigkeit von den zuerst über-prüften Bauteil-Prioritätsregeln zusammen. Die besten Zuteilungsstrategien werden zunächst bzgl. 6 elementarer, 3 additiv, 3 multiplikativ und 7 alternativ kombinierter Regeln und sämtlicher Gütekriterien aufgetragen für:

- Bauteil-Satz Nr.: 2
- Flächen-Prioritätsregel Nr.: 1
- Flächen-Anfangsbelegung: Keine

	ke_t_anz	ke_t_dlz	ke_t_wert	ke_t_pb	zke_t_pb	d_f_a
KOZ	ubot, ubto, utob		ubot, ubto	ubot, ubto	ubot	ubot, ubto
WT			uotb, utbo, utob			
GPB						ubot, ubto
GEW	ubto, uobt	ubot, ubto, uobt, uotb				ubot, uobt
AD3		uobt			uobt, utob	ubot, ubto, uobt
MU2					uobt	ubot, ubto, uobt
MU3		uotb, utbo, utob			ubot, uotb, utob	ubot, uobt
AL1		uotb, utbo, utob				
AL4		uotb, utob			uotb, utob	
AL5			ubot, ubto, uobt			
AL6	ubot, ubto, uobt, uotb, utob	ubot, ubto, uobt	ubot, uobt	ubot, ubto, uobt, uotb	ubot, ubto, uobt	ubot, uobt

Anm.: LOZ, SLACK, AD1, AD2, MU1, AL2, AL3 und AL7 liefern keine besten Resultate

Tab. 8: 5%-beste Ergebnisse der zuerst überprüften Bauteil-Prioritätsregeln

Die Tab. 9 dokumentiert die 5%-besten Belegungsergebnisse ebenfalls in Abhängigkeit von den Bauteil-Prioritätsregeln. Hierbei werden die besten Zuteilungsstrategien jedoch bzgl. 2 additiv, 2 multiplikativ und 7 alternativ kombinierter Regeln aufgetragen für:

- Bauteil-Satz Nr.: 2
- Flächen-Prioritätsregel Nr.: 1
- Flächen-Anfangsbelegung: Keine

	ke_t_anz	ke_t_dlz	ke_t_wert	ke_t_pb	zke_t_pb	d_f_a
AD4	uobt	uobt				
AD4'	uotb, utbo, utob	ubot, ubto, uobt, uotb, utbo, utob			uotb, utob	
MU4	ubot, uobt	ubot, uobt, uotb, utob			uobt	ubot, uobt
MU4'	uotb	ubto, uotb, utbo, utob				
AL3'		utbo	utbo		uotb, utbo, utob	ubot, ubto, uobt utbo
AL32						ubot, uobt
AL41	uotb	ubot, ubto, uobt, uotb, utob		uotb	ubot, ubto, uobt, uotb, utob	ubot, uobt, uotb
AL42		uobt, uotb, utbo			ubot, uotb, utob	uobt
AL7'	ubot, ubto, uobt, utbo					

Anm.: Die Regeln AL2' und AL31 liefern keine 5%-besten Resultate.

Die Ergebnisse wurden dabei auf die zuerst untersuchten Regeln bezogen.

Tab. 9:   5%-beste Ergebnisse zusätzlicher Bauteil-Prioritätsregeln

Zusammenstellung der 5%-besten Belegungsergebnisse in Abhängigkeit von weiteren Bauteil-Prioritätsregeln. Die besten Zuteilungsstrategien werden hierbei bzgl. 8 alternativ kombinierter Regeln aufgetragen für:

- Bauteil-Satz Nr.: 2
- Flächen-Prioritätsregel Nr.: 1
- Flächen-Anfangsbelegung: Keine

	ke_t_anz	ke_t_dlz	ke_t_wert	ke_t_pb	zke_t_pb	d_f_a
AL61	ubot, ubto, uobt, uotb, utbo, utob	ubot, ubto, uobt, uotb, utbo, utob		ubot, ubto, uobt, uotb, utob	ubot, ubto, uobt, uotb, utbo, utob	ubot, ubto, uobt
AL611	ubot, ubto, uobt, uotb, utbo, utob	ubot, ubto, uobt, uotb, utbo, utob	ubot, uotb, utbo, utob	ubot, ubto, uobt, uotb, utbo, utob	ubot, ubto, uobt, uotb, utbo, utob	ubot, uobt
AL612	ubot, ubto, uobt, utob	ubot, ubto, uobt, utob	ubot, uobt	ubot, ubto, uobt	ubot, ubto, uobt, uotb, utob	ubot, ubto, uobt, uotb, utob
AL62	ubot, ubto, uobt, uotb, utbo, utob	ubot, ubto, uobt, uotb, utbo, utob	ubot, ubto, uobt	ubot	ubot, ubto, uobt, uotb	ubot, ubto, uobt
AL63	ubot, uobt	ubot, ubto, uobt	ubot, uobt		ubot, uobt	
AL63'	ubot, ubto, uobt, uotb, utbo, utob	ubot, ubto, uobt, uotb, utbo, utob	ubot, ubto, uobt	ubot, ubto, uobt, utbo	ubot, ubto, uobt, utbo	ubot, ubto, uobt
AL64'	ubot, ubto, uobt, uotb, utbo, utob	ubot, ubto, uobt, uotb, utbo, utob	ubot, ubto, uobt	ubot, ubto, uobt	ubot, ubto, uobt, uotb	ubot, ubto, uobt

Anm.: Die Regel AL64 liefert keine 5%-besten Resultate.

Die Ergebnisse wurden dabei auf die zuerst untersuchten Regeln bezogen.

Tab. 10: 5%-beste Ergebnisse zusätzlicher alternativ kombinierter Bauteil-Prioritätsregeln

I.) Vergleich der elementaren BPR:

In den Vergleich der elementaren Prioritätsregeln wurden von den ursprünglich zehn nur noch sechs BPR aufgenommen. Einerseits wird die Eignung derjenigen Regeln, welche die Prioritätsziffern – im Sinne einer Management-Regel – willkürlich von außen vorgeben, grundsätzlich angezweifelt. Andererseits konnten einige Regeln vernachlässigt werden, da sie in vorangegangenen Tests weniger zufriedenstellend arbeiteten als die übrigen Vorrangsregeln. Schließlich lieferten zwei Regeln aufgrund der Datensituation die gleichen Resultate, so daß nur noch eine von beiden weiterverfolgt zu werden brauchte.

Im einzelnen konnte die FCFS-Regel ausgeklammert werden, weil sie infolge der Auftragsdaten die gleichen Ergebnisse wie die GEW-Regel generiert (d.h., beide Prioritätsregeln erzeugen identische Bauteil-Warteschlangen). Außerdem wurde die Teilenummer (als präferenzbestimmender Parameter) rein willkürlich ausgewählt. Die Regeln FFT, SFT und HOCH wurden nicht weiter betrachtet, da sie bereits bei den FPR- und ZS-Szenarien deutlich ineffizienter arbeiteten.[386] Die Verwendung der HOCH-Regel ist derzeit nicht zweckmäßig, da die Höhe eines Bauteils zufällig vergeben wurde. Überdies wurde die Höhen-Dimension bei der Platzsuche auf den Planungsflächen algorithmisch noch nicht berücksichtigt.

Auch die Tauglichkeit der verbleibenden sechs elementaren BPR hängt vom favorisierten Gütekriterium ab und weist daher keine einheitlichen Werte auf. Aus den genannten Schaubildern (vgl. die Abbildungen 71 bis 76 und die Tab. 8) ergibt sich, daß die Regeln KOZ und GEW insgesamt häufiger gute, WT und GPB eher mittlere sowie LOZ und SLACK weniger gute Resultate liefern. Einige Detailergebnisse sind dabei besonders einfach nachvollziehbar. Die WT-Regel erzeugt beispielsweise gute Resultate in bezug auf das Zielkriterium ke_t_wert. Dieses Verhalten war jedoch schon vor Belegungsbeginn prognostizierbar. Die GPB-Regel weist dagegen nur für das Kriterium d_f_a überzeugende Ergebnisse auf und nicht – wie eigentlich vermutet werden konnte – für ke_t_pb. Hervorzuheben ist daneben, daß ausschließlich die WT-Regel 5%-beste Ergebnisse mit den ZS uotb, utbo und utob (d.h. mit der Variationsmaßgabe "t" vor "b") hervorbringt. Sämtliche anderen Regeln besitzen dagegen gerade bei den ZS ubot, ubto und uobt (also mit "b" vor "t") die höchsten Zielerreichungsgrade.

II.) Vergleich der additiv und multiplikativ kombinierten BPR:

Eine für jedes Zielkriterium einheitliche und unumstößliche Brauchbarkeit ist für die additiv und multiplikativ kombinierten BPR ebenfalls nicht feststellbar. Die Ergebnisse sind im Mittel geringfügig besser als bei den elementaren BPR. Vor allem ist aber die Streuung der Lösungen bzgl. unterschiedlicher Gütekriterien kleiner, d.h., die additiven bzw. multiplikativen BPR liefern gleichmäßigere Resultate als die elementaren Einlastungsstrategien. Die Tab. 8 veranschaulicht weiter, daß sowohl die elementaren als auch die bislang diskutierten Regelkombinationen nur bei einzelnen Zielkriterien besonders zufriedenstellend arbeiten.

Die zusätzlich getesteten Kombinationen AD4, AD4', MU4 und MU4' zeigen zudem, daß sich gute Eigenschaften elementarer Regeln (hier von KOZ und GEW) durchaus in kombinierten Regeltypen niederschlagen (vgl. die Tab. 9). Diese Darstellung dokumentiert jedoch auch,

---

[386] Vgl. hierzu nochmals die Tabellen 6 und 7.

daß es mitunter sinnvoll sein kann, die Sortierrichtung elementarer Regeln umzudrehen. Aus einer KOZ-Regel wird dadurch beispielsweise eine LOZ-Regel. Eine Sortierrichtungsumkehrung sollte sicherlich nicht unkritisch überall durchgeführt werden, sondern ist nur bei bestimmten Regeltypen zu empfehlen. Grundsätzlich trifft dies nur für die Regeln zu, bei denen sowohl eine auf- als auch eine absteigende Rangreihung zweckmäßig ist. Beispielsweise wird eine aufsteigende Sortierung des Objektwerts normalerweise nicht verwendet.

Insgesamt liefern MU3, AD3 und MU2 (in dieser Reihenfolge) bessere Ergebnisse als AD1, MU1 und AD2. Die außerdem überprüften Regeln AD4 bis MU4' bieten zum Teil sogar noch bessere Resultate. Obgleich diese Zusatzregeln, zwar additiv oder multiplikativ kombiniert, ansonsten aber äquivalent formuliert wurden, arbeitet AD4' effizienter als AD4, dagegen umgekehrt MU4' schlechter als MU4. Das zeigt, daß die Lösungsqualität von additiven und multiplikativen Vorrangsregeln bei bestimmten Produktionsprogrammen nicht immer gleichartig ausfallen muß. Die bisherigen Planungsläufe belegen, daß multiplikativ kombinierte Regeln zwar häufiger, aber nicht ausnahmslos besser sind als ihre additiven Äquivalente. Zusammengenommen existieren signifikante Güteunterschiede zwischen beiden Kombinationstypen nicht in ausreichendem Maße, wohl aber zwischen einer guten und einer schlechten Prioritätsregel. Eine generelle Empfehlung für eine Verknüpfungsform kann deshalb an dieser Stelle nicht abgegeben werden.

Die vorliegenden Ergebnisse deuten jedoch darauf hin, daß eine aus rein zeitbezogenen Elementen bestehende Regelkombination (siehe AD1 und MU1) nicht präferiert werden sollte. Statt dessen sind diejenigen elementaren Komponenten zu kombinieren, die bereits unverknüpft gute Resultate liefern (hier KOZ und GEW). Bislang führte dies eindeutig zu einer Verknüpfung von sowohl zeitbezogenen als auch nicht zeitlich-orientierten Bestandteilen. Die nachfolgenden Simulationsläufe werden diese Strategie im übrigen bestätigen.

Hinsichtlich der Wahl einer ZS ist festzuhalten, daß eine erfolgreiche Vorgehensweise überwiegend darin bestand, den Parameter "b" vor "t" zu variieren. Eine Ausnahme bildet hier die Regel MU3. In bezug auf das Gütekriterium ke_t_dlz (und zum Teil auch d_f_a) ist gerade die umgekehrte Politik effektiver. Das gleiche Resultat wurde im übrigen auch schon für die elementaren Regeln festgestellt.

III.) Vergleich der alternativ kombinierten BPR:

Die Simulationsergebnisse der ersten alternativ kombinierten BPR sind – ebenso wie die Resultate der vorherigen Vorrangsregeln – in 6 Graphiken dargelegt worden (vgl. die Abbildungen 83 bis 88). Die 5%-besten Ergebnisse ergeben sich ferner aus der Tab. 8. Diese Darstellungen verdeutlichen, daß die Regeln AL6, AL4, AL5 und AL1 (in dieser Rangfolge) insgesamt bessere Ergebnisse hervorbringen als AL2, AL3 und AL7.

Mit einer kurzen Einzelkritik der alternativ verknüpften Regeln soll nun auf die möglichen Ursachen dieser Resultate hingewiesen werden:

- Die Regel AL2 klassifiziert die Planungsobjekte durch den Schlupf, der zwischen frühestmöglichem und spätest zulässigem Starttermin eines Auftrags besteht. Die Eignung der elementaren SLACK-Regel wurde aber bereits oben als schlecht eingestuft. Ein Bestandteil einer Prioritätsregel unterscheidet sich zwar grundsätzlich von der Vergleichsvariablen einer alternativ verknüpften Regel, gleichwohl kann dies als ein Indiz dafür gewertet werden, daß AL2 weniger gute Ergebnisse hervorbringt.

- AL3 verwendet in Abhängigkeit vom Platzbedarf der Bauteile die Regel AD1 oder MU1. Diese beiden Prioritätsregeln weisen aber eine mangelhafte Qualität auf, so daß auch hier das negative Verhalten der alternativen Verknüpfung nachvollziehbar ist.

- Mit der Unterscheidung von zwei Fällen, die den spätest möglichen Fertigstellungstermin betreffen, unterstellt AL7 quasi eine Retrograde Terminierung. Bei einem ausschließlich vorwärts gerichteten Einlastungsalgorithmus begründet diese Tatsache eine weniger ansprechende Lösungsqualität. Darüber hinaus wird die Komponente MU1 verwandt, die zu den schlechtesten bisher getesteten Regelbestandteilen zählt.

- AL6 liefert die mit Abstand besten Ergebnisse sämtlicher bislang überprüften Prioritätsregeln. Dies ist zunächst recht erstaunlich, da AL6 die Komponenten AD1 und AD2 verknüpft, die vergleichsweise unbefriedigende Resultate erzielten. Im Gegensatz zur Regel AL7 begründet AL6 allerdings eine vorwärts gerichtete Terminierung. Durch die Verwendung des frühestmöglichen Fertigstellungstermins als Vergleichsvariable werden demnach qualitativ hochwertige Ergebnisse erzeugt.

- AL4 weist eine Kombination der Regeln AD3 und MU3 auf und liefert im wesentlichen plausible Ergebnisse, wenn man die Resultate der Komponenten betrachtet. So finden sich die guten Ergebnisse der beiden Elemente bzgl. der Gütekriterien ke_t_dlz und zke_t_pb in der Regel AL4 wieder. Die ebenfalls ansprechenden Resultate hinsichtlich d_f_a übertrugen sich allerdings nicht auf die alternative Regelkombination.

- Die Regel AL1 bildet dagegen eine Fallunterscheidung mit Hilfe der Durchlaufzeit. Aus diesem Grunde sind die guten Ergebnisse für das Zielkriterium ke_t_dlz nicht ganz unerwartet zustande gekommen. Ansonsten liefert diese Prioritätsregel aber relativ schlechte Werte.

- AL5 generiert eine Fallunterscheidung in Abhängigkeit vom Bauteilwert. Diese Vorrangsregel bewirkt lediglich für das Gütekriterium ke_t_wert herausragende Resultate. Dieser Zusammenhang zwischen Fallunterscheidung und hoher Zielerreichung ist bereits bei der Regel AL1 analog festgestellt worden.

Die Lösungsgüte alternativ kombinierter Regeln streut erheblich stärker als bei additiven oder multiplikativen Verknüpfungen. Die Wahl der "richtigen" Regelkombination ist daher von großer Bedeutung. Die Ergebnisse schwanken auf der anderen Seite nicht so stark wie bei den elementaren Regeltypen. Die Qualität der untersuchten alternativ kombinierten Regeln liegt im Durchschnitt sogar unterhalb der additiven oder multiplikativen Gütemaße. Trotzdem bewirken ausgesuchte alternative Regelverknüpfungen wesentlich höhere Zielerreichungsgrade als alle anderen Regelkonstruktionen. Die besten Verknüpfungen besitzen dabei nicht nur bzgl. einzelner Kriterien Vorteile (auch im Vergleich zu elementaren Regeln), sondern weisen zudem die größte Wirksamkeit im Hinblick auf die Erreichung mehrerer Ziele auf. Die Regel AL6 liefert z.B. mit der ZS ubot für die Kriterien ke_t_anz und ke_t_dlz die absolut besten Resultate. Darüber hinaus bietet diese Regel unabhängig von einem einzelnen Gütekriterium eine höhere Planungsqualität als jede andere bisher angeführte Auftragsauswahlstrategie.

Bei der Konstruktion einer alternativen Prioritätsregel ist vor allem die unabhängige Vergleichsvariable sorgfältig auszuwählen. Neben dem Einsatz konkreter Regelbestandteile besitzt diese Variablenspezifikation den größten Einfluß auf das Qualitätsniveau der Belegungsplanung. Damit kommt man dem Wunsch des Planers entgegen, eine Prioritätsregelwahl aus den Zielvorstellungen der Unternehmung abzuleiten. Der Idealfall wäre erreicht, wenn aus der Formulierung bestimmter Zielvorstellungen sowie den bekannten Ergebnissen durchgeführter Simulationsstudien die konkrete Beschaffenheit einer Regel eindeutig hervorgehen würde.[387]

Hinsichtlich der ZS ergibt sich näherungsweise, daß die Variationsreihenfolge "b" vor "t" effizienter ist als "t" vor "b". Ausnahmen bilden allerdings die Regeln AL1 und AL4. Bei der Regel AL4 könnte dies daran liegen, daß bereits die Komponenten AD3 und MU3 überwiegend erfolgreicher mit der Maßgabe "t" vor "b" arbeiteten (siehe oben). Bei AL1 bietet die Art der Fallunterscheidung (die bekanntermaßen die Durchlaufzeiten differenziert) zumindest einen Anhaltspunkt dafür, daß die Variationsstrategie "t" vor "b" erfolgswirksamer ist. Diese Erkenntnisse bestätigen einerseits die Ergebnisse, die bei den elementaren sowie additiv und multiplikativ kombinierten Prioritätsregeln aufgenommen wurden. Insofern zeigen sich hier konstante Ergebnisse. Andererseits widerlegen sie die Vermutung des Abschnitts 6.2.5.2 (aus dem gerade eine umgekehrte Präferenz hervorging). Eindeutige Empfehlungen zur Festlegung der Zuteilungsstrategie können somit nicht abgegeben werden. Eine endgültige Wahl muß daher in Abhängigkeit von der individuellen Problemstellung und dem jeweiligen Auftragsbestand erfolgen.

Die bislang ermittelten Ergebnisse reichen noch nicht aus, die Wirkungen der alternativen Regelparameter abschließend beurteilen zu können. Zur Ableitung detaillierter Vorgaben für reale Planungen sind deshalb weitere Durchläufe erforderlich.

---

[387] Dieser Ansatz entspricht quasi der Zielerreichungsanalyse (Goal-seeking) bei der mathematischen Planungsrechnung.

Die zusätzlich durchgeführten Simulationsläufe verfolgten daher den Zweck, Hypothesen über die Zusammensetzung kombinierter Prioritätsregeln abzuleiten und zu verifizieren. Erkenntnisse über die Eignung bestimmter Konstellationen bilden dann die Grundlage eines adaptiv-lernenden Belegungsverfahrens. Zur Begrenzung der Anzahl möglicher Planungsläufe ist es erforderlich, die Prioritätsregeln nicht wahllos zu formulieren. Folgende Fragestellungen stehen bei der Bestimmung des Regelwerks im Vordergrund:

- Welche Art von Empfehlungen können dem Entscheidungsträger überhaupt offeriert werden? Ausgangspunkt ist in jedem Fall die individuelle Situation des Anwenders, mit seinen konkreten Zielvorgaben und Randbedingungen. Der Planer ist daher aufgefordert, das Gewicht der einzelnen Gütekriterien selber vorzugeben. Unter der Berücksichtigung dieser Vorgaben sollte der Disponent so weit wie möglich bei der Konkretisierung der Systemparameter und der Planungsstrategie unterstützt werden.
- Welche Bedeutung für die Güte alternativ kombinierter Prioritätsregeln haben die Art der Fallunterscheidung sowie die Zuordnung bestimmter Regelbestandteile zu den einzelnen Fällen?
- Übertragen sich die Eigenschaften elementarer Komponenten in additiv oder multiplikativ kombinierte Regeln? Trifft dies wiederum auch für deren Verknüpfung in alternativ kombinierten Vorrangsregeln zu?
- Welche Bedeutung hat die ZS für eine bestimmte Prioritätsregel und für die Güte der Planung? Die sich aus den ersten Simulationsläufen ergebende Einschätzung, daß eine ZS entweder für jedes oder aber für kein Zielkriterium zufriedenstellend arbeitet, konnte nicht bestätigt werden. Damit zeigt sich auch hier der Konflikt zwischen termin- und kapazitätsbezogenen Gütekriterien.

Diese Überlegungen bildeten nun die Grundlage zur Spezifikation von 19 zusätzlichen BPR. Die Resultate dieser 144 Belegungsläufe werden im folgenden zusammengefaßt. Die Detailergebnisse ergeben sind wiederum aus graphischen Darstellungen (vgl. die Abbildungen 89 bis 100), wohingegen die 5%-besten Ergebnisse zwei tabellarischen Zusammenstellungen entnommen werden können (vgl. nochmals die Tabellen 9 und 10):

- Die Regel AD4 liefert nur für die Gütekriterien ke_t_anz und ke_t_dlz sowie für die ZS uobt gute Resultate. AD4' ist dabei nicht nur erheblich erfolgreicher als AD4, sondern stellt die beste additiv oder multiplikativ kombinierte Regel dar. MU4 ist besser als MU4' und liefert mit AD4' in alternativ kombinierten Regeln exzellente Resultate (vgl. die Anmerkungen zur Regel AL63').
- Die Regel AL2' liefert durch den Tausch der Komponenten keine erfolgswirksameren Ergebnisse als AL2. AL3' erzielt dagegen aufgrund besserer Regelkomponenten insgesamt qualitativ höherwertigere Resultate als AL3. Die Formulierung von AL31 und AL32 bewirkte im Vergleich zu AL3 keine Steigerung der Lösungsgüte.

– AL41 führt zu einer deutlich höheren Zielerreichung als AL4. Mit korrigierten Vergleichszahlen kann die Qualität einer Fallunterscheidung also durchaus gesteigert werden. Eine Modifikation der Vergleichszahlen sollte dabei eine eingeschränkte Verwendung des wichtigsten Prioritätsregelfalls zum Ziel haben. Das bedeutet, daß die Anzahl der Bauteile, die eine besonders hohe Prioritätsziffer zugewiesen bekommen, zunehmend kleiner wird. Diese Empfehlung stellt keinen Widerspruch zu den Ergebnissen der Regeln AL31 und AL32 dar, weil eine Manipulation der Vergleichszahl nur bei nicht offensichtlich schlechten Fallunterscheidungen eine signifikante Resultatsaufwertung bewirken kann. Die Regel AL42 liefert im übrigen im Vergleich zu AL4 keine wesentlich schlechteren Ergebnisse.

– Die Regel AL61 erzeugt aufgrund verbesserter Regelkomponenten noch zielgerichtetere Ergebnisse als die – ohnehin schon herausragende – Regel AL6. Dieses Beispiel bestätigt also die These, die bereits für die Regel AL3' formuliert wurde. AL611 arbeitet mit einer größeren Vergleichszahl (analog AL41) nochmals besser als AL61 und liefert insgesamt (über sämtliche ZS und Gütekriterien) die besten Resultate aller bislang durchgeführten Testläufe. AL612 ist bzgl. der Planungsqualität mit AL61 vergleichbar. AL62 bewirkt aufgrund vorteilhafter Regelkomponenten wiederum bessere Ergebnisse als AL6 (vgl. dazu AL61).

– AL63 und vor allem AL64 arbeiten weniger gut, sollen aber auch nicht weiter bewertet werden, da sie lediglich die Einführung der Regeln AL63' bzw. AL64' vorbereiteten. AL63' und AL64' liefern sehr gute Ergebnisse, weil wiederum verbesserte Komponenten verwendet wurden. AL63' generiert mit den beiden ZS ubot und ubto über alle Gütekriterien die absolut besten Planungsergebnisse.

– AL7' arbeitet mit vertauschten Regelbestandteilen zwar etwas besser als AL7, gleichwohl aber immer noch nicht so gut wie andere alternativ kombinierte Regeln. Dieses Faktum deutet darauf hin, daß diese Fallunterscheidung kein Steigerungspotential besitzt.

Eine zusammenfassende Bewertung und Verifikation der Bauteil-Prioritätsregeln wird nun nicht an dieser Stelle, sondern im Abschnitt 6.3.1 vorgenommen.

6.2.5.4 Analyse der Bauteil-Sätze

Die Abbildungen 101 bis 106 veranschaulichen hier die Ergebnisse der einzelnen Simulationsläufe. Diese Darstellungen verdeutlichen, daß die Resultate des ersten Bauteil-Satzes nahezu immer auf einem höherem Niveau liegen als die des zweiten Satzes (vgl. auch die Zusammenstellung der 5%-besten Ergebnisse in der Tab. 11).

Die Erkenntnis, daß mit dem ersten Auftragsbestand bessere Resultate erzielt werden, ist allerdings auch recht einfach begründbar. Dieses Teilespektrum besteht aus lediglich drei verschiedenen und zudem homogenen (d.h. geometrisch ähnlichen und damit gut schachtelbaren) Bauteil-Grundrissen in jeweils zwei Orientierungen. Innerhalb des zweiten Bauteil-Satzes wurden statt dessen acht verschiedene Grundformen in insgesamt 14 Lagen berücksichtigt. Diese Teile weisen relativ heterogene Konturen auf. Da stark voneinander abweichende Objekt-Geometrien nicht so gut ineinander geschachtelt werden können wie wenige ähnliche Formen, ergeben sich fast zwangsläufig qualitativ niederwertigere Resultate.

Diese Aussage gilt übrigens insbesondere für die Gütekriterien ke_t_anz, d_f_a, ke_t_pb sowie zke_t_pb. Da z.B. der Wert eines Auftrags das algorithmische Belegungsverfahren nicht unmittelbar beeinflußt (wie vor allem der Platzbedarf), ist es nicht verwunderlich, daß für das Kriterium ke_t_wert andere Ergebnisse auftraten. Im vorliegenden Fall führte dies zu annähernd vergleichbaren Resultaten beider Produktionsprogramme. Gleiches gilt für die Durchlaufzeit und das Zielkriterium ke_t_dlz.[388] Unterschiedliche Bauteil-Sätze besitzen aufgrund voneinander abweichender Planungsgrunddaten i.a. keine Gemeinsamkeiten bzgl. der Gütemaße ke_t_wert und ke_t_dlz.

Zur Verifikation der Arbeitsweise eines computergestützten Algorithmus ist es jedoch unabdingbar, die Eignung der Heuristik anhand unterschiedlicher Auftragsbestände zu belegen. Dazu wurden beide Bauteil-Sätze in bezug auf sechs elementare und einer alternativ kombinierten Prioritätsregel gegenübergestellt. Eine Zusammenstellung der 5%-besten Ergebnisse zeigt hierbei, daß eine Regel für einen Auftragsbestand sehr wohl ein hohes Qualitätsniveau erreichen kann, dagegen aber für ein anderes Teilespektrum weniger gut arbeitet. Zunächst muß betont werden, daß eine elementare Regel nicht in der Lage ist, wechselnden Zielsetzungen und Planungssituationen gerecht zu werden. Keine elementare Regel liefert daher für beide Produktionsprogramme gleichermaßen gute Ergebnisse. Vielmehr zeigt vor allem die LOZ-Regel für beide Bauteil-Sätze schlechte und die SLACK-Regel ausschließlich für den ersten Teilebestand gute Resultate. Lediglich die alternativ kombinierte Regel AL611 ist für beide Bauteil-Sätze geeignet und besitzt bzgl. der Kriterien ke_t_anz, ke_t_dlz, ke_t_pb und zke_t_pb sogar durchweg die höchsten Zielerreichungsgrade. Daraus folgt wiederum, daß eine Prioritätsregel nicht für jede Anwendung maßgeschneidert werden muß, sondern auch für unterschiedliche Auftragslagen vorteilhaft einsetzbar sein kann.

In diesem Zusammenhang wäre es sicherlich wünschenswert gewesen, viele weitere Bauteil-Sätze in Simulationsläufen zu testen. Die Definition, Rasterung und Übertragung der Teil-Geometrien in die Auftrags-Datenbank ist allerdings momentan noch ein ausgesprochen zeitaufwendiges manuelles Unterfangen. Im industriellen Einsatz sollten die Bauteile daher aus einer Konstruktionszeichnung digitalisiert eingelesen oder aus einer CAD-Datenbank direkt übernommen werden. Der Erfassungprozeß der Planungsdaten würde sich damit erheblich einfacher gestalten. Diese Aufgabenstellung wurde aber bislang bewußt ausgeklammert, um die Forschungsarbeit im Bereich der zeitorientierten Flächenbelegungsplanung nicht

---

[388] Für die Berechnung der Prioritätsziffern kann der Wert und die Durchlaufzeit trotzdem relevant sein.

zu behindern. Die Einbeziehung anspruchsvoller Benutzerschnittstellen beinhaltet heutzutage keine grundsätzlichen Neuerungen, verzögert aber aufgrund der umfangreichen Entwicklungsarbeit die Fertigstellung der eigentlichen Untersuchung.

Ein grundsätzlicher Aspekt der industriellen Wirklichkeit betrifft die Vielfalt möglicher Planungssituationen. Auch eine große Anzahl verschiedener Simulationsläufe kann meistens nicht alle Eventualitäten vorwegnehmen. Unterschiedliche Teileformen und sonstige Planungsbedingungen führen unter Effizienz-Gesichtspunkten fast zwangsläufig zu angepaßten Strategien und Systemparameter-Einstellungen. Ein Ausweg aus diesem Dilemma stellt die Implementation einer adaptiv-lernenden Heuristik dar, wodurch auf der einen Seite unterschiedliche Rahmendaten und auf der anderen Seite problemspezifisches Erfahrungswissen berücksichtigt werden kann. Im Verlauf einer überschaubaren Anzahl separater Durchläufe werden die Systemparameter sukzessiv verändert und zunehmend bessere Lösungen erarbeitet. Der grundsätzliche Ablauf einer lernfähigen Heuristik wird im Abschnitt 6.3.3 entwickelt und diskutiert.

Einen entscheidenden Vorteil des vorgeschlagenen Planungsverfahrens bildet die Möglichkeit, nahezu beliebige Bauteil-Geometrien zu handhaben. Jede Form, die im Rahmen der gewählten Rasterlängeneinheit darstellbar ist, kann dem Belegungsverfahren übergeben und somit in konkreten Problemstellungen verwandt werden. Der gravierende Nachteil üblicher statischer Zuschneideverfahren, die i.a. lediglich einfache Grundformen (meistens rechteckige Konturen) verarbeiten können, wurde durch den vorgestellten Ansatz überwunden.

Nachfolgend werden die 5%-besten Belegungsergebnisse in Abhängigkeit vom Auftragsbestand zusammengestellt. Die Nummer des Bauteil-Satzes wird hierbei bzgl. 6 verschiedener elementarer und einer alternativ kombinierten Bauteil-Prioritätsregel sowie sämtlicher Gütekriterien aufgetragen für:

– Flächen-Prioritätsregel Nr.: 1
– Flächen-Anfangsbelegung: Keine
– Zuteilungsstrategie: utob

	ke_t_anz	ke_t_dlz	ke_t_wert	ke_t_pb	zke_t_pb	d_f_a
KOZ	1					
LOZ		1				
SLACK	1	1	1	1	1	
WT	1	1	1, 2			
GPB					1	1, 2
GEW	1	1			1	2
AL611	1, 2	1, 2	2	1, 2	1, 2	2

Tab. 11: 5%-beste Ergebnisse in Abhängigkeit vom Auftragsbestand

6.2.5.5   Analyse der Gütekriterien

In den Planungsszenarien, die einen Vergleich der Flächen-Prioritätsregeln und der Zuteilungsstrategien vollziehen, verhalten sich die Zielkriterien ke_t_anz, ke_t_dlz, ke_t_wert, ke_t_pb und zke_t_pb komplementär zueinander. Das heißt, daß beispielsweise ein gutes Resultat bzgl. ke_t_anz auch ein gutes Ergebnis für zke_t_pb bewirkt. Das Kriterium d_f_a verhält sich jedoch nicht einheitlich gegenüber den verbleibenden Gütemaßen. Hier bestehen zum Teil komplementäre, aber auch neutrale und mitunter sogar konfliktäre Beziehungen. Diese voneinander abweichende Korrelation wird nachfolgend weiter untersucht.

Für den Vergleich der einzelnen Zielkriterien wurden 19 verschiedene Bauteil-Prioritätsregeln in Simulationsstudien gegenübergestellt. Von diesen Vorrangsregeln können 8 (LOZ, SLACK, AD1, AD2, MU1, AL2, AL3 und AL7) bei der Auswertung vernachlässigt werden, da sie keine herausragenden Resultate erzeugen. Die verbleibenden Szenarien sind nun hinsichtlich ihrer Erfolgswirksamkeit zu analysieren.

Die Abb. 107 stellt die Zielerreichungsgrade der Gütekriterien in Abhängigkeit von der gewählten Prioritätsregel zusammen. Hierbei besitzen die elementaren BPR die größten Güte-Schwankungen (Standard-Abweichung: 6,35%), die additiv bzw. multiplikativ kombinierten

Regeln geringere (4,72%) und die alternativen Verknüpfungen das kleinste Streuungsmaß (4,61%). Alternativ kombinierte BPR besitzen zudem die absolut beste Ergebnisqualität. Exemplarisch sei auf die gute Erfüllung des Kriteriums zke_t_pb bei mehreren kombinierten Regeln hingewiesen. Die Resultate liegen hier deutlich oberhalb der einfachen Vorrangsregeln.

Für die gewählte ZS utob ergeben sich mittlere Zielerreichungsgrade von 90,58% für die elementaren, 91,73% für die additiv und multiplikativ kombinierten sowie 92,68% für die alternativ kombinierten BPR, bezogen auf den jeweils maximalen Ergebniswert. Man könnte nun zu der Auffassung gelangen, daß durchschnittliche Abweichungen von einem Prozentpunkt nicht besonders ins Gewicht fallen. Dabei ist allerdings zu berücksichtigen, daß Spannbreiten von fast 25 Prozentpunkten zwischen bestem und schlechtestem Ergebnis bei einigen Zielkriterien (z.B. ke_t_wert) existieren. Eine Steigerung der Zielerreichung kann demnach vor allem durch die Verwendung einer geeigneten Prioritätsregel erreicht werden. Die beste Regel AL63' besitzt z.B. mit der ZS ubto, bezogen auf die Maximalwerte des ersten Simulationsabschnitts, ein mittleres Gütemaß von 102,31%. Die Regel AL611 erreicht für das Kriterium ke_t_dlz mit der ZS uotb in der Spitze sogar ein Gütemaß von nahezu 107%. Insgesamt weisen die Regeln AL6, AL4 und MU3 die besten sowie LOZ die schlechtesten Resultate auf.

Die Tab. 12 stellt nun die 5%-besten Belegungsergebnisse bzgl. sämtlicher Zuteilungsstrategien (d.h. nicht nur utob) zusammen. Dieses Schaubild dokumentiert nochmals die Erfolgswirksamkeit der verwendeten Prioritätsregeln. Inhaltlich werden damit keine neuen Ergebnisse präsentiert, sondern hauptsächlich die Relevanz der Vorrangsregeln und Zuteilungsstrategien hinsichtlich unterschiedlicher Zielkriterien verdeutlicht. Bemerkenswert ist neben der Bedeutung der ZS (ubot arbeitet erheblich besser als utbo) vor allem die Tatsache, daß nur die Regel AL6 alle Gütekriterien gleichzeitig auf hohem Niveau erfüllt.

Zusammenstellung der 5%-besten Belegungsergebnisse in Abhängigkeit vom Zielkriterium. Eine abkürzende laufende Gütekriterium-Nummer wird hierbei bzgl. 6 elementarer, 3 additiv, 3 multiplikativ und 7 alternativ kombinierter Bauteil-Prioritätsregeln sowie sämtlicher Zuteilungsstrategien aufgetragen für:

— Bauteil-Satz Nr.: 2
— Flächen-Prioritätsregel Nr.: 1
— Flächen-Anfangsbelegung: Keine

	ubot	ubto	uobt	uotb	utbo	utob
KOZ	1, 3, 4, 5, 6	1, 3, 4, 5, 6				1
WT				3	3	3
GPB	6	6				
GEW	2, 6	1, 2	1, 2, 6	2		
AD3	6	6	2, 5, 6	56		
MU2	6	6	5, 6			
MU3	5, 6		6	2, 5	2	2, 5
AL1				2	2	2
AL4				2, 5		2, 5
AL5	3	3	3			
AL6	1, 2, 3, 4, 5, 6	1, 2, 4, 5	1, 2, 3, 4, 5, 6	1, 4		1

Anm.: Dabei ist: 1=ke_t_anz, 2=ke_t_dlz, 3=ke_t_wert, 4=ke_t_pb, 5=zke_t_pb, 6=d_f_a.
  Die Regeln LOZ, SLACK, AD1, AD2, MU1, AL2, AL3 und AL7
  liefern keine 5%-besten Resultate.

Tab. 12: 5%-beste Ergebnisse in Abhängigkeit vom Gütekriterium

6.2.5.6 Analyse der Rechenzeiten

Im Anschluß an den Vergleich der Systemparamater und der Planungsstrategie soll jetzt die Rechnerbelastung durch die Simulationsläufe untersucht werden. Dazu wurde die CPU-Zeit einiger ausgesuchter Planungsszenarien aufgenommen und in der Abb. 108 zusammengetragen. Bei der Bewertung der Rechenzeiten ist zu berücksichtigen, daß ein leistungsfähiger Arbeitsplatzrechner verwandt wurde und daß die Zeitangabe nicht nur die reine Flächenbelegung, sondern darüber hinaus die Datenselektion beinhaltet.[389]

Die Darstellung zeigt, daß die Prioritätsregeln AL6 und AL2 relativ geringe, AL3 sowie AL7 hohe und die restlichen Regeln mittlere CPU-Zeiten verursachen. Wenn man die CPU-Zeiten mit der Qualität der erzielten Planungsergebnisse vergleicht, drängt sich die Schlußfolgerung auf, daß gute Resultate schnell und minderwertige Ergebnisse verhältnismäßig langsam ermittelt werden. Weniger vorteilhafte Belegungsläufe müssen daher eine größere Anzahl vergeblicher Einlagerungsversuche aufweisen, deren Absolvierung entsprechend viel Zeit beansprucht.

Anhand eines interessanten Beispiels soll dieser Sachverhalt verdeutlicht werden. Aus der obigen Ergebnisgraphik ergibt sich, daß die CPU-Zeiten der Regel AL3 näherungsweise doppelt so hoch liegen wie bei AL6. Diese Tatsache wird erst dann plausibel, wenn man die Wirkung der beiden Regeln analysiert. AL3 differenziert den Auftragsbestand mit Hilfe des benötigten Platzbedarfs, wohingegen die Regel AL6 den frühestmöglichen Fertigstellungstermin verwendet. AL3 lagert also zuerst diejenigen Bauteile ein, die einen großen Platzbedarf aufweisen. Mit fortschreitender Simulationszeit werden die Flächenbedarfe der Teile zwar immer kleiner, das verfügbare Flächenangebot innerhalb der Planungsperiode aber leider auch. Man kann somit nicht verhindern, daß Teile mit einer langen Durchlaufzeit erst zu einem späten Zeitpunkt an die Reihe kommen. Die Konsequenz sind vielfache Belegungsfehlversuche, die erst nach einem rechenzeitintensiven Suchvorgang erkannt werden. Dieses Phänomen tritt bei der Regel AL6 gerade nicht auf, da hier die Teile quasi vorwärts terminiert werden, so daß sich die Wahrscheinlichkeit für Kollisionen mit anderen Aufträgen, eine endgültig erfolglose Platzsuche und damit verlorene Rechenzeit reduziert.

Im folgenden werden die einzelnen Untersuchungsergebnisse noch einmal zusammengefaßt und evaluiert. Ein kritischer Ausblick auf die Möglichkeiten der künftigen Weiterentwicklung und die praktische Anwendbarkeit schließen die Arbeit ab.

6.3 Verifikation des Planungsverfahrens

6.3.1 Verifikation der Prioritätsregeln

Eine zusammenfassende Analyse sämtlicher Simulationsergebnisse ergibt, daß für das zweite Produktionsprogramm mit der Flächen-Prioritätsregel Nr. 1:

---

[389] Zum Einsatz kam ein IBM-PC vom Typ PS/2-Modell 70 mit einem INTEL-Prozessor 80486 und einer Taktrate von 25 MHz. Zur Datenselektion und -sortierung werden jeweils näherungsweise 25 Sekunden benötigt.

- Die alternativ kombinierte Regel AL63' mit den Zuteilungsstrategien ubot und ubto gemittelt über alle Zielkriterien die besten Ergebnisse liefert.
- Die Regel AL611 mit der Strategie uotb die absolut besten Resultate hinsichtlich der Kriterien ke_t_anz, ke_t_dlz, ke_t_pb und zke_t_pb aufweist.

Bei Varianten des Produktionsprogramms ist festzustellen, daß

- einige Regeln durchweg unbefriedigende Gütemaße generieren (z.B. LOZ),
- andere sich nur für einen bestimmten Auftragsbestand anbieten (z.B. SLACK lediglich für den ersten Bauteil-Satz) und
- einige sorgfältig spezifizierte Bauteil-Prioritätsregeln auch bei unterschiedlichen Teilespektren gleichmäßig gute Ergebnisse hervorbringen können. Die Regel AL611 liefert sogar bei beiden Auftragsbeständen für mehrere Gütekriterien die absolut höchsten Zielerreichungsgrade.

Insgesamt sollten elementare Prioritätsregeln immer dann eingesetzt werden, wenn vorrangig einzelne Gütekomponenten präferiert werden. Als Beispiel sei auf die WT-Regel verwiesen, die ausschließlich gute Resultate für das Kriterium ke_t_wert liefert.[390] Elementare Bauteil-Prioritätsregeln bewirken jedenfalls eine große Streuung hinsichtlich der zieladäquaten Brauchbarkeit. Neben akzeptablen Ergebnissen bei ausgesuchten Zielkriterien, müssen deutlich schlechtere Lösungen bezüglich anderer Gütemaße verzeichnet werden. Die KOZ-Regel ermöglicht zwar eine hohe Flächenauslastung (Kriterium d_f_a), eignet sich aber nicht gleichzeitig zur Minimierung der Terminabweichungen (entspricht einer Maximierung der Termineinhaltung, d.h. dem Kriterium ke_t_dlz).[391]

Additiv oder multiplikativ kombinierte Prioritätsregeln sollten dann gewählt werden, wenn die Erfüllung mehrerer Zielsetzungen gleichrangig nebeneinander gefordert wird. Die untersuchten additiv und multiplikativ kombinierten Vorrangsregeln zeigten ein sehr gleichmäßiges Ergebnisverhalten, wobei weder exzellente noch besonders weit abfallende Resultate auftraten. Die Entscheidung für eine bestimmte Regel sollte sich an der Lösungsqualität der elementaren Bestandteile orientieren. Demnach sollten nur die erfolgreichsten Komponenten verknüpft werden. Ob eine Regel aber additiv oder multiplikativ kombiniert ausgelegt werden soll, ist derzeit nicht eindeutig beantwortbar. Zwischen beiden Varianten bestehen keine signikanten Abweichungen, vorausgesetzt die Regelkomponenten und Gewichtsfaktoren stimmen qualitativ überein. Eine Entscheidung hängt nach den bisherigen Analysen ausschließlich davon ab, ob für die Vorrangsregel eine Verwendung in alternativen Kombinationen geplant ist. Falls dies in Betracht gezogen wird, sind multiplikative Verknüpfungen

---

390 Eine Ausnahme stellt die GPB-Regel dar, die aufgrund der Formulierung eigentlich gute Resultate für das Gütekriterium ke_t_pb erwarten läßt. Die Belegungsläufe ergaben statt dessen lediglich durchschnittliche Ergebnisse.

391 Dieses Ergebnis stellte auch schon HOSS fest (vgl. HOSS, K.: a.a.O., S. 168). Vgl. ebenfalls die Abb. 14.

(die i.a. die Berechnung größerer Prioritätsziffern bewirken) für die entscheidungsrelevanten Fälle zu berücksichtigen und additive Kombinationen für die weniger wichtigen Objekte einzusetzen. Eine Nichtbeachtung dieser Empfehlung führt zu keiner klaren Unterscheidung der Prioritätsziffern und erschwert damit eine präferenzbezogene Handhabung der Bauteile.

Eine Prioritätsregel sollte immer dann alternativ kombiniert werden, wenn über die Berücksichtigung mehrerer Gütekriterien hinaus, eine unterschiedliche Betrachtung der Bauteile in Abhängigkeit von bestimmten Kenngrößen erforderlich ist. Eine Fallunterscheidung dient somit der Klassifizierung der Planungsobjekte. Die durchgeführten Simulationsstudien konnten belegen, daß zusätzlich zu einer vergleichsweise stabilen Lösungsgüte, mit alternativen Regeln die besten Ergebnisse erzielbar sind. Beispielsweise liefert die Regel AL6 für den zweiten Auftragsbestand nicht nur gleichmäßig gute, sondern für ke_t_anz, ke_t_dlz, ke_t_pb und zke_t_pb bessere Resultate als jede elementare und additiv oder multiplikativ kombinierte Regel. Die Eignung einer alternativ kombinierten Vorrangsregel muß jedoch konkret verifiziert werden, bevor eine Verwendung in realen Problemstellungen erfolgen kann. Eine Feinkalibrierung ist mithin ohne Würdigung des vorhandenen Produktionsprogramms nicht durchführbar.[392] Einige grundlegende Richtlinien zur Gestaltung dieser Regeln lauten:

—   Die Spezifikation der Vergleichsvariablen sollte sich an den Prämissen des Entscheidungsträgers orientieren. Falls also z.B. eine Vorwärtsterminierung angestrebt wird, ist der frühestmögliche und nicht der spätest zulässige Startzeitpunkt in der Fallunterscheidung zu berücksichtigen.[393] Die Relevanz des geplanten Starttermins wird im übrigen auch durch die wissenschaftliche Literatur bestätigt. HESS-KINZER sieht ihn als das wichtigste Prioritätskriterium der Zuteilungsrechnung an.[394]

—   In alternativ kombinierten Bauteil-Prioritätsregeln sollten diejenigen Komponenten verwendet werden, die bereits in vorherigen Simulationen gute Ergebnisse hervorbrachten (d.h. bei Planungsszenarien mit elementaren oder additiv bzw. multiplikativ verknüpften Regeln).

—   Eine alternativ kombinierte Prioritätsregel sollte entweder aus verschiedenen Komponenten des gleichen Verknüpfungstyps bestehen (also z.B. nur additiv verknüpfte Regeln aufweisen) oder aber besser noch die gleichen Bestandteile in unterschiedlicher Weise kombinieren (siehe oben). Eine Vermengung beider Möglichkeiten ist nur dann zweckmäßig, wenn vorausgegangene Analysen diese Strategie nahelegen.

---

[392]   HAHN fordert ebenfalls, daß die unternehmensspezifischen Bedingungen beachtet werden müssen, da sie die Zielwirksamkeit der Prioritätsregeln entscheidend beeinflussen (HAHN, D.: a.a.O., S. 84).

[393]   Zudem bewirkt z.B. die Regel AL1 aufgrund der Unterscheidung von drei Durchlaufzeit-Bereichen eine gute Wirksamkeit bzgl. ke_t_dlz.

[394]   Vgl. HESS-KINZER, D.: Produktionsplanung ..., a.a.O., S. 190.

Insgesamt ist also festzuhalten, daß elementare Prioritätsregeln den Fertigungsablauf nicht optimieren können.[395] Eine Regelverknüpfung sollte vielmehr alternativ nach einer Rangfolge geschehen und zudem nicht allzu viele Bestandteile enthalten.

Im Rahmen einer Regel-Verifikation ist abschließend darauf hinzuweisen, daß die Flächen-Prioritätsregeln bislang im Grunde keine signifikante Zielwirksamkeit besaßen. Die Bedeutung läßt sich allerdings steigern, indem diese Regeln nicht global, sondern objektspezifisch vereinbart werden.

6.3.2 Verifikation der Planungsstrategie

Die angestellten Simulationsstudien dienten der Ableitung von Thesen zur Beurteilung des Einflusses der Systemparameter auf die Erfolgswirksamkeit der Planung. In einer bestimmten Unternehmenssituation können daher nur solche Prioritätsregeln zum Einsatz kommen, deren Eignung ausgiebig überprüft wurde. Eine Trennung zwischen Bauteil- und Flächen-Prioritätsregel einerseits und Zuteilungsstrategie andererseits hat sich bewährt. Der Fertigungsplaner besitzt damit ein erprobtes Instrumentarium, um auf unterschiedliche Anforderungen flexibel reagieren zu können.

Eine Festlegung der Planungsstrategie und -parameter wird entscheidend durch die jeweiligen Zielsetzungen und das aktuelle Produktionsprogramm beeinflußt. Generell spielt dabei eine objektbezogene Vorrangsregel die größte Rolle für die zieladäquate Wirksamkeit der Planung. Die Fertigungsablaufstrategie und – mit gewissem Abstand – die Flächen-Prioritätsregel sollten erst nachrangig fixiert werden.

Einige grundsätzliche Empfehlungen zur Abstimmung dieser Größen sind bereits oben angegeben worden. Der Entscheidungsträger besitzt somit einen breiten Gestaltungsspielraum, um auf die Planungseffizienz einzuwirken. Zusammenfassend kennzeichnen folgende Einflußmöglichkeiten den gesamten Steuerungsprozeß (die in der angegebenen Rangfolge festgelegt werden sollten):

- Festlegung der Zielkriterien,
- Wahl elementarer Bauteil-Prioritätsregeln,
- Spezifikation möglicher Kombinationen für additiv oder multiplikativ kombinierte Regeln,
- Bestimmung der Anzahl unterscheidbarer, alternativ kombinierter Prioritätsregel-Fälle,
- Wahl der Vergleichsvariablen in der Fallunterscheidung,
- Spezifikation bestimmter Vergleichszahlen,
- Zuordnung konkreter elementarer oder additiv bzw. multiplikativ kombinierter Regeln zu den einzelnen Fällen der alternativen Kombination,

---

395 Vgl. VDI (Hrsg.): EDV bei der PPS, Bd. 2: ..., a.a.O., S. 100.

- Wahl bestimmter Zuteilungsstrategien und
- Wahl der Flächen-Prioritätsregel.

Zwischen den Parametern bestehen dabei vielfältige Interdependenzen, so daß es nicht ausreicht, eine bestimmte Größe alleine festzulegen. Erst durch die Spezifikation eines vollständigen Parametersatzes ist ein Belegungslauf determiniert. Die Qualität dieses Szenarios ergibt sich dann aus der Erfüllung der jeweiligen Gütemaße.

In der Praxis ist es i.a. nicht möglich, sämtliche Parameter simultan zu fixieren. Aus diesem Grund wird nun ein Vorschlag zur stufenweisen Festlegung vorgestellt. Dabei wird vorausgesetzt, daß die unternehmensspezifischen Zielkriterien bereits bekannt sind. Im ersten Schritt wählt der Anwender eine für ihn brauchbare Flächen-Prioritätsregel aus, wobei die Wahl lediglich plausiblen Gesichtspunkten Rechnung zu tragen braucht, da der Einfluß dieser Regel ohnehin nicht sehr groß ist. Anschließend können mehrere Zuteilungsstrategien für den anstehenden Simulationsprozeß selektiert werden. Falls also beispielsweise das verfügbare Flächen-Angebot der entscheidende Engpaßfaktor ist, sollte ein Bauflächen-Wechsel erst zum Schluß vollzogen werden (entspricht den Strategien uotb, utbo und utob). Wenn allerdings umgekehrt die Termineinhaltung im Vordergrund steht, sollte der Starttermin der Produktion zuletzt variiert werden (das führt zu den Zuteilungsstrategien ubot, ubto und uobt).[396]

Die Bestimmung einer vorteilhaft kombinierten Bauteil-Prioritätsregel sollte schließlich – aufgrund des besonderen Einflusses – im Rahmen eines adaptiven Regelungsprozesses vorgenommen werden. In realen betrieblichen Anwendungen stellen sich i.d.R. Lernprozesse ein, die trotz differierender Auftragslage effiziente Planungen erleichtern. Im nächsten Abschnitt wird daher das Konzept eines adaptiv-lernenden Verfahrens beschrieben, welches die jeweilige Unternehmenssituation berücksichtigt und sich aufgrund bereits absolvierter Belegungsläufe schnell an wechselnde Produktionsprogramme anpaßt. Einfache Prioritätsregeln werden dabei im Verlaufe der Regelung automatisch kombiniert und zu komplizierteren Konstruktionen verfeinert. Am Ende dieser Simulationsläufe steht dann eine komplexe Vorrangsregel zur Verfügung, welche die konkreten Nebenbedingungen beachtet und die Zielsetzungen am besten erfüllt.

Eine weitere Möglichkeit zur Verbesserung des Zuordnungsergebnisses bildet die manuelle Korrektur der computergestützt ermittelten Lösung. Ein derartiger Überarbeitungsvorgang stellt jedoch im Unterschied zu den bisherigen Eingriffsmöglichkeiten lediglich einen Kompromiß zur Berücksichtigung spezieller Randbedingungen dar, die sich sonst einer algorithmischen Verarbeitung entziehen würden. Zudem kann die Akzeptanz eines Belegungsprozesses nur so abschließend sichergestellt werden.

---

[396] Im vorliegenden Fall erzeugten die Strategien ubot, ubto und uobt mit den modifizierten, alternativ kombinierten Prioritätsregeln die besten Ergebnisse.

6.3.3 Adaptiv-lernender Verfahrensansatz

Der vorgeschlagene Algorithmus zur flächen- und durchlaufzeitdeckenden Platzsuche von Objekten bietet dem Planer eines Fertigungsunternehmens die Chance, vorhandene Stellflächen-Engpässe zu berücksichtigen und gleichzeitig objektivierte Produktionssteuerungen zu verwirklichen.

Ein Weg zur Steigerung der Verfahrenseffizienz ergibt sich aus einer stufenweisen Anpassung der Prioritätsregeln, welche die Ergebnisse vorheriger Durchläufe miteinbezieht. Aus einer standardisierten Vorrangsregel wird dabei eine auf den Anwendungsfall zugeschnittene Auftragsauswahlstrategie. Eine adaptiv-lernende Heuristik könnte nun in folgenden drei Phasen ablaufen:

1. Zunächst hat der Produktionsplaner die elementaren Bauteil-Prioritätsregeln sowie die relevanten Zielvorgaben der Unternehmung festzulegen.[397] Sämtliche Systemparameter, Planungsstrategien und Gütekriterien können hierbei in einer Daten- bzw. Regelbank gespeichert und einfach aktiviert, modifiziert oder erweitert werden. Die Formulierung und Variation der Simulationsläufe ist dadurch ausgesprochen flexibel und anwenderfreundlich gestaltbar. Zu Beginn des Planungsprozesses sollten weiterhin alle verfügbaren Zuteilungsstrategien berücksichtigt werden. Aufgrund einer vernachlässigbaren Zielwirksamkeit braucht dagegen vorerst nur eine Flächen-Prioritätsregel einbezogen werden.[398] In den sich anschließenden Simulationsstudien sind alle selektierten elementaren Vorrangsregeln und Fertigungsablaufstrategien hinsichtlich der gewählten Gütekriterien zu bewerten, wobei jedem Planungslauf derselbe Auftragsbestand und der gleiche Planungshorizont zugrunde zu legen ist. Statistische Auswertungen beenden diese Phase und legen die effizientesten Konstellationen offen.[399]

2. In der zweiten Phase erfolgt eine additive und/oder multiplikative Verknüpfung der besten elementaren Regeln. Jede Kombination sollte zunächst in der Weise gestaltet werden, daß die Komponenten das gleiche Gewicht besitzen.[400] Eine Verknüpfung der ele-

---

[397] Entscheidungshilfen stellen dabei wissenschaftliche Forschungsergebnisse sowie bereits ausgewertete flächennutzungsorientierte Simulationsstudien dar. Dazu können subjektive Wertvorstellungen einbezogen werden, um auch dem speziellen Einzelfall Rechnung zu tragen. Die vom Verfasser durchgeführten Untersuchungen ergaben, daß vor allem die KOZ- und die GEW-Regel (die derzeit einem First-come-first-served-Vorgehen entsprach) gute Resultate liefern.

[398] Eine Regel zur Priorisierung der Standortträger kann vereinfachend aus einer einzigen zweckgerichteten Komponente bestehen. Als Beispiel sei die sogenannte Längenregel angeführt.

[399] Für zielgerichtete Analysen ist es dabei ausreichend, die absolut und 5%-besten Einzelergebnisse sowie die Mittelwerte und Standardabweichungen zu berechnen.

[400] Diese Vorgabe bedeutet jedoch nicht, daß die Gewichtungsfaktoren jeder Komponente gleich groß sind, sondern daß die prozentualen Anteile an der berechneten kombinierten Prioritätsziffer im Durchschnitt übereinstimmen. Die Sortierrichtung eines Regelbestandteils (d.h. eine auf- oder absteigende Objekt-Rangreihung) kann dabei mit Hilfe eines Faktor- bzw. Exponenten-Vorzeichens gesteuert werden.

mentaren Bestandteile orientiert sich dabei an den Zielen der Entscheidungsträger. Deshalb wird nicht jede mögliche Kombination willkürlich ausprobiert, sondern vollzieht sich nach bereits vorab formulierten Grundsätzen.[401] Weiterhin können die Regeln im Verlauf des Simulationsprozesses inhaltlich variiert werden, wobei die Anzahl durchzuführender Planungen eine Obergrenze nicht übersteigen sollte.[402] Beendet wird diese Phase wiederum mit der statistischen Ermittlung der besten Einlagerungsläufe.

3. Abschließend werden die effizientesten Regeln der beiden ersten Schritte in alternative Kombinationen eingearbeitet. Dazu ist zunächst die unabhängige Vergleichsvariable festzulegen, wobei unternehmensspezifische Randbedingungen sowie Erfahrungswerte früherer Belegungsläufe wiederum eine Orientierungshilfe bilden.[403] Die Unterscheidung vieler Fälle innerhalb der Prioritätsregel ist in diesem Zusammenhang nicht zweckmäßig. Ebenso wie die grundsätzliche Forderung nach einer möglichst geringen Komponenten-Anzahl in einer kombinierten Vorrangsregel, sollten gleichermaßen mehr als drei Fälle in einer alternativen Verknüpfung nur in Ausnahmesituationen spezifiziert werden. Im allgemeinen sollte man sicherstellen, daß jeder Fall auch tatsächlich von einigen Aufträgen zur Prioritätsziffer-Berechnung herangezogen wird. Die Wahl der Vergleichszahlen orientiert sich hiernach an mittleren Auftragswerten.[404] Die Zuordnung einer Vorrangsregel zu einem Regelfall richtet sich nach mittleren Prioritätsziffer-Ausprägungen. Derjenige Fall, der die größte Bedeutung für die Zielerreichung besitzt, sollte dabei diejenige Regel zugewiesen bekommen, die im Durchschnitt die größten (wegen der absteigenden Sortierung) Prioritätsziffern erzeugt. Statistische Auswertungen beenden auch diese Simulations-Phase, wobei zusätzliche globale Ergebnis-Analysen alle drei Stufen zusammenfassend bewerten. Neben computergestützten Auswertungen können Überlegungen des Planers herangezogen werden, um die erfolgswirksamsten Belegungskonstellationen herauszufiltern.

Die endgültige Prioritätsregel-Spezifikation wird nach Beendigung der Testläufe in den Echtbetrieb überführt und dient dann zur Steuerung des realen Produktionsprozesses. Alle kurzfristig auftretenden Planungsänderungen (z.B. Eilaufträge oder tägliche Störungen)

---

[401] Eine Kombination kann beispielsweise ausschließlich zeitlich-orientierte Elemente zusammenfassen (vgl. die Regeln AD1 und MU1). Noch effizienter arbeiten allerdings – nach den bisherigen Ergebnissen – gemischte Kombinationen.

[402] In Betracht kommt hierbei ein Hinzunehmen oder Weglassen von elementaren Komponenten, ein Wechsel der Sortierrichtung sowie eine Änderung der Gewichtungsfaktoren.

[403] Eigene Studien ergaben, daß die Verwendung des frühestmöglichen Fertigstellungszeitpunkts hervorragende Ergebnisse bewirkt.

[404] Diese Daten können ebenfalls zu Beginn der Planung ermittelt werden. Eine Abweichung der Vergleichszahl vom Mittelwert sollte höchstens 50% der Standard-Abweichung betragen, wobei eigene Tests gezeigt haben, daß eine Variation vorrangig den besonders entscheidungsrelevanten Auftragsteil weiter einschränken sollte.

werden mit Hilfe dieser Parameter-Einstellung berücksichtigt. Manuelle Nachkorrekturen bleiben weiterhin möglich, um die Akzeptanz des Entscheidungsträgers zu erhöhen. Ein (z.B. wöchentlicher) Neuaufwurf erfordert vorerst eine komplett neue Simulationsstudie mit dem beschriebenen adaptiv-lernenden Verfahren. Mit wachsender Erfahrung hinsichtlich der Arbeitsweise des Planungssystems kann jedoch der Simulationsprozeß weiter verkürzt werden. Dann brauchen nicht mehr alle Prioritätsregeln, sondern nur noch bewährte oder weiterhin erfolgversprechende Szenarien evaluiert zu werden.

Eine Anreicherung von CALPLAN mit adaptiv-lernenden heuristischen Elementen sollte auf dieser Konzeption basieren. Damit der Umfang einer Simulationsstudie inhaltlich und zeitlich kalkulierbar ist, wird nun ein Vorschlag unterbreitet, wie eine Quantifizierung der Anzahl durchzuführender Belegungsläufe aussehen kann. Diese Empfehlung berücksichtigt durchweg sämtliche sechs Zuteilungsstrategien sowie lediglich eine Flächen-Prioritätsregel.

1. Test elementarer Bauteil-Prioritätsregeln:

   Die Erprobung von beispielsweise 6 Vorrangsregeln bewirkt, daß 3 vorteilhafte und 3 weniger erfolgreiche Varianten offengelegt werden. Insgesamt sind für dieses Testprogramm 36 Belegungsläufe zu untersuchen (entspricht sechs Regeln mit jeweils sechs Zuordnungsstrategien).

2. Test additiv und multiplikativ kombinierter Prioritätsregeln:

   Die ermittelten 3 besten elementaren Regeln werden anschließend sowohl additiv als auch multiplikativ miteinander kombiniert. Eine Regelkombination besteht dabei entweder aus zwei oder drei Komponenten. Bereits vor dem Start der Durchläufe ist darüber zu befinden, für welche elementaren Bestandteile eine Umkehrung der Sortierrichtung in Betracht kommt. Unter Berücksichtigung dieser Freiheitsgrade sollten die Simulationsläufe näherungsweise 14 verschiedene Prioritätsregeln bewerten. Bei jeweils 7 additiven und multiplikativen Regeln sind insgesamt 84 Belegungsversuche zu bearbeiten.

3. Test alternativ kombinierter Prioritätsregeln:

   Die 4 besten bisherigen Bauteil-Prioritätsregeln können schließlich alternativ verknüpft werden. Dazu sind Fallunterscheidungen zu spezifizieren, die bestimmte Vergleichsvariablen in Relation zu ausgesuchten Vergleichszahlen setzen. Wenn man hierbei zugrunde legt, daß z.B. sechs alternative Verknüpfungen mit jeweils sechs unterschiedlichen Vorrangsregeln konfrontiert werden, führt dies zu einem Testprogramm von insgesamt 216 Durchläufen.

In der Summe ergeben sich damit 336 Simulationsläufe. Auf einem schnellen Arbeitsplatz-Computer (mit einem INTEL-Prozessor 80486 und einer Taktrate von 25 MHz) können diese Simulationsexperimente in ca. 16,8 Stunden absolviert werden (wenn man eine mittlere CPU-Zeit von 3 Minuten pro Belegungslauf zugrunde legt und die Zeit für die statistischen Auswertungen vernachlässigt). Diese Zeitangabe unterstellt, daß sowohl der existente Auftragsbestand als auch das verfügbare Flächenangebot die gleiche Größenordnung aufweisen wie die vom Verfasser analysierten Szenarien. Das gleiche gilt auch für die Anfangsbelegung der Montageflächen und für den Planungszeitraum.

7. Schlußbetrachtung

7.1 Prämissenkritik

Im Anschluß an die Darstellung des flächenorientierten Termin- und Kapazitätsplanungsverfahrens wird nun die praktische Eignung diskutiert und die Ausbaufähigkeit des Planungssystems untersucht. Einige Aussagen über industrielle Einsatzmöglichkeiten von Montageflächenbelegungen und über künftige Forschungsinhalte beschließen diese Arbeit. Zunächst werden aber die Prämissen des Verfahrens einer kritischen Betrachtung unterzogen.

Das zentrale Problem einer kundenorientierten Einzel- oder Kleinserienproduktion äußert sich darin, ob eine bestimmte Auftragslage durch ein Unternehmen bewerkstelligt werden kann. Falls ein Entscheidungsproblem nicht zulässig lösbar ist, prüft man die Gründe für die Negativmeldung, revidiert die Entscheidung oder ändert die Randbedingungen. Wenn also z.B. das Produktionsprogramm ohne Verletzung der Terminschranken nicht gefertigt werden kann, muß der Entscheidungsträger das zugehörige Zeitgerüst ändern.[405]

Diese Interdependenzen verdeutlichen, daß eine Kopplung zwischen Produktionssteuerung und Netzplantechnik eine wünschenswerte Integrationsmaßnahme darstellt. Nach einer bestimmten Anzahl mißglückter Einlagerungsversuche müssen daher die begrenzenden Nebenbedingungen entschärft oder die Zielgrößen neu gewählt werden. Im Rahmen der Festlegung eines akzeptablen und gleichzeitig optimierten Ablaufplans ist aus diesem Grund eine Übereinkunft zwischen kurzfristiger Fertigungssteuerung und Zeitwirtschaft erforderlich.

Eine wichtige Prämisse der Durchführungsplanung bestand bislang in der festen Vorgabe der Auftrags-Bearbeitungszeiten.[406] Eine an den realen Problemen der Praxis orientierte Fertigungssteuerung wird ohne ein Aufweichen dieser Forderung sicherlich nicht effektiv arbeiten können. Weitere Prämissen, die im Hinblick auf ihre Einhaltung überprüft werden müssen, betreffen die Kapazität der eingesetzten Produktionsfaktoren und des Lagers sowie auftretende Störungen im Produktionsablauf.

In bezug auf eine begrenzte Kapazität der Produktivfaktoren ist zunächst eine Differenzierung in Arbeit, Maschinen, Werkstoffe und Betriebsmittel vorzunehmen. Wohingegen das Angebot an Kapazitätseinheiten und Betriebsmitteln (hier vor allem der Planungsflächen) kurzfristig nicht verändert werden kann, ergibt sich hinsichtlich der Personalkapazität und der Werkstoffverfügbarkeit häufig ein planerischer Gestaltungsspielraum.

---

[405] Vgl. JÄNICKE, W.: Computergestütztes Entscheiden in PPS-Systemen, in: CIM-Management, Nr. 6, 1990, S. 51.

[406] Vgl. hierzu den Abschnitt 4.2.1.

Bislang wurde für das Simulationsmodell vorausgesetzt, daß sowohl das Personal als auch die Werkstoffe in ausreichendem Maße zur Verfügung stehen. Dieses kann dadurch gerechtfertigt werden, daß Aufträge bei Erreichen der Kapazitätsgrenze auswärts vergeben und Rohmaterialien unbegrenzt vorrätig gehalten werden können. Eine Entscheidung zwischen Eigenfertigung und Fremdbezug stellt dabei ein praktikables Instrument dar, Kapazitätsbelastungsspitzen auszugleichen. Die Berücksichtigung eines beschränkten Belegschaftsangebots wirkt sich demnach auf die innerbetriebliche Produktionssteuerung kurzfristig nur über den Umfang der Auswärtsvergabe aus. Die eigentliche Flächenbelegung bleibt davon unberührt.

Ob aber im Zuge einer zeitgenauen Fertigung (Just-in-Time-Produktion) die Prämisse der unbegrenzten Materialverfügbarkeit nicht wesentlich angreifbarer ist, muß der Einzelfall ergeben. Im allgemeinen kann das Rohmaterial nicht in beliebig großer Menge vorrätig gehalten werden. Betriebsinterne Studien müssen also Aufschluß darüber geben, ob in das Planungsmodell zusätzliche Nebenbedingungen zur Erfassung von Materialengpässen aufzunehmen sind.

In engem Zusammenhang mit dem Rohmaterialvorrat steht das Angebot an vorhandenem Lagerraum. Einsatzstoffe sind häufig nur dann flexibel und in ausreichender Menge bereitstellbar, wenn die Lagerkapazitäten außer Acht gelassen werden. Die Problemstellung nimmt an Komplexität noch zu, wenn neben Zentrallägern auch die Zwischenläger vor den Kapazitätseinheiten entscheidungsrelevant sind.

Analog zur Materialverfügbarkeit müssen unternehmensspezifische Analysen die Frage der Einbeziehung begrenzter Lagerkapazitäten beantworten. Ob zusätzliche Restriktionen innerhalb des Planungsmodells zu formulieren sind, hat der Entscheidungsträger also individuell festzulegen. Diese Erweiterungen erfordern dabei keine grundsätzlich neuen Algorithmen, sondern schränken ausschließlich den Lösungsraum und damit die Menge zulässiger Problemlösungen ein.

7.2 Methodenkritik

Räumlich-zeitliche Kapazitätsbelegungsplanungen entzogen sich bislang einer computergestützten algorithmischen Handhabung. Das erarbeitete Verfahren, welches auf einer Diskretisierung von Raum und Zeit basiert, schließt diese Lücke, indem es über eine rein informelle Unterstützung hinaus eine automatisierte Stellplatzsuche für die einzelnen Kundenaufträge bewerkstelligt.

Das Planungssystem weist eine ganze Reihe verschiedener Parameter auf, die vom Fertigungsplaner eingestellt werden können und anschließend den Belegungsablauf steuern. Der Entscheidungsträger legt die Systemparameter dabei unter Berücksichtigung der Unternehmensziele fest. Die Problemlösung stellt aber nur dann ein zulässiges Ergebnis dar, wenn die zeitlichen und kapazitären Randbedingungen im Verlauf des Planungsprozesses nicht verletzt werden.

Das verwirklichte Planungs- und Steuerungssystem zeichnet sich insgesamt durch nachfolgende vorteilhafte Merkmale aus:

- Trennung von Auftragsauswahl- und Fertigungsablaufstrategie,
- Trennung von Bauteil- und Montageflächen-Prioritätsregel,
- Möglichkeit der Festlegung elementarer Flächen-Prioritätsregeln sowie elementarer, additiv, multiplikativ und alternativ kombinierter Bauteil-Prioritätsregeln,
- Verarbeitung beliebiger Objekt-Grundrisse in mehreren Orientierungen,
- flexibles Datenmanagement mit standardisierten SQL-Anfragen und relationaler Datenbank,
- Bewertung der Planungsergebnisse mit Hilfe diverser erweiterbarer Zielkriterien,
- separate Ausgabe von graphischen Flächenbelegungen, Bauteil-Einlastungsdaten und Zielerreichungsgraden für den aktuell durchgeführten Planungslauf sowie
- einfache Eingabe und Modifikation der Systemparameter und der Planungsstrategie.

In der bisherigen Ausbaustufe von CALPLAN wurden alleine die Terminschranken der Aufträge, die Kapazitätsgrenzen der Betriebsmittel sowie die geometrischen Abmessungen der Bauteile und -flächen berücksichtigt. In der betrieblichen Praxis können allerdings weitere Randbedingungen ins Gewicht fallen. In Kategorien eingeteilt, ergeben sich Erweiterungsmöglichkeiten in bezug auf

- die Planungsobjekte,
- die Planungsflächen und
- das Planungssystem.

Das eigentliche Belegungsverfahren ist zunächst mit der Option erweiterbar, die Fertigungsaufträge "rückwärts" zu terminieren. Neben der bekannten Vorwärts-Terminierung wird in neueren Veröffentlichungen auf die Vorteile einer Retrograden Terminierung hingewiesen.[407] Der Begriff "Retrograde Terminierung" wurde dabei aus der gegen die Produktionsrichtung erfolgenden Berechnung der Einlagerungstermine abgeleitet. Diese rückwärts gerichtete Terminierung sollte jedoch keinen Ersatz für die "normale" Einlastung darstellen, sondern eine Alternative für den Anwender bieten, die er nach Bedarf aktivieren kann.

Eine weitere Verfeinerung des Modells betrifft die dritte Raumdimension. Die Abmessungen der Bauteile und Montageflächen in Höhenrichtung wurden bislang vernachlässigt, da sie – beispielsweise im Schiffbau – den Anordnungsvorgang nur äußerst selten beeinflussen. Die Höhendimension spielt also im Rahmen des Schachtelungsprozesses i.a. keine wesentliche Rolle, beeinträchtigt die Performance des Verfahrens aber ganz erheblich, so daß auf die

---

[407] Vgl. ADAM, D.: Retrograde Terminierung: ..., a.a.O., S. 89 ff.

Einbeziehung verzichtet wurde. Falls die Höhe allerdings bei anderen Anwendungsbereichen entscheidungsrelevant sein sollte, sieht die Programmgestaltung von CALPLAN bereits eine unkomplizierte Berücksichtigung vor.

Konventionalstrafen bei Liefertermin-Verzögerungen können ebenfalls als Nebenbedingungen des Planungssystems aufgefaßt werden, indem man den um die Strafgelder beaufschlagten Wert der Teilaufträge bestimmt und durch die Prioritätsregeln berücksichtigt.

Eine Variation der räumlichen Einlagerungsrichtung stellt eine Erweiterung der Zuteilungsstrategie dar, die innerhalb des Belegungsverfahrens durch den Parameter "u" vorweggenommen wurde. Eine Planungsfläche muß bei einer Platzsuche nicht zwangsläufig immer vom selben Ausgangspunkt in dieselbe Richtung durchsucht werden. Dieser Parameter kann daher operativ eingesetzt werden, um die Flexibilität des Belegungsvorgangs zu erhöhen. Eine Implementierung sollte jedoch erst dann erfolgen, wenn konkrete Zielsetzungen dahinterstehen, da diese Maßnahme alleine zunächst keine signifikante Qualitätssteigerung erwarten läßt.

Eine Methodenkritik von CALPLAN hat zudem die Bauteil-Nebenbedingungen miteinzubeziehen. Über die Reihenfolgesteuerung mit Hilfe vielfältiger Prioritätsregeln hinaus ist derzeit eine objektspezifische Gestaltung des Planungsprozesses nicht möglich. In einigen Problemstellungen kann es aber wünschenswert sein, einem Teil eine ganz bestimmte Halle zuzuweisen. Jedem Objekt müßte dazu eine individuelle Flächen-Prioritätsregel und/oder Zuteilungsstrategie zugeordnet werden. Mit dieser Forderung ist allerdings keine grundsätzliche Änderung des Zuordnungsverfahrens verbunden. Vielmehr bedeutet dies hauptsächlich eine Erhöhung des Verwaltungsaufwands.

Restriktionen des Belegungsverfahrens können schließlich auch auf die Beschaffenheit der Montageflächen ausgedehnt werden. Bislang wiesen alle Planungsflächen eine homogene und rechteckige Ausdehnung auf. In Industrieunternehmen kann ein Standortträger jedoch mitunter einen anderen Grundriß oder inhomogene Eigenschaften besitzen. Im Schiffbau wird beispielsweise eine sogenannte Außenhautlehre in einem Hallenabschnitt installiert, um eine Wölbung wasserseitiger Schiffssektionen zu erreichen. Dieser Flächenteil darf dann allerdings nicht mehr sämtlichen Teilen zugänglich sein, sondern muß für die auszubauchenden Objekte reserviert werden.

Mit Hilfe automatisierter Anordnungsverfahren sind derartige Einschränkungen nicht einfach abzuwickeln. Eine Möglichkeit besteht darin, die Planungsflächen in einzelne Abschnitte zu unterteilen und anschließend für jedes Bauteil festzulegen, welche Flächenteilstücke genutzt werden dürfen.

Alle beschriebenen Modellerweiterungen führen zu einer Verfeinerung der Belegungssteuerung, ohne den vorgeschlagenen Programmaufbau strukturell in Frage zu stellen. Mit zunehmendem Aufwand zur Berücksichtigung der Nebenbedingungen verschlechtert sich jedoch das Laufzeitverhalten des Simulationssystems.

Eine wesentliche Verbesserung der Planungsqualität wird von der Realisierung eines adaptiv-lernenden Verfahrens erwartet. Zur Umsetzung der automatisierten Parameter- und Strategie-Anpassung ist es allerdings erforderlich, daß die statistische Auswertung der Planungsergebnisse in das Einlagerungsverfahren integriert wird. Diese Aufgabe wurde bisher mit Hilfe einer Tabellenkalkulation erledigt. Die Erfolgswirksamkeit eines Belegungslaufs konnte dadurch relativ einfach in Abhängigkeit von den favorisierten Zielkriterien offengelegt werden.

Insgesamt sollte die Verwirklichung eines lernenden Planungsverfahrens eine hohe Priorität besitzen, da sich dadurch die Zielerreichung und auch die Praxiseignung im Vergleich zu den übrigen Verfahrenserweiterungen überproportional steigern läßt. Für erweiterte Implementationen sind danach die Präferenz und die spezifische Situation des jeweiligen Unternehmens zu berücksichtigen.

7.3 Praktische Anwendbarkeit

Die Bedeutung der kurzfristigen Steuerungskomponenten nimmt bei Neuentwicklungen von PPS-Systemen zweifellos zu. Der aktuellen Forderung, dem Planer dezentralisierte Entscheidungsunterstützungssysteme (abgekürzt EUS oder DSS[408]) computerseitig bereitzustellen, ist aus diesem Grunde Rechnung zu tragen. Neben der Bildung kleiner, autonomer Fertigungsbereiche tritt die graphisch visualisierte Simulation zur Unterstützung der dispositiven Produktionssteuerung in den Vordergrund. Für eine anwenderorientierte DSS-Gestaltung ist somit eine flexible und zielgerichtete Parameteränderung sowie die Bereitstellung einer geeigneten graphischen Benutzeroberfläche, insbesondere zur Auswertung der Simulationsresultate, eine wichtige Voraussetzung.

Simulation und Animation bieten in diesem Zusammenhang die Möglichkeit einer sowohl funktionalen als auch ergonomischen Systembereicherung.[409] Die Entscheidungsunterstützung einer graphikorientierten Simulation beinhaltet daher den Einsatz von Darstellungs- und Visualisierungstechniken, die − wenigstens im vorliegenden Fall − die räumliche Dimension beachten müssen.

Aussagefähig verdichtete Kennzahlen dienen dabei zur zielorientierten Alternativenbewertung der absolvierten Simulationsexperimente. Die Grundlage eines simulationsgestützten

---

[408] Abk. für Decision Support System.

[409] ZELL, M./ SCHEER, A.-W.: Datenstruktur einer graphikunterstützten Simulationsumgebung für die dezentrale Fertigungssteuerung, in: Reuter, A. (Hrsg.): GI − 20. Jahrestagung II, Informatik-Fachberichte Bd. 258, Berlin-Heidelberg 1990, S. 27.

graphischen Entscheidungsprozesses bildet ein effizientes Datenmanagement. Die Verwaltung der Datenbasis wird heute i.d.R. von einer relationalen Datenbank übernommen, auf die mit Hilfe einer modernen standardisierten Anfragesprache (SQL, ESQL/C oder 4GL) zugegriffen werden kann.

Neben den systemtechnischen Bestandteilen einer computergestützten Produktionssteuerung spielt für die praktische Anwendbarkeit insbesondere die Ausrichtung auf bestimmte Fertigungstypen und -organisationen eine entscheidende Rolle. Effiziente Planungsergebnisse können i.a. ohne Beachtung der konkreten Organisationsform bzw. der industriellen Besonderheiten nicht abgeleitet werden.

Räumlich-zeitliche Flächenbelegungen treten vor allem bei Montageprozessen auf. Das Auftragsspektrum besitzt hierbei normalerweise kapazitätsbestimmende räumliche Abmessungen und die verfügbaren Montageflächen stellen potentielle Engpaßkapazitäten dar. Diese Problemstellung konkretisiert sich in der großvolumigen Auftragsfertigung, d.h. im Großmaschinen- und Anlagenbau sowie im Schiffbau.

Die Produktgestaltung richtet sich hierbei nach den Wünschen der Kunden. Komplikationen entstehen dadurch, daß die Montageaufträge mitunter einen ansteigenden Flächenbedarf während des Fertigungsfortschritts aufweisen. Im Verlauf des Herstellungsvorgangs sind also anwachsende Stellflächen zu reservieren, wobei Kollisionen mit anderen Teilen ausgeschlossen werden müssen, andererseits aber nicht der endgültige Platzbedarf schon zu Beginn der Einlagerung freigehalten zu werden braucht.

Das Problem eines zeitlich ansteigenden Flächenbedarfs läßt sich dadurch lösen, daß der Montageauftrag in einzelne "virtuelle" Teile aufgespalten wird, die dann die jeweils stufenweise wachsende Stellplatznachfrage repräsentieren. Durch diese Maßnahme sind die Einlagerungszeitpunkte und -orte der nachfolgenden Montageabschnitte bereits durch die Einnistung des ersten Teilauftrags fest vorgegeben.

Das Ziel der vorliegenden Abhandlung konnte nicht darin bestehen, ein in der Industrie voll einsatzfähiges Software-System zur Ablauf- und Layoutplanung vorzulegen. In einer wissenschaftlichen Forschungsarbeit sollten zuerst die funktionalen Besonderheiten herausgearbeitet und anschließend methodisch gelöst werden. Die Entwicklung einer komfortablen Benutzerschnittstelle sowie die Einbindung in ein globales PPS-System traten bislang in den Hintergrund.

7.4 Ausblick

Technischer Fortschritt und die Internationalisierung des Wettbewerbs erfordern von den Unternehmen eine frühzeitige Reaktion auf Veränderungen in der Produktions- und Informationstechnologie. Die Globalisierung der Märkte führt in vielen Bereichen zu einer weltweiten Produkt-Standardisierung, so daß der Preis, die Qualität und die Lieferfrist den Erfolg einer Unternehmung bestimmen. Neue Technologien in der Produktion wirken somit auf die Kosten und über den Aufbau von Marktzugangsbeschränkungen auf die Wettbewerbsposition des Unternehmens ein.[410]

Die Einführung computerintegrierter Produktionssysteme tangiert nicht nur die Planung und Steuerung, sondern zusätzlich die Organisation eines Betriebs. Innovationen im CIM-Bereich erfordern daher auch eine organisatorische Anpassung an die veränderte Systemlandschaft. "Vor allem sind ganzheitliche Strukturen zu entwickeln und schrittweise zu realisieren, die nach dem Gedanken der Integration durchgängige Informationsflüsse ermöglichen."[411]

Das Ziel muß es sein, Verzögerungen des Informationsflusses zu minimieren und eine umfassende Unterstützung des Leistungserstellungsprozesses, angefangen bei strategischen Planungsaufgaben bis hin zu operativen Steuerungsfragen, zu ermöglichen. Die Entscheidungsunterstützung bei kurzfristigen Steuerungsproblemen ist dabei von besonderer Bedeutung, da sie den Alltag eines Industrieunternehmens maßgeblich prägt.

Das zentrale Problem der computergestützten Ablaufplanung betrifft die Generierung und Darbietung von Modellösungen für den Benutzer. Wenig zweckmäßig ist hierbei die Vorgehensweise, irgendeine Lösung zu berechnen und anschließend vorzulegen. Im Rahmen einer adäquaten Modellierung sollten dem Anwender nur solche Lösungen präsentiert werden, die im Vergleich zu bereits absolvierten Planungen eine hohe Präferenz für den Benutzer besitzen.[412] Falls optimierte Resultate aus Komplexitätsgründen nicht garantiert werden können, sind die in bezug auf die jeweilige Zielsetzung besten Ergebnisse auszuwählen.

Die Montageflächenbelegung muß zu den Problemstellungen gezählt werden, für die exakte Lösungsverfahren aus prinzipiellen Gründen nicht bekannt sind. Die besondere Schwierigkeit liegt hauptsächlich in der Verknüpfung einer sowohl räumlichen als auch dynamischen Betrachtungsweise. Dazu kommt, daß einerseits dem Benutzer eine weitgehende Freiheit in der Formulierung eines realitätsnahen Modells eingeräumt werden sollte und andererseits der Einsatz erarbeiteter Algorithmen nicht erschwert oder gar unmöglich gemacht werden darf. Die spezifische Präferenzstruktur eines Unternehmens verhindert häufig die Verwendung effizienter Standardalgorithmen.

Jeder Anwender muß entscheiden, ob das fragliche Verfahren bei der eigenen Problemstellung angewandt werden kann. Im Vordergrund der Betrachtung muß daher in jedem Fall das

---

410 Vgl. WILDEMANN, H.: Strategische Investitionsplanung: ..., a.a.O., S. 15 f.

411 ZAHN, E.: a.a.O., S. 541.

412 Vgl. RADERMACHER, F.J.: Perspektiven rechnergestützter Entscheidungsfindung, in: Spremann, K./ Zur, E. (Hrsg.): Informationstechnologie und strategische Führung, Wiesbaden 1989, S. 223.

konkrete Problem stehen. Die Abstraktion zu einem rechnergestützten Modell darf keine unzulässige Vereinfachung bedeuten und andererseits eine prinzipielle Lösbarkeit nicht von vornherein ausschließen. Wenn dieses sichergestellt ist, können in mehrfachen Planungsläufen die relevanten Daten, Zielsetzungen und Nebenbedingungen berücksichtigt werden. Gezielte Parametervariationen, anschließende statistische Auswertungen der Ergebnisse sowie adaptive Lernprozesse bewirken eine zunehmende Verbesserung der Planungsqualität.

Die Brauchbarkeit eines computergestützten Planungssystems erstreckt sich über die Problemlösung hinaus auf die Dialogschnittstelle mit dem Anwender und auf den Datenaustausch mit "benachbarten" Anwendungen. Eingriffsmöglichkeiten auf die Parameter und Ergebnisse des Planungsprozesses sollten daher die intuitiven Fähigkeiten des Benutzers einbeziehen. Herkömmliche alphanumerische Benutzeroberflächen (CUI, d.h. Character-based User Interface) arbeiten i.a. masken- oder menügesteuert, wohingegen moderne graphische Benutzerschnittstellen (GUI, d.h. Graphical User Interface) mit bildhaften Symbolen den Verarbeitungsvorgang erleichtern.

Eine graphische Benutzerführung ist gerade für mehrdimensionale Planungsprobleme prädestiniert. Die Eingabe neuer Bauteil-Grundrisse, die Ausgabe der Belegungsergebnisse sowie die manuelle Korrektur berechneter Flächenbelegungen vereinfacht sich durch die Verwendung graphischer Ein- und Ausgabeeinheiten ganz erheblich. Sämtliche Angaben können damit dem System komfortabel mitgeteilt werden, wobei entweder Default-Werte (d.h. Standard-Vorgaben) oder die letzten Benutzer-Einstellungen bis zu einer Änderung aktiv bleiben. Die bisher verwandte Parameterdatei "eingabe" wird dann nicht mehr benötigt.

Die Integration eines Decision Support Systems in ganzheitliche CIM-Strukturen bewirkt schließlich einen Synergie-Effekt im Produktionsbereich, da mit der Verbindung zu anderen dezentralen Steuerungseinheiten über ein lokales Netzwerk (LAN, d.h. Local Area Network) sowie der Ankopplung an die Mainframe der Unternehmung (bzw. des Service-Rechenzentrums) über WAN oder MAN (Wide bzw. Metropolitan Area Network) vorher nicht verfügbare Ressourcen genutzt werden können.

Räumlich-orientierte Termin- und Kapazitätsplanungen werden von marktgängigen PPS-Systemen derzeit nicht unterstützt. Gleichwohl spielt dieses Problem bei kundenspezifischen Einzel- und Kleinserienfertigern des Anlagenbaus eine zunehmend wichtige Rolle, so daß künftigen Realisierungen für die Praxis eine wachsende Bedeutung eingeräumt werden muß.

Voll ausgebaute, hoch-integrierte computergestützte Planungssysteme können i.a. nicht von heute auf morgen eingeführt werden. Für die meisten Unternehmen ist dazu das Investitionsrisiko zu groß und die Akzeptanz durch die Mitarbeiter ungewiß. Inselhafte Computerisierungsansätze besitzen insofern durchaus eine Perspektive.

Die Einführung neuer PPS-Komponenten trägt dazu bei, die Durchlaufzeit und die Terminüberschreitungen zu reduzieren, die Fertigungsdisposition zu flexibilisieren, die Transparenz im Werkstattbereich sowie die Planungsaktualität zu erhöhen und dadurch die Kosten zu senken. Erfolgreiche Implementationen innovativer PPS-Algorithmen ermöglichen letzten Endes eine wirtschaftlichere Fertigung und sichern damit die Marktstellung des Unternehmens.

ANHANG

CALPLAN - Bauteilrasterung

Bauteil-Grundriß:	Dreieck Nr. 1
Orientierung:	1
Länge:	19 [LE]
Breite:	19 [LE]
Platzbedarf:	
– theoretisch;	180,5 [FE]
– tatsächlich:	181 [FE]
– gewählt:	181 [FE]

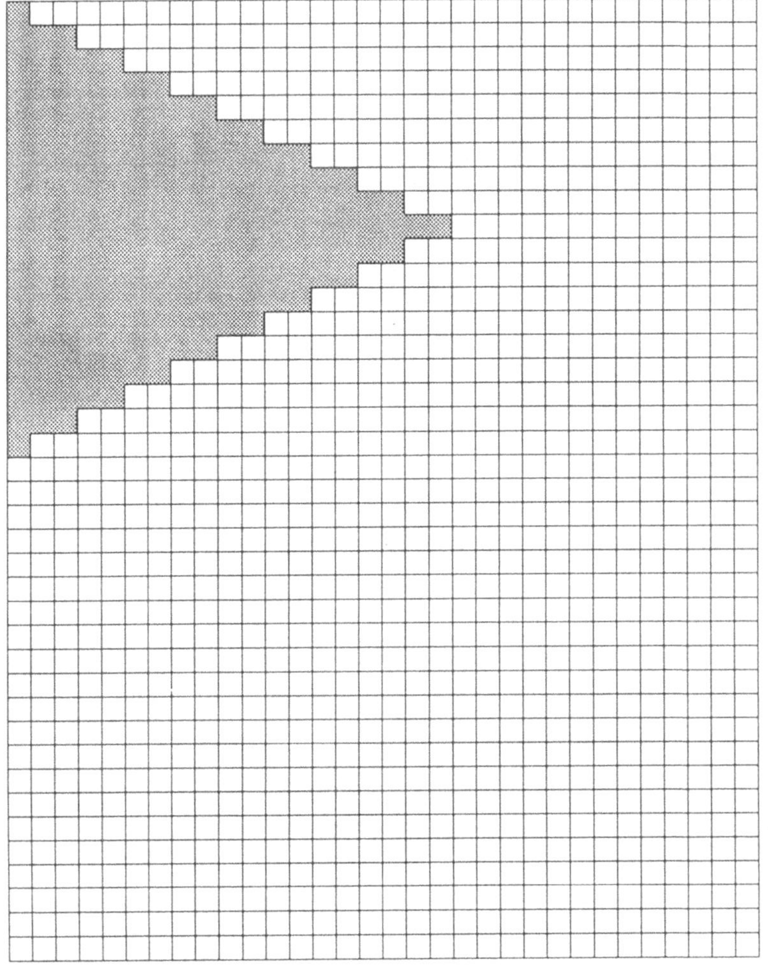

Abb. 43: Gerastertes Planungsobjekt

CALPLAN - Bauteilrasterung

Bauteil-Grundriß:	Dreieck Nr. 1
Orientierung:	2
Länge:	19 [LE]
Breite:	19 [LE]
Platzbedarf:	
– theoretisch;	180,5 [FE]
– tatsächlich:	181 [FE]
– gewählt:	181 [FE]

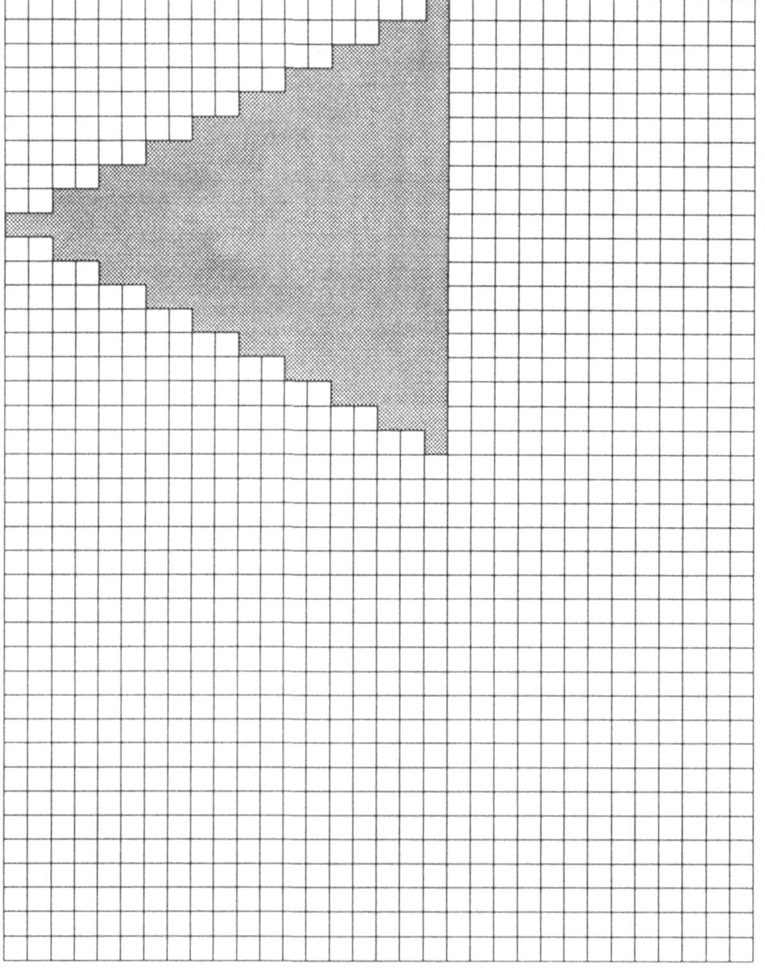

Abb. 44: Gerastertes Planungsobjekt

CALPLAN - Bauteilrasterung

Bauteil-Grundriß:	Dreieck Nr. 2
Orientierung:	1
Länge:	23 [LE]
Breite:	23 [LE]
Platzbedarf:	
– theoretisch;	264,5 [FE]
– tatsächlich:	265 [FE]
– gewählt:	265 [FE]

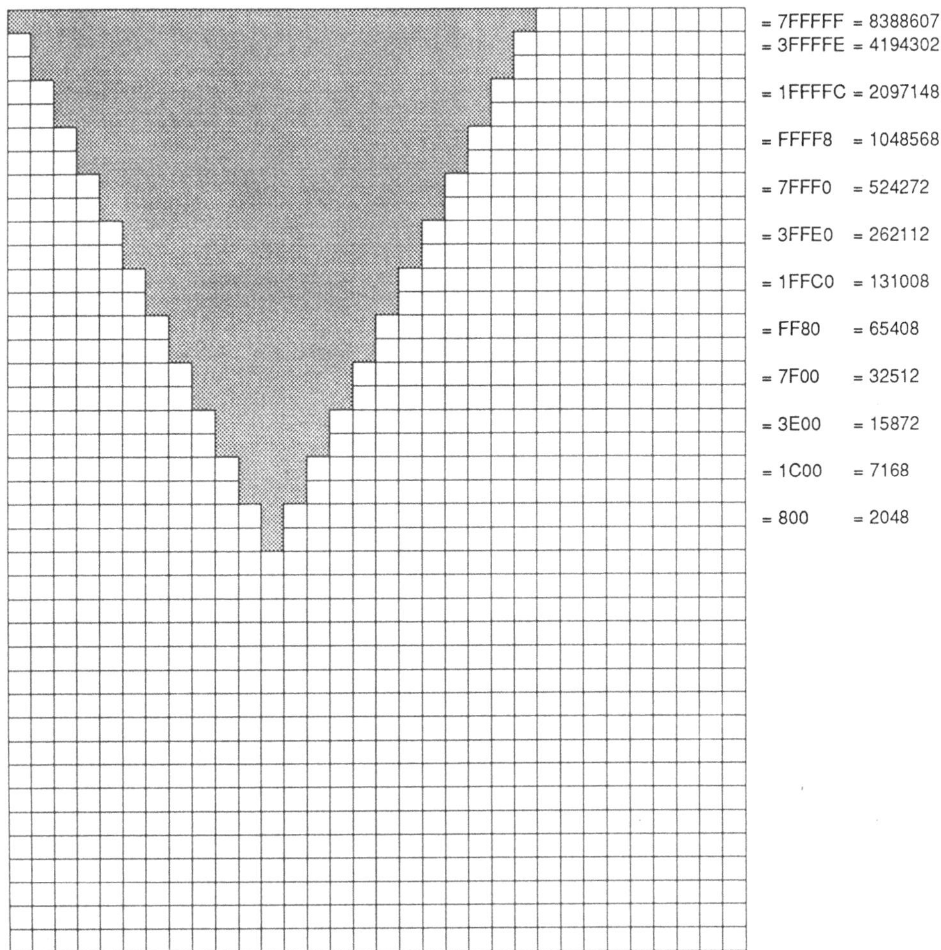

Abb. 45: Gerastertes Planungsobjekt

CALPLAN - Bauteilrasterung

Bauteil-Grundriß:	Dreieck Nr. 2
Orientierung:	2
Länge:	23 [LE]
Breite:	23 [LE]
Platzbedarf:	
– theoretisch;	264,5 [FE]
– tatsächlich:	265 [FE]
– gewählt:	265 [FE]

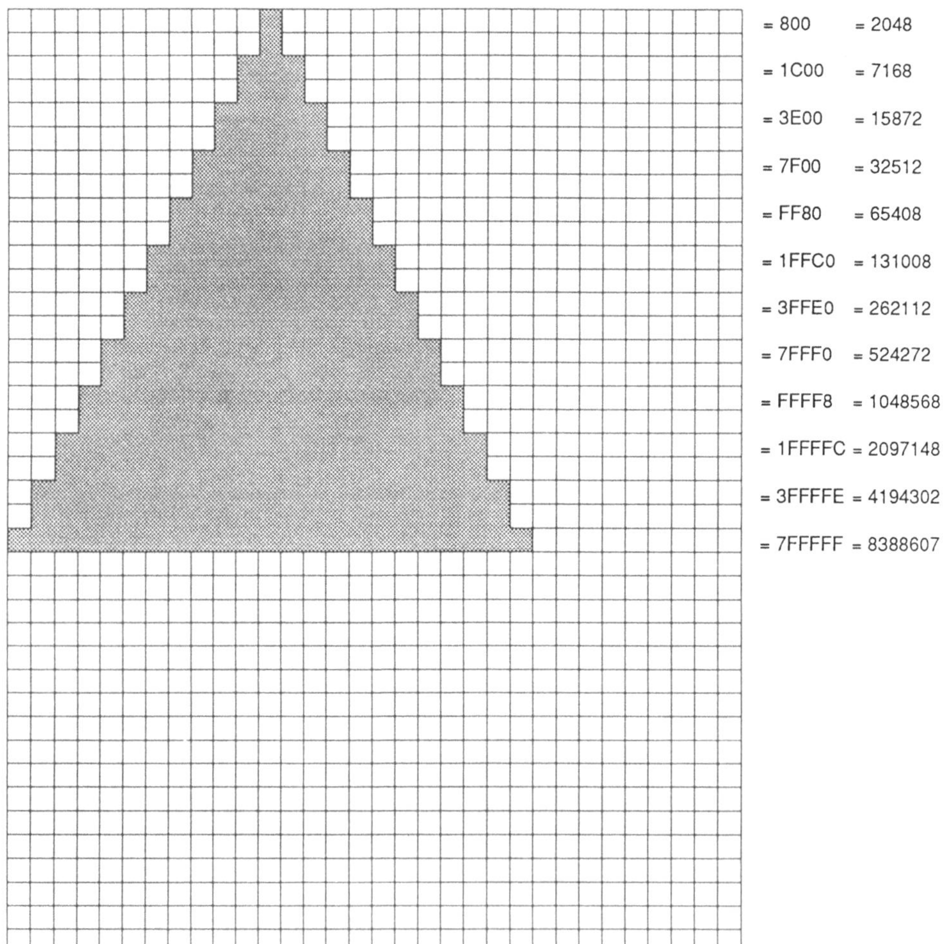

Abb. 46: Gerastertes Planungsobjekt

CALPLAN - Bauteilrasterung

Bauteil-Grundriß:	Kreis
Orientierung:	1
Länge:	19 [LE]
Breite:	19 [LE]
Platzbedarf:	
– theoretisch;	254,5 [FE]
– tatsächlich:	253 [FE]
– gewählt:	253 [FE]

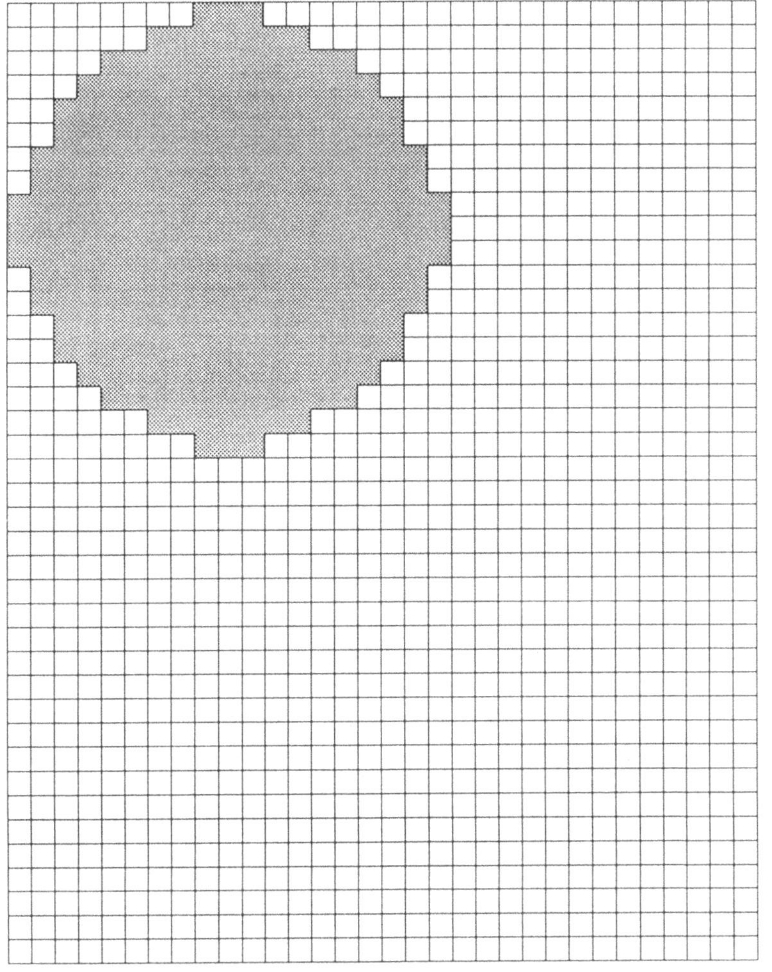

Abb. 47: Gerastertes Planungsobjekt

CALPLAN - Bauteilrasterung

Bauteil-Grundriß:	Quadrat
Orientierung:	1
Länge:	15 [LE]
Breite:	15 [LE]
Platzbedarf:	
– theoretisch;	225 [FE]
– tatsächlich:	225 [FE]
– gewählt:	225 [FE]

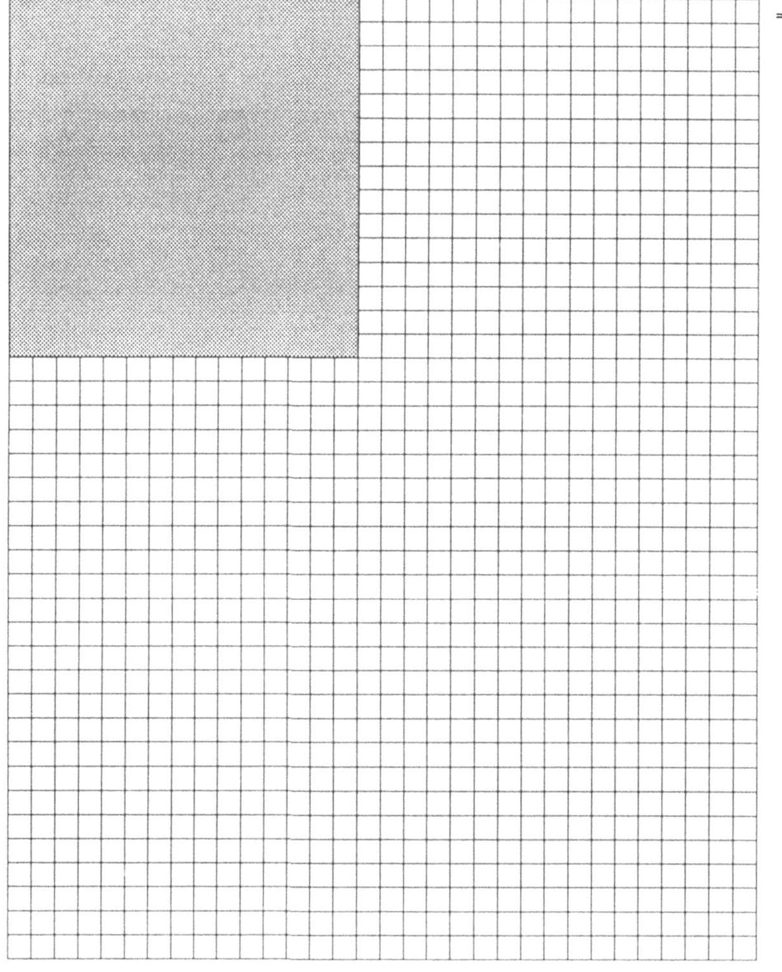

Abb. 48: Gerastertes Planungsobjekt

CALPLAN - Bauteilrasterung

Bauteil-Grundriß:	Rechteck Nr. 1
Orientierung:	1
Länge:	20 [LE]
Breite:	10 [LE]
Platzbedarf:	
– theoretisch;	200 [FE]
– tatsächlich:	200 [FE]
– gewählt:	200 [FE]

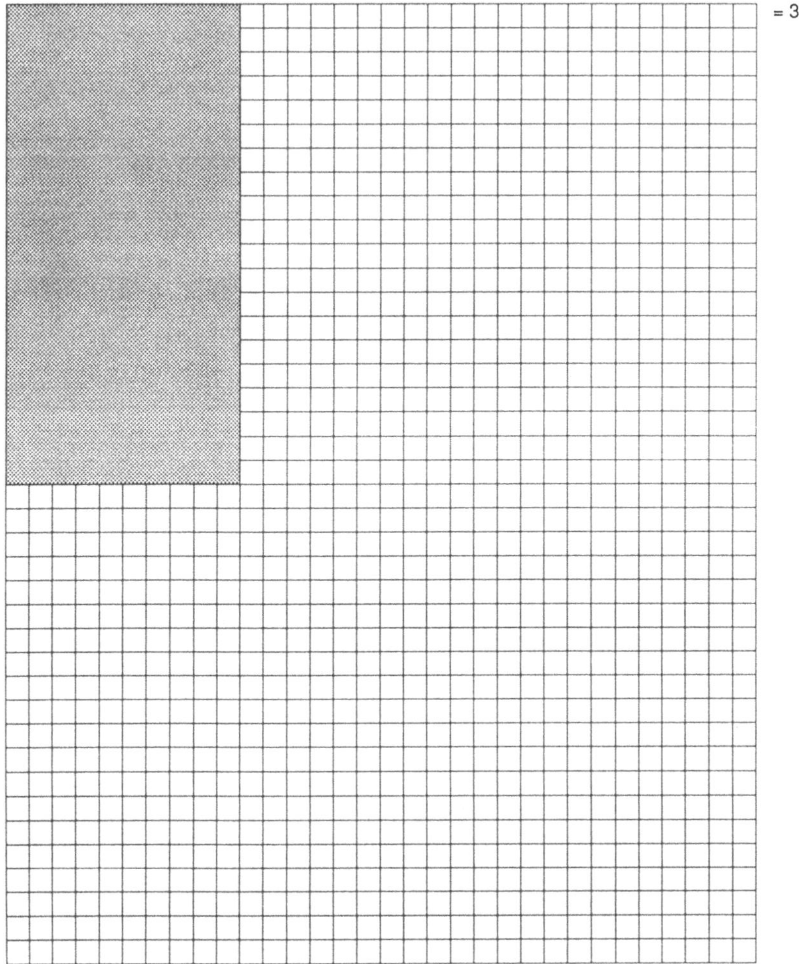

Abb. 49: Gerastertes Planungsobjekt

CALPLAN - Bauteilrasterung

Bauteil-Grundriß: Rechteck Nr. 1

Orientierung: 2

Länge: 10 [LE]

Breite: 20 [LE]

Platzbedarf:

−   theoretisch;   200 [FE]

−   tatsächlich: 200 [FE]

−   gewählt: 200 [FE]

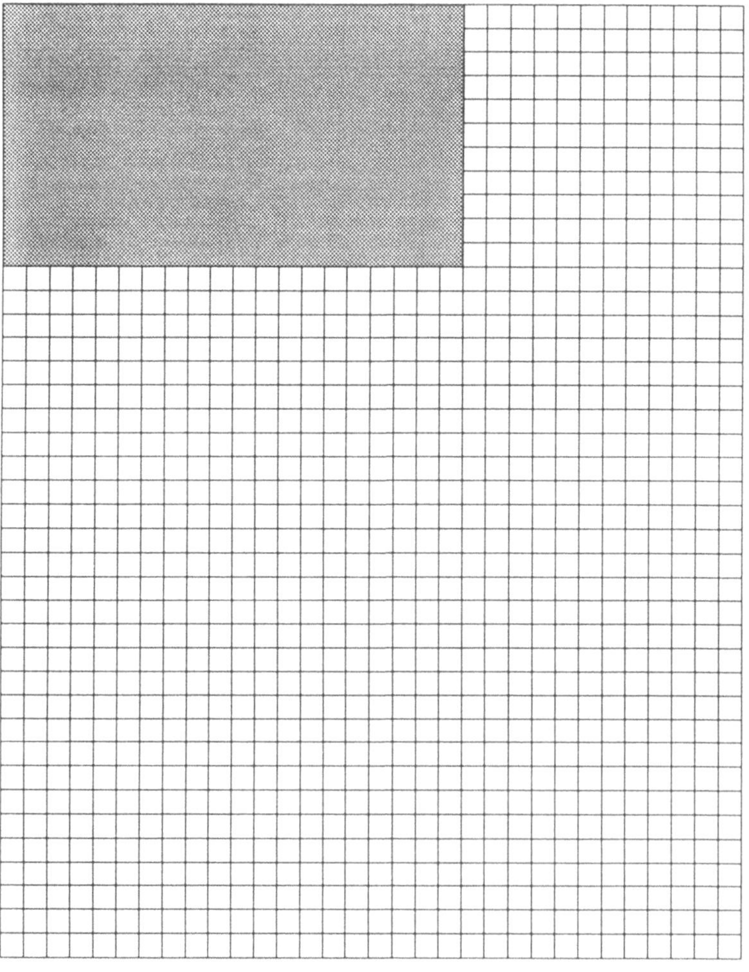

= FFFFF = 1048575

Abb. 50: Gerastertes Planungsobjekt

CALPLAN - Bauteilrasterung

Bauteil-Grundriß: Rechteck Nr. 2

Orientierung: 1

Länge: 30 [LE]

Breite: 20 [LE]

Platzbedarf:

-   theoretisch;   600 [FE]

-   tatsächlich: 600 [FE]

-   gewählt: 600 [FE]

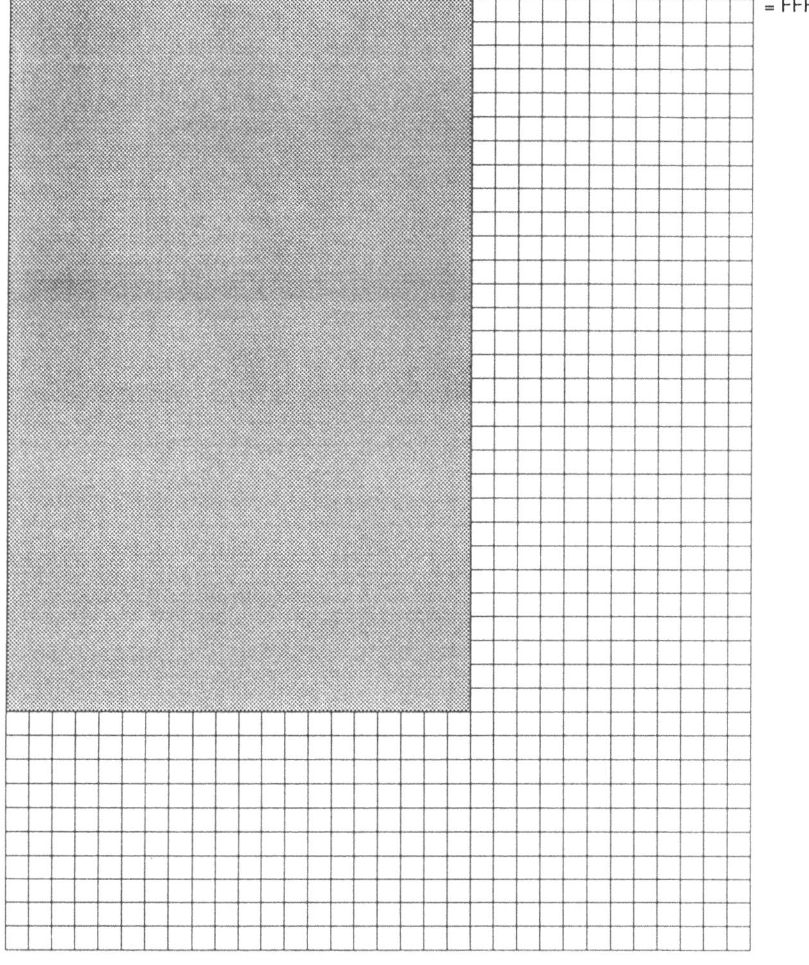

Abb. 51: Gerastertes Planungsobjekt

CALPLAN - Bauteilrasterung

Bauteil-Grundriß: Rechteck Nr. 2

Orientierung: 2

Länge: 20 [LE]

Breite: 30 [LE]

Platzbedarf:

–   theoretisch;   600 [FE]

–   tatsächlich: 600 [FE]

–   gewählt: 600 [FE]

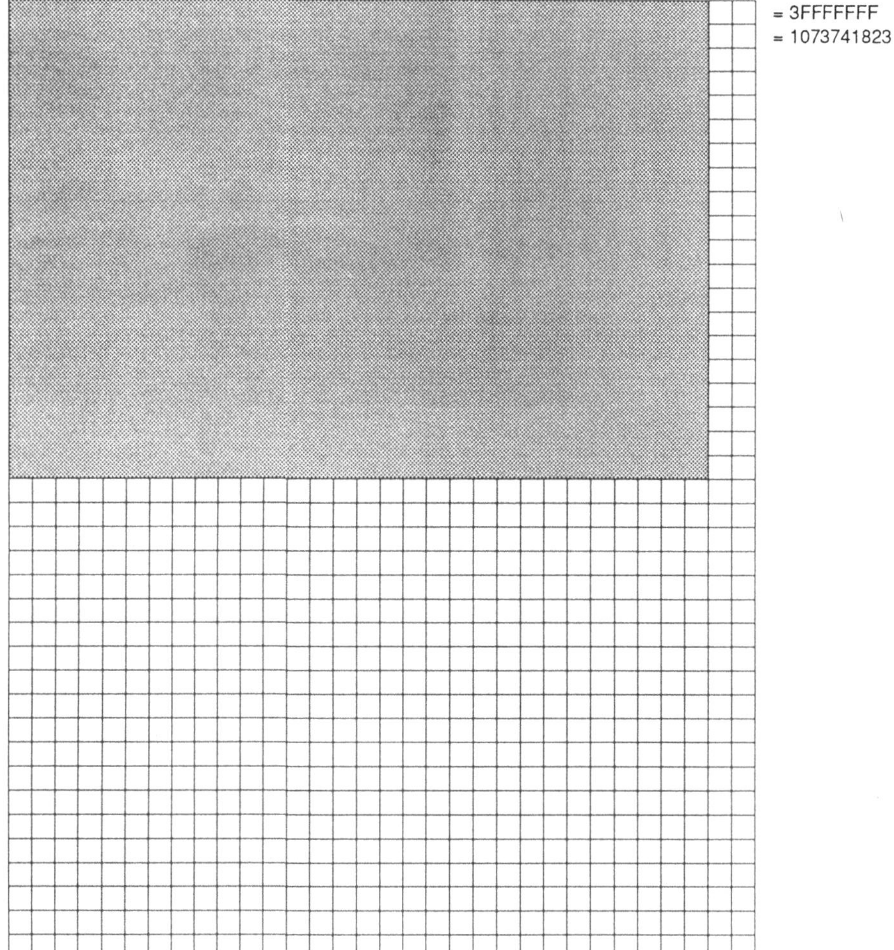

Abb. 52: Gerastertes Planungsobjekt

CALPLAN - Bauteilrasterung

Bauteil-Grundriß:	Trapez Nr. 1
Orientierung:	1
Länge:	35 [LE]
Breite:	17 [LE]
Platzbedarf:	
– theoretisch;	374 [FE]
– tatsächlich:	359 [FE]
– gewählt:	374 [FE]

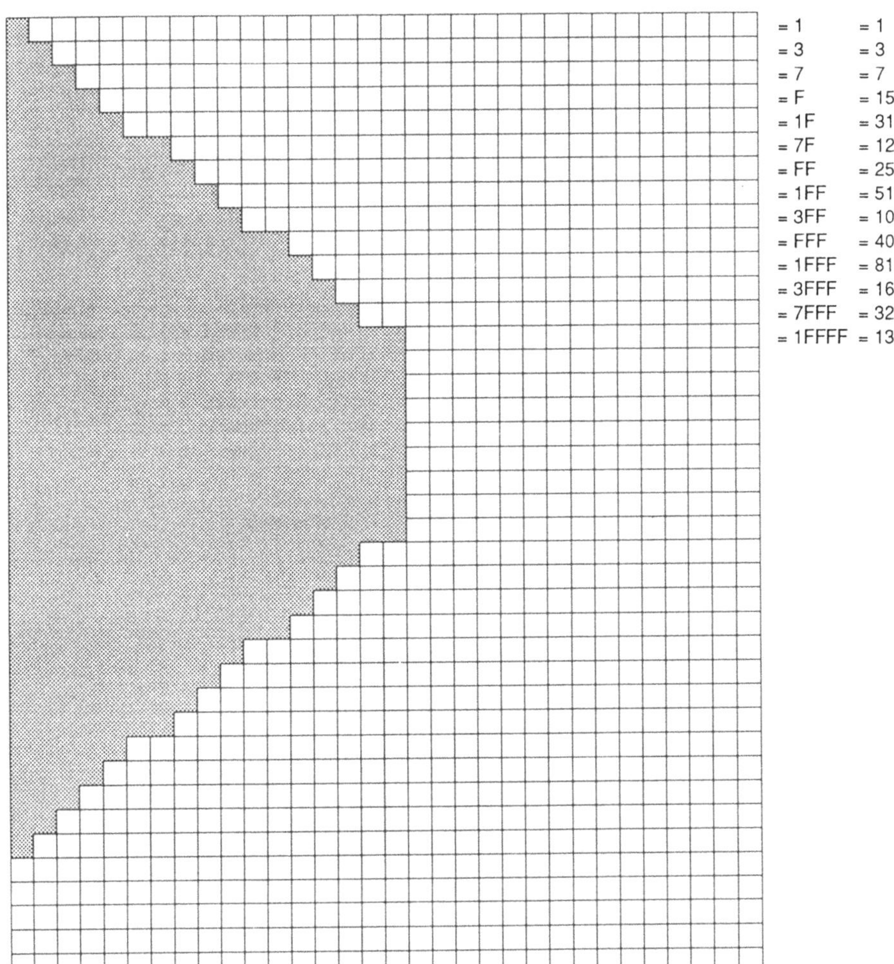

Abb. 53: Gerastertes Planungsobjekt

CALPLAN - Bauteilrasterung

Bauteil-Grundriß: Trapez Nr. 1

Orientierung: 2

Länge: 35 [LE]

Breite: 17 [LE]

Platzbedarf:

- theoretisch;   374 [FE]

- tatsächlich: 359 [FE]

- gewählt: 374 [FE]

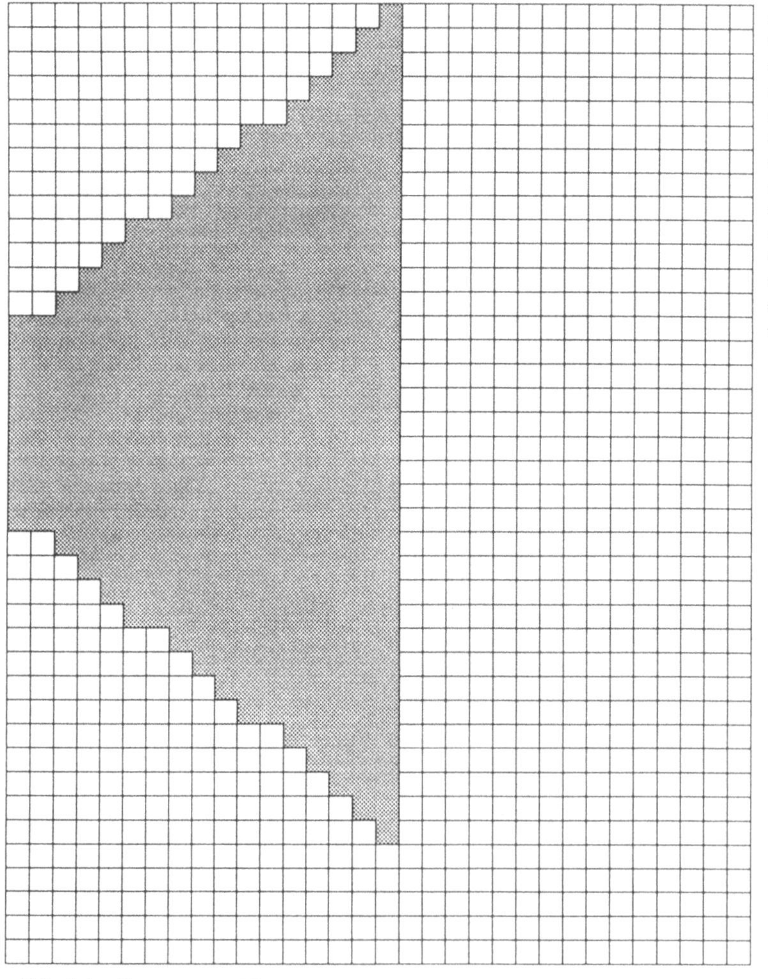

Abb. 54: Gerastertes Planungsobjekt

CALPLAN - Bauteilrasterung

Bauteil-Grundriß:	Trapez Nr. 2
Orientierung:	1
Länge:	20 [LE]
Breite:	20 [LE]
Platzbedarf:	
– theoretisch;	260 [FE]
– tatsächlich:	264 [FE]
– gewählt:	260 [FE]

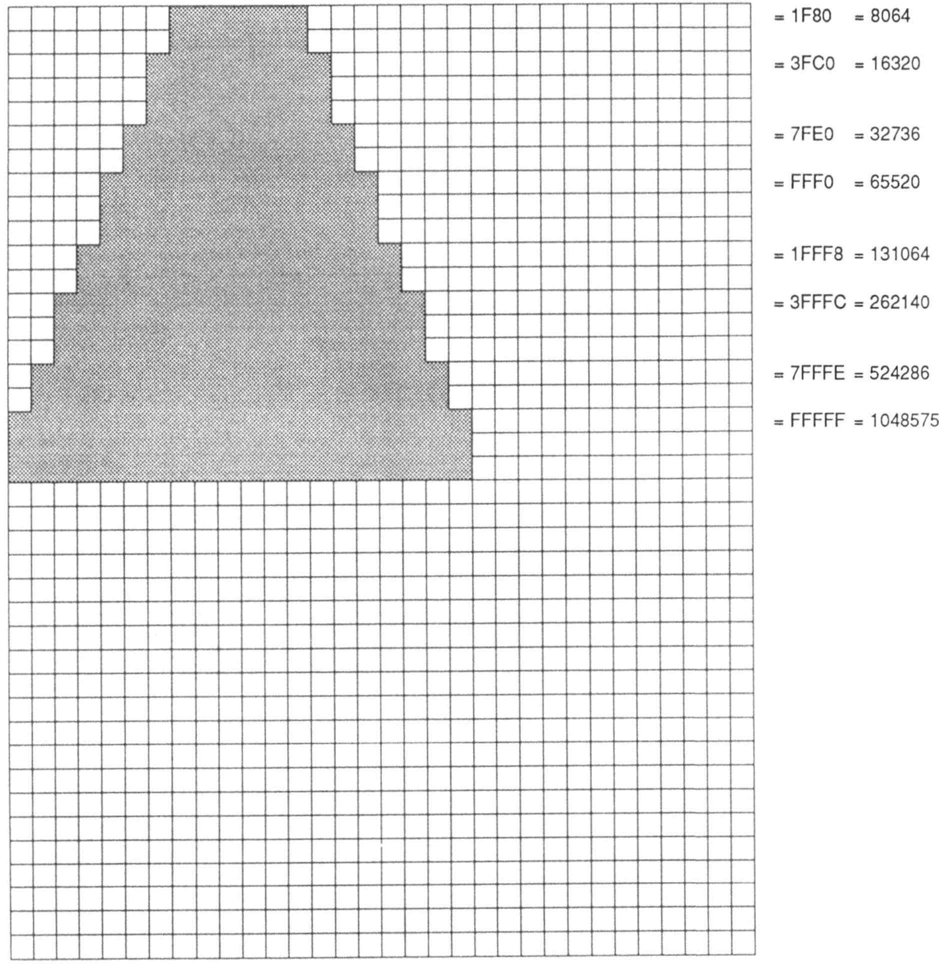

Abb. 55: Gerastertes Planungsobjekt

CALPLAN - Bauteilrasterung

Bauteil-Grundriß:	Trapez Nr. 2
Orientierung:	2
Länge:	20 [LE]
Breite:	20 [LE]
Platzbedarf:	
– theoretisch;	260 [FE]
– tatsächlich:	264 [FE]
– gewählt:	264 [FE]

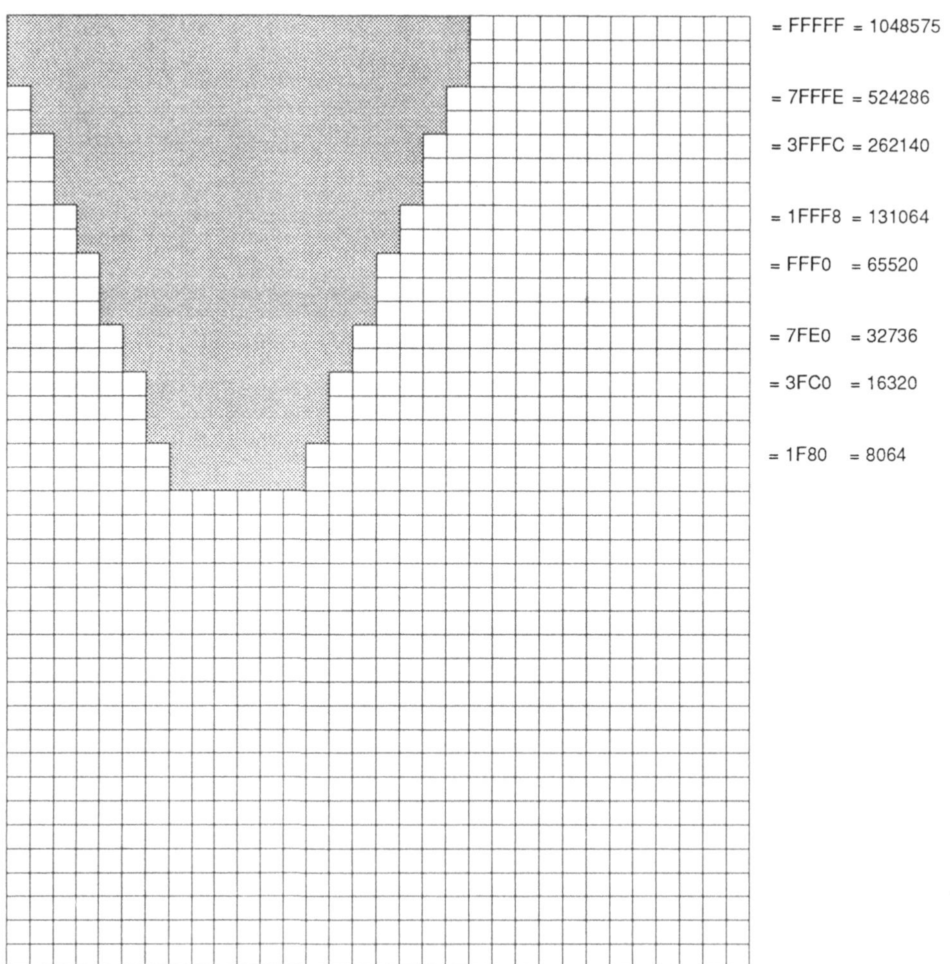

Abb. 56: Gerastertes Planungsobjekt

CALPLAN - Bauteilrasterung

Bauteil-Grundriß: Rahmen

Orientierung: 1

Länge: 34 [LE]

Breite: 30 [LE]

Platzbedarf:

− theoretisch;   444 [FE]

− tatsächlich: 444 [FE]

− gewählt: 444 [FE]

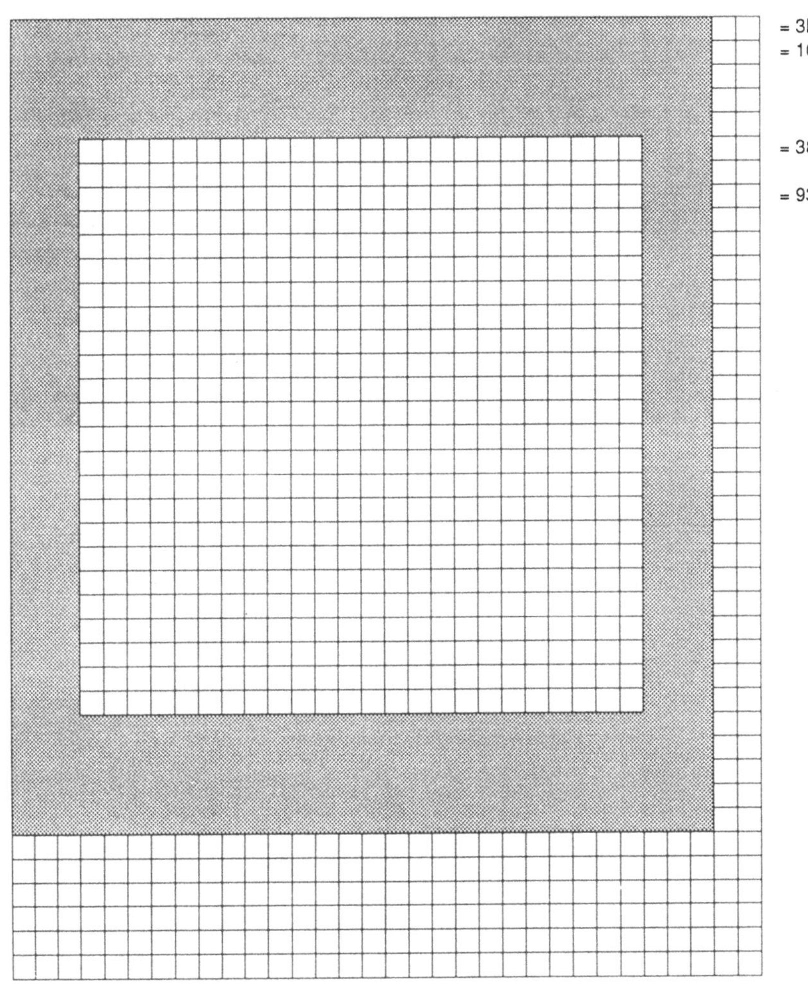

Abb. 57: Gerastertes Planungsobjekt

CALPLAN - Bauteilrasterung

Bauteil-Grundriß: S-Form

Orientierung: 1

Länge: 14 [LE]

Breite: 29 [LE]

Platzbedarf:

–   theoretisch;   186 [FE]

–   tatsächlich: 186 [FE]

–   gewählt: 186 [FE]

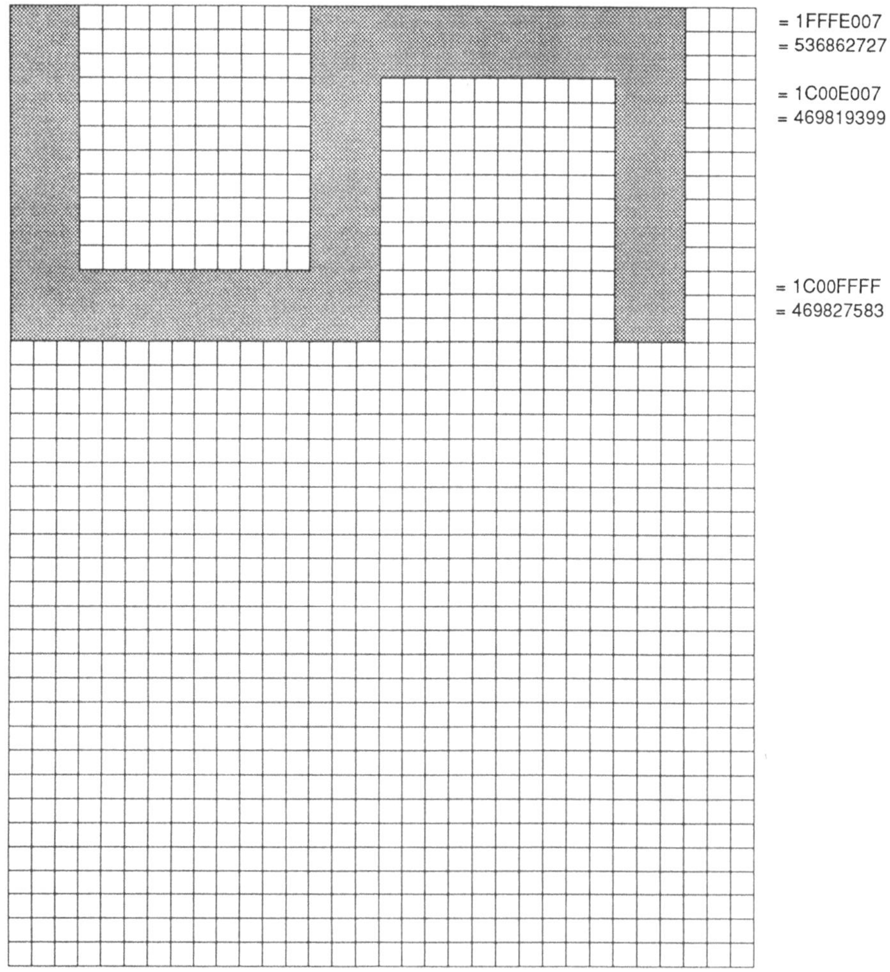

Abb. 58: Gerastertes Planungsobjekt

CALPLAN - Ergebnisgraphik

Darstellung der kumulierten Anzahl der eingelagerten Bauteile (ke_t_anz) in Abhängigkeit von unterschiedlichen Bauteil-Prioritätsregeln für:

- Bauteil-Satz (BS) Nr.: 1
- Bauteil-Prioritätsregeln (BPR): Elementar
- Flächen-Prioritätsregel (FPR) Nr.: 1 bis 4
- Flächen-Anfangsbelegung: Keine
- Zuteilungsstrategie (ZS): utob

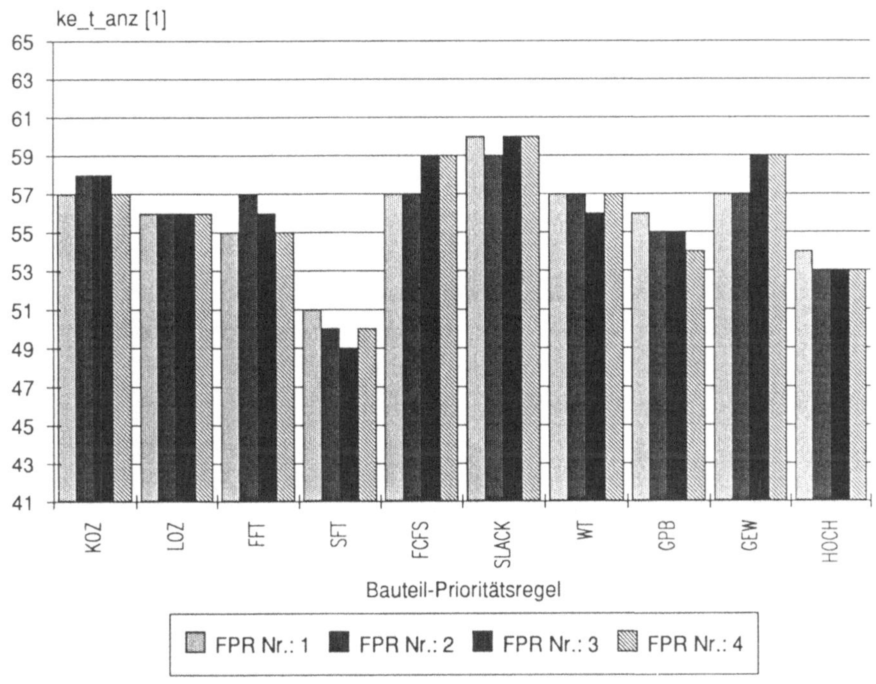

Abb. 59: Vergleich der FPR

CALPLAN - Ergebnisgraphik

Darstellung der kumulierten Durchlaufzeit der eingelagerten Bauteile (ke_t_dlz) in Abhängigkeit von unterschiedlichen Bauteil-Prioritätsregeln für:

- Bauteil-Satz (BS) Nr.: 1
- Bauteil-Prioritätsregeln (BPR): Elementar
- Flächen-Prioritätsregel (FPR) Nr.: 1 bis 4
- Flächen-Anfangsbelegung: Keine
- Zuteilungsstrategie (ZS): utob

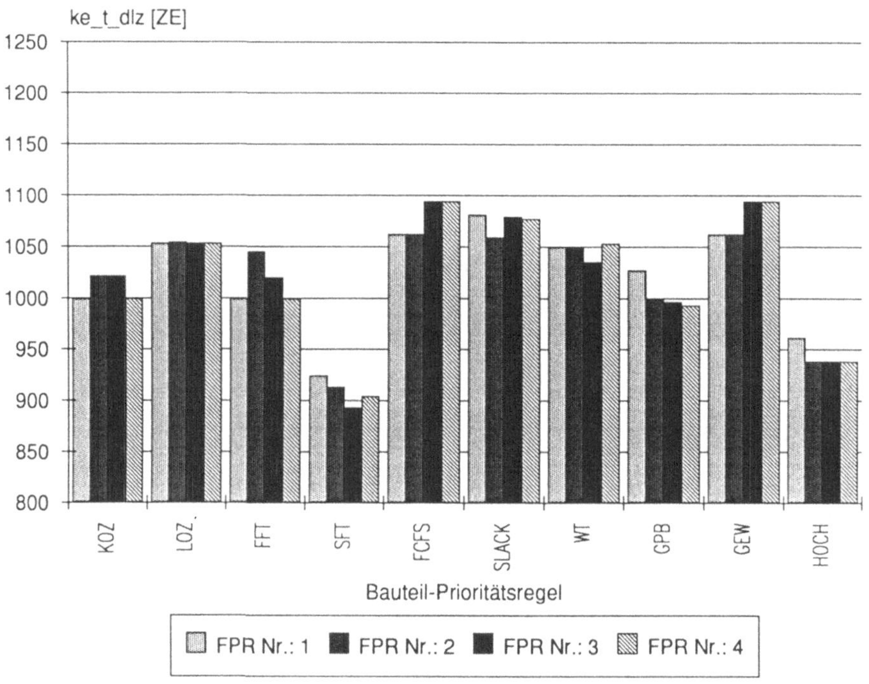

Abb. 60: Vergleich der FPR

CALPLAN - Ergebnisgraphik

Darstellung des kumulierten Wertes der eingelagerten Bauteile (ke_t_wert) in Abhängigkeit von unterschiedlichen Bauteil-Prioritätsregeln für:

– Bauteil-Satz (BS) Nr.: 1
– Bauteil-Prioritätsregeln (BPR): Elementar
– Flächen-Prioritätsregel (FPR) Nr.: 1 bis 4
– Flächen-Anfangsbelegung: Keine
– Zuteilungsstrategie (ZS): utob

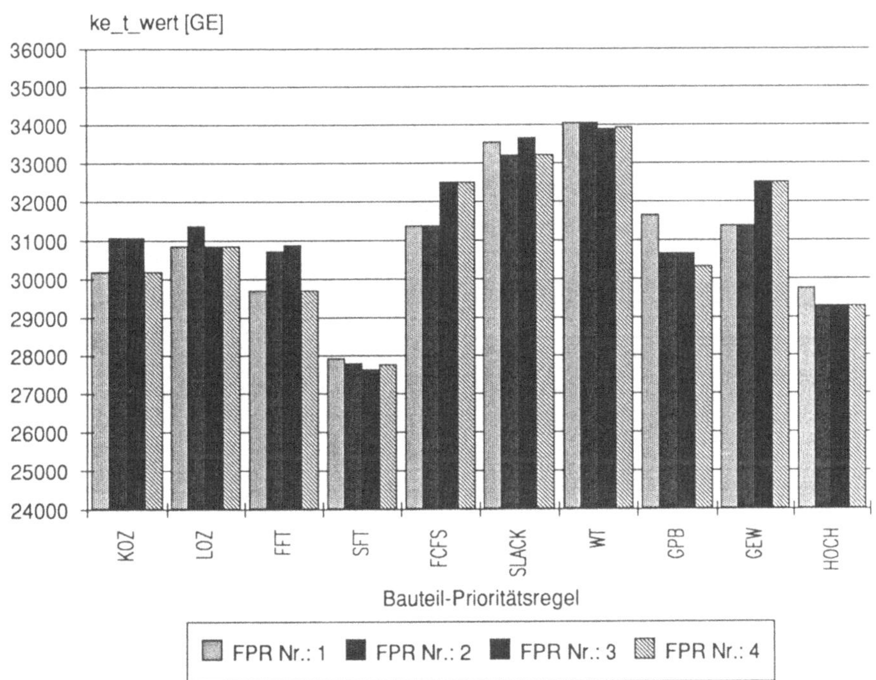

Abb. 61: Vergleich der FPR

CALPLAN - Ergebnisgraphik

Darstellung des kumulierten Platzbedarfs der eingelagerten Bauteile (ke_t_pb) in Abhängigkeit von unterschiedlichen Bauteil-Prioritätsregeln für:

- Bauteil-Satz (BS) Nr.: 1
- Bauteil-Prioritätsregeln (BPR): Elementar
- Flächen-Prioritätsregel (FPR) Nr.: 1 bis 4
- Flächen-Anfangsbelegung: Keine
- Zuteilungsstrategie (ZS): utob

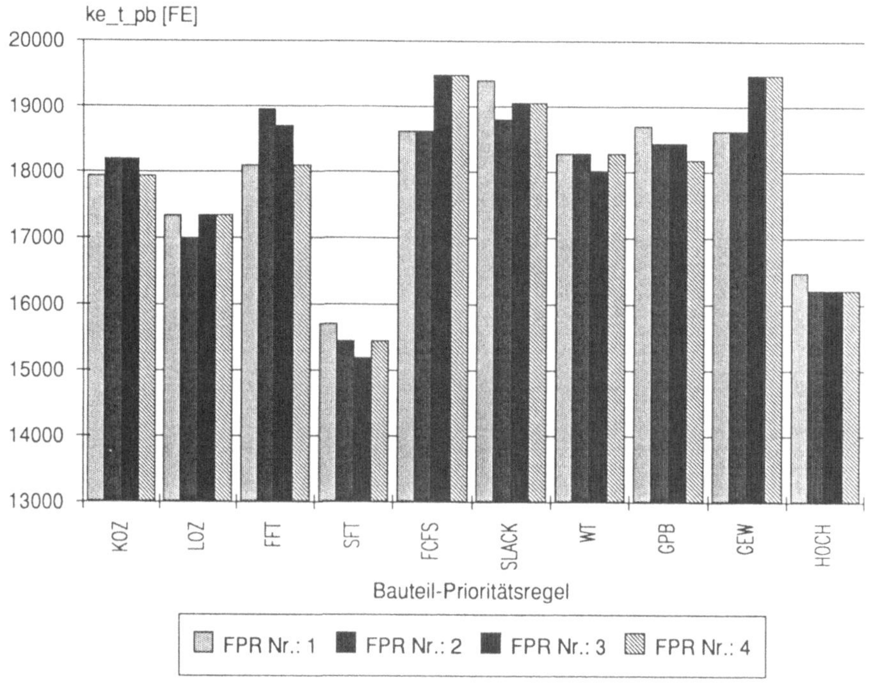

Abb. 62: Vergleich der FPR

CALPLAN - Ergebnisgraphik

Darstellung des zeitlich kumulierten Platzbedarfs der eingelagerten Bauteile (zke_t_pb) in Abhängigkeit von unterschiedlichen Bauteil-Prioritätsregeln für:

- Bauteil-Satz (BS) Nr.: 1
- Bauteil-Prioritätsregeln (BPR): Elementar
- Flächen-Prioritätsregel (FPR) Nr.: 1 bis 4
- Flächen-Anfangsbelegung: Keine
- Zuteilungsstrategie (ZS): utob

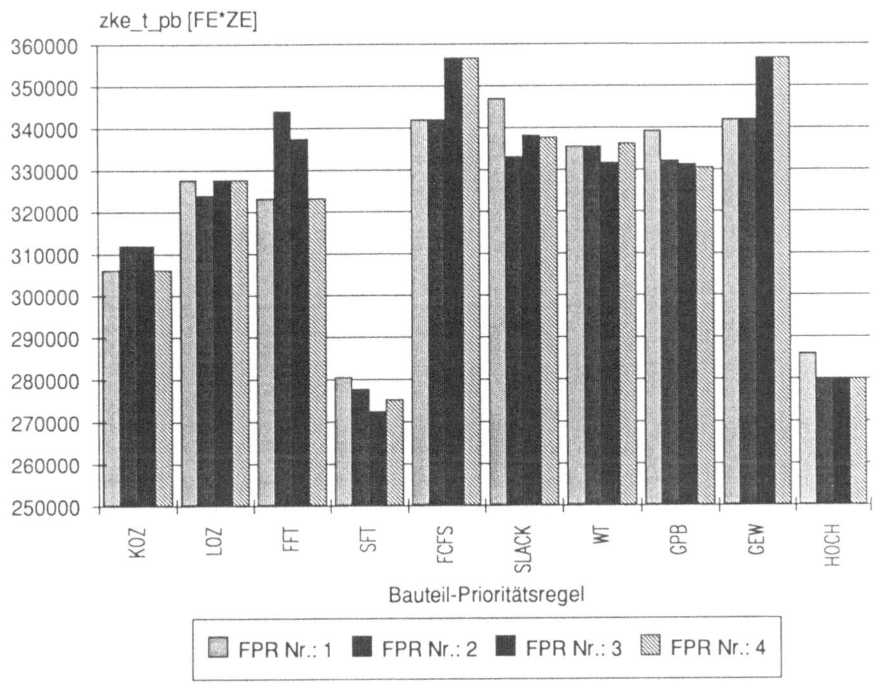

Abb. 63: Vergleich der FPR

CALPLAN - Ergebnisgraphik

Darstellung der durchschnittlichen Montageflächen-Auslastung (d_f_a) in Abhängigkeit von unterschiedlichen Bauteil-Prioritätsregeln für:

- Bauteil-Satz (BS) Nr.: 1
- Bauteil-Prioritätsregeln (BPR): Elementar
- Flächen-Prioritätsregel (FPR) Nr.: 1 bis 4
- Flächen-Anfangsbelegung: Keine
- Zuteilungsstrategie (ZS): utob

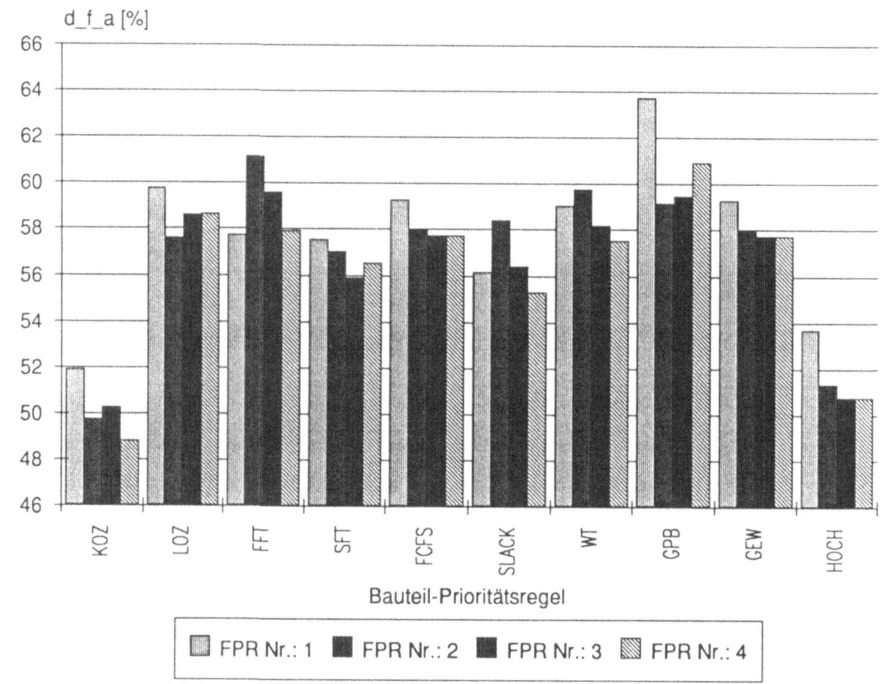

Abb. 64: Vergleich der FPR

CALPLAN - Ergebnisgraphik

Darstellung der kumulierten Anzahl der eingelagerten Bauteile (ke_t_anz) in Abhängigkeit von unterschiedlichen Bauteil-Prioritätsregeln für:

–   Bauteil-Satz (BS) Nr.: 1
–   Bauteil-Prioritätsregeln (BPR): Elementar
–   Flächen-Prioritätsregel (FPR) Nr.: 1
–   Flächen-Anfangsbelegung: Keine
–   Zuteilungsstrategie (ZS): ubot bis utob

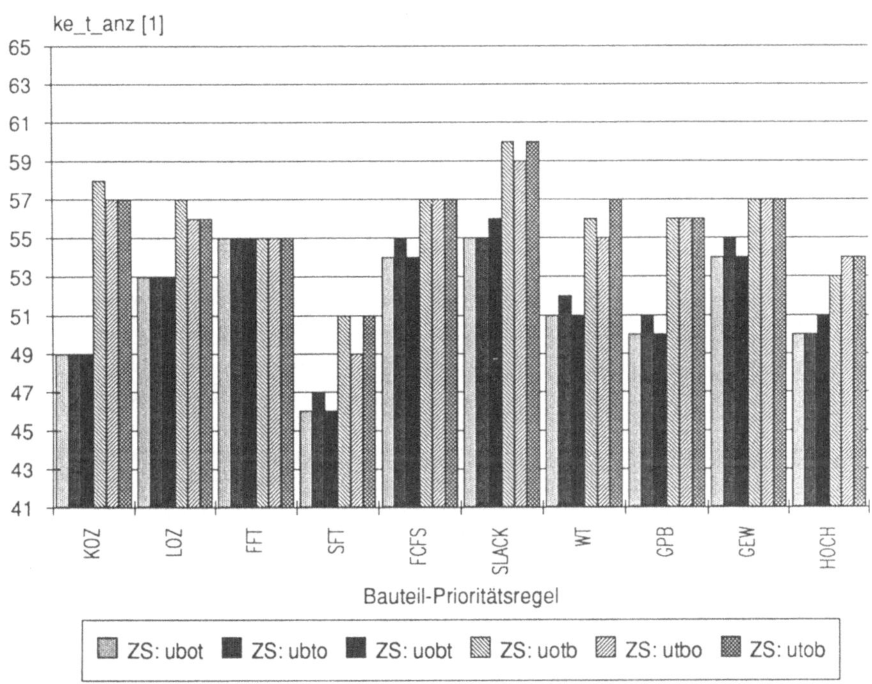

Abb. 65: Vergleich der ZS

CALPLAN - Ergebnisgraphik

Darstellung der kumulierten Durchlaufzeit der eingelagerten Bauteile (ke_t_dlz) in Abhängigkeit von unterschiedlichen Bauteil-Prioritätsregeln für:

- Bauteil-Satz (BS) Nr.: 1
- Bauteil-Prioritätsregeln (BPR): Elementar
- Flächen-Prioritätsregel (FPR) Nr.: 1
- Flächen-Anfangsbelegung: Keine
- Zuteilungsstrategie (ZS): ubot bis utob

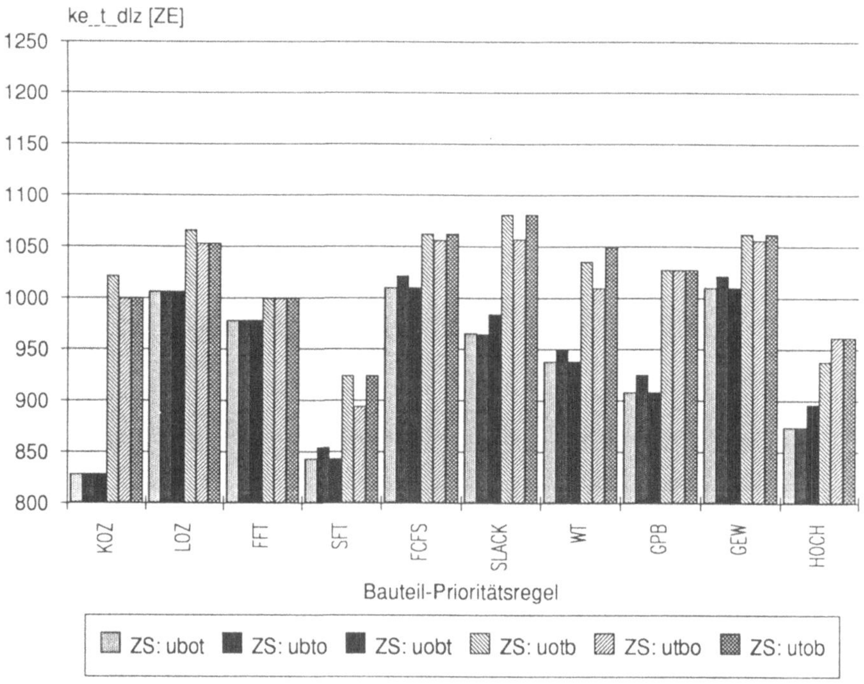

Abb. 66: Vergleich der ZS

CALPLAN - Ergebnisgraphik

Darstellung des kumulierten Wertes der eingelagerten Bauteile (ke_t_wert) in Abhängigkeit von unterschiedlichen Bauteil-Prioritätsregeln für:

- Bauteil-Satz (BS) Nr.: 1
- Bauteil-Prioritätsregeln (BPR): Elementar
- Flächen-Prioritätsregel (FPR) Nr.: 1
- Flächen-Anfangsbelegung: Keine
- Zuteilungsstrategie (ZS): ubot bis utob

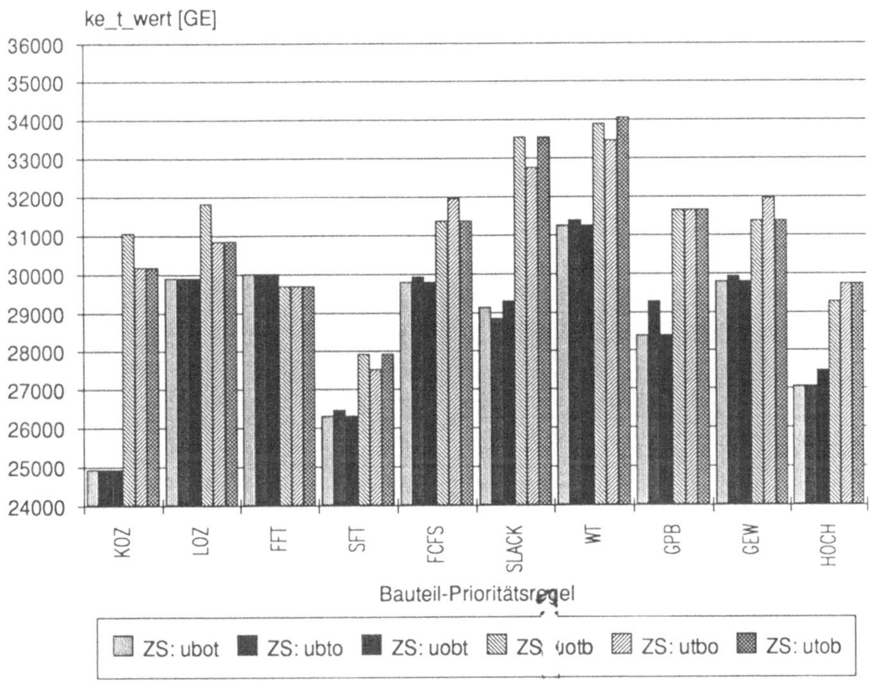

Abb. 67: Vergleich der ZS

CALPLAN - Ergebnisgraphik

Darstellung des kumulierten Platzbedarfs der eingelagerten Bauteile (ke_t_pb) in Abhängigkeit von unterschiedlichen Bauteil-Prioritätsregeln für:

- Bauteil-Satz (BS) Nr.: 1
- Bauteil-Prioritätsregeln (BPR): Elementar
- Flächen-Prioritätsregel (FPR) Nr.: 1
- Flächen-Anfangsbelegung: Keine
- Zuteilungsstrategie (ZS): ubot bis utob

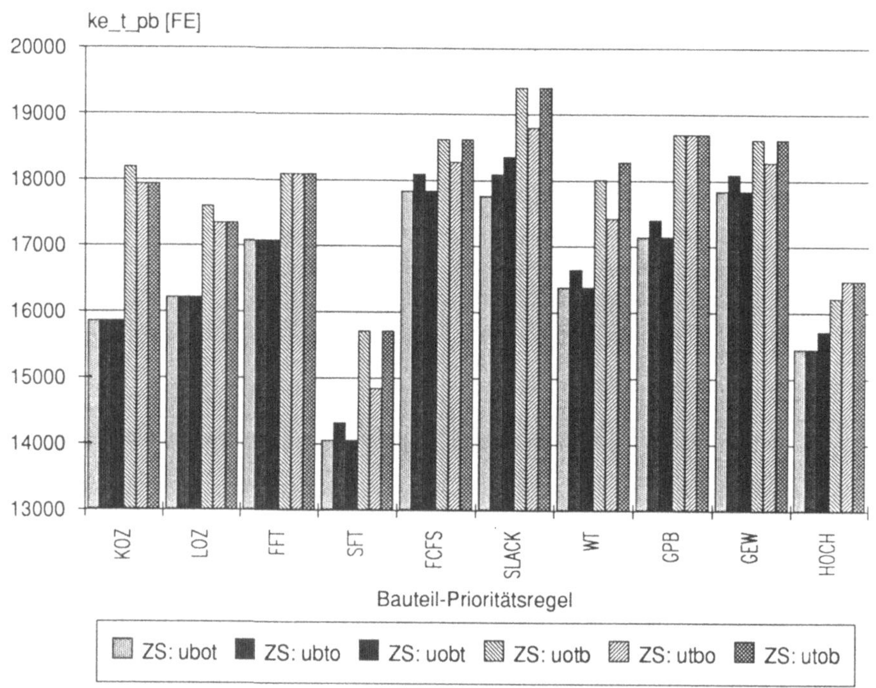

Abb. 68: Vergleich der ZS

CALPLAN - Ergebnisgraphik

Darstellung des zeitlich kumulierten Platzbedarfs der eingelagerten Bauteile (zke_t_pb) in Abhängigkeit von unterschiedlichen Bauteil-Prioritätsregeln für:

- Bauteil-Satz (BS) Nr.: 1
- Bauteil-Prioritätsregeln (BPR): Elementar
- Flächen-Prioritätsregel (FPR) Nr.: 1
- Flächen-Anfangsbelegung: Keine
- Zuteilungsstrategie (ZS): ubot bis utob

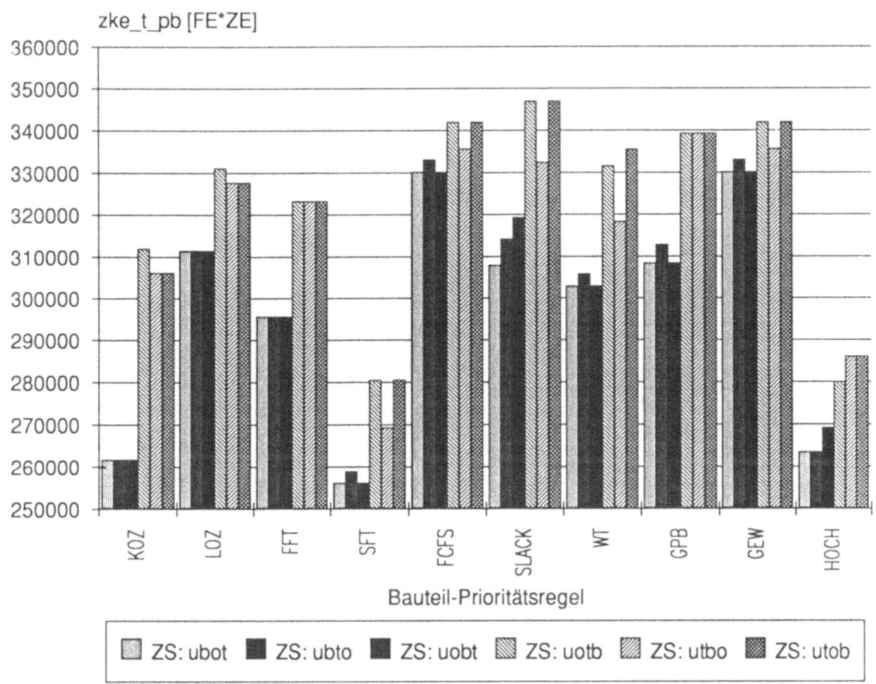

Abb. 69: Vergleich der ZS

CALPLAN - Ergebnisgraphik

Darstellung der durchschnittlichen Montageflächen-Auslastung (d_f_a) in Abhängigkeit von unterschiedlichen Bauteil-Prioritätsregeln für:

– Bauteil-Satz (BS) Nr.: 1
– Bauteil-Prioritätsregeln (BPR): Elementar
– Flächen-Prioritätsregel (FPR) Nr.: 1
– Flächen-Anfangsbelegung: Keine
– Zuteilungsstrategie (ZS): ubot bis utob

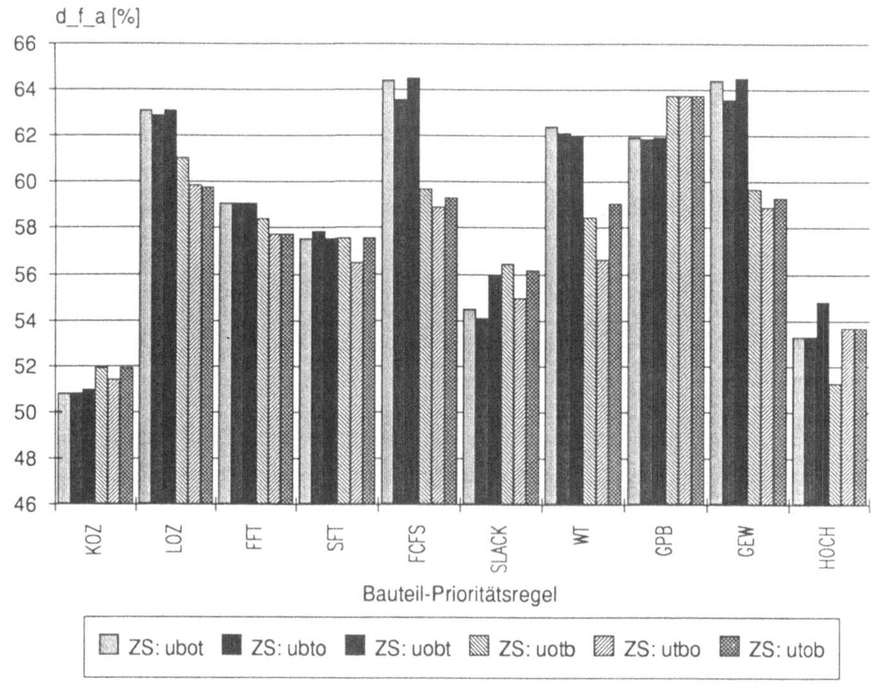

Abb. 70: Vergleich der ZS

CALPLAN - Ergebnisgraphik

Darstellung der kumulierten Anzahl der eingelagerten Bauteile (ke_t_anz) in Abhängigkeit von unterschiedlichen Bauteil-Prioritätsregeln für:

- Bauteil-Satz (BS) Nr.: 2
- Bauteil-Prioritätsregeln (BPR): Elementar
- Flächen-Prioritätsregel (FPR) Nr.: 1
- Flächen-Anfangsbelegung: Keine
- Zuteilungsstrategie (ZS): ubot bis utob

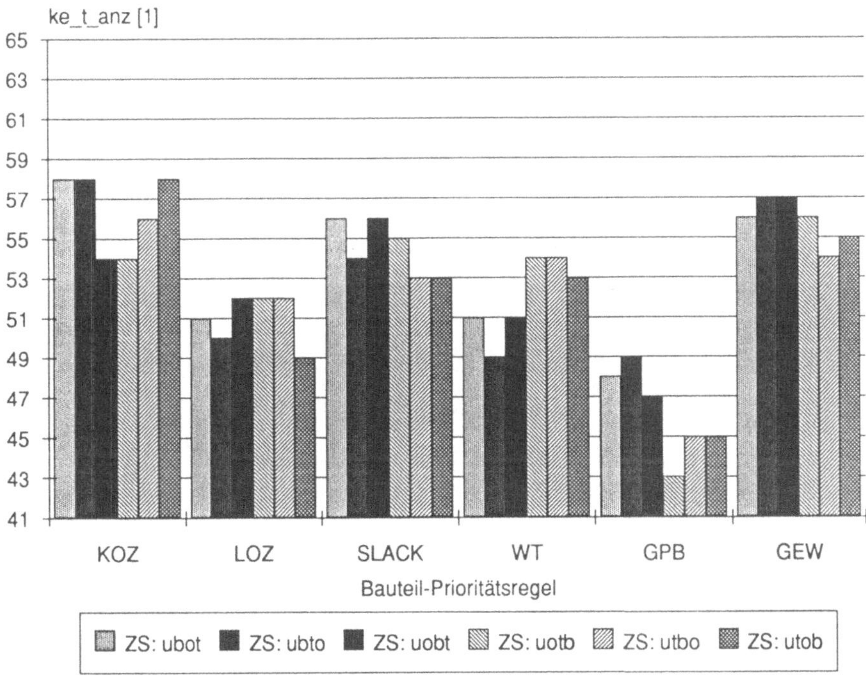

Abb. 71: Vergleich der elementaren BPR

CALPLAN - Ergebnisgraphik

Darstellung der kumulierten Durchlaufzeit der eingelagerten Bauteile (ke_t_dlz) in Abhängigkeit von unterschiedlichen Bauteil-Prioritätsregeln für:

- Bauteil-Satz (BS) Nr.: 2
- Bauteil-Prioritätsregeln (BPR): Elementar
- Flächen-Prioritätsregel (FPR) Nr.: 1
- Flächen-Anfangsbelegung: Keine
- Zuteilungsstrategie (ZS): ubot bis utob

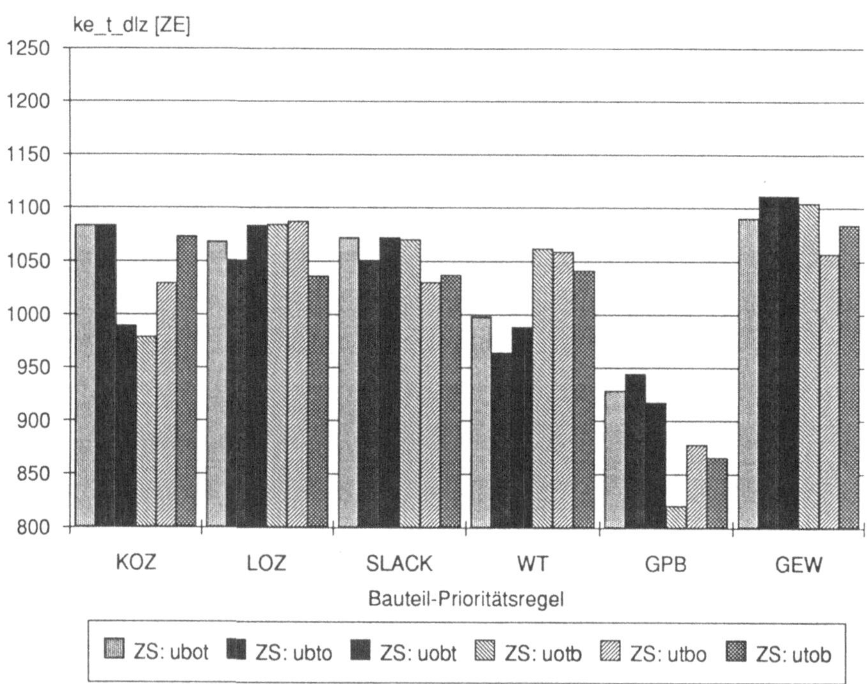

Abb. 72: Vergleich der elementaren BPR

CALPLAN - Ergebnisgraphik

Darstellung des kumulierten Wertes der eingelagerten Bauteile (ke_t_wert) in Abhängigkeit von unterschiedlichen Bauteil-Prioritätsregeln für:

- Bauteil-Satz (BS) Nr.: 2
- Bauteil-Prioritätsregeln (BPR): Elementar
- Flächen-Prioritätsregel (FPR) Nr.: 1
- Flächen-Anfangsbelegung: Keine
- Zuteilungsstrategie (ZS): ubot bis utob

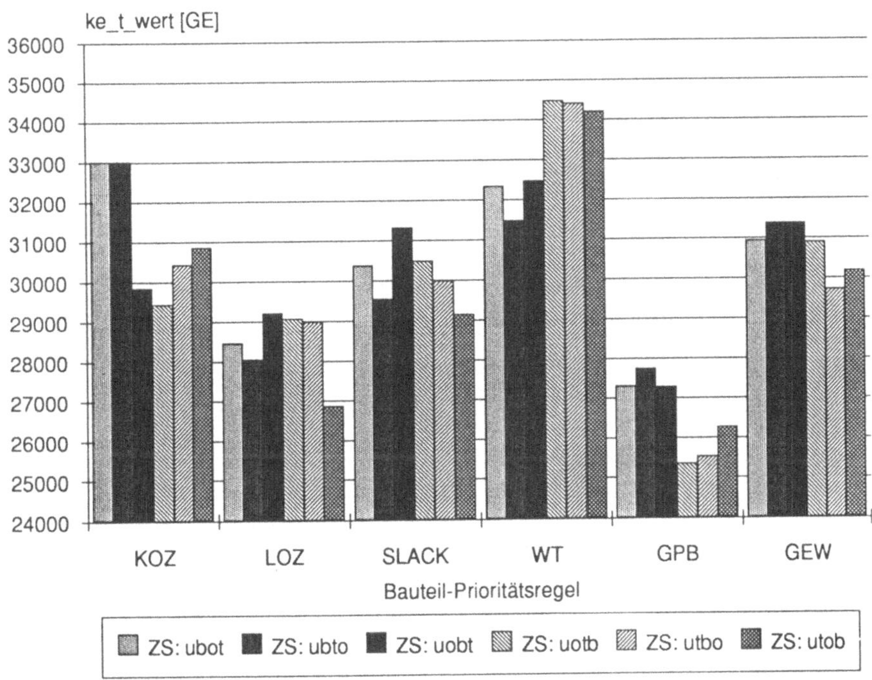

Abb. 73: Vergleich der elementaren BPR

CALPLAN - Ergebnisgraphik

Darstellung des kumulierten Platzbedarfs der eingelagerten Bauteile (ke_t_pb) in Abhängigkeit von unterschiedlichen Bauteil-Prioritätsregeln für:

- Bauteil-Satz (BS) Nr.: 2
- Bauteil-Prioritätsregeln (BPR): Elementar
- Flächen-Prioritätsregel (FPR) Nr.: 1
- Flächen-Anfangsbelegung: Keine
- Zuteilungsstrategie (ZS): ubot bis utob

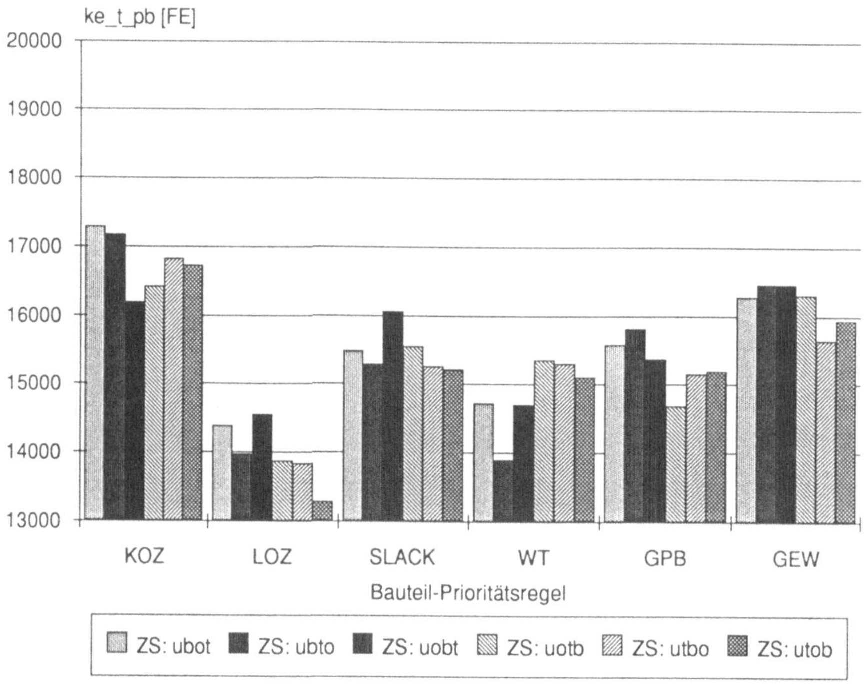

Abb. 74: Vergleich der elementaren BPR

CALPLAN - Ergebnisgraphik

Darstellung des zeitlich kumulierten Platzbedarfs der eingelagerten Bauteile (zke_t_pb) in Abhängigkeit von unterschiedlichen Bauteil-Prioritätsregeln für:

- Bauteil-Satz (BS) Nr.: 2
- Bauteil-Prioritätsregeln (BPR): Elementar
- Flächen-Prioritätsregel (FPR) Nr.: 1
- Flächen-Anfangsbelegung: Keine
- Zuteilungsstrategie (ZS): ubot bis utob

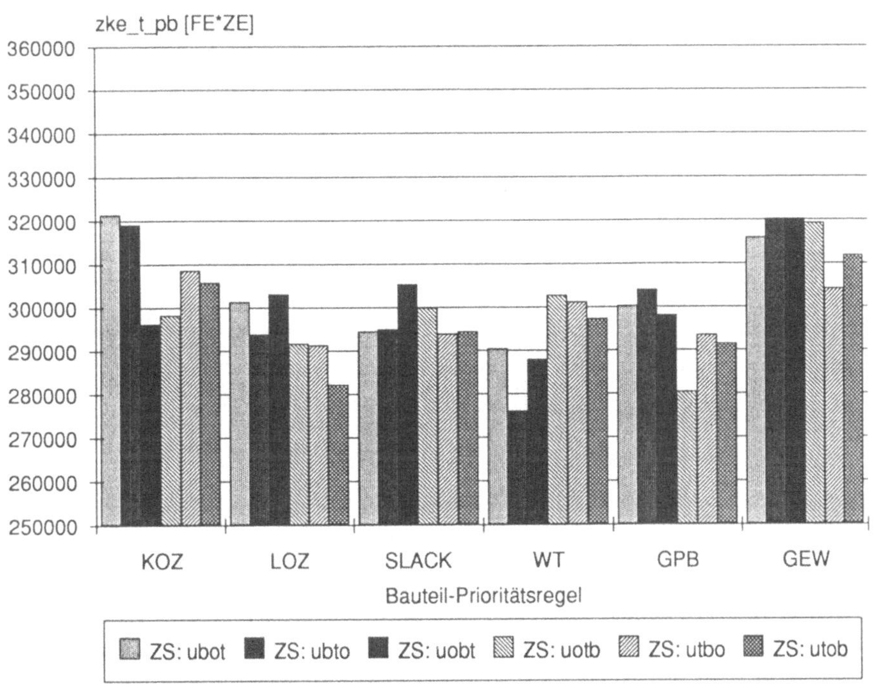

Abb. 75: Vergleich der elementaren BPR

CALPLAN - Ergebnisgraphik

Darstellung der durchschnittlichen Montageflächen-Auslastung (d_f_a) in Abhängigkeit von unterschiedlichen Bauteil-Prioritätsregeln für:

- Bauteil-Satz (BS) Nr.: 2
- Bauteil-Prioritätsregeln (BPR): Elementar
- Flächen-Prioritätsregel (FPR) Nr.: 1
- Flächen-Anfangsbelegung: Keine
- Zuteilungsstrategie (ZS): ubot bis utob

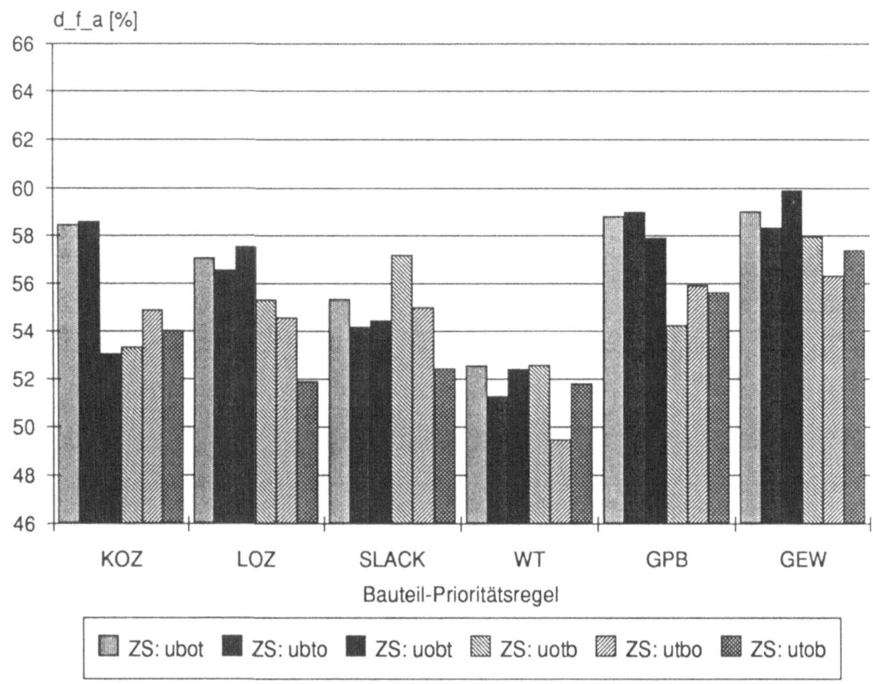

Abb. 76: Vergleich der elementaren BPR

CALPLAN - Ergebnisgraphik

Darstellung der kumulierten Anzahl der eingelagerten Bauteile (ke_t_anz) in Abhängigkeit von unterschiedlichen Bauteil-Prioritätsregeln für:

– Bauteil-Satz (BS) Nr.: 2
– Bauteil-Prioritätsregeln (BPR): Additiv und multiplikativ kombiniert
– Flächen-Prioritätsregel (FPR) Nr.: 1
– Flächen-Anfangsbelegung: Keine
– Zuteilungsstrategie (ZS): ubot bis utob

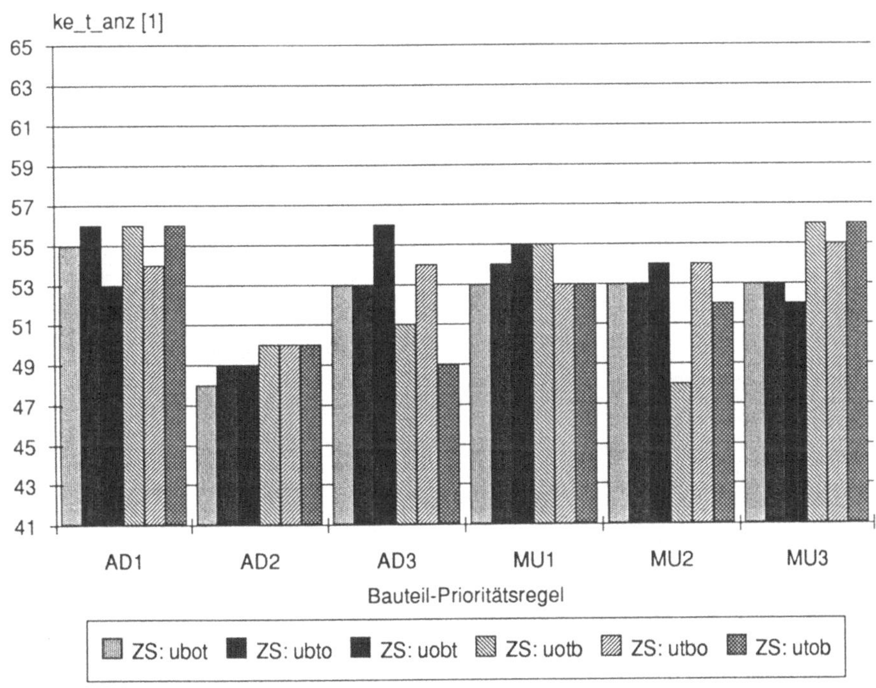

Abb. 77: Vergleich kombinierter BPR

CALPLAN - Ergebnisgraphik

Darstellung der kumulierten Durchlaufzeit der eingelagerten Bauteile (ke_t_dlz) in Abhängigkeit von unterschiedlichen Bauteil-Prioritätsregeln für:

- Bauteil-Satz (BS) Nr.: 2
- Bauteil-Prioritätsregeln (BPR): Additiv und multiplikativ kombiniert
- Flächen-Prioritätsregel (FPR) Nr.: 1
- Flächen-Anfangsbelegung: Keine
- Zuteilungsstrategie (ZS): ubot bis utob

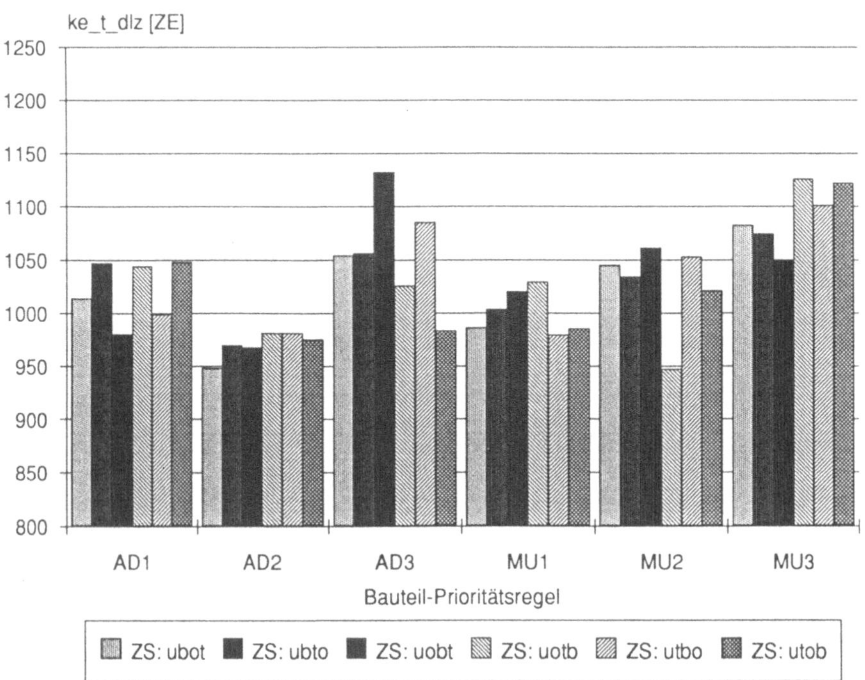

Abb. 78: Vergleich kombinierter BPR

CALPLAN - Ergebnisgraphik

Darstellung des kumulierten Wertes der eingelagerten Bauteile (ke_t_wert) in Abhängigkeit von unterschiedlichen Bauteil-Prioritätsregeln für:

–   Bauteil-Satz (BS) Nr.: 2
–   Bauteil-Prioritätsregeln (BPR): Additiv und multiplikativ kombiniert
–   Flächen-Prioritätsregel (FPR) Nr.: 1
–   Flächen-Anfangsbelegung: Keine
–   Zuteilungsstrategie (ZS): ubot bis utob

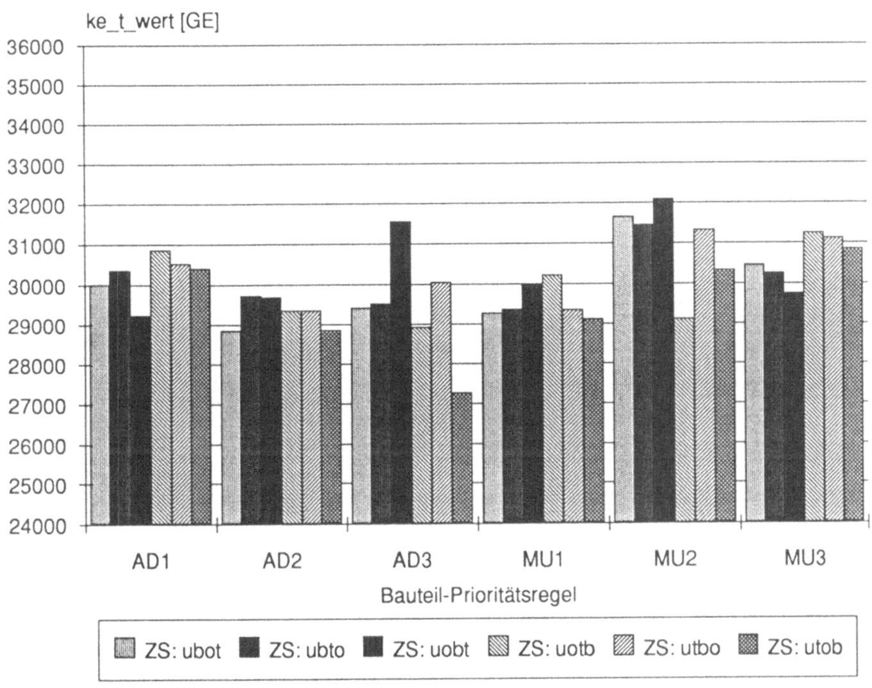

Abb. 79: Vergleich kombinierter BPR

CALPLAN - Ergebnisgraphik

Darstellung des kumulierten Platzbedarfs der eingelagerten Bauteile (ke_t_pb) in Abhängigkeit von unterschiedlichen Bauteil-Prioritätsregeln für:

- Bauteil-Satz (BS) Nr.: 2
- Bauteil-Prioritätsregeln (BPR): Additiv und multiplikativ kombiniert
- Flächen-Prioritätsregel (FPR) Nr.: 1
- Flächen-Anfangsbelegung: Keine
- Zuteilungsstrategie (ZS): ubot bis utob

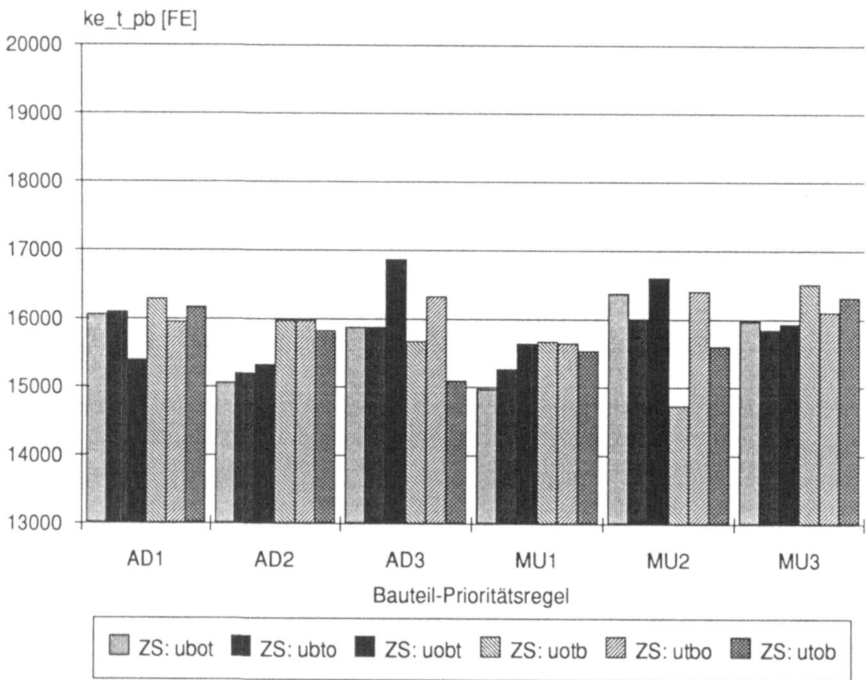

Abb. 80: Vergleich kombinierter BPR

CALPLAN - Ergebnisgraphik

Darstellung des zeitlich kumulierten Platzbedarfs der eingelagerten Bauteile (zke_t_pb) in Abhängigkeit von unterschiedlichen Bauteil-Prioritätsregeln für:

- Bauteil-Satz (BS) Nr.: 2
- Bauteil-Prioritätsregeln (BPR): Additiv und multiplikativ kombiniert
- Flächen-Prioritätsregel (FPR) Nr.: 1
- Flächen-Anfangsbelegung: Keine
- Zuteilungsstrategie (ZS): ubot bis utob

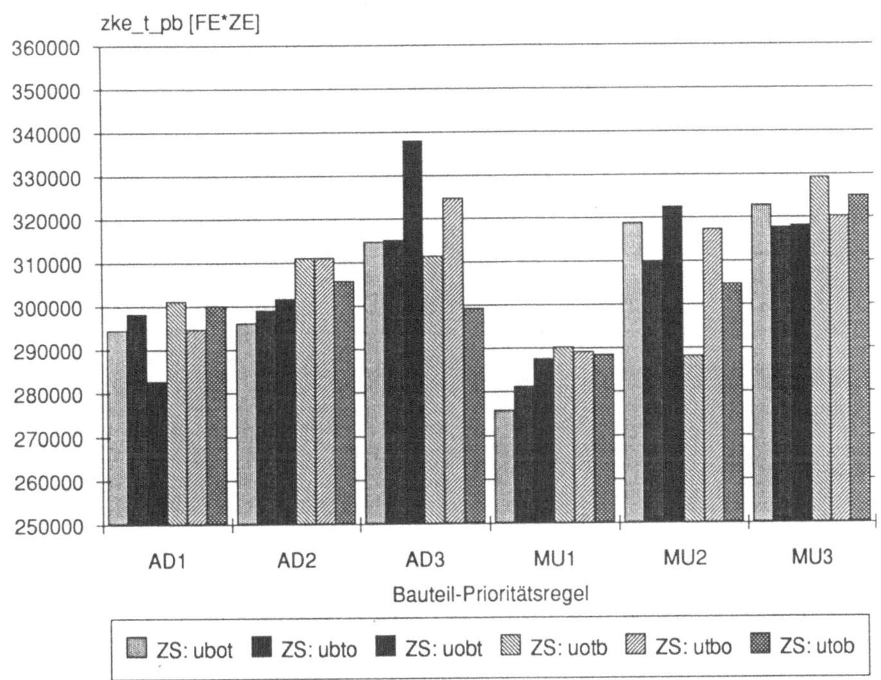

Abb. 81: Vergleich kombinierter BPR

CALPLAN - Ergebnisgraphik

Darstellung der durchschnittlichen Montageflächen-Auslastung (d_f_a) in Abhängigkeit von unterschiedlichen Bauteil-Prioritätsregeln für:

- Bauteil-Satz (BS) Nr.: 2
- Bauteil-Prioritätsregeln (BPR): Additiv und multiplikativ kombiniert
- Flächen-Prioritätsregel (FPR) Nr.: 1
- Flächen-Anfangsbelegung: Keine
- Zuteilungsstrategie (ZS): ubot bis utob

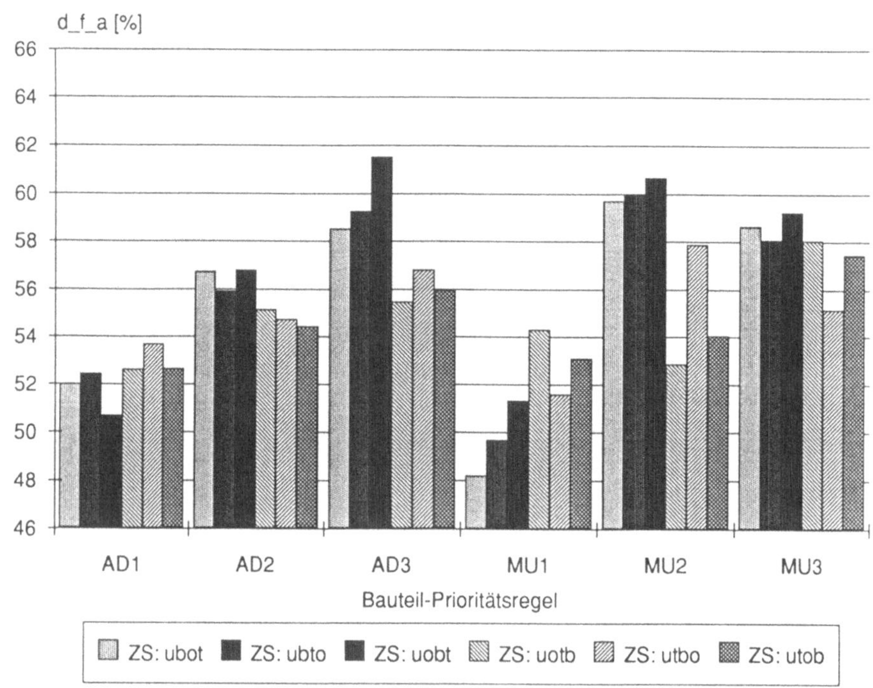

Abb. 82: Vergleich kombinierter BPR

CALPLAN - Ergebnisgraphik

Darstellung der kumulierten Anzahl der eingelagerten Bauteile (ke_t_anz) in Abhängigkeit von unterschiedlichen Bauteil-Prioritätsregeln für:

- Bauteil-Satz (BS) Nr.: 2
- Bauteil-Prioritätsregeln (BPR): Alternativ kombiniert
- Flächen-Prioritätsregel (FPR) Nr.: 1
- Flächen-Anfangsbelegung: Keine
- Zuteilungsstrategie (ZS): ubot bis utob

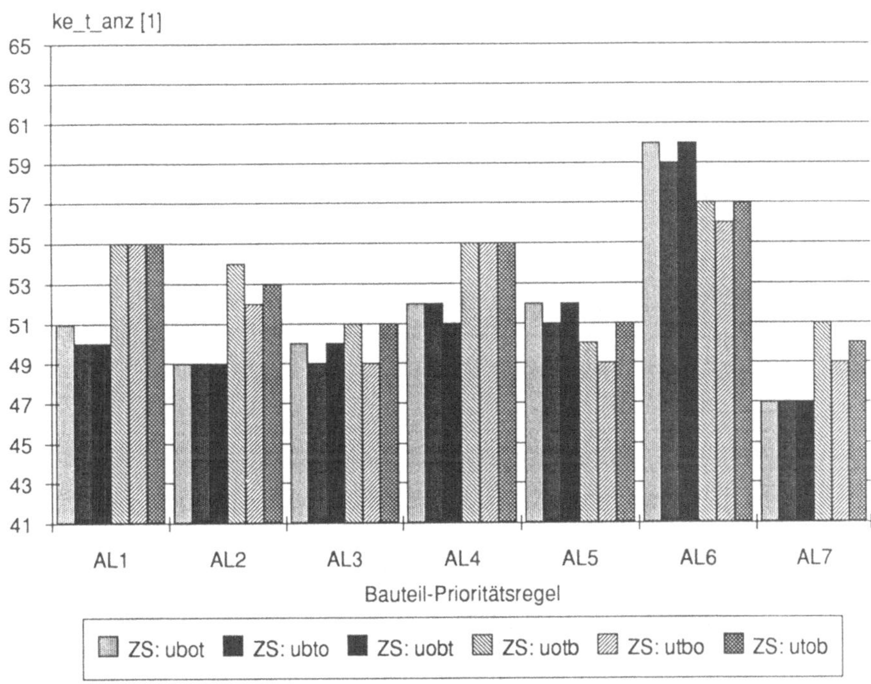

Abb. 83: Vergleich alternativ kombinierter BPR

CALPLAN - Ergebnisgraphik

Darstellung der kumulierten Durchlaufzeit der eingelagerten Bauteile (ke_t_dlz) in Abhängigkeit von unterschiedlichen Bauteil-Prioritätsregeln für:

- Bauteil-Satz (BS) Nr.: 2
- Bauteil-Prioritätsregeln (BPR): Alternativ kombiniert
- Flächen-Prioritätsregel (FPR) Nr.: 1
- Flächen-Anfangsbelegung: Keine
- Zuteilungsstrategie (ZS): ubot bis utob

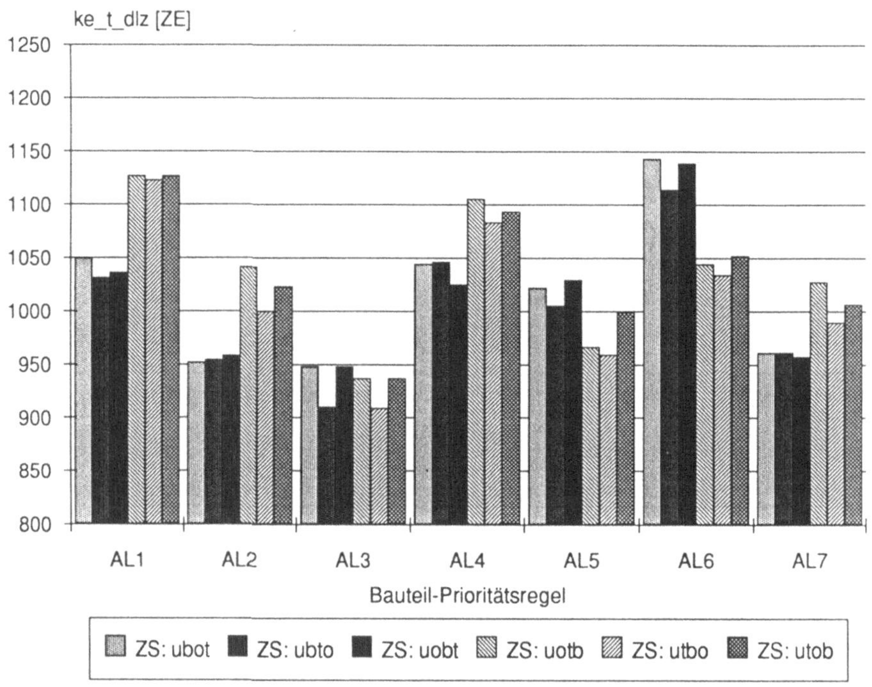

Abb. 84: Vergleich alternativ kombinierter BPR

CALPLAN - Ergebnisgraphik

Darstellung des kumulierten Wertes der eingelagerten Bauteile (ke_t_wert) in Abhängigkeit von unterschiedlichen Bauteil-Prioritätsregeln für:

- Bauteil-Satz (BS) Nr.: 2
- Bauteil-Prioritätsregeln (BPR): Alternativ kombiniert
- Flächen-Prioritätsregel (FPR) Nr.: 1
- Flächen-Anfangsbelegung: Keine
- Zuteilungsstrategie (ZS): ubot bis utob

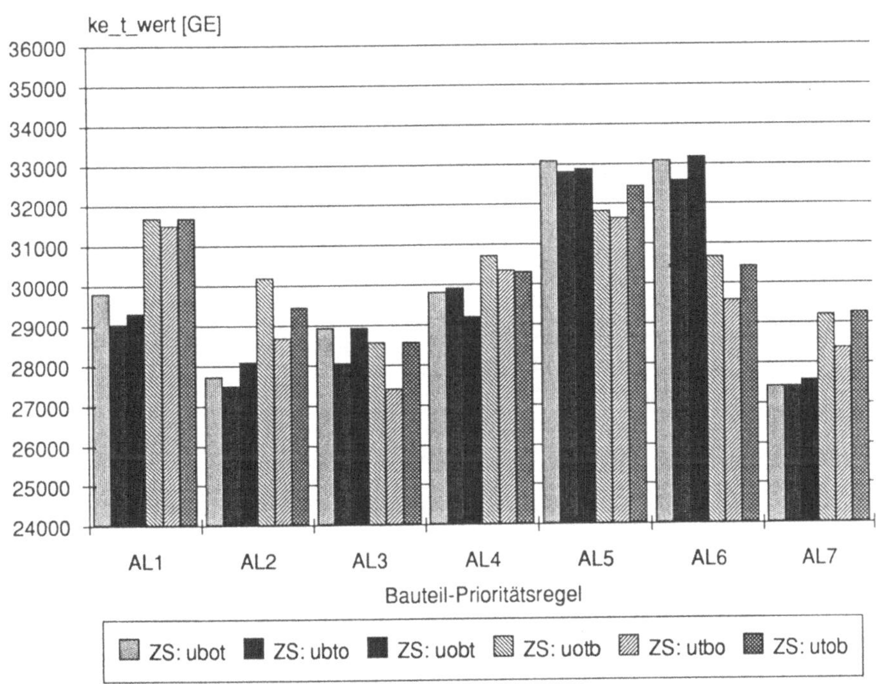

Abb. 85: Vergleich alternativ kombinierter BPR

CALPLAN - Ergebnisgraphik

Darstellung des kumulierten Platzbedarfs der eingelagerten Bauteile (ke_t_pb) in Abhängigkeit von unterschiedlichen Bauteil-Prioritätsregeln für:

- Bauteil-Satz (BS) Nr.: 2
- Bauteil-Prioritätsregeln (BPR): Alternativ kombiniert
- Flächen-Prioritätsregel (FPR) Nr.: 1
- Flächen-Anfangsbelegung: Keine
- Zuteilungsstrategie (ZS): ubot bis utob

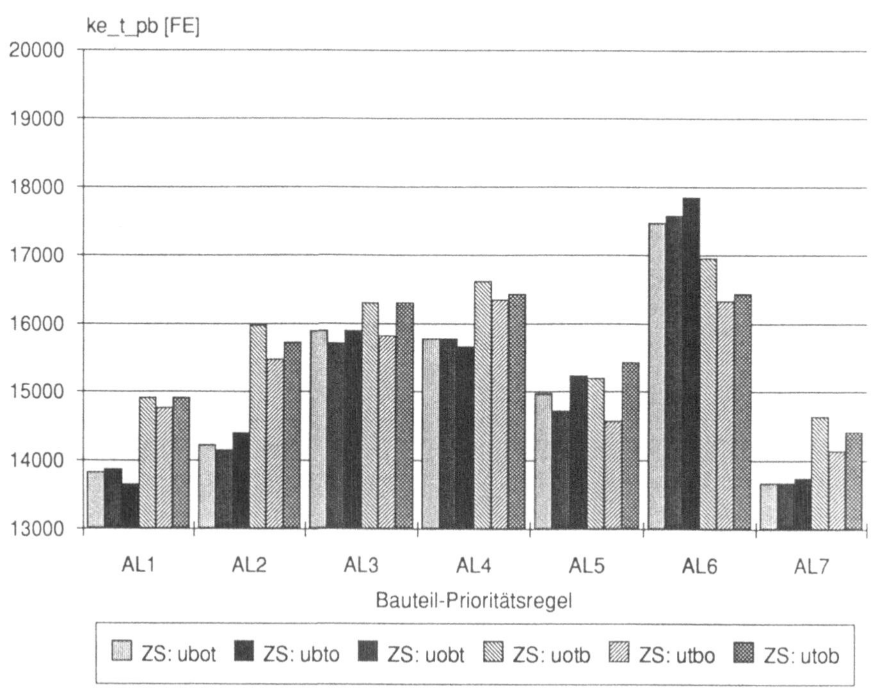

Abb. 86: Vergleich alternativ kombinierter BPR

CALPLAN - Ergebnisgraphik

Darstellung des zeitlich kumulierten Platzbedarfs der eingelagerten Bauteile (zke_t_pb) in Abhängigkeit von unterschiedlichen Bauteil-Prioritätsregeln für:

– Bauteil-Satz (BS) Nr.: 2
– Bauteil-Prioritätsregeln (BPR): Alternativ kombiniert
– Flächen-Prioritätsregel (FPR) Nr.: 1
– Flächen-Anfangsbelegung: Keine
– Zuteilungsstrategie (ZS): ubot bis utob

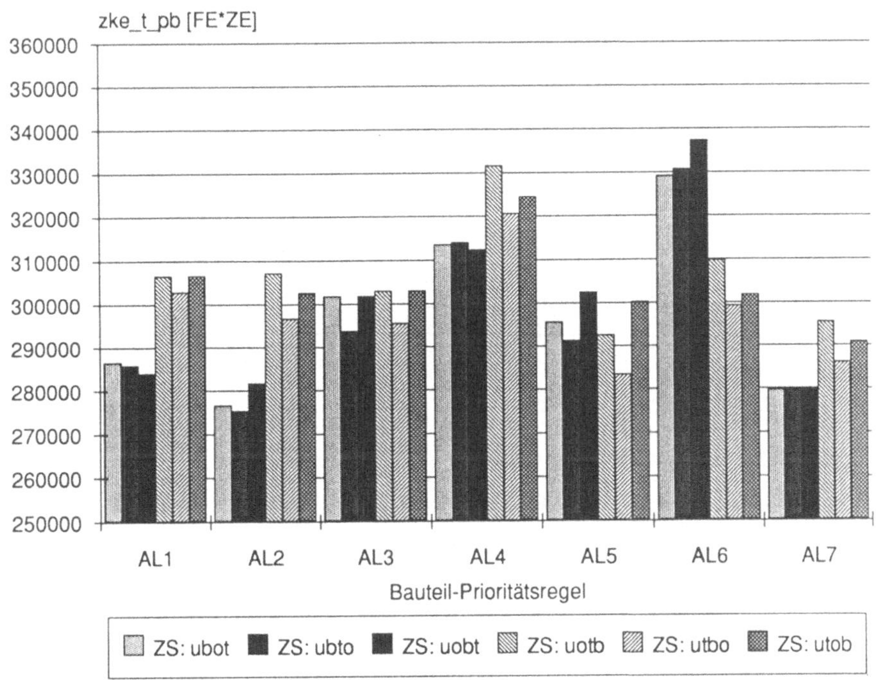

Abb. 87: Vergleich alternativ kombinierter BPR

CALPLAN - Ergebnisgraphik

Darstellung der durchschnittlichen Montageflächen-Auslastung (d_f_a) in Abhängigkeit von unterschiedlichen Bauteil-Prioritätsregeln für:

- Bauteil-Satz (BS) Nr.: 2
- Bauteil-Prioritätsregeln (BPR): Alternativ kombiniert
- Flächen-Prioritätsregel (FPR) Nr.: 1
- Flächen-Anfangsbelegung: Keine
- Zuteilungsstrategie (ZS): ubot bis utob

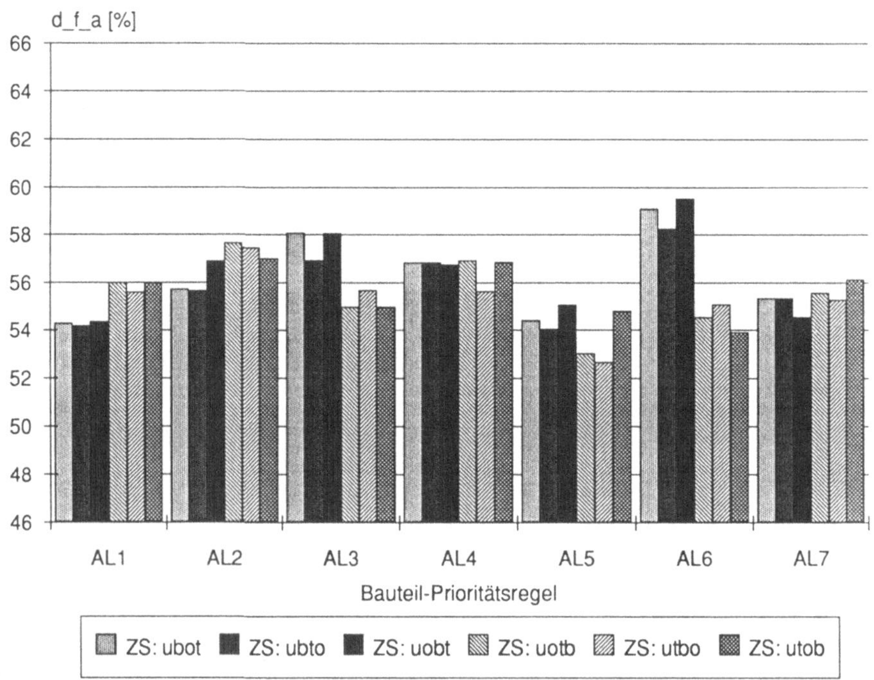

Abb. 88: Vergleich alternativ kombinierter BPR

CALPLAN - Ergebnisgraphik

Darstellung der kumulierten Anzahl der eingelagerten Bauteile (ke_t_anz) in Abhängigkeit von unterschiedlichen Bauteil-Prioritätsregeln für:

- Bauteil-Satz (BS) Nr.: 2
- Bauteil-Prioritätsregeln (BPR): Additiv, multiplikativ und alternativ kombiniert
- Flächen-Prioritätsregel (FPR) Nr.: 1
- Flächen-Anfangsbelegung: Keine
- Zuteilungsstrategie (ZS): ubot bis utob

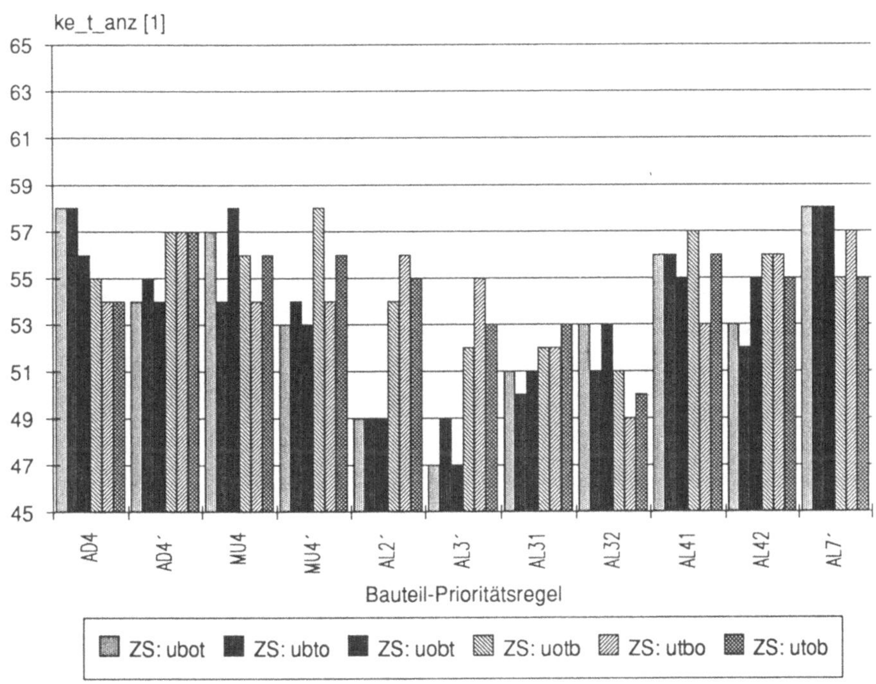

Abb. 89: Vergleich zusätzlicher kombinierter BPR

CALPLAN - Ergebnisgraphik

Darstellung der kumulierten Durchlaufzeit der eingelagerten Bauteile (ke_t_dlz) in Abhängigkeit von unterschiedlichen Bauteil-Prioritätsregeln für:

- Bauteil-Satz (BS) Nr.: 2
- Bauteil-Prioritätsregeln (BPR): Additiv, multiplikativ und alternativ kombiniert
- Flächen-Prioritätsregel (FPR) Nr.: 1
- Flächen-Anfangsbelegung: Keine
- Zuteilungsstrategie (ZS): ubot bis utob

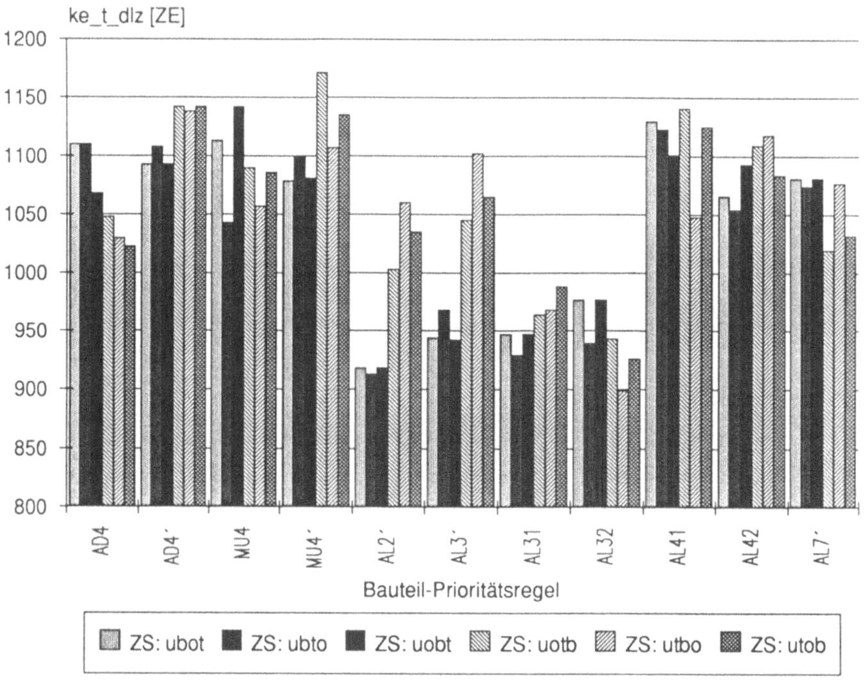

Abb. 90: Vergleich zusätzlicher kombinierter BPR

CALPLAN - Ergebnisgraphik

Darstellung des kumulierten Wertes der eingelagerten Bauteile (ke_t_wert) in Abhängigkeit von unterschiedlichen Bauteil-Prioritätsregeln für:

- Bauteil-Satz (BS) Nr.: 2
- Bauteil-Prioritätsregeln (BPR): Additiv, multiplikativ und alternativ kombiniert
- Flächen-Prioritätsregel (FPR) Nr.: 1
- Flächen-Anfangsbelegung: Keine
- Zuteilungsstrategie (ZS): ubot bis utob

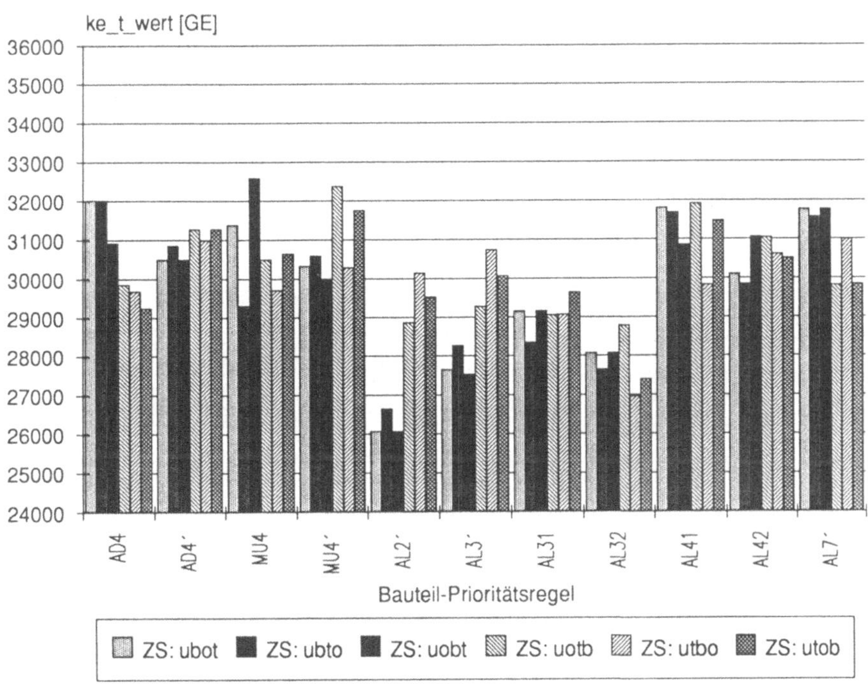

Abb. 91: Vergleich zusätzlicher kombinierter BPR

CALPLAN - Ergebnisgraphik

Darstellung des kumulierten Platzbedarfs der eingelagerten Bauteile (ke_t_pb) in Abhängigkeit von unterschiedlichen Bauteil-Prioritätsregeln für:

- Bauteil-Satz (BS) Nr.: 2
- Bauteil-Prioritätsregeln (BPR): Additiv, multiplikativ und alternativ kombiniert
- Flächen-Prioritätsregel (FPR) Nr.: 1
- Flächen-Anfangsbelegung: Keine
- Zuteilungsstrategie (ZS): ubot bis utob

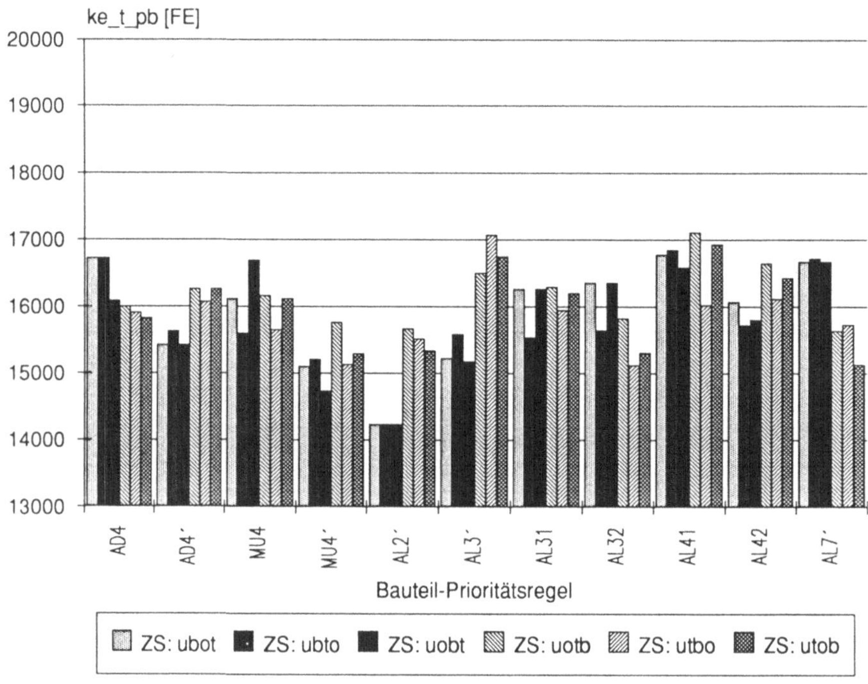

Abb. 92: Vergleich zusätzlicher kombinierter BPR

CALPLAN - Ergebnisgraphik

Darstellung des zeitlich kumulierten Platzbedarfs der eingelagerten Bauteile (zke_t_pb) in Abhängigkeit von unterschiedlichen Bauteil-Prioritätsregeln für:

- Bauteil-Satz (BS) Nr.: 2
- Bauteil-Prioritätsregeln (BPR): Additiv, multiplikativ und alternativ kombiniert
- Flächen-Prioritätsregel (FPR) Nr.: 1
- Flächen-Anfangsbelegung: Keine
- Zuteilungsstrategie (ZS): ubot bis utob

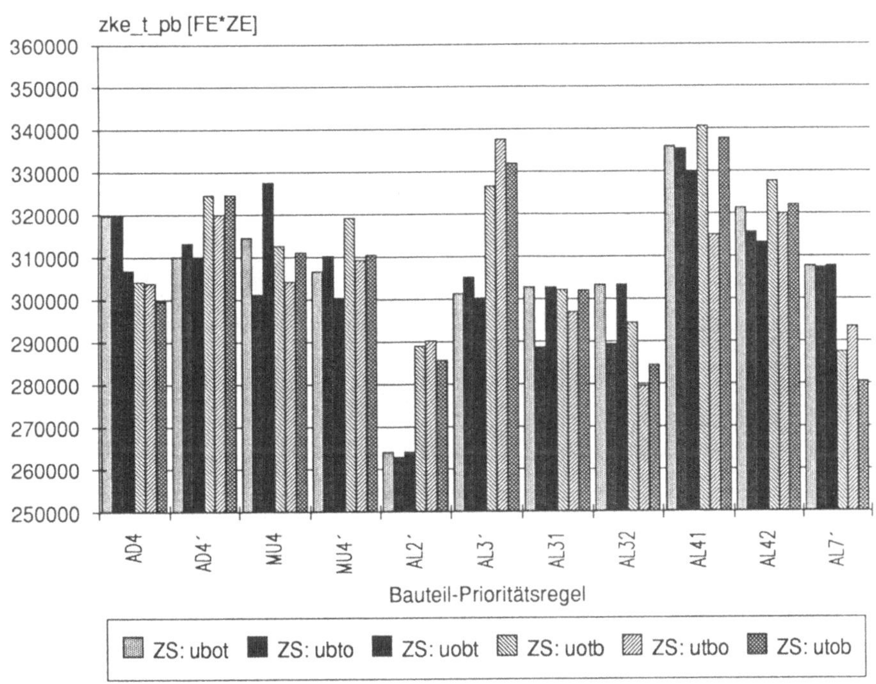

Abb. 93: Vergleich zusätzlicher kombinierter BPR

CALPLAN - Ergebnisgraphik

Darstellung der durchschnittlichen Montageflächen-Auslastung (d_f_a) in Abhängigkeit von unterschiedlichen Bauteil-Prioritätsregeln für:

- Bauteil-Satz (BS) Nr.: 2
- Bauteil-Prioritätsregeln (BPR): Additiv, multiplikativ und alternativ kombiniert
- Flächen-Prioritätsregel (FPR) Nr.: 1
- Flächen-Anfangsbelegung: Keine
- Zuteilungsstrategie (ZS): ubot bis utob

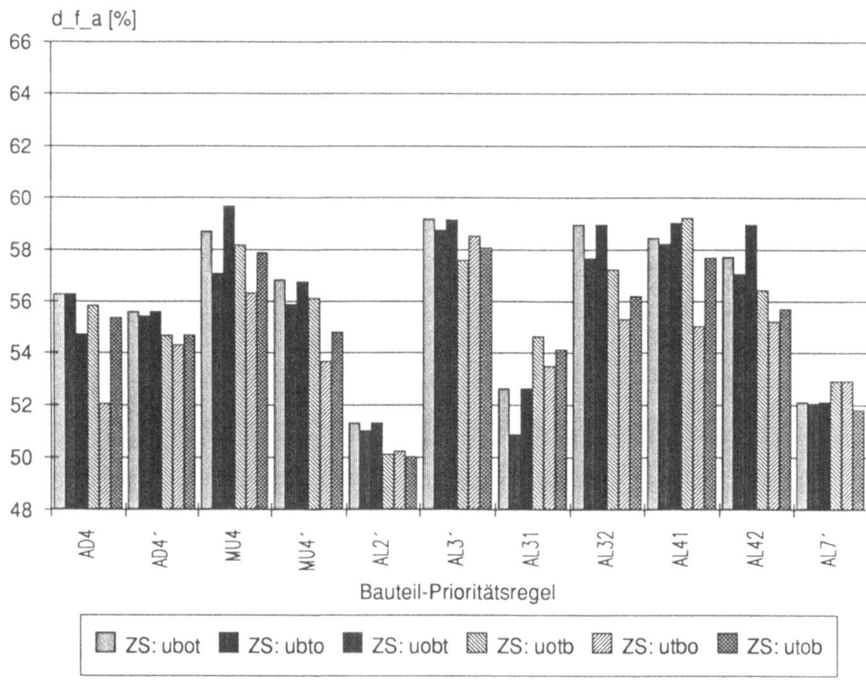

Abb. 94: Vergleich zusätzlicher kombinierter BPR

CALPLAN - Ergebnisgraphik

Darstellung der kumulierten Anzahl der eingelagerten Bauteile (ke_t_anz) in Abhängigkeit von unterschiedlichen Bauteil-Prioritätsregeln für:

- Bauteil-Satz (BS) Nr.: 2
- Bauteil-Prioritätsregeln (BPR): Alternativ kombiniert
- Flächen-Prioritätsregel (FPR) Nr.: 1
- Flächen-Anfangsbelegung: Keine
- Zuteilungsstrategie (ZS): ubot bis utob

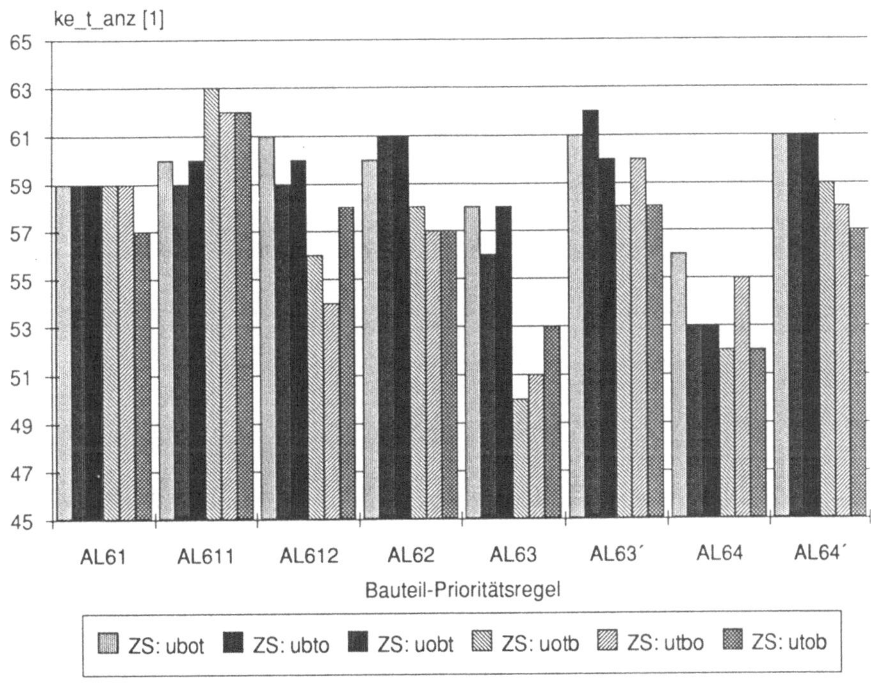

Abb. 95: Vergleich zusätzlicher alternativ kombinierter BPR

CALPLAN - Ergebnisgraphik

Darstellung der kumulierten Durchlaufzeit der eingelagerten Bauteile (ke_t_dlz) in Abhängigkeit von unterschiedlichen Bauteil-Prioritätsregeln für:

- Bauteil-Satz (BS) Nr.: 2
- Bauteil-Prioritätsregeln (BPR): Alternativ kombiniert
- Flächen-Prioritätsregel (FPR) Nr.: 1
- Flächen-Anfangsbelegung: Keine
- Zuteilungsstrategie (ZS): ubot bis utob

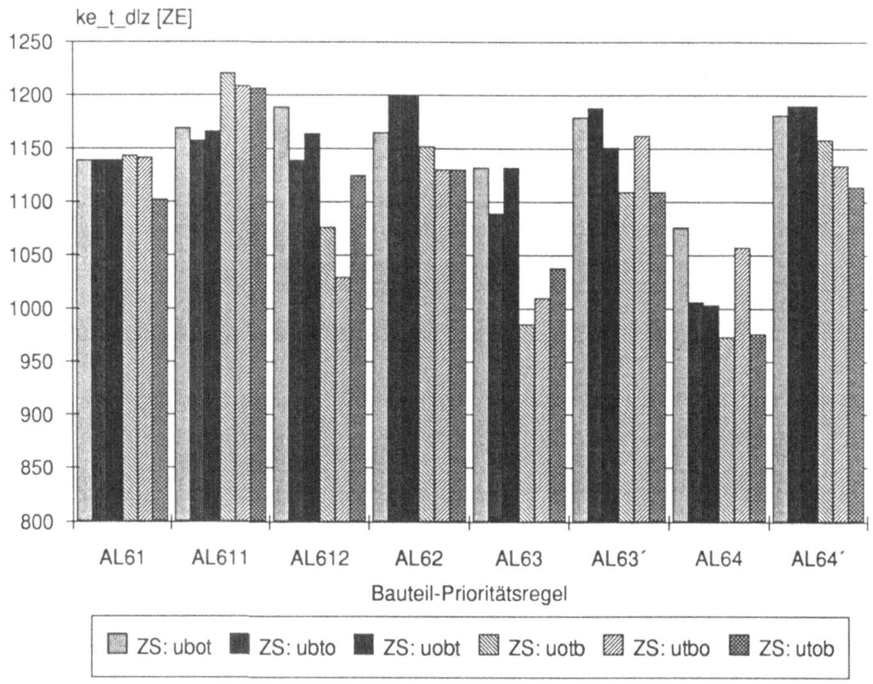

Abb. 96: Vergleich zusätzlicher alternativ kombinierter BPR

CALPLAN - Ergebnisgraphik

Darstellung des kumulierten Wertes der eingelagerten Bauteile (ke_t_wert) in Abhängigkeit von unterschiedlichen Bauteil-Prioritätsregeln für:

- Bauteil-Satz (BS) Nr.: 2
- Bauteil-Prioritätsregeln (BPR): Alternativ kombiniert
- Flächen-Prioritätsregel (FPR) Nr.: 1
- Flächen-Anfangsbelegung: Keine
- Zuteilungsstrategie (ZS): ubot bis utob

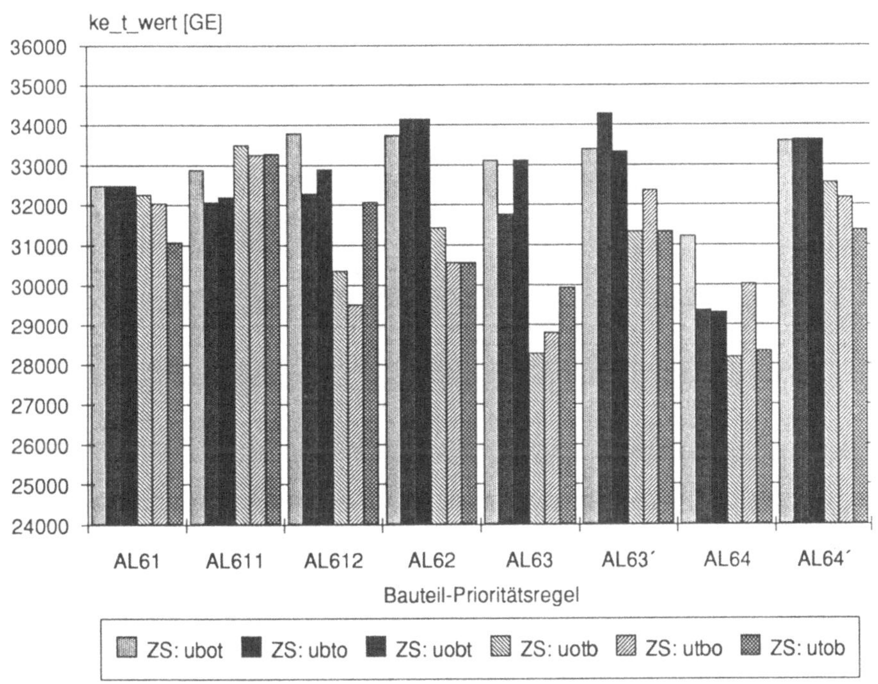

Abb. 97: Vergleich zusätzlicher alternativ kombinierter BPR

CALPLAN - Ergebnisgraphik

Darstellung des kumulierten Platzbedarfs der eingelagerten Bauteile (ke_t_pb) in Abhängigkeit von unterschiedlichen Bauteil-Prioritätsregeln für:

- Bauteil-Satz (BS) Nr.: 2
- Bauteil-Prioritätsregeln (BPR): Alternativ kombiniert
- Flächen-Prioritätsregel (FPR) Nr.: 1
- Flächen-Anfangsbelegung: Keine
- Zuteilungsstrategie (ZS): ubot bis utob

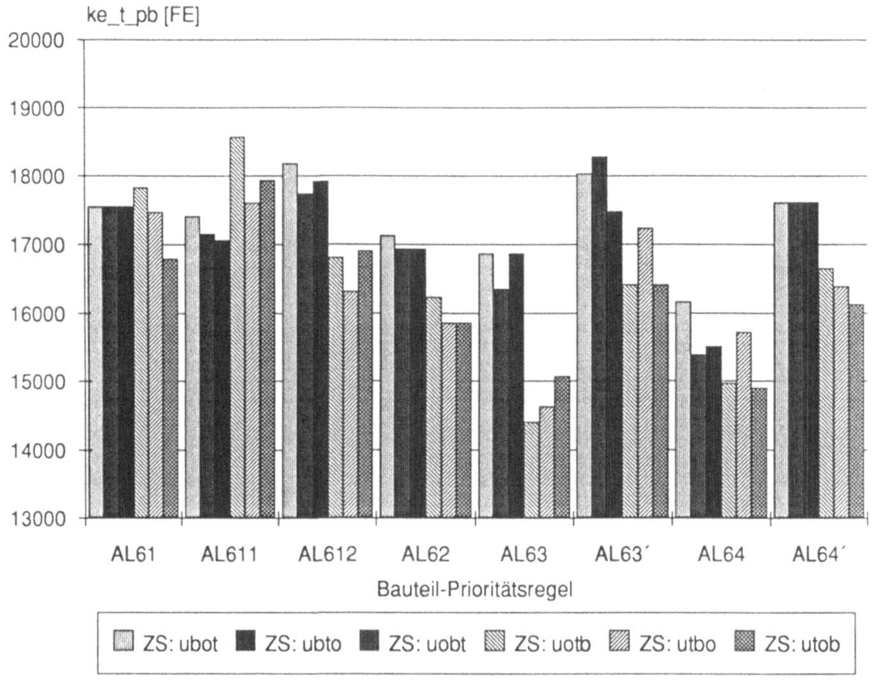

Abb. 98: Vergleich zusätzlicher alternativ kombinierter BPR

CALPLAN - Ergebnisgraphik

Darstellung des zeitlich kumulierten Platzbedarfs der eingelagerten Bauteile (zke_t_pb) in Abhängigkeit von unterschiedlichen Bauteil-Prioritätsregeln für:

- Bauteil-Satz (BS) Nr.: 2
- Bauteil-Prioritätsregeln (BPR): Alternativ kombiniert
- Flächen-Prioritätsregel (FPR) Nr.: 1
- Flächen-Anfangsbelegung: Keine
- Zuteilungsstrategie (ZS): ubot bis utob

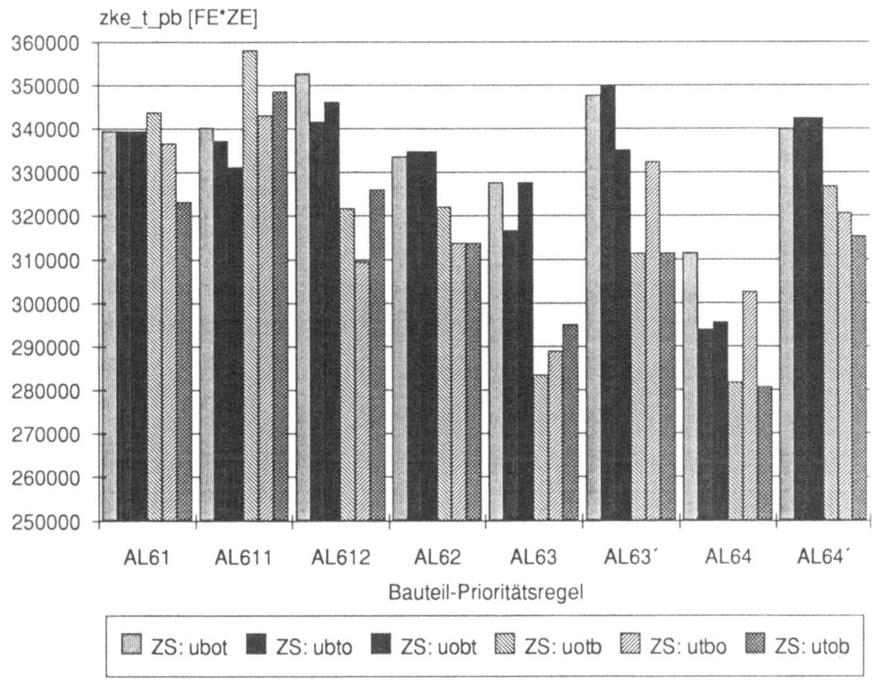

Abb. 99: *Vergleich zusätzlicher alternativ kombinierter BPR*

CALPLAN - Ergebnisgraphik

Darstellung der durchschnittlichen Montageflächen-Auslastung (d_f_a) in Abhängigkeit von unterschiedlichen Bauteil-Prioritätsregeln für:

- Bauteil-Satz (BS) Nr.: 2
- Bauteil-Prioritätsregeln (BPR): Alternativ kombiniert
- Flächen-Prioritätsregel (FPR) Nr.: 1
- Flächen-Anfangsbelegung: Keine
- Zuteilungsstrategie (ZS): ubot bis utob

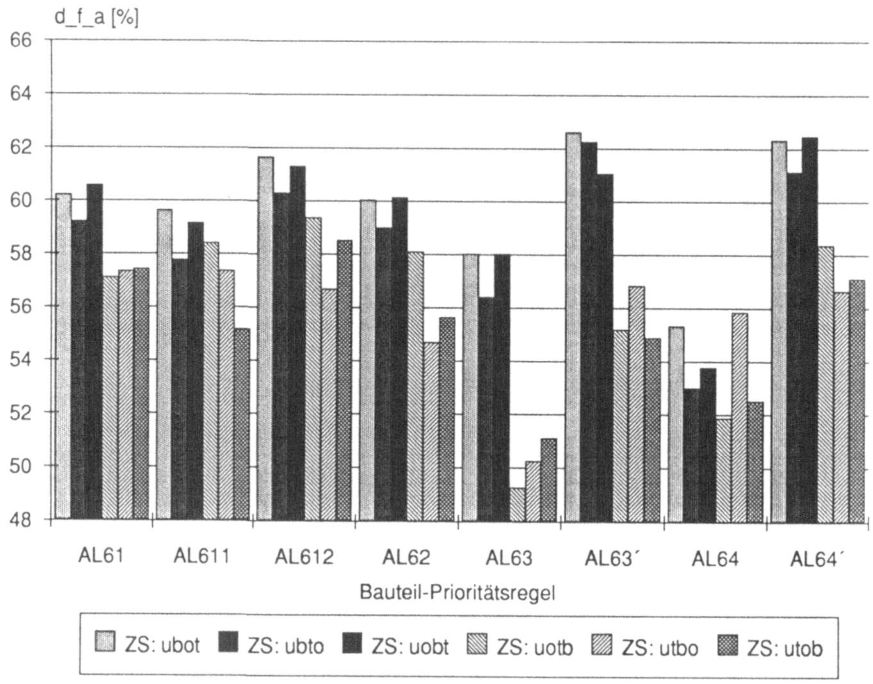

Abb. 100: Vergleich zusätzlicher alternativ kombinierter BPR

CALPLAN - Ergebnisgraphik

Darstellung der kumulierten Anzahl der eingelagerten Bauteile (ke_t_anz) in Abhängigkeit von unterschiedlichen Bauteil-Prioritätsregeln für:

- Bauteil-Satz (BS) Nr.: 1 und 2
- Bauteil-Prioritätsregeln (BPR): Elementar und alternativ kombiniert
- Flächen-Prioritätsregel (FPR) Nr.: 1
- Flächen-Anfangsbelegung: Keine
- Zuteilungsstrategie (ZS): utob

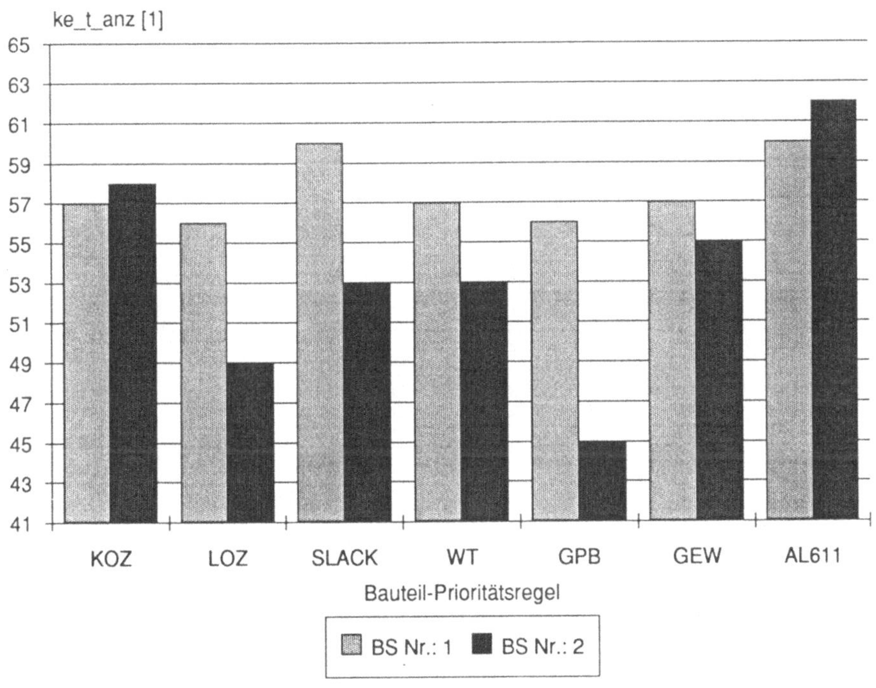

Abb. 101: Vergleich der BS

CALPLAN - Ergebnisgraphik

Darstellung der kumulierten Durchlaufzeit der eingelagerten Bauteile (ke_t_dlz) in Abhängigkeit von unterschiedlichen Bauteil-Prioritätsregeln für:

- Bauteil-Satz (BS) Nr.: 1 und 2
- Bauteil-Prioritätsregeln (BPR): Elementar und alternativ kombiniert
- Flächen-Prioritätsregel (FPR) Nr.: 1
- Flächen-Anfangsbelegung: Keine
- Zuteilungsstrategie (ZS): utob

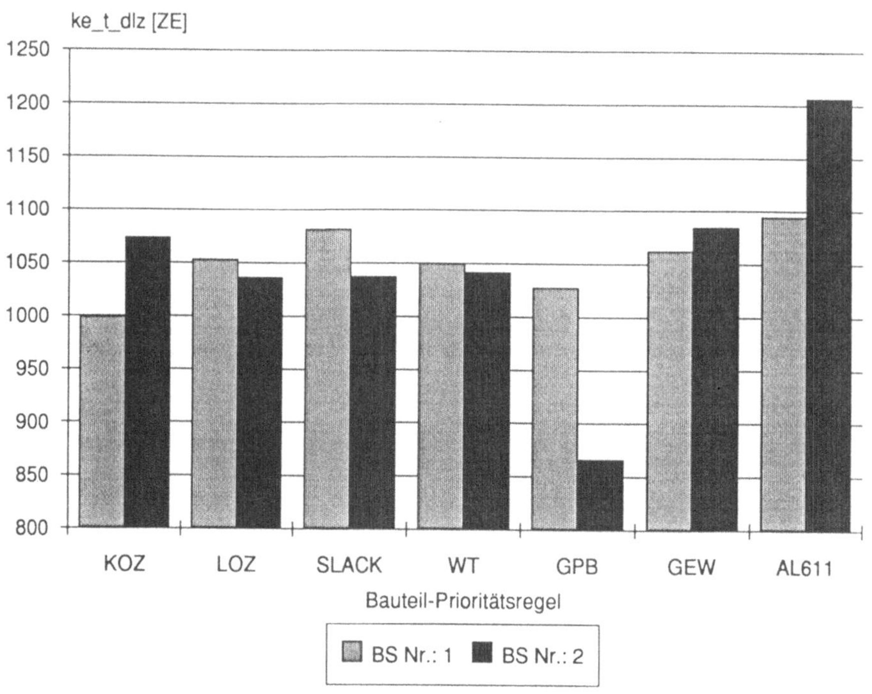

Abb. 102: Vergleich der BS

CALPLAN - Ergebnisgraphik

Darstellung des kumulierten Wertes der eingelagerten Bauteile (ke_t_wert) in Abhängigkeit von unterschiedlichen Bauteil-Prioritätsregeln für:

– Bauteil-Satz (BS) Nr.: 1 und 2
– Bauteil-Prioritätsregeln (BPR): Elementar und alternativ kombiniert
– Flächen-Prioritätsregel (FPR) Nr.: 1
– Flächen-Anfangsbelegung: Keine
– Zuteilungsstrategie (ZS): utob

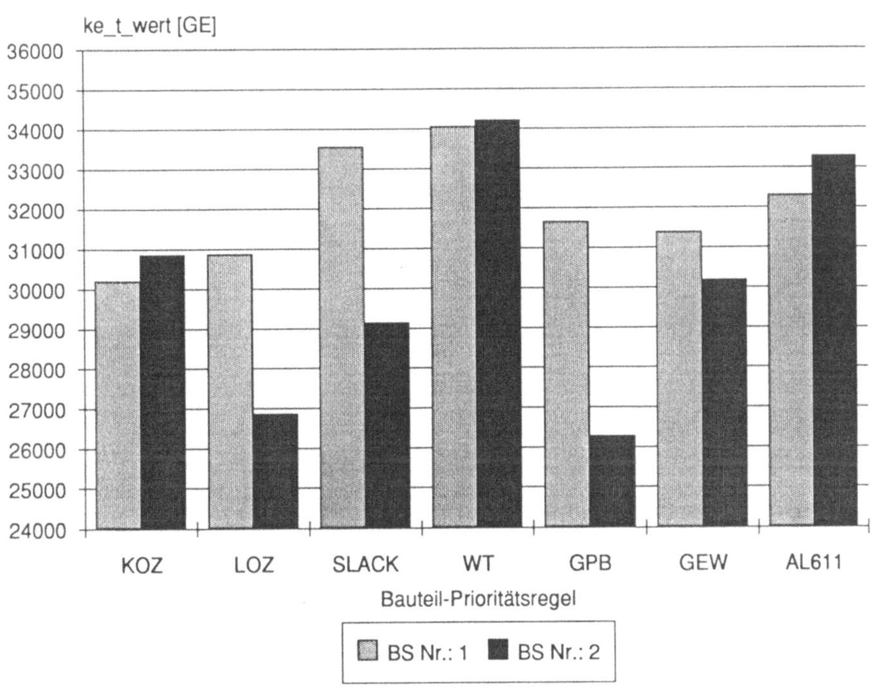

Abb. 103: Vergleich der BS

CALPLAN - Ergebnisgraphik

Darstellung des kumulierten Platzbedarfs der eingelagerten Bauteile (ke_t_pb) in Abhängigkeit von unterschiedlichen Bauteil-Prioritätsregeln für:

- Bauteil-Satz (BS) Nr.: 1 und 2
- Bauteil-Prioritätsregeln (BPR): Elementar und alternativ kombiniert
- Flächen-Prioritätsregel (FPR) Nr.: 1
- Flächen-Anfangsbelegung: Keine
- Zuteilungsstrategie (ZS): utob

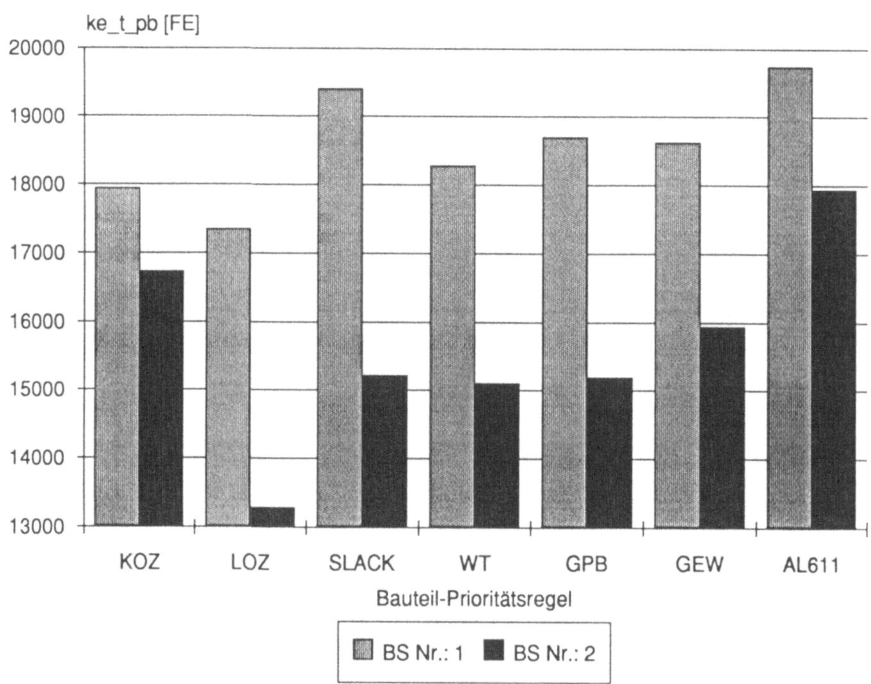

Abb. 104: Vergleich der BS

CALPLAN - Ergebnisgraphik

Darstellung des zeitlich kumulierten Platzbedarfs der eingelagerten Bauteile (zke_t_pb) in Abhängigkeit von unterschiedlichen Bauteil-Prioritätsregeln für:

–   Bauteil-Satz (BS) Nr.: 1 und 2
–   Bauteil-Prioritätsregeln (BPR): Elementar und alternativ kombiniert
–   Flächen-Prioritätsregel (FPR) Nr.: 1
–   Flächen-Anfangsbelegung: Keine
–   Zuteilungsstrategie (ZS): utob

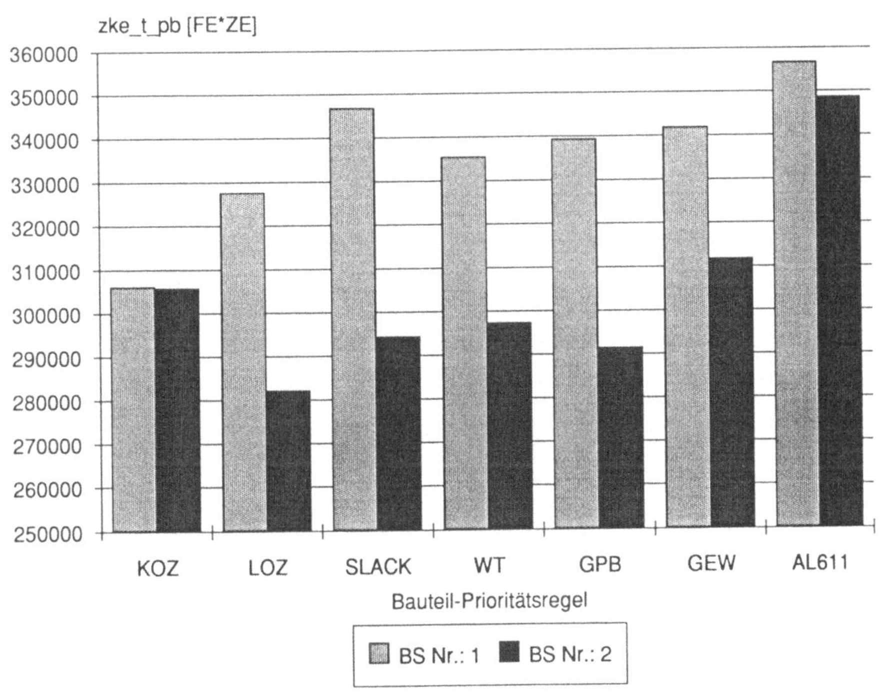

Abb. 105: Vergleich der BS

CALPLAN - Ergebnisgraphik

Darstellung der durchschnittlichen Montageflächen-Auslastung (d_f_a) in Abhängigkeit von unterschiedlichen Bauteil-Prioritätsregeln für:

- Bauteil-Satz (BS) Nr.: 1 und 2
- Bauteil-Prioritätsregeln (BPR): Elementar und alternativ kombiniert
- Flächen-Prioritätsregel (FPR) Nr.: 1
- Flächen-Anfangsbelegung: Keine
- Zuteilungsstrategie (ZS): utob

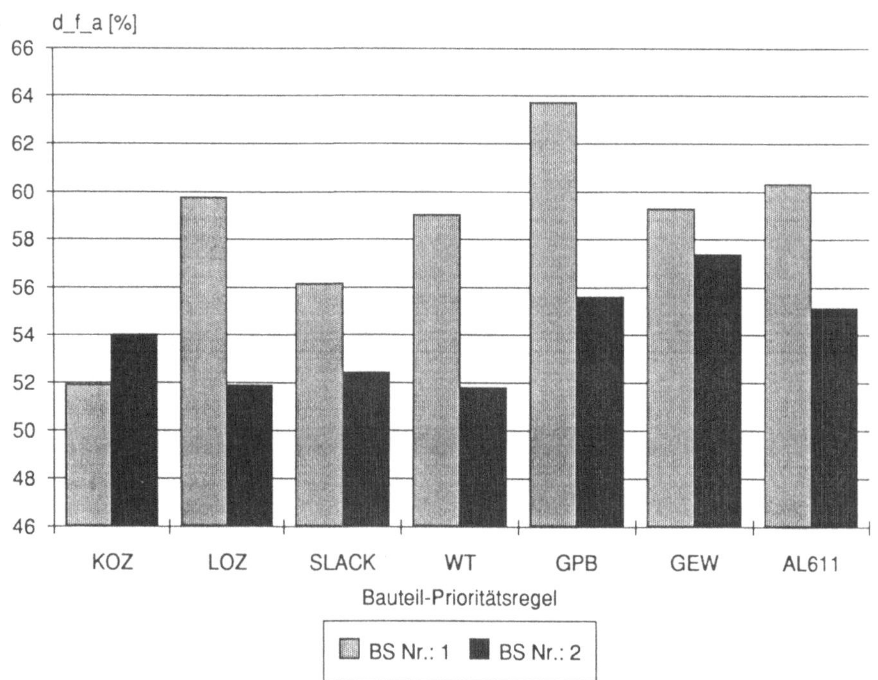

Abb. 106: Vergleich der BS

CALPLAN - Ergebnisgraphik

Darstellung des maximalen Zielerreichungsgrades einiger Gütekriterien in Abhängigkeit von unterschiedlichen Bauteil-Prioritätsregeln für:

- Bauteil-Satz (BS) Nr.: 2
- Bauteil-Prioritätsregeln (BPR): Elementar und kombiniert
- Flächen-Prioritätsregel (FPR) Nr.: 1
- Flächen-Anfangsbelegung: Keine
- Zuteilungsstrategie (ZS): utob

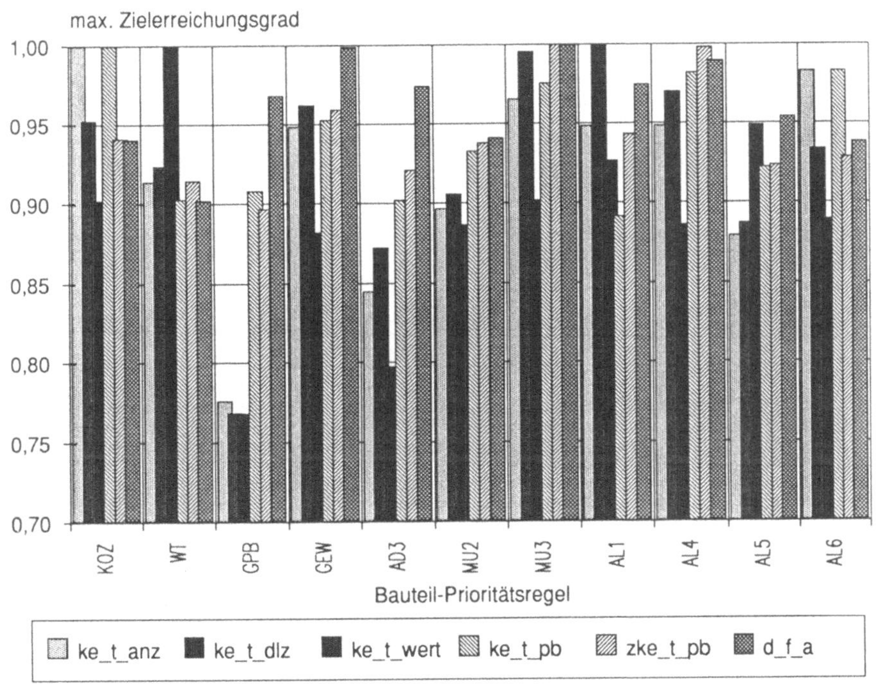

Abb. 107: Vergleich der Gütekriterien

CALPLAN - Ergebnisgraphik

Darstellung der CPU-Zeiten (INTEL 80486, 25 MHz) einiger Belegungsläufe in Abhängigkeit von unterschiedlichen Bauteil-Prioritätsregeln für:

– Bauteil-Satz (BS) Nr.: 2
– Bauteil-Prioritätsregeln (BPR): Alternativ kombiniert
– Flächen-Prioritätsregel (FPR) Nr.: 1
– Flächen-Anfangsbelegung: Keine
– Zuteilungsstrategie (ZS): ubot bis utob

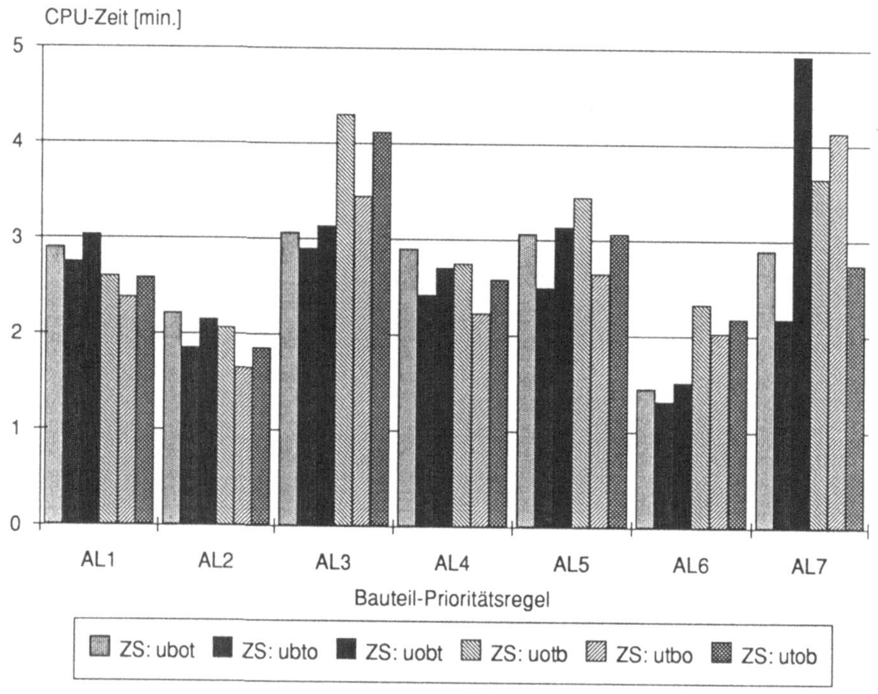

Abb. 108: Vergleich der CPU-Zeiten

Literaturverzeichnis

ADAM, D.: Zur Problematik der Planung in schlechtstrukturierten Entscheidungssituationen, in: Jacob, H. (Hrsg.): Neue Aspekte der betrieblichen Planung, SzU, Bd. 28, Wiesbaden 1980, S. 47 ff.

ADAM, D.: Planung in schlechtstrukturierten Entscheidungssituationen, in: BFuP, 35. Jg., 1983, S. 484 ff.

ADAM, D.: Ansätze zu einem integrierten Konzept der Fertigungssteuerung bei Werkstattfertigung, in: Adam, D. (Hrsg.): Neuere Entwicklungen in der Produktions- und Investitionspolitik, Wiesbaden 1987, S. 17 ff.

ADAM, D.: Aufbau und Eignung klassischer PPS-Systeme, in: SzU, Bd. 38, Wiesbaden 1988, S. 5 ff.

ADAM, D.: Retrograde Terminierung: Ein Verfahren zur Fertigungssteuerung bei diskontinuierlichem Materialfluß oder vernetzter Fertigung, in: SzU, Bd. 39, Wiesbaden 1988, S. 89 ff.

ADAM, D./ WITTE, TH.: Merkmale der Planung in gut- und schlechtstrukturierten Planungssituationen, in: WiSu, 8. Jg., 1979, S. 380 ff.

ADAMOWSKY, S.: Fließprinzip, in: Grochla, E. (Hrsg.): Handwörterbuch der Organisation, Stuttgart 1973, Sp. 547 ff.

ADELSBERGER, H.H./ KANET, J.J.: The Leitstand – A New Tool in Computer-Aided Manufacturing Scheduling, in: Stecke, K.E./ Suri, R. (Hrsg.): Proceedings of the Third ORSA/TIMS Conference on Flexible Manufacturing Systems: Operations Research Models and Applications, Amsterdam-Oxford u.a. 1989, S. 231 ff.

AKERS, S.B. Jr.: A Graphical Approach to Production Scheduling Problems, in: OR, Vol. 4, 1956, S. 244 ff.

ALBRECHT, R./ LAY, K.: Die Montageplanung als CIM-Komponente, in: CIM-Management, 1986, Nr. 4, S. 42 ff.

ALTROGGE, G.: Netzplantechnik, Wiesbaden 1979.

ALTROGGE, G.: Investition, München 1988.

ANSELSTETTER, R.: Betriebswirtschaftliche Nutzeffekte der Datenverarbeitung: Anhaltspunkte für eine Nutzen-Kosten-Schätzung, Berlin-Heidelberg u.a. 1984.

ARMOUR, G.C./ BUFFA, E.S.: A Heuristic Algorithm and Simulation Approach to Relative Location of Facilities, in: Mgmt. Sci., Vol. 9, 1963, S. 294 ff.

AUE-UHLHAUSEN, H.: Von ABS bis OPT: PPS-Methoden im Vergleich, Teil 2: Systeme zur Steuerung des diskontinuierlichen Prozesses (Werkstattsteuerung), in: PW-Unternehmensberatung, Hamburg, Bericht: PPS 88, Böblingen 2.-4. November 1988.

AUE-UHLHAUSEN, H.: Bestandsgeregelte Durchlaufsteuerung, in: ZwF, 85. Jg., 1990, Nr. 12, S. 629 ff.

BALZER, H.: Synchronisation der Fertigungsabläufe mit kurzfristiger Fertigungssteuerung, in: VDI-Z, 131. Jg., 1989, Nr. 8, S. 94 ff.

BERG, C.C.: Prioritätsregeln in der Reihenfolgeplanung, in: Kern, W. (Hrsg.): Handwörterbuch der Produktionswirtschaft, Stuttgart 1979, Sp. 1425 ff.

BERR, U./ TANGERMANN, H.P.: Einfluß von Prioritätsregeln auf die Kapazitätsterminierung der Werkstattfertigung, in: ZwF, 66. Jg., 1976, Nr. 1, S. 7 ff.

BIENDL, P.: Ablaufsteuerung von Montagefertigungen, Bern-Stuttgart 1984.

BLOHM, H./ LÜDER, K.: Investition, 6. Aufl., München 1988.

BOURIER, G.: Zum Problem der Reihenfolgeplanung im einstufigen Fertigungsprozeß bei vorgegebenen Fertigstellungsterminen, Frankfurt/Main-Zürich 1978.

BRANKAMP, K.: Terminplanungssystem, 2. Aufl., Würzburg-Wien 1973.

BRUCKER, P.: NP-Complete Operations Research Problems and Approximation Algorithms, in: ZOR, 23. Jg., 1979, S. 73 ff.

BÜNGER, J.: Ein lernendes Mustererkennungssystem zur betrieblichen Prozeßsteuerung, Bergisch Gladbach-Köln 1988.

BUFFA, E.S./ ARMOUR, G.C./ VOLLMANN, T.E.: Allocating Facilities with CRAFT, in: Harvard Business Review, Vol. 42, 1964, Nr. 2, S. 136 ff.

BUFFA, E.S.: Operations Management: The Management of Productive Systems, Santa Barbara-New York u.a. 1976.

BURCKHARDT, W.: Zur Optimierung von räumlichen Zuordnungen, in: Ablauf- und Planungsforschung, 10. Jg., 1969, Nr. 1, S. 233 ff.

BUSCH, U.: Entwicklung eines PPS-Systems, Berlin 1987.

BUSSMANN, K.F.: Produktionsrisiken, in: Kern, W. (Hrsg.): Handwörterbuch der Produktionswirtschaft, Stuttgart 1979, Sp. 1572 ff.

COFFMAN, E.G./ LUEKER, G.S./ RINNOOY KAN, A.H.G.: Asymptotic Methods in the Probabilistic Analysis of Sequencing and Packing Heuristics, in: Mgmt. Sci., Vol. 34, 1988,Nr. 3, S. 266 ff.

CONWAY, R.W./ MAXWELL, W.L./ MILLER, L.W.: Theory of Scheduling, Reading, Massachusetts, 1967.

DÄHNE, H.: Verkaufsflächeninterne Standortplanung, Wiesbaden 1977.

DAGLI, C.H.: Knowledge-based systems for cutting stock problems, in: EJOR, Vol. 44, 1990, S. 160 ff.

DAHLMANN, M.: Fertigungssteuerung, in: Harvard manager, IV. Quartal 1983, S. 39 ff.

DANGELMAIER, W.: Möglichkeiten und Grenzen der rechnerunterstützten Fabrikplanung, in: f+h, 35. Jg., 1985, Nr. 6, S. 439 ff.

DANGELMAIER, W.: Algorithmen und Verfahren zur Erstellung innerbetrieblicher Anordnungspläne, Berlin-Heidelberg u.a. 1986.

DANGELMAIER, W./ KÜHNLE, H./ MUSSBACH-WINTER, U.: Einsatz von künstlicher Intelligenz bei der Produktionsplanung und -steuerung, in: CIM-Management, 1990, Nr. 1, S. 4 ff.

DOMSCHKE, W.: Modelle und Verfahren zur Bestimmung betrieblicher und innerbetrieblicher Standorte – Ein Überblick, in: ZOR, 19. Jg., 1975, S. B13 ff.

DOMSCHKE, W./ DREXL, A.: Logistik: Standorte, 2.Aufl., München-Wien 1985.

DWORATSCHEK, S./ DONIKE, H.: Wirtschaftlichkeitsanalyse von Informationssystemen, Berlin-New York 1972.

DYCKHOFF, H.: A typology of cutting and packing problems, in: EJOR, Vol. 44, 1990, S. 145 ff.

DYCKHOFF, H./ KRUSE, H.-J./ MILAUTZKI, U.: Standardsoftware für Zuschneideprobleme, Eine vergleichende Übersicht anhand empirischer Erhebungen, in: Diskussionsbeitrag Nr. 119 des Fachbereichs Wirtschaftswissenschaften der FernUniversität Hagen, Mai 1987.

ELLINGER, T.: Ablaufplanung, Stuttgart 1959.

ELLINGER, T., WILDEMANN, H.: Planung und Steuerung der Produktion, Wiesbaden 1987.

EVERSHEIM, W./ SOSSENHEIMER, K./ STOLZ, N.: Montageorientierte Produktionssteuerung in Unternehmen mit Einzel- und Kleinserienproduktion, in: ZwF, 83. Jg., 1988, Nr. 9, S. 453 ff.

FISHER, M.L./ RINNOOY KAN, A.H.G.: The Design, Analysis and Implementation of Heuristics, in: Mgmt. Sci., Vol. 34, 1988, Nr. 3, S. 263 ff.

FLEISCHMANN, B.: Produktionsablaufplanung, Probleme-Modelle-Methoden, in: Proceedings in Operations Research 5, Würzburg-Wien 1976, S. 335 ff.

FLEISCHMANN, B.: Operations-Research-Modelle und -Verfahren in der Produktionsplanung, in: ZfB, 58. Jg., 1988, Nr. 3, S. 347 ff.

FOX, R.E.: OPT vs. MRP: Thoughtware vs. Software, in: Mc Leavey, D.W./ Narasimhan, S.L.: Production Planning and Inventory Control, Boston-London u.a. 1985, S. 692 ff.

FRANCIS, R.L./ WHITE, J.A.: Facility Layout and Location, Englewood Cliffs 1974.

GAREY, M.R./ JOHNSON, D.S.: Approximation Algorithms for Bin Packing Problems: A Survey, in: Ausiello, G./ Lucertini, M. (Hrsg.): Analysis and Design of Algorithms in Combinatorial Optimization, Wien-New York 1981, S. 147 ff.

GIFFLER, B./ THOMPSON, G.L.: Algorithms for Solving Production-Scheduling Problems, in: OR, Vol. 8, 1960, S. 487 ff.

GILMORE, P.C./ GOMORY, R.E.: A Linear Programming Approach to the Cutting-Stock Problem, in: OR, Vol. 9, 1961, Nr. 6, S. 849 ff.

GILMORE, P.C./ GOMORY, R.E.: A Linear Programming Approach to the Cutting-Stock Problem – Part II, in: OR, Vol. 11, 1963, Nr. 6, S. 863 ff.

GILMORE, P.C./ GOMORY, R.E.: Multistage Cutting Stock Problems of Two and More Dimensions, in: OR, Vol. 13, 1965, S. 94 ff.

GORDON, G.: Systemsimulation, München-Wien 1972.

GRAVES, S.C.: A Review of Production Scheduling, in: OR, Vol. 29, 1981, Nr. 4, S. 646 ff.

GRIESE, J.: Adaptive Verfahren im betrieblichen Entscheidungsprozeß, Würzburg-Wien 1972.

GROSSE-OETRINGHAUS, W.F.: Fertigungstypologie unter dem Gesichtspunkt der Fertigungsablaufplanung, Berlin 1974.

GUTENBERG, E.: Grundlagen der Betriebswirtschaftslehre, Bd. 1: Die Produktion, 24. Aufl., Berlin-Heidelberg-New York 1983.

HACKSTEIN, R.: Produktionsplanung und -steuerung (PPS), 2. Aufl., Düsseldorf 1989.

HÄRDER, T.: Klassische Datenmodelle und Wissensrepräsentation, in: it, 31. Jg., 1988, Nr. 2, S. 141 ff.

HAHN, D.: Produktionsprozeßplanung, -steuerung und -kontrolle – Grundkonzept und Besonderheiten bei spezifischen Produktionstypen, in: Hahn, D./ Laßmann, G. (Hrsg.): Produktionswirtschaft – Controlling industrieller Produktion, Bd. 2: Produktionsprozesse: Grundlegung zur Produktionsplanung, -steuerung und -kontrolle und Beispiele aus der Wirtschaftspraxis, Teil VI: Prozeßwirtschaft – Grundlegung, Heidelberg 1989, S. 7 ff.

HANSEN, H.R.: Wirtschaftsinformatik I, Einführung in die betriebliche Datenverarbeitung, 5. Aufl., Stuttgart 1986.

HANSMANN, R.: Ansätze zur systemtheoretischen Modellierung lernfähiger und adaptiver betriebswirtschaftlicher Entscheidungsprozesse, München 1986.

HARDECK, W.: Raumplanung im Dialog mit graphischen Bildschirmsystemen, Diss., St. Ingbert/Saar 1977.

HARDGRAVE, W.W./ NEMHAUSER, G.L.: A Geometric Model and a Graphical Algorithm for a Sequencing Problem, in: OR, Vol. 11, 1963, S. 889 ff.

HARRINGTON, S.: Computer Graphics, 2nd ed., New York-St. Louis u.a. 1987.

HAUPT, R.: Reihenfolgeplanung im Sondermaschinenbau, Wiesbaden 1977.

HAVERMANN, H.: Der Leitstand als Integrator in einem CIM-Konzept, in: HMD, 27. Jg., 1990, Nr. 151, S. 37 ff.

HAVERMANN, H./ STEIN, H.: Einsatz wissensbasierter Komponenten in einem CIM-Leit-stand, in: HMD, 26. Jg., Mai 1989, Nr. 147, S. 54 ff.

HAX, A.C./ MEAL, H.C.: Hierarchical Integration of Production Planning and Scheduling, in: Geisler, M.A. (Hrsg.): Logistics, TIMS Studies in the Management Sciences, North Holland-Amsterdam, 1975, S. 53 ff.

HELBERG, P.: Anforderungen an PPS-Systeme für die CIM-Realisierung, in: CIM-Management, 1986, Nr. 4, S. 20 ff.

HELBERG, P.: PPS als CIM-Baustein, Berlin 1987.

HELLER, J./ LOGEMANN, G.: An Algorithm for the Construction and Evaluation of feasible Schedules, in: Mgmt. Sci., Vol. 8, 1961/62, S. 168 ff.

HESS-KINZER, D.: Produktionsplanung und -steuerung mit EDV, Stuttgart-Wiesbaden 1976.

HESS-KINZER, D.: Termingrobplanung, in: Kern, W. (Hrsg.): Handwörterbuch der Produktionswirtschaft, Stuttgart 1979, Sp. 1979 ff.

HILDEBRAND, K./ MÜSSIG, M.: Modellierung zeitbezogener Daten im unternehmensweiten Datenmodell (UDM), in: Wirtschaftsinformatik, 33. Jg., 1991, Nr. 3, S. 238 ff.

HILLIER, F.S./ CONNORS, M.M.: Quadratic Assignment Problem Algorithms and the Location of Indivisible Facilities, in: Mgmt. Sci., Vol. 13, 1966, Nr. 1, S. 42 ff.

HIRSCHMANN, A.O.: Strategie der wirtschaftlichen Entwicklung, Stuttgart 1967.

HOCH, P.: Zur Reihenfolgeoptimierung bei langfristiger Einzelfertigung, in: Bussmann, K.F./ Mertens, P. (Hrsg.): Operations Research und Datenverarbeitung bei der Produktionsplanung, Stuttgart 1968, S. 270 ff.

HÖFFKEN, E./ SCHWEITZER, M. (Hrsg.): Beiträge zur Betriebswirtschaft des Anlagenbaus, in: ZfbF, Sonderheft 28, 1991.

HOITSCH, H.-J.: Produktionswirtschaft, München 1985.

HORN, V./ MEIER, K.-J.: Rechnergestützte Fabrikstrukturplanung für einen Auftragsfertiger, in: ZwF, 86. Jg., 1991, Nr. 7, S. 336 ff.

HOROWITZ, E./ SAHNI, S.: Algorithmen – Entwurf und Analyse, Berlin u.a. 1981.

HORVATH, P./ MAYER, R.: CIM-Wirtschaftlichkeit aus Controller-Sicht, in: CIM-Management, 1988, Nr. 4, S. 48 ff.

HOSS, K.: Fertigungsablaufplanung mittels operationsanalytischer Methoden, Würzburg-Wien 1965.

HUMMELTENBERG, W./ PRESSMAR, D.B.: Vergleich von Simulation und Mathematischer Optimierung an Beispielen der Produktions- und Ablaufplanung, in: OR Spektrum, 11. Jg., 1989, Nr. 4, S. 217 ff.

IBM Deutschland GmbH (Hrsg.): COPICS – ein integrierter PPS-Baustein in CIM, IBM Form GT12-3664-1, Stuttgart 1988.

IBM Deutschland GmbH (Hrsg.): COPICS – Belastungsorientierte Auftragsfreigabe, IBM Form GT12-3504-0, Stuttgart 1987.

INFORMIX Software, Inc. (Hrsg.): INFORMIX-SQL, Relational Database Management System, Reference Manual, Version 2.10, Menlo Park 1987.

INFORMIX Software, Inc. (Hrsg.): INFORMIX-SQL, Relational Database Management System, User Guide, Version 2.10, Menlo Park 1987.

INFORMIX Software, Inc. (Hrsg.): INFORMIX-ESQL/C, Embedded SQL and Tools for C, Programmers Manual, Version 2.10, Menlo Park 1987.

ISRANI, S.S./ SANDERS, J.L.: Performance testing of rectangular parts-nesting heuristics, in: IJPR, Vol. 23, 1985, Nr. 3, S. 437 ff.

JACOB, H.: Produktionsplanung und Kostentheorie, in: Koch, H. (Hrsg.): Zur Theorie der Unternehmung, Festschrift für Erich Gutenberg, Wiesbaden 1962, S. 205 ff.

JACOB, H.: Der Einsatz von EDV-Anlagen im Planungs- und Entscheidungsprozeß der Unternehmung, in: Jacob, H. (Hrsg.): Elektronische Datenverarbeitung als Instrument der Unternehmensführung, Wiesbaden 1972, S. 177 ff.

JACOB, H.: Grundlagen und Grundtatbestände der Planung im Industriebetrieb, in: Jacob, H. (Hrsg.): Industriebetriebslehre, Handbuch für Studium und Prüfung, 4. Aufl., Wiesbaden 1990, S. 381 ff.

JACOBS, R.F.: OPT Uncovered: Many Production Planning and Scheduling Concepts Can Be Applied With Or Without The Software, in: Industrial Engineering, Vol. 16, 1984, Nr. 10, S. 32 ff.

JÄNICKE, W.: Computergestütztes Entscheiden in PPS-Systemen, in: CIM-Management, 1990, Nr. 6, S. 49 ff.

KARP, R.M./ LUBY, M./ MARCHETTI-SPACCAMELA, A.: A Probabilistic Analysis of Multidimensional Bin Packing Problems, in: Proceedings 16th Annual ACM Symposium on Theory of Computing, Conference Record, New York 1984, S. 289 ff.

KEMMNER, A.: Investitions- und Wirtschaftlichkeitsaspekte bei CIM, in: CIM-Management, 1988, Nr. 4, S. 22 ff.

KETTNER, H./ BECHTE, W.: Neue Wege der Fertigungssteuerung durch belastungsorientierte Auftragsfreigabe, in: VDI-Z, 123. Jg., 1981, Nr. 11, S. 459 ff.

KIEHNE, R.: Innerbetriebliche Standortplanung und Raumzuordnung, Wiesbaden 1969.

KILGER, W.: Optimale Produktions- und Absatzplanung, Opladen 1973.

KING, J.R.: The theory practice gap in job shop scheduling, in: The Production Engineer, 55. Jg., 1976, Nr. 138, S. 138 ff.

KISTNER, K.-P./ SWITALSKI, M.: Hierarchische Produktionsplanung, in: ZfB, 59. Jg., 1989, Nr. 5, S. 477 ff.

KOLLER, H.: Simulation, in: Kern, W. (Hrsg.): Handwörterbuch der Produktionswirtschaft, Stuttgart 1979, Sp. 1851 ff.

VON KORTZFLEISCH, G.: Systematik der Produktionsmethoden, in: Jacob, H. (Hrsg.): Industriebetriebslehre, Handbuch für Studium und Prüfung, 4. Aufl., Wiesbaden 1990, S. 101 ff.

DE KOSTER, M.B.M.: Capacity Oriented Analysis and Design of Production Systems, Berlin-Heidelberg-New York u.a. 1989.

KRALLMANN, H.: Expertensystem in der Produktionsplanung und -steuerung, in: CIM-Management, 1987, Nr. 4, S. 60 ff.

KREIKEBAUM, H.: Organisationstypen der Produktion, in: Kern, W. (Hrsg.): Handwörterbuch der Produktionswirtschaft, Stuttgart 1979, Sp. 1392 ff.

KREUTZFELDT, H.-F./ ODWODY, H.-G.: Rechnerunterstützte Fabrikplanung unter Berücksichtigung planungssystematischer Ansätze, in: ZwF, 84. Jg., 1989, Nr. 8, S. 436 ff.

KRUSE, J.J.: Möglichkeiten der Layoutplanung mit Hilfe mathematischer Methoden am Beispiel der Aggregatzuordnung innerhalb einer Fabrikhalle, Diss., Hamburg 1986.

KÜHNLE, H.: LAPEX-EXTENDED, ein erweitertes Layoutplanungsverfahren zur Beachtung mehrerer Zielkriterien, in: Industrie Anzeiger, 108. Jg., 1986, Nr. 55, S. 29 f.

KÜHNLE, H./ SCHLAUCH, R.: Termin- und Kapazitätsplanung bei Anlagenmontage, in: dima, 1989, Nr. 4, S. 76 ff.

KURBEL, K.: Flexible Konzeptionen für die zeitwirtschaftlichen Funktionen in der Produktionsplanung und -steuerung, in: Hax, H./ Kern, W./ Schröder, H.-H. (Hrsg.): Zeitaspekte in betriebswirtschaftlicher Theorie und Praxis, Stuttgart 1988, S. 189 ff.

KURBEL, K./ MEYNERT, J.: Flexibilität in der Fertigungssteuerung durch Einsatz eines elektronischen Leitstandes, in: ZwF, 83. Jg., 1988, Nr. 12, S. 581 ff.

KURBEL, K./ MEYNERT, J.: Flexibilität und Planungsstrategien für interaktive PPS-Systeme, in: HMD, 25. Jg., 1988, Nr. 139, S. 60 ff.

LANGNER, D.: Entwicklung der rechnergestützten Fabrikplanung, in: ZwF, 85. Jg., 1990, Nr. 6, S. 321 ff.

LEE, J.S./ GUIGNARD, M.: An Approximate Algorithm for the Multidimensional Zero-One Knapsack Problems – A Parametric Approach, in: Mgmt. Sci., Vol. 34, 1988, Nr. 3, S. 402 ff.

LEE, R.C./ MOORE, J.M.: CORELAP – Computerized Relationship Layout Planning, in: The Journal of Industrial Engineering, Vol. 18, 1967, S. 195 ff.

LIESEGANG, G./ SCHIRMER, A.: Heuristische Verfahren zur Maschinenbelegungsplanung bei Reihenfertigung, in: ZOR, 19. Jg., 1975, S. 195 ff.

LITTLE, J.D.C.: Models and managers: The concept of a decision calculus, in: Mgmt. Sci., Vol. 16, 1970, S. B466 ff.

LOVE, R.F./ MORRIS, J.G./ WESOLOWSKY, G.O.: Facilities Location: Models & Methods, Amsterdam 1988.

LÜDER, K.: Standortwahl, Verfahren zur Planung betrieblicher und innerbetrieblicher Standorte, in: Jacob, H. (Hrsg.): Industriebetriebslehre, Handbuch für Studium und Prüfung, 4. Aufl., Wiesbaden 1990, S. 25 ff.

MATTHES, W.: Ein lernendes Expertensystem in der Ablaufplanung – Problematik und Konzeption der Entwicklung einer Wissensbasis, in: Wolff, M.R. (Hrsg.): Entscheidungsunterstützende Systeme im Unternehmen, München-Wien 1988, S. 73 ff.

MAUS, G./ KINDERMANN, D.: Produktionsplanung und -steuerung beim Einzelfertiger, in: ZwF, 80. Jg., 1985, Nr. 4, S. 159 ff.

MAYER, S.: LAPEX – Ein rechnergestütztes Verfahren zur Betriebsmittelzuordnung, Berlin-Heidelberg u.a. 1983.

MELLEROWICZ, K.: Betriebswirtschaftslehre der Industrie, Bd. I: Grundfragen und Führungsprobleme industrieller Betriebe, 7. Aufl., Freiburg im Breisgau 1981.

MENSCH, G.: Ablaufplanung, Köln-Opladen 1968.

MENSCH, G.: Generalization of Akers' Two-Dimensional Job Shop Scheduling Model to J Dimensions, in: SIAM Journal of Applied Mathematics, Vol. 18, 1970, S. 462 ff.

MENSCH, G.: Das Trilemma der Ablaufplanung, in: ZfB, 42. Jg., 1972, Nr. 2, S. 77 ff.

MERTENS, P./ RINGLSTETTER, T.: Verbindung von wissensbasierten Systemen mit Simulation im Fertigungsbereich, in: OR Spektrum, 1989, 11. Jg., Nr. 4, S. 205 ff.

MIESE, M.: Systematische Montageplanung in Unternehmen mit Einzel- und Kleinserienproduktion, Diss. TH Aachen 1973.

MINTEN, B.: Rechnerunterstützte Fabrikplanung, Mainz 1977.

MOLL, R.: Problemmustererkennung zur Auswahl von Verschnittplanungsverfahren, Ein Expertensystem, Bergisch Gladbach-Köln 1987.

MOORE, J.M.: Computer Program Evaluates Plant Layout Alternatives, in: Industrial Engineering, Vol. 3, 1971, Nr. 8, S. 19 ff.

MOORE, J.M.: Plant Layout and Material Handling Systems – Computer Methods in Facilities Layout, in: Industrial Engineering, Vol. 21, 1980, Nr. 9, S. 82 ff.

MORSE, S.P./ ISAACSON, E.J./ ALBERT, D.J.: The 80386/387 Architecture, New York-Chichester u.a., 1987.

MÜLLER, B.: Ein Verfahren zur Unterstützung der simultanen Kapazitäts- und Standortplanung für Industrieunternehmen, in: ZfB, 53. Jg., 1983, Nr. 2, S. 183 ff.

MÜLLER-MERBACH, H.: Optimale Reihenfolgen, Berlin-Heidelberg-New York 1970.

MÜLLER-MERBACH, H.: Operations Research, 3.Aufl., München 1973.

MÜLLER-MERBACH, H.: Ablaufplanung, Optimierungsmodelle zur, in: Kern, W. (Hrsg.): Handwörterbuch der Produktionswirtschaft, Stuttgart 1979, Sp. 38 ff.

MUTHER, R.: Systematic Layout Planning, Industrial Education Institute, Boston, Massachusetts, 1961.

NIEDEREICHHOLZ, C.: Heuristische Verfahren der transportkostenoptimalen Betriebsmittelzuordnung, in: ZfB, 45. Jg., 1975, S. 725 ff.

NUGENT, C.E./ VOLLMANN, T.E/ RUML, J.: An Experimental Comparison of Techniques for the Assignment of Facilities to Locations, in: OR, Vol. 16, 1968, S. 150 ff.

O.V.: Neues Konzept für eine rechnerintegrierte Anlagenwirtschaft, in: ZwF, 84. Jg., 1989, Nr. 8, S. 441 f.

PANWALKAR, S.S./ ISKANDER, W.: A Survey of Scheduling Rules, in: OR, Vol. 25, 1977, Nr. 1, S. 45 ff.

PILLAND, U.: Überwachung des Handbetriebes – eine wichtige Aufgabe für einen umfassenden Online-Kollisionsschutz, in: Industrie-Anzeiger (HGF-Kurzberichte 1986/27), 108. Jg., 1986, Nr. 21, S. 43 f.

POLIXA, F.: Die Berücksichtigung von standortabhängigen Transportzeiten in der Ablaufplanung, Diss., Hamburg 1987.

PRESSMAR, D.B.: Einsatzmöglichkeiten der elektronischen Datenverarbeitung für die simultane Produktionsplanung, in: Hansen, H.R. (Hrsg.): Informationssysteme im Produktionsbereich, München-Wien 1975, S. 215 ff.

PRESSMAR, D.B.: Methoden und Probleme der computergestützten Unternehmensplanung, in: SzU, Bd. 28, Wiesbaden 1980, S. 7 ff.

PRESSMAR, D.B.: DYNAPLAN − Ein System zur computergestützten Produktionsplanung auf der Grundlage der linearen Optimierung, in: Wolff, M.R. (Hrsg.): Entscheidungsunterstützende Systeme im Unternehmen, München-Wien 1988, S. 53 ff.

PRESSMAR, D.B.: Supercomputer in der Produktions- und Ablaufplanung, in: Meuer, H.W. (Hrsg.): Supercomputer '89, Informatik-Fachberichte Nr. 221, Berlin-Heidelberg u.a. 1989, S. 161 ff.

PRESSMAR, D.B.: Datenverarbeitung in der Produktion, wird erscheinen in: Handwörterbuch der Betriebswirtschaft, 5. Aufl., Stuttgart 1991.

RADERMACHER, F.J.: Perspektiven rechnergestützter Entscheidungsfindung, in: Spremann, K./ Zur, E. (Hrsg.): Informationstechnologie und strategische Führung, Wiesbaden 1989.

REESE, J.: Standort- und Belegungsplanung für Maschinen in mehrstufigen Produktionsprozessen, Berlin-Heidelberg-New York 1980.

REHWINKEL, G.: Erfolgsorientierte Reihenfolgeplanung, in: Neue betriebswirtschaftliche Forschung, Bd. 14, Wiesbaden 1978.

RICKEL, J.: Issues in the design of scheduling systems, in: Oliff, M.D. (ed.): Expert Systems and Intelligent Manufacturing, Amsterdam 1988, S. 70 ff.

RINNOOY KAN, A.H.G.: Machine Scheduling Problems − Classification, Complexity and Computation, The Hague 1976.

RODE, M./ ROSENBERG, O.: Entwicklung und Analyse von PC-gestützten Verfahren zur interaktiven graphikorientierten Verschnittplanung, in: Kurbel, K./ Mertens, P./ Scheer, A.-W. (Hrsg.): Interaktive betriebswirtschaftliche Informations- und Steuerungssysteme, Berlin-New York 1989, S. 89 ff.

RUDOLPH, M.: Rechnerintegrierte Anlagenwirtschaft als Basis einer dynamisierten Fabrikplanung, in: VDI (Hrsg.): Rechnergestützte Fabrikplanung '88, Erfahrungen und neue Erkenntnisse, Tagung Fellbach 13./14. Okt. 1988, Düsseldorf 1988, S. 29 ff.

SÄGESSER, R.: Analytische und heuristische Methoden zur Lösung des Reihenfolgeproblems mit besonderer Berücksichtigung der Werkstattfertigung, Diss., St. Gallen 1976.

SCHEER, A.-W.: Elektronische Datenverarbeitung und Operations Research im Produktionsbereich − zum gegenwärtigen Stand von Forschung und Anwendung, in: OR Spektrum, 2. Jg., 1980, S. 1 ff.

SCHEER, A.-W.: Neue Architektur für EDV-Systeme zur Produktionsplanung und -steuerung, in: Adam, D. (Hrsg.): Neuere Entwicklungen in der Produktions- und Investitionspolitik, Wiesbaden 1987, S. 153 ff.

SCHEER, A.-W.: Dezentrale Produktionsplanung und -steuerung, in: Computer Magazin, 1988, Nr. 4, S. 43 ff.

SCHEER, A.-W.: Wirtschaftsinformatik, Informationssysteme im Industriebetrieb, 3. Aufl., Berlin-Heidelberg u.a. 1990.

SCHEER, A.-W.: EDV-orientierte Betriebswirtschaftslehre, 4. Aufl., Berlin-Heidelberg u.a. 1990.

SCHEER, A.-W.: CIM-Computer Integrated Manufacturing, Der computergesteuerte Industriebetrieb, 4. Aufl., Berlin-Heidelberg u.a. 1990.

SCHEER, A.-W./ ZELL, M.: Benutzergerechte Fertigungssteuerung, in: CIM-Management, 1989, Nr. 6, S. 72 ff.

SCHLAUCH, R./ LEY, W.: Flächenorientierte Termin- und Kapazitätsplanung in der Anlagenmontage, in: ZwF, 83. Jg., 1988, Nr. 5, S. 223 ff.

SCHMIDT, B.: Expertensysteme und Simulationsmodelle, in: OR Spektrum, 1989, 11. Jg., Nr. 4, S. 191 ff.

SCHNEEWEISS, C.: Einführung in die Produktionswirtschaft, 3. Aufl., Berlin-Heidelberg u.a. 1989.

SCHNUPP, P./ SWIDERSKI, D.: Wissensbasierte Methoden für die Fertigung, in: CIM-Management, 1987, Nr. 4, S. 4 ff.

SCHREUDER, S./ UPMANN, R.: Wirtschaftlichkeit von CIM – Grundlage von Investitionsentscheidungen, in: CIM-Management, 1988, Nr. 4, S. 10 ff.

SCHULZ, H./ BÖLZING, D.: "CIM-Status" für strategische Investitionsplanung, in: CIM-Management, 1988, Nr. 4, S. 4 ff.

SCHWINN, J.: Wissensbasierter Auftragsleitstand, in: Computer Magazin, 1989, Nr. 6-7, S. 49 f.

SEELBACH, H.: Ablaufplanung, Würzburg-Wien 1975.

SEELBACH, H.: Ablaufplanung bei Einzel- und Serienproduktion, in: Kern, W. (Hrsg.): Handwörterbuch der Produktionswirtschaft, Stuttgart 1979, Sp. 12 ff.

SIEBERT, V./ STEIN, H.: Der CIM-Leitstand, in: CIM-Management, 1989, Nr. 2, S. 29 ff.

SIEGEL, T.: Optimale Maschinenbelegungsplanung, Berlin 1974.

SILVER, E.A./ PETERSON, R.: Decision Systems for Inventory Management and Production Planning, 2nd ed., New York-Chichester u.a. 1985.

SPECHT, D.: Wissensbasierte Systeme in der Produktion, in: ZwF, 84. Jg., 1989, Nr. 11, S. 617 ff.

SPUR, G./ ALBRECHT, R./ RITTINGHAUSEN, H.: Strategien zur Online-Fertigungsoptimierung, in: ZwF, 76. Jg., 1981, Nr. 3, S. 114 ff.

SPUR, G./ IMAM, M./ ARMBRUST, P./ HAIPTER, J./ LOSKE, B.: Baugruppenmodelle als Basis der Montage- und Layoutplanung, in: ZwF, 84. Jg., 1989, Nr. 5, S. 233 ff.

Star Guidance Consulting, Inc. (Hrsg.): The Window BOSS & Data Clerk, Version 5.17 vom 01.07.1990, Waterbury, Connecticut, USA 1990.

STEINMANN, D.: Konzeption zur Integration wissensbasierter Anwendungen in konventionelle Systeme der Produktionsplanung und -steuerung (PPS) im Bereich der Fertigungssteuerung, in: SzU, Bd. 40, Wiesbaden 1989, S. 83 ff.

SWITALSKI, M.: Hierarchische Produktionsplanung, Heidelberg 1989.

SZWARC, W.: Solution of the Akers-Friedman Scheduling Problem, in: OR, Vol. 8, 1960, S. 782 ff.

SZWARC, W.: On Some Sequencing Problems, in: Naval Research Logistics Quarterly, Vol. 15, 1968, S. 127 ff.

VDI (Hrsg.): EDV bei der PPS, Bd. 2: Fertigungsterminplanung und -steuerung, VDI-Taschenbuch T23, 2. Aufl., Düsseldorf 1974.

VDI (Hrsg.): EDV bei der PPS, Bd. 6: Begriffszusammenhänge, Begriffsdefinitionen, VDI-Taschenbuch T77, Düsseldorf 1976.

WÄSCHER, G.: Innerbetriebliche Standortplanung bei einfacher und mehrfacher Zielsetzung, Wiesbaden 1982.

WÄSCHER, G.: Innerbetriebliche Standortplanung, in: ZfbF, 36. Jg., 1984, Nr. 11, S. 930 ff.

WARNECKE, H.-J.: Der Produktionsbetrieb – Eine Industriebetriebslehre für Ingenieure, Berlin-Heidelberg u.a. 1984.

WARNECKE, H.-J./ BULLINGER, H.-J./ LIENERT, J.: Entwicklungstendenzen des EDV-Einsatzes in der Fertigungsteuerung, in: Scheer, A.-W. (Hrsg.): Produktionsplanung und -steuerung im Dialog, Würzburg-Wien 1979, S. 11 ff.

WARNECKE, H.-J./ BULLINGER, H.-J./ LIENERT, J.: Wirtschaftlichkeitsanalyse EDV-gestützter Fertigungssteuerungs-Systeme, in: Scheer, A.-W. (Hrsg.): Produktionsplanung und -steuerung im Dialog, Würzburg-Wien 1979, S. 361 ff.

WARNECKE, H.-J./ DANGELMAIER, W.: Layoutplanung – der Stand der Technik, in: OR Spektrum, 3. Jg., 1981, S. 1 ff.

WEDEKIND, H.: Dialogbedürftige Aufgaben in der Fertigungsvorbereitung und -durchführung, in: Scheer, A.-W. (Hrsg.): Produktionsplanung und -steuerung im Dialog, Würzburg-Wien 1979, S. 26 ff.

WEIRAUCH, F.W.: Rechnergestützte Produktionsgrobplanung, in: ZwF, 82. Jg., 1987, Nr. 8, S. 483 ff.

WIENDAHL, H.-P.: Die belastungsorientierte Fertigungssteuerung, in: SzU, Bd. 39, Wiesbaden 1988, S. 51 ff.

WIENDAHL, H.-P.: Grundlagen der belastungsorientierten Fertigungssteuerung, in: TZN – Technologie Zentrum Nord Forschungs- und Entwicklungszentrum Unterlüß GmbH (Hrsg.): Erfolgreiche Fertigungssteuerungssyteme, 5. TZN-Kongress, Forum 9, 6.-8. Juni 1989.

WIENDAHL, H.-P.: Simulationsmodelle in der Produktionsplanung und -steuerung, in: ZwF, 85. Jg., 1990, Nr. 3, S. 137 ff.

WIENDAHL, H.-P./ BRACHT, U.: Datenbankorientierte Fabrikplanung, in: wt, 75. Jg., 1985, Nr. 6, S. 381 ff.

WIESE, M.: Wirtschaftlichkeitsbeurteilung EDV-gestützter Fertigungssteuerungssysteme, Berlin 1979.

WILDEMANN, H.: Strategische Investitionsplanung für neue Technologien in der Produktion, in: ZfB-Ergänzungsheft 1986, Nr. 1, S. 1 ff.

WILDEMANN, H.: Auftragsabwicklung in einer computergestützten Fertigung (CIM), in: ZfB, 57. Jg., 1987, Nr. 1, S. 6 ff.

WILDEMANN, H.: Strategische Investitionsplanung: Methoden zur Bewertung neuer Produktionstechnologien, Wiesbaden 1987.

WILDEMANN, H.: Produktionssteuerung nach KANBAN-Prinzipien, in: SzU, Bd. 39, Wiesbaden 1988, S. 33 ff.

WINTER, C.: Industrie-Anlagen rechnergestützt planen und verwalten, in: ZwF, 86. Jg., 1991, Nr. 7, S. 332 ff.

WITTE, T.: Heuristisches Planen, Wiesbaden 1979.

WITTE, T.: Fallstudie zur Fertigungssteuerung mit Prioritätsregeln, in: SzU, Bd. 39, Wiesbaden 1988, S. 107 ff.

ZÄPFEL, G.: Produktionswirtschaft, Operatives Produktions-Management, Berlin-New York 1982.

ZÄPFEL, G.: Wirtschaftliche Rechtfertigung einer computerintegrierten Produktion (CIM), in: ZfB, 59. Jg., 1989, Nr. 10, S. 1058 ff.

ZÄPFEL, G.: Taktisches Produktions-Management, Berlin-New York 1989.

ZÄPFEL, G./ MISSBAUER, H.: Traditionelle Systeme der Produktionsplanung und -steuerung in der Fertigungsindustrie, in: WiSt, 17. Jg., 1988, Nr. 2, S. 73 ff.

ZÄPFEL, G./ MISSBAUER, H.: Neuere Konzepte der Produktionsplanung und -steuerung in der Fertigungsindustrie, in: WiSt, 17. Jg., 1988, Nr. 3, S. 127 ff.

ZAHN, E.: Produktionsstrategie, in: Henzler, H.A. (Hrsg.): Handbuch Strategische Führung, Wiesbaden 1988, S. 515 ff.

ZAHN, E./ DOGAN, D.: Strategische Aspekte der Beurteilung von CIM-Installationen, in: CIM-Management, 1991, Nr. 3, S. 4 ff.

ZELEWSKI, S.: PPS-Expertensysteme für die Terminfeinplanung und -steuerung, Teil 1: Konzepte, in: Information Management, 1990, Nr. 1, S. 56 ff.

ZELEWSKI, S.: Expertensysteme haben viele Gesichter, in: FOCUS, Beilage Nr. 2/90 zur Computerwoche vom 27.04.1990, S. 25 ff.

ZELL, M./ SCHEER, A.-W.: Datenstruktur einer graphikunterstützten Simulationsumgebung für die dezentrale Fertigungssteuerung, in: Reuter, A. (Hrsg.): GI − 20. Jahrestagung II, Informatik-Fachberichte Bd. 258, Berlin-Heidelberg 1990, S. 26 ff.

ZSCHOCKE, D.: Produktionsmodelle, in: Kern, W. (Hrsg.): Handwörterbuch der Produktionswirtschaft, Stuttgart 1979, Sp. 1557 ff.

ZYPKIN, J.S.: Adaption und Lernen in kybernetischen Systemen, München-Wien 1970.